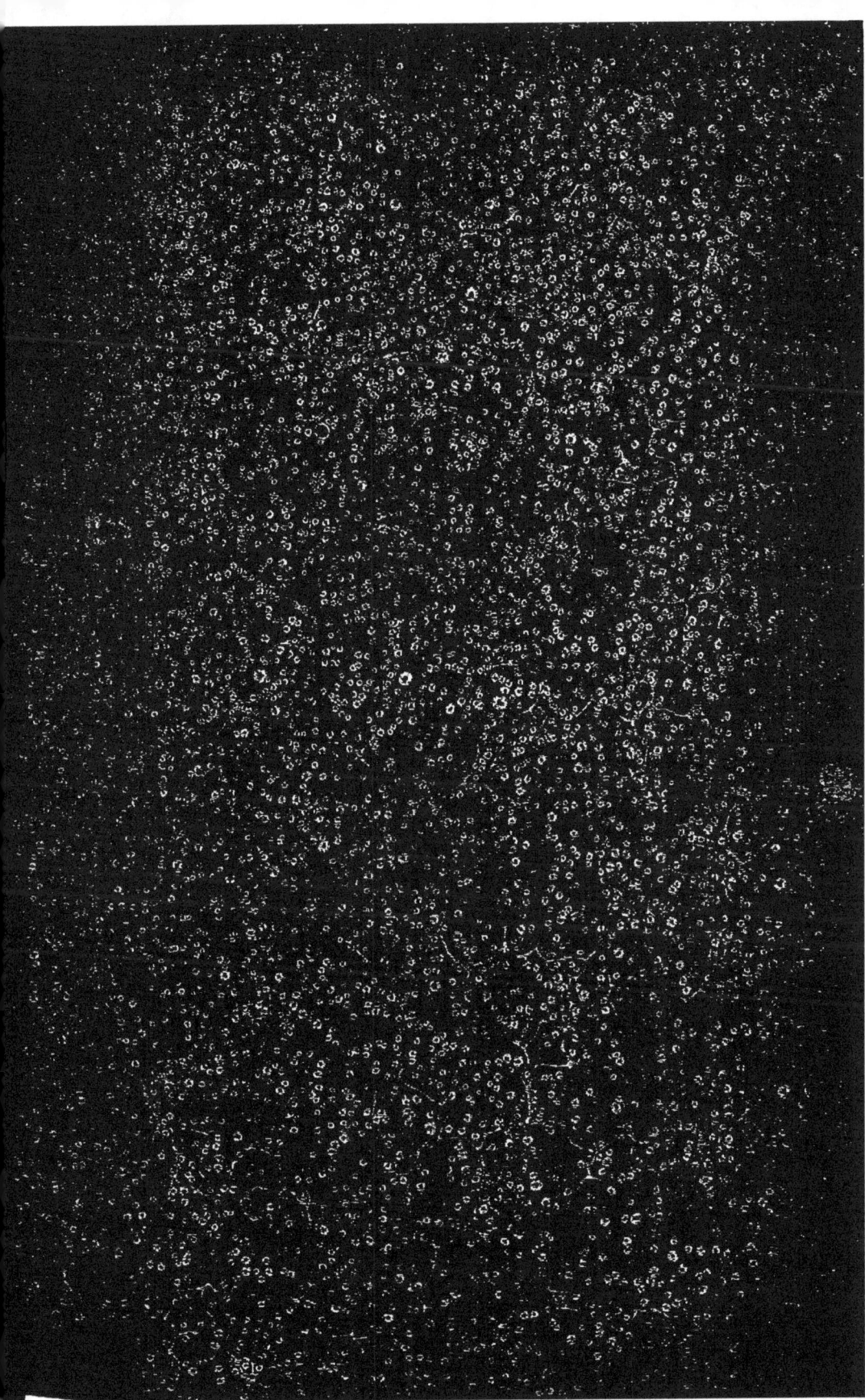

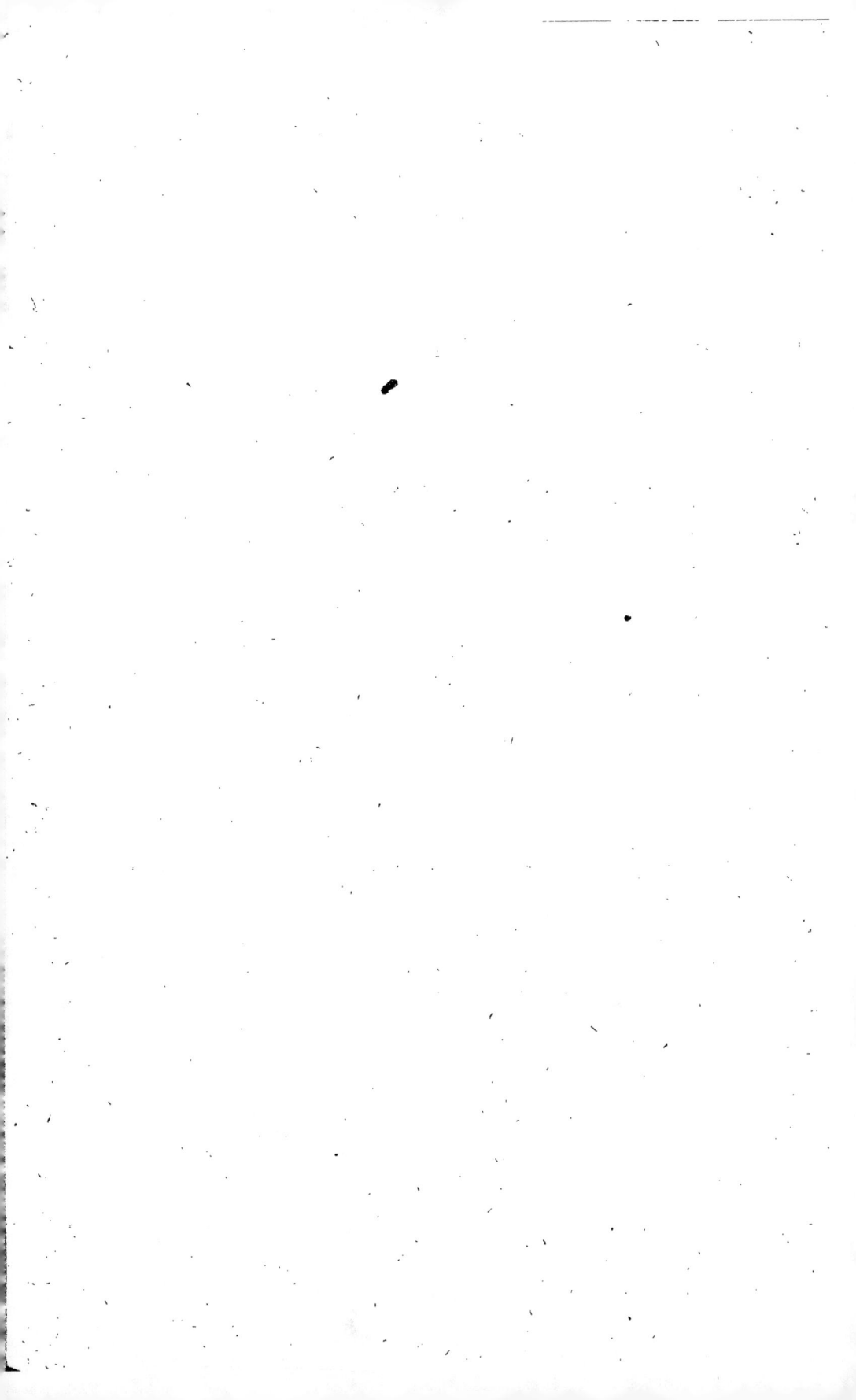

V.

©.

SUPPLÉMENT

AU

TRAITÉ DE L'EXPLOITATION DES MINES DE HOUILLE.

SUPPLÉMENT

AU

TRAITÉ DE L'EXPLOITATION

DES

MINES DE HOUILLE

OU EXPOSITION COMPARATIVE

DES

NOUVELLES MÉTHODES EMPLOYÉES EN BELGIQUE, EN FRANCE, EN
ALLEMAGNE ET EN ANGLETERRE, POUR L'ARRACHEMENT ET
L'EXTRACTION DES MINÉRAUX COMBUSTIBLES;

PAR

A.-T. PONSON,

INGÉNIEUR CIVIL DES MINES.

TOME PREMIER.

Édité par JULES PONSON, à Liége.

QUAI DE FRAGNÉE, 7.

LIÉGE.	PARIS.
A. FAUST, IMPRIMEUR-ÉDITEUR, Rue Sœurs-de-Hasque, 9.	J. BAUDRY, Éd., 15, r. des Sts-Péres Même maison à Liége.

1867.

NOTE DE L'ÉDITEUR.

Un avertissement placé à la fin du *Traité de l'Exploitation des mines de houille*, publié en 1852-1853, pourrait servir de préface au livre que nous éditons aujourd'hui.

L'auteur, voyant les travaux qui s'élaborent, pressentant une sorte de révolution dans plusieurs branches de l'art des mines, considère son œuvre comme menacée d'une caducité inévitable au lendemain même de sa naissance et prend auprès de ses lecteurs l'engagement de poursuivre ses études et de publier une série de *suppléments* destinés à rafraîchir la publication première.

Les événements sont venus justifier ses prévisions et la révolution qu'il avait prédite est en voie de s'accomplir dans le sens qu'il avait indiqué. Divers faits — entre autres, l'accroissement de la production et l'approfondissement des bures d'extraction, spécialement signalés par lui, leur influence sur l'aérage, sur l'exploitation proprement dite et principalement sur le transport souterrain — ont nécessité l'emploi de nouvelles méthodes et de moyens plus puissants. Enfin l'art des mines, sous l'effort des ingénieurs et des exploitants, que stimulaient à la fois l'intérêt des ouvriers et le manque de bras, a bénéficié, avec bonheur, des progrès réalisés dans les autres arts et dans toutes les sciences appliquées. Ainsi le matériel des houillères a subi des améliorations notables, et une foule de perfectionnements ont été introduits dans les appareils accessoires.

L'auteur n'eut guère pu dans cette période genésiaque tenir plus tôt sa promesse. Toutefois il convient de mentionner les articles qu'il a insérés dans des publications liégeoises et qui ont été reproduits par des revues étrangères. Le lecteur ne s'étonnera donc pas de retrouver çà et là dans le cours de ce livre divers passages qu'il aura peut-être déjà lus ailleurs. Quant aux emprunts véritables, l'auteur s'était fait un scrupuleux devoir d'en signaler toujours l'origine. Si par hasard quelque omission avait pu se glisser sous ce rapport, il n'en faudrait accuser que l'événement qui est venu subitement arracher M. Ponson à ses études, au moment même où il allait livrer son travail à l'impression. Car bien que nous ayons pris la tâche de vérifier les sources auxquelles il a puisé, on comprendra aisément que nous n'ayons pu les connaître toutes. Au surplus la majeure partie des documents qu'il a mis en œuvre sont complétement inédits et les dessins qui composent l'atlas ont été pris sur place d'après les originaux ou composés d'après des plans fournis par les constructeurs.

L'auteur a toujours résisté à certaines sollicitations qui tendaient à lui faire fondre son second ouvrage dans une nouvelle édition du premier. Sa détermination bien arrêtée — peu avantageuse peut-être au point de vue de la librairie — avait surtout pour motif l'intérêt des premiers acquéreurs, envers qui il se considérait comme lié par la promesse dont nous avons parlé.

Le plan adopté ne préjudicie en rien à l'unité de l'ensemble. La première partie, ou le *Traité* de 1852-1853, sert de cadre à la série d'études qui constituent la seconde partie ou *Supplément*. La division de ce Traité, si rationnelle qu'elle a même servi de repère à la plupart des monographies publiées ailleurs, se prêtait parfaitement à cette combinaison. Ce que nous venons de dire donnera la clef des numérotages de ce Supplément, qui paraissent irréguliers au premier abord. Ainsi, par exemple, les *appareils de sondage*, à la première page du premier volume, sont classés dans la *VIᵉ Section du Chapitre I.* Ce sont les désignations correspondantes de la première partie.

Quant à celle-ci, revue et corrigée, mais non augmentée, elle sera prochainement l'objet d'une nouvelle édition.

Jules PONSON.

Liége, 1867.

CHAPITRE PREMIER.

SONDAGES.

———◦◦◦———

VIᵉ SECTION.

APPAREILS DE SONDAGE.

Instruments à chûte spontanée.

Depuis la publication de la première partie de cet ouvrage de nombreux appareils relatifs au sondage ont vu le jour, mais il suffira, pour mettre le lecteur au courant de ces inventions, d'exposer ici deux nouveaux *instruments à chûte spontanée*, et deux engins mécaniques dans lesquels la vapeur joue le rôle de force motrice.

M. Esche, maître sondeur, a exécuté, à la mine domaniale de Kœnigsgrube, près de Breslau, un forage dans lequel il s'est servi avantageusement d'un mécanisme de battage ou appareil à chûte spontanée (*Abfallstück*) qui, extérieurement semblable à celui de Kindt (1) en diffère toutefois par la disposition de son organe d'accroche.

(1) Décrit dans le *Traité de l'Exploitation des mines de houille.* Tome I, § 19.

Les figures 5, 6, 7 de la planche I représentent cet appareil dans deux phases de son mouvement : l'une au moment où il a saisi le trépan, l'autre après la chûte de ce dernier.

Le mécanisme de battage se compose de deux platines a, a, qui laissent entre elles un espace dans lequel viennent se placer les pièces d'accroche consistant en deux clapets métalliques inclinés, b, b, mobiles autour de charnières ou appendices cylindriques, qui reposent dans des entailles pratiquées à l'intérieur des plaques de support, c, c. Ces clapets saisissent et retiennent le déclic d, tête de la languette avec laquelle le trépan ne forme qu'une seule et même pièce. Sur la face supérieure des clapets reposent deux coins, e, e, susceptibles de glisser entre les plaques f, f, et assemblés, au moyen de tiges verticales, g, g, avec le chapeau ou parachûte h. Les coins, participant au mouvement de réaction auquel le parachûte est soumis pendant l'ascension des tiges, pressent alors sur les clapets qu'ils tendent à rapprocher du déclic d, afin que celui-ci ne puisse s'échapper. Dans la descente, au contraire, les coins entraînés par le parachûte, s'élèvent, et les clapets, en suite de la résistance de l'eau, sont amenés dans la position verticale; le déclic est rendu à la liberté et le trépan et la barre qui le surmonte tombent au fond du trou de sonde.

La disjonction de la languette et des organes d'accroche est donc produit, comme dans l'instrument de M. Kindt, par l'inertie de la partie inférieure de l'attirail au commencement de la descente et peut-être aussi par l'adhérence des coins aux clapets, les premiers entraînant les seconds dans le mouvement d'ascension que leur communique le parachûte.

L'instrument à chûte spontanée pèse 159 kilogrammes. On l'attache à la tige par des clavettes, i, i, qui la traversent, de même que les platines a, a. Sa partie inférieure présente une douille taraudée, dans laquelle pénètre la vis du trépan. L'ensemble de la languette, de la barre et du trépan forme la partie inférieure de la coulisse de la sonde. Un peu au-dessous de la languette est fixé un appendice directeur qui circule le long d'une échancrure un peu plus longue que la course.

Les résultats obtenus par M. Esche ont été fort satisfaisants. L'accrochage, objet de si grandes perturbations dans la manœuvre de M. Kindt, n'a jamais occasionné aucun embarras dans le cours du forage de Kœnigsgrube, parce que, quelque soit le poids du trépan et des pièces qui l'accompagnent, il suffit d'une faible pression exercée sur le parachûte pour maintenir les clapets immobiles.

Un autre instrument à chûte spontanée, représenté par les figures 1 à 4 de la planche I a été imaginé par M. Guibal, professeur d'exploitation à l'École des Mines du Hainaut. M. Guibal s'en est servi lors du percement du puits de St-Vaast (Hainaut) (1) pour reconnaître la nature, la puissance et l'inclinaison des stratifications gisant au-dessous du point où l'avaleresse se trouvait arrêtée et pour se procurer des échantillons du terrain.

Dans la manœuvre de cet appareil, les deux parties distinctes dont il se compose : la tige et le trépan, sont tantôt séparées, tantôt réunies.

Le trépan ou cylindre frappeur est un manchon, a, d'un diamètre intérieur de 0.32 m., muni à sa base de quatre ciseaux ou taillants en acier, b, qui défoncent le terrain. La partie inférieure sert de logement à la *carotte*, ou échantillon, qui doit être rapporté au jour. Dans l'espace situé au-dessus de là carotte fonctionne un piston à entonnoir

(1) Ce remarquable travail sera décrit dans ce volume (page 251), à l'occasion du passage des *Sables aquifères*.

du système Letestu, *c*. Enfin, à la partie supérieure du manchon, des traverses en fer, *d*, composent une prison dans laquelle est refermée la tige travaillante, celle-ci formée de deux platines en fer, consolidées et maintenues dans un écartement constant par des entretoises.

L'échappement, ou décliquetage, provient de la disposition suivante : entre les deux platines latérales de la tige, fonctionne une courte tringle *f*, à section rectangulaire, dont l'extrémité inférieure porte des petits leviers, *g*, articulés chacun à un crochet de déclic, *h*, tandis que la partie supérieure s'attache, par une clavette, à une plaque *i*, comprise entre les deux platines latérales ; cette plaque est traversée par un ressort à boudin, qu'une vis comprime ou détend à volonté.

Les figures représentent le moment où l'appareil fournit sa course ascendante ; les crochets ont saisi les traverses de la prison par leurs faces inférieures ; la sonde, entraînant avec elle le trépan, remonte avec vitesse, puis est brusquement arrêtée à la fin de sa course. Mais la masse du trépan, cédant à la force d'inertie, poursuit sa route ascensionnelle ; dans ce mouvement, elle écarte les crochets au moment même où la sonde cesse d'avoir de l'action sur eux ; enfin, quand la sonde s'arrête, le ressort à boudin accroît le mouvement de la masse qui commande les crochets. Alors le trépan, privé de son unique support, retombe de tout son poids sur le terrain, qu'il défonce.

Lorsque la sonde fait son excursion descendante, les crochets, venant en contact avec la prison, se rapprochent naturellement ; puis, après avoir traversé le vide compris entre les traverses, s'écartent et reprennent leur position primitive, pour soulever de nouveau le trépan.

Le piston que renferme le manchon cylindrique a pour but de produire le curage du trou d'une manière continue pendant le travail, ce qui est une condition de creusement rapide. En effet, quand la chûte de l'appareil a eu lieu, la tige en descendant pour le raccrocher fait aussi descendre le piston ; celui-ci chasse l'eau vers le fond du trou, l'oblige à remonter autour du manchon avec une grande vitesse, et les déblais, entraînés de bas en haut, viennent se déposer au-dessus du piston où l'eau est toujours tranquille.

Application des machines locomobiles aux travaux de forage.

Ces appareils moteurs, qui ont l'apparence d'une locomotive, sont des machines à vapeur réduites à leur plus simple expression : un générateur et un ou deux cylindres. Les locomobiles ne sont pas exclusivement réservées au sondage ; on les applique également à l'extraction des produits, à l'épuisement des eaux etc., lorsque ces travaux ne sont que temporaires. Faciles à déplacer et à installer, ces machines conviennent alors parfaitement.

Les figures 8 et 9 (Pl. 1) représentent les dispositions adoptées dans les appareils de M. James Hunter, maître de forge de Coltness, dans le Lanarkshire.

Le générateur, a, est installé sur des roues, b, b, auxquelles on attache un brancard chaque fois que l'on veut transporter le moteur d'un lieu à un autre. La boîte à fumée, c, renferme deux cylindres horizontaux conjugués.

Les tiges des pistons sont accompagnées de glissières travaillant sur les guides, dd. Les bielles, ee, se rattachent aux traverses des glissières et impriment un mouvement de rotation aux manivelles de l'arbre g. Cet arbre porte les excentriques, $f f$, destinés à faire fonctionner les tiroirs distributeurs des cylindres, soit directement, soit par l'intermédiaire d'un mécanisme de renversement, ce qui permet d'imprimer un mouvement de rotation en avant et en arrière pour élever, puis abaisser l'attirail des tiges et le cylindre à clapet affecté à la vidange des trous de sonde.

L'arbre g tourne dans des paliers, h, h, et porte, à chacune de ses extrémités, des petits volants, i, i, et des pignons, k, k. Ces derniers, mis en rapport par une courroie avec une roue à gorge, l, transmettent le mouvement de rotation à un second arbre horizontal, $m m$. Au milieu de celui-ci est calée une came, n; elle exécute la *frappe* par l'intermédiaire des leviers ou balanciers $p p$, et $o o$, qui ne forment en réalité qu'un seul organe. Le premier, $p p$, a, pour point d'appui, un tasseau, w, attaché au-dessous du générateur; il tourne sur un tourillon et porte un rouleau de friction avec lequel la came vient en contact à chacune de ses révolutions. Le second, $o o$, est installé sur un bâti, u, au moyen de crapaudines et de tourillons. Les deux organes sont liés par une tige, r, munie d'une vis de rappel et d'un écrou qu'il suffit de tourner pour provoquer la descente des tiges au fur et à mesure de l'avancement du forage.

La tige r, est disposée de manière à pouvoir se rapprocher ou s'écarter de la came n, afin de changer les relations de longueur des bras du levier; c'est dans ce but que plusieurs trous, $q q$, ont été percés sur le balancier inférieur $p p$, pour recevoir le boulon d'attache et que la partie postérieure du levier, $o o$, est munie d'une vis de rappel v. Cette vis, circulant dans une rainure et traversant un écrou peut être avancée ou reculée par un ouvrier au moyen d'une roue régulatrice, s.

Le balancier, *o o*, est percé vers le milieu, d'une série de trous, *t, t*, dans chacun desquels ses tourillons peuvent être insérés à volonté. De la position choisie pour le point de suspension dépend la longueur de la partie antérieure de l'organe ; d'où, une variation, dans des limites assez écartées, de la hauteur de la chûte.

L'attirail des tiges est en partie équilibré par une caisse, *x*, plus ou moins remplie de corps graves, susceptibles de se déplacer le long du levier ; c'est un moyen de régulariser d'une manière précise la force des chocs.

D'après ce qui précède, il est aisé de se faire une idée de la marche de l'appareil. La came *n*, venant, à chacune de ses révolutions, en contact avec le balancier *p p*, celui-ci s'abaisse et les tiges sont soulevées à une hauteur dérivant de la disposition relative des leviers ; et dès que la came abandonne le rouleau de friction, le balancier se relève et l'attirail des tiges, livré à son propre poids, retombe au fond du trou de sonde.

Le relèvement de la sonde et de la cuillère à soupape s'effectue au moyen de cordes enroulées sur des tambours *y* et *y'*. Ceux-ci, librement placés sur l'arbre *m m*, restent immobiles, pendant le battage, mais sont entraînés dans le mouvement de rotation, dès qu'ils se trouvent reliés avec l'arbre par les embrayages *z, z*. Auparavant, on met les balanciers hors d'activité, soit en détachant la tige *r*, soit en écartant la caisse-contrepoids *x*, du point d'appui, afin de déterminer l'abaissement de la partie postérieure du balancier *o o*. Enfin le levier *p p* est limité dans ses excursions ascendantes par un tampon formé de rondelles superposées, en caoutchouc vulcanisé ou autre substance élastique. Ce tampon est fixé par des boulons à la face inférieure d'une traverse dont les extrémités sont assemblées avec deux piliers, dont le plus ou moins d'enfoncement en terre détermine la hauteur de la levée.

Ces locomobiles, de même que la plupart de celles que les anglais appliquent au travail des mines, offrent une particularité assez remarquable. Les cylindres à vapeur et les tiroirs de distribution sont placés dans la boîte à fumée, espace où se dégagent la vapeur et les produits de la combustion. La température de ce milieu prévient la déperdition du calorique des cylindres et maintient la vapeur à une tension constante. Mais cette disposition, qui complique l'appareil n'a pas produit, jusqu'à présent, une économie notable du combustible.

Appareil de sondage mécanique avec roues de friction.

Cet appareil, dû à M. John Paton, ingénieur de l'usine de Govan, près de Glasgow, sert au battage et au relèvement de la sonde et à l'extraction des détritus de la roche.

Une charpente en bois (Pl. 1, fig. 10 et 11) est dressée sur deux semelles, qui portent en outre les deux flasques, a, a, d'un bâti en fonte. Sur un plateau de même métal est disposé un petit cylindre moteur, b. Une bielle attachée à la tige du piston donne, par l'intermédiaire d'une manivelle, un mouvement de rotation à l'arbre principal, c. La disposition des autres pièces de la machine motrice, étant la même que partout ailleurs, ne réclame aucune explication.

Sur l'arbre c, dans la partie la plus rapprochée du moteur, un pignon, d, commande une roue, d', calée sur l'arbre e. Ces rouages, étant revêtus de cannelures angulaires à leurs circonférences, appartiennent à la catégorie des organes dits de *friction*. Les tourillons de l'arbre e, sont placés excentriquement dans leurs crapaudines et l'une de celles-ci a une saillie suffisante, hors du bâti, pour permettre à un levier de manœuvre, *f*, de s'y rattacher par un œillet. Il résulte de cette disposition que, quand le levier *f* est levé, l'arbre *e*, est assez abaissé pour que la roue *d'* se sépare de son pignon, qui tombe alors alors sur le bloc du frein.

C'est la roue *d'* qui transmet le mouvement vertical de battage à l'attirail des tiges. A cet effet, deux ais de cette roue ont des rainures dans lesquelles se trouvent des broches mobiles, *g*, *g*, munies de rouleaux ou galets de friction, qui jouent le rôle de cames et font saillie sur la face intérieure de la roue *d'*; celle-ci en tournant applique alternativement chacun de ces rouleaux contre le levier ou balancier, *H H*, dont elle abaisse l'extrémité postérieure. Ce levier de battage est lié avec un arbre horizontal *h*, dont les crapaudines, *i, i*, sont fixées à la partie postérieure du bâti *j, j*. Sur cet arbre est calé un second balancier, *J J*, à l'extrémité libre duquel sont suspendus la vis régulatrice *k* et l'attirail des tiges. Une filière, *l l*, attachée en ce point, donne à la sonde le mouvement de rotation.

La pression de la sonde sur le balancier *H* est contrariée par un contrepoids. C'est ainsi qu'un levier, calé à l'extrémité d'un arbre transversal, *m*, porte un poids *N* dont l'action varie en intensité suivant la longueur des tiges descendues dans le trou de sonde, et que l'arbre *m* est également lié avec le balancier *H H* par une tringle, *n*. Le sondeur dispose encore d'un autre contrepoids très-puissant provenant d'un cylindre installé au-dessous du levier de battage *H H* et mis en rapport avec lui par un piston ordinaire. A l'intérieur de ce cylindre, un clapet s'ouvre de dehors en dedans; au-dessous du clapet débouche un tuyau qui verse l'eau d'un réservoir établi à proximité de l'appareil; de plus, un tube d'évacuation, armé d'un robinet

régulateur est ajusté au cylindre. En suite de cette disposition, l'eau du réservoir soulève la soupape et afflue dans
le cylindre, chaque fois que le piston en descendant l'y
appelle, c'est-à-dire à chaque ascension de tiges ; mais
lorsque le piston remonte, la soupape se ferme et l'eau
s'échappe à travers le robinet, avec une vitesse proportionnée à l'ouverture donnée à ce dernier. Le poids de la
tige ainsi contrarié par la présence de l'eau dans la partie
supérieure du cylindre, la sonde ne reçoit que le degré de
force requis.

Le même effet peut être obtenu par la substitution d'un
cylindre pneumatique au cylindre hydrostatique.

En avant du bâti est installé un tampon élastique qui
sert à modifier la force du choc de la sonde quand un
nouvel outil a été vissé à l'attirail des tiges. C'est une
colonne en fonte, x, renfermant à sa partie supérieure un
cylindre, o, partiellement rempli de rondelles en caoutchouc vulcanisé ; sur ces rondelles repose un disque
métallique auquel est fixée la broche du tampon p ; celui-ci
maintient le balancier soulevé ; en sorte que, pendant
l'action exercée sur la filière ll la compression éprouvée
par les rondelles produit une série de petits chocs élastiques qui, se transmettant à l'outil de forage, contribuent
à nettoyer le trou.

Les molettes de l'engin de sondage sont au nombre de
deux ; elles sont placées à une hauteur de 13.75 m. et
servent, l'une à recevoir la chaîne de suspension des
tiges, l'autre le cable en fil de fer appliqué au nettoyage
du trou.

Le tambour q est installé sans frottement sur l'arbre e ;
ces deux organes se lient ou se séparent, à volonté, à
l'aide d'un manchon d'embrayage, s, mis en jeu par le
levier t. Sur ce tambour, s'enroule le cable en fil de fer

destiné à la descente et à l'ascension de la cuillère à clapets.
Un frein, à enveloppe, u' manœuvré par un levier, u, sert
à régulariser le mouvement de rotation du tambour pendant
la descente.

La chaîne affectée à l'attirail des tiges s'enroule sur un
second tambour, r, dont le mouvement dérive également
de l'arbre c : calé sur cet arbre, à l'opposé du premier
pignon, un pignon, v, commande la roue, v', dont l'arbre
est disposé excentriquement dans ses crapaudines comme
l'arbre e, de manière que v' et v puissent être instantanément engrenés ou désengrenés. On peut aussi mettre alternativement en activité l'un et l'autre tambour, ou les tenir
tous deux au repos, pendant que la roue d' agit sur les
bras du levier, HH, et sur les outils de forage.

Cet appareil a fonctionné à Orchard, près de Glasgow,
où il a donné les résultats les plus remarquables, comparativement au travail à bras d'homme. Ainsi la dépense n'a
été que le sixième de ce qu'elle était auparavant, deux
hommes et un enfant ayant suffi dans tout le cours d'un
forage porté à une profondeur de 273 m. à travers des
roches fort dures. Quant à la rapidité du travail, elle a été
telle que le forage a marché à raison 7.32 m. par semaine
ou, en moyenne, 1.22 m. par jour. Cet avancement est
bien supérieur à celui qu'il est possible d'obtenir de 10 à
12 hommes travaillant à bras. Enfin, cet appareil est facile
à déplacer.

CHAPITRE II.

DES MOYENS DE PÉNÉTRER DANS LE SEIN DE LA TERRE.

II⁰ SECTION.

OUTILS ET INSTRUMENTS DU MINEUR.

Fleurets en acier fondu.

Ces outils sont originaires des districts houillers d'Essen et de Bochum, où se trouvent les fabriques d'acier fondu les plus importantes de l'Allemagne. Les essais comparatifs auxquels on les a soumis durant plusieurs années ont suffisamment prouvé leur supériorité, quant à la durée et à l'effet utile, sur les fleurets ordinaires, c'est-à-dire simplement aciérés à l'extrémité tranchante; aussi leur usage s'est-il rapidement propagé dans les mines allemandes, principalement dans les mines de la Westphalie, où les outils de l'ancien système ne sont plus employés qu'accidentellement (1).

Des essais ont eu lieu à la mine de Vereinigte Trappe, près de Bochum, avec des fleurets en croix, dits *bonnets de prêtre*, dont on se sert pour obtenir des trous de mine

(1) *Preuss. Zeitschrift* 1854. *Bd.* 11. Seite 381.

à section circulaire dans un grès solide et compacte. Leur travail, comparé à celui des fleurets en ciseaux était, quant au temps employé, comme 3 est à 4; le même rapport fut observé lors du percement d'une galerie à travers bancs de la même mine. Mais, dans les schistes et les grès sablonneux la proportion était inverse. Les fleurets des deux espèces soumises à un examen comparatif étaient en acier fondu.

Dans les houillères rhéno-westphaliennes, l'acier fondu a été appliqué non seulement aux fleurets, mais encore aux pics et aux coins servant à l'arrachement de la houille et de ses roches encaissantes. Il a également pris la place du fer dans la confection des marteaux de mine; ici, à une plus forte durée il joint le double avantage : d'abord d'éviter la perte de force due à l'évasement du fer et nuisible à l'avancement du forage, ensuite d'épargner cet évasement aux fleurets eux-mêmes.

L'Allemagne n'a pas été seule à adopter cette innovation. Déjà, en 1855, les ingénieurs d'un grand nombre de mines de la Loire, après s'être servis de fleurets en acier fondu, avaient trouvé que les frais d'usure et d'entretien se réduisaient à moins de moitié (1). Le lecteur verra dans la partie économique de cet ouvrage, le résultat des expériences faites par M. Lombard, ingénieur des houillères de Monthieux, dans le but de comparer, sous le rapport économique, les fleurets en acier fondu et en fer aciéré.

Les réparations des outils de la nouvelle espèce exigent beaucoup de précautions de la part du forgeron; car l'acier doit être modérément chauffé, sous peine de se brûler et de devenir excessivement cassant. Mais on peut toutefois écarter cet inconvénient par le procédé de M. Malberg, qui restitue à l'acier brûlé sa douceur et sa

_____

(1) *Bulletin de la Société d'encouragement.* Séance du 30 mars 1859.

malléabilité en le chauffant au rouge à trois reprises et le trempant chaque fois dans l'eau bouillante.

En présence des résultats obtenus par les mineurs allemands et français, on ne comprend pas comment les exploitants belges se sont abstenus jusqu'ici de faire l'essai des outils de mine en acier fondu.

Diamètre de la tige ou corps des fleurets de longueur ordinaire.

Les fleurets d'une section très-forte relativement à celle du fourneau sont désavantageux en ce que leur masse absorbe une partie assez notable de la force motrice ; qu'ils s'empâtent facilement et que les débris de la roche ont de la peine à se dégager.

Si, au contraire, le diamètre est trop faible, l'outil fléchit sous le coup, ce qui occasionne également des pertes de force ; en outre, des vibrations fatiguent le poignet du mineur ; enfin, un fleuret trop mince tourne malaisément dans la main et les trous ne sont pas rigoureusement cylindriques.

M. Lombard a cherché pratiquement, pour les fleurets en acier fondu, la limite de grandeur qui donne le maximum d'avancement du fourneau ; dans les six expériences suivantes, avec des instruments de 0.60 m. de longueur, et de 0.03 m. au tranchant, pour 400 coups de masse en faisant varier de la manière que voici le *diamètre à la tige* :

11.4 — 15.0 — 18.5 — 21.0 — 23.0 — 25.0 millim.

il a obtenu *des avancements correspondants de* :

8.5 — 9.5 — 12.5 — 12.0 — 9.0 — 8.5 centim.

Les diamètres les plus avantageux, pour une longueur de 0.60 m., sont donc compris entre 18 et 20 mm., dimensions les plus usitées.

Instruments destinés à élargir la base des fournaux de mine.

Il peut arriver que le mineur ait à disloquer de grandes masses de rocher, sans craindre d'ébranler des terrains avoisinants. Dans ce cas, il réalisera une économie notable de temps et de poudre, s'il pratique au fond du fourneau, percé à la manière ordinaire, une chambre ou cuvette et qu'il y concentre toute la matière explosive.

Voici deux instruments propres à cette opération.

L'un est le *foret dilatable* de M. Verjus, mécanicien à Cherbourg, qui s'en est servi pour faire sauter une masse de 30 mètres cubes, au moyen d'un trou de 5 mètres de longueur, mis en communication avec une chambre de 0.30 m. de diamètre, bourrée de 4 kil. de poudre.

Une tige porte à son extrémité inférieure une palette en acier : à la base de celle-ci et dans son épaisseur sont pratiquées des échancrures présentant deux plans inclinés en sens contraire. Au-dessous, un fort boulon, sur lequel sont articulées deux lames contondantes reliées à la palette par des rivets qui peuvent glisser dans des rainures.

Les figures 1 et 2 (Pl. II) représentent : l'une, l'instrument replié et prêt à pénétrer dans le trou; l'autre, déplié, au moment où il fonctionne. Lorsque les lames, livrées à leur propre poids, sont libres de suivre leur tendance, elles se replient l'une sur l'autre, leurs extrémités pénètrent dans les échancrures et leurs tranches reposent sur les plans inclinés. Alors le volume de l'instrument lui permet d'entrer dans le trou de mine. Quand il touche le fond, quelques coups de masse appliqués sur la tige déterminent la pression des plans inclinés sur les lames, qui, forcées de s'écarter latéralement attaquent les parois de l'excavation. A chaque coup, on fait pivoter de quelques degrés l'instruments, et ces opérations successivement répétées déterminent le creusement d'une chambre ayant la forme d'une poire. L'arc parcouru par les lames est très-court d'abord, il diminue encore à mesure que la chambre s'agrandit. Celle-ci achevée, il suffit de soulever l'instrument pour qu'il reprenne sa forme primitive ; puis on le ramène au jour où l'on le débarrasse des débris du forage.

L'autre instrument a été proposé par M. Kraut de Zurich (1).

C'est un fleuret composé d'une tige en fer dont l'extrémité inférieure recourbée, présente deux tranchants aciérés *m* et *n* au moyen desquels on peut creuser les chambres à travers des trous d'un faible diamètre (fig. 3 et 4). Mais si la section est suffisamment large , on insère dans la tige, en l'y attachant avec deux boulons, *b* , *b* , un appendice en acier fondu *A* , muni de tranchants, *m* et *n*, (fig. 5 et 6). Dans l'un et l'autre mode de construction, la partie postérieure de l'outil est coupée obliquement, en sorte que le tranchant inférieur forme un plan incliné.

Le mineur après avoir foré le trou , dont le fond est indiqué par la ligne pointillée, y introduit l'instrument élargisseur. La manœuvre se fait à la manière ordinaire, c'est-à-dire par rotation et percussion. La pointe, ou point de rencontre des deux tranchants, agit d'abord seule, puis, peu à peu, elle s'enfonce suivant la diagonale, ainsi que l'indiquent les tignes pointillées 1...2...3... etc., jusqu'au moment où les deux tranchants de l'outil, agissant dans leur plénitude, attaquent simultanément le fond et les parois de l'excavation : d'où résulte une série de surfaces coni-

---

(1) *London journal of arts.* Juillet. 1854, p. 49.

ques, sur lesquelles repose l'outil incessamment repoussé contre le rocher. La longueur et, par conséquent, l'acuité des tranchants sont, comme toujours d'ailleurs, en raison inverse de la dureté de la masse à percer.

Les chambres, quel que soit l'instrument qui a servi à les creuser, occasionnent, ainsi que nous l'avons dit plus haut, une notable économie de temps et de poudre. En effet, l'expérience prouve qu'il ne faut, pour forer un trou de 44 millimètres de diamètre, que le tiers du temps nécessaire pour en faire un de 75. Or une chambre de 75 millimètres, pratiquée au fond d'un fourneau de 44, produit le même effet que si l'excavation avait dans toute la longueur, du fond au jour, le même diamètre que cette chambre ou 75 mm. Ainsi, malgré le temps que l'on dépense à creuser cette dernière, il n'en reste pas moins une économie de travail de 30 à 40 %. Enfin, il est établi qu'un volume de poudre concentré en un même point agit avec plus d'efficacité que quand il est dispersé sur un certain espace, par exemple sur une partie de la hauteur d'un fourneau ordinaire.

Appareils destinés au percement des excavations.

Depuis l'invention de la poudre, l'art d'excaver les roches n'a subi que quelques modifications de détails, le principe est resté le même. Les vibrations de la masse du fleuret et les frottements du tranchant sur les débris accumulés au fond du trou de mine ont toujours absorbé une grande partie de la force vive que développe la percussion du marteau sur la tête de l'outil. La roche broyée et réduite en poussière cause encore une perte de travail, qui diminuerait sensiblement si les débris consistaient en

2

fragments. Ajoutons encore à cela la dépense nécessitée par les réparations des fleurets, promptement usés, émoussés et déformés.

Les Américains ont, les premiers, recherché les moyens de substituer l'intermédiaire des machines à l'action directe de l'homme. Déjà en 1853, ils avaient imaginé quelques perforateurs, la plupart encore à l'état de projet (1). Il ne paraît pas que ces appareils aient été conçus en vue des travaux souterrains, mais seulement des carrières à ciel ouvert, c'est-à-dire pour des forages exécutés à la surface.

Dans ces derniers temps, les Anglais ont aussi inventé un assez bon nombre de perforateurs mécaniques ; mais presque toujours ils ont dû renoncer à leur emploi par suite de la difficulté de faire parvenir au point d'installation de l'appareil, la force motrice, c'est-à-dire la vapeur d'eau. Cet obstacle a disparu depuis que l'on a songé à utiliser la pression de l'air condensé.

En 1855, comme les ingénieurs sardes, préoccupés du percement du mont Cenis, étaient à la recherche de moyens de battage expéditifs, M. Colladon de Genève émit l'idée d'employer l'air comprimé en qualité de moteur et d'installer, devant le front d'entaillement, des petits cylindres dont les pistons porteraient, sur le prolongement de leurs axes, des fleurets battant à grande vitesse. Le savant professeur attirait en outre l'attention sur la facilité de transmission de cet agent et sur son importance quant à la ventilation du tunnel.

M. Sommelier apprécia immédiatement tout le parti que que l'on pouvait tirer de cette idée, aussi simple que féconde, et, dans le cours de l'année 1861, des perfora-

(1) Voyage dans l'Amérique du Nord, par M. G. Lambert, 1855.

teurs et des compresseurs hydrauliques, dont il avait imaginé le mécanisme et qu'il avait fait construire dans l'établissement Cockeril, à Seraing, fonctionnaient à Bardonnèche avec un succès qui dépassa toute attente. Bientôt un second front d'attaque fut installé à Modane, à l'autre extrémité du tunnel, qui est aujourd'hui, comme chacun le sait, en bonne voie d'exécution.

Ces remarquables appareils ont eu évidemment quelque influence sur les recherches ultérieures; mais il ne serait pas possible de les utiliser tels quels dans la plupart des travaux de mine, d'abord à cause de leurs dimensions encombrantes, ensuite parce que, comme ils n'agissent que dans une direction horizontale constante, on perdrait le bénéfice résultant des joints et des fissures du rocher. Toutefois un instrument beaucoup plus petit et plus léger, construit par l'ingénieur sarde dans le but de percer les pétards ou fourneaux de mine de raccordement, semble très-applicable au creusement des puits et de galeries de faible section.

Cependant on fit des essais, sur une plus petite échelle, dans diverses localités de l'Allemagne, aux fins de remplacer le travail à la main par celui des machines. Parmi les personnes qui se sont livrées à ces recherches, on remarque MM. Schwartzkopf, constructeur de machines à Berlin et Schumann, conservateur des modèles à l'École des mines de Freiberg, dont les appareils, bien que encore imparfaits, méritent d'attirer l'attention. Le dernier avait déjà exécuté un modèle en petit dès 1855, peu après la proposition de M. Colladon. Dans ces derniers temps, M. Sachs, inspecteur des machines de la société de la Vieille-Montagne, mettant à profit les travaux de ses prédécesseurs, a creusé, à Moresnet, une galerie, au moyen d'un perforateur de son invention.

La Belgique a également fourni son contingent; quelques personnes suivant des voies fort diverses ont produit des inventions plus ou moins pratiques, plus ou moins viables, mais renfermant des germes que l'étude développera peut-être. Tels sont les appareils de MM. Cassart et Lepourcq de Seraing, de MM. Cornet et Deschamps du couchant de Mons, et surtout de M. Lisbet de la Louvière, qui a fait construire son appareil dans le Pas-de-Calais.

Le percement mécanique des roches donne lieu à deux classes d'appareils : Les *Perforateurs*, destinés à percer rapidement des fourneaux de mine où l'explosion de la poudre détermine la dislocation du roc, et les *Excavateurs*, qui pratiquent directement l'ouverture des galeries, à l'aide d'outils en acier et sans l'intermédiaire d'une substance explosive.

Les perforateurs se divisent eux-mêmes en deux catégories : Les *perforateurs à percussion*, dont l'outil est astreint à des mouvements de frappe ou de battage, de rotation et de progression, afin d'entamer la roche et d'y creuser un trou circulaire qui se prolonge insensiblement dans sa profondeur. Et les *perforateurs à rodage*, dans lesquels n'ont lieu que les deux derniers mouvements, (rotation et progression) le rodage suffisant à pratiquer un trou cylindrique. Les perforateurs à rodage sont peu nombreux, l'attention des inventeurs s'étant presque toujours portée vers l'imitation des manœuvres usitées dans le battage à la main.

On peut encore établir le classement des perforateurs sur une autre base : suivant qu'ils sont mus par la force corporelle des ouvriers, mais d'une manière autre que dans le travail du fleuret et du marteau ; ou qu'un moteur inorganique est substitué à la vigueur de l'homme, celui-ci n'ayant presque à faire usage que de son intelligence. Nous suivrons dans cet exposé la première classification.

Perforateur de M. Schwartzkopf.

L'auteur admettant comme principe le battage du fleuret par la masse, a dû rendre le fleuret indépendant de la tige du piston, disposée comme organe de percussion. Il emploie comme moteur l'air comprimé à deux atmosphères.

Voir à l'atlas les figures 7 et 8 de la planche II.

Une colonne creuse, C, en fonte, à laquelle est anexée une crémaillère, sert de support à l'appareil; sa base est munie de deux pointes en croissant qui pénètrent dans les dépressions de la roche, et son sommet, d'une forte vis de pression destinée à tendre l'appareil entre le sol et le faîte. Le long de cette colonne circule une douille de suspension, que soulève ou abaisse un pignon engrenant les dents de la crémaillère et mis en mouvement par une manivelle. Un plateau en fonte, P_1, est invariablement fixé à cette douille au moyen d'un boulon faisant office de charnière. C'est sur ce plateau que glisse la partie travaillante de l'appareil, appelée à se mouvoir en avant et en arrière. En vertu de cet agencement, l'outil est susceptible, non seulement d'avancer et de reculer, mais encore de s'installer à diverses hauteurs au-dessus du sol et de prendre n'importe quel degré d'inclinaison. De plus, l'arbre de la manivelle pouvant être muni de deux roues, on peut aisément transporter la machine d'un lieu à un autre en la poussant à l'instar d'une brouette.

Entre les jumelles, à l'extrémité de l'affût, une bache remplie d'eau. Cette eau, soumise à la pression de l'air condensé est injectée au fond du trou de mine.

L'outil ou partie mobile a, pour pièce essentielle, un cylindre à simple effet, c, dans lequel un piston, p, armé d'une forte tige, t, fonctionne sous l'impulsion de l'air comprimé, dont l'introduction est réglée par un robinet ou tiroir-tournant de Wilson et une coulisse en S. Le cylindre est attaché à un plateau, P_2, dont le prolongement recourbé à angle droit sert de support à la glissière du fleuret. Dès que le fleuret, frappé par la tête de la tige du piston, a porté contre la roche, il est aussitôt retiré en arrière par un ressort à boudins.

La distribution de l'air comprimé est provoquée par une came, k, attachée à l'arbre du robinet de Wilson et par un appendice, a, sorte de pas-de-vis, fixé à la tête de la tige du piston. A chaque double excursion de la tige—une allée et une venue — l'appendice opérant sur la came deux pressions successives, l'une dans un sens, l'autre en sens contraire, force l'arbre à décrire deux fois le même arc de cercle, une fois en avant, une fois en arrière. Ce double mouvement se transmet au robinet, dont les deux orifices se présentent alternativement à la lumière du tiroir, ce qui détermine l'introduction puis l'évacuation de l'air comprimé.

La rotation du fleuret dépend de la rotation d'une roue a rochet, r, conduite elle-même par un cliquet, x, articulé sur l'arbre du robinet de distribution. Chaque fois que se produit une oscillation, le cliquet chasse devant lui une dent de la roue; la roue, à son tour, communique au fleuret un mouvement suivant un arc correspondant à la portion de circonférence occupée par la dent.

La partie travaillante suit l'avancement du forage, au moyen de la vis V, qui traverse un écrou inhérent à la plate-forme, P_2, du cylindre. Un ouvrier fait tourner cette vis à l'aide d'une manivelle et par l'intermédiaire de deux roues coniques.

Le diamètre du piston moteur est de 0^m104, et sa course de 0^m078. L'appareil a été construit en vue de frapper de onze à douze cents coups par minute.

Ce perforateur a fonctionné pendant quelque temps pour le creusement du tunnel de Bingen et était alors mu par la vapeur. Il a été également employé dans les mines de Saarbrücken. On se propose, dit-on, de l'appliquer au percement des galeries souterraines de la ligne de Siegen-Rhur , ce qui permettra d'apprécier exactement sa valeur.

La machine de Schwartzkopf pèse près de 250 à 300 kilogrammes ; ce poids trop considérable est un obstacle sérieux à son emploi dans les travaux souterrains. La disposition est fort ingénieuse , mais semble peu pratique. En effet, la crémaillère adjointe à la colonne aura baucoup à souffrir des chocs, la charnière maintiendra difficilement la partie travaillante dans une position déterminée et en état de stabilité. Enfin les organes de la rotation automatique des fleurets et ceux de la distribution, constamment exposés à des chocs violents, devront être fréquemment réparés.

Perforateur de M. Schumann (1). *Planche II* *fig.* 9 *et* 10.

Construit en 1855, sous l'inspiration de M. l'Oberberghauptman, de Beust, il a été l'objet de plusieurs modifications, à la suite desquelles prise de brevet eut lieu au commencement de l'an 1856.

Cet instrument, qui ne pèse que de 60 à 70 kilogrammes, est facile à installer dans toutes les positions.

Son bâti ou affût , en fer forgé , affecte la forme d'une

(1) *Freiberger Jahrbuch fur dem Berg-und-Huttermann*, 1861.

fourche; il se compose de deux jumelles ou barres carrées, B , B , réunies au moyen de deux appendices, A, A,
saillants par le bas. Les extrémités antérieures des barres
se terminent par des pointes destinées à pénétrer dans
les dépressions de la roche, tandis que l'appendice postérieur est traversé par une vis, V, qui fait avancer ou
reculer une couronne de pointes, lesquelles viennent s'im-
planter dans l'un des bois de revêtement ou dans un étai
spécialement installé à cette fin. A ce bâti est, en outre,
annexée une longue vis fixe, W, qui, au moyen d'un écrou,
E , pousse en avant ou ramène en arrière la partie
travaillante. Cette vis tourne sous l'impulsion de la main
de l'homme, par l'intermédiaire d'une manivelle, M, et de
deux roues coniques.

Le cylindre moteur, c, à double effet, a un diamètre de
0^{m}117 et une longueur de 0^{m}207. Il repose sur le bâti,
avec lequel il est en contact par des entailles faites à ses
brides et à ses couvercles. Enfin la tige du piston p, — à
garniture métallique simple — traverse les deux fonds du
cylindre et porte le fleuret, f, fixé, au moyen d'une vis de
pression, dans une douille pyramidale à section carrée.

L'air comprimé débouche par un orifice, o, pratiqué
dans le couvercle de la boîte de distribution et s'échappe
par un autre orifice, o', ouvert sur l'un des côtés du
cylindre.

Le tiroir, T, est en tout semblable à celui des machines
à vapeur; son mouvement dérive de la manivelle, m, et se
transmet à sa tige par l'intermédiaire de deux roues d'engrenage, r_1, r_2, d'un excentrique, e, ajusté sur l'arbre, a, d'une
bielle d'excentrique, b', et d'un petit balancier, b. Les écrous
de la tige du tiroir ont été arrondis en goutte de suif, afin
de faciliter les oscillations de ce balancier.

L'arbre a, placé en avant du cylindre, tourne sous

l'impulsion de la même manivelle *m* et fait fonctionner un petit volant, régulateur, *w*. Une vis sans fin, *v*, entaillée sur cet arbre, met en jeu une petite roue dentée, *r*, engagée dans une rainure, *r'*, de la tige, et lui communique un mouvement rotatif auquel participe le fleuret.

Le recouvrement du tiroir est assez grand pour laisser au fleuret le temps d'agir. La section de la tige offre une surface moindre en avant du piston qu'en arrière, afin de réduire l'action de l'air comprimé au moment où le piston revenant en arrière exige du moteur un travail moindre. C'est encore dans le même but que les lumières d'admission de l'air ont un plus grand orifice à la partie antérieure qu'à la partie postérieure.

Cet appareil réclame le concours de deux ouvriers, dont les manœuvres sont les suivantes : après avoir pratiqué, au pic, quelques dépressions sur les parois ou sur le sol de la galerie, afin de loger les pointes de l'enfourchement, ils fixent l'instrument dans la position voulue et serrent la vis à pointes contre le bois préparé à cet effet. Ensuite ils attachent le porte-vent à l'orifice adducteur *o'* et adaptent un fleuret à la tige *t* du piston. Puis, à l'aide de la manivelle *M*, ils poussent en avant la partie travaillante, jusqu'à ce que le tranchant du fleuret vienne en contact avec le point de la roche où doit s'effectuer le creusement. Alors le vent est donné, un ouvrier tourne la manivelle *m* et l'appareil est en train. Tant que dure la marche, cet ouvrier imprime à l'arbre *a* une rotation régulière, pendant que l'autre, principalement chargé de la surveillance, fait avancer la partie travaillante au moyen de la manivelle *M* et donne de l'eau dans le trou. Les deux hommes se réunissent pour remplacer les fleurets émoussés.

Les premiers essais auxquels on a soumis la machine de M. Schumann ont été assez nombreux pour qu'on puisse aprécier sa convenance pratique. Dans ces essais, exécutés en 1857 sur le prolongement de la galerie d'écoulement de la mine de Rothschönberg, district de Freiberg, les expérimentateurs ont constaté que cet instrument perçait, en 25 minutes, un trou de 0^{m}70, en battant 4 coups par seconde et en mettant trois ou quatre fleurets hors de service, tandis que, par le procédé ordinaire, le mineur, dans la même roche, ne pouvait forer qu'un fourneau de 0^{m}55 de profondeur, en usant trois à quatre trousses de fleurets.

L'air comprimé était livré par une soufflerie-à-vapeur mobile, installée au jour ; il était conduit à travers une colonne de tuyaux de 212.50 m. de longueur et de 0.104 m. de diamètre. Un tuyau en caoutchouc servait d'intermédiaire entre l'extrémité de la colonne fixe et l'orifice de la boîte de distribution. La pression s'élevait à environ deux atmosphères.

Un percement plus rapide, une main-d'œuvre un peu plus coûteuse, tels furent les résultats observés. Ces expériences décidèrent M. Schumann à modifier son instrument de manière à pouvoir supprimer un des deux ouvriers qui le fesaient fonctionner. Il parvint à son but en remplaçant la glissière par un robinet tournant de Wilson, qui lui permit de rendre automatique la distribution de l'air comprimé.

Cet appareil est encore en activité dans la mine de Rotschönberg.

Quoique bien supérieur à celui de M. Schwartzkopf, il laisse encore à désirer sous divers rapports : les ébranlements auxquels il est constamment soumis donnent lieu à de nombreuses réparations : les changements de fleuret occasionnent de notables pertes de temps ; enfin l'expérience prouve qu'une frappe uniforme, sans égard à la nature de la roche, entraîne de graves inconvénients.

Petit perforateur du Mont-Cenis.

M. Sommelier a proposé dernièrement d'appliquer aux mines un petit perforateur simplifié qu'il avait inventé, il y a cinq ou six ans dans le but de percer les fourneaux obliques à la direction des galeries, mais dont il n'a jamais eu besoin de se servir.

Cet instrument (représenté par les figures 11 à 15 de la planche II), dont la longueur, non compris le fleuret, n'est que de 1^m22 se compose d'un cylindre moteur à l'air comprimé et de deux petits appareils propres à imprimer au fleuret un double mouvement, de rotation et de progression.

Le cylindre est en cuivre; il a 0,055m. de diamètre intérieur; son piston p, de même diamètre, mesure 0^m42 de longueur; se prolonge antérieurement par une tige cylindre a de 0^m03 de diamètre, autour de laquelle il reste donc un espace annulaire de 12.5 mm. de largeur, en communication constante avec la chapelle. L'air comprimé débouche incessamment dans cette chapelle à travers un tuyau en caoutchouc vulcanisé b; son affluence est réglée par un robinet r dont la clef se trouve sous la main du machiniste.

Les deux extrémités du cylindre propulseur sont munis de fermetures semblables aux boîtes à bourrage. La garniture du piston, à la tête de l'organe, consiste en une composition dite *métal blanc de Babbit* (1) coulée dans un certain nombre d'échancrures.

La tige est terminée par une douille, d, dans laquelle on fixe le fleuret, à l'aide d'une clavette. La masse à lancer contre fond du fourneau se compose donc du piston, de sa tige et du fleuret, soit un poids de 10 à 12 kilogrammes.

---

(1) *Babbit's* or *antifrictions-metal*, Alliage de 1 partie de cuivre, 50 d'étain et 5 d'antimoine.

Dans la chapelle est une glissière ou tiroir, mû par une tige, t, sur laquelle agissent alternativement deux cames c. L'orifice de sortie de cette tige est obstrué par un petit piston ayant pour garniture un cuir embouti, logé dans une échancrure peu profonde. L'air comprimé, pressant nécessairement sur la face intérieure du piston, le tiroir est poussé en arrière comme par un ressort, excepté lorsque l'une des deux cames le rejette à l'intérieur.

La figure est prise au moment où le fleuret vient d'accomplir son excursion rétrograde; l'air comprimé pénètre par la lumière et le piston va être lancé avec un effort égal à la différence des pressions exercées sur ses deux faces. Le moment du choc est fort rapide. Immédiatement après s'effectue le recul : le tiroir avance sous l'impulsion progressive d'une des deux cames, ferme la lumière d'admission et met en communication le canal et la lumière d'échappement; l'air comprimé se dissipe à travers la conduite latérale; la pression prédomine dans l'espace annulaire; le recul est accompli.

Tout le mouvement provient d'une roue-manivelle, disposée à l'arrière de l'appareil et manœuvrée directement par le mécanicien. L'axe de la roue-manivelle porte, à l'une de ses extrémités, une roue à double came r_2 qui agit sur une autre roue à quadruple came r_4; l'arbre qui porte cette dernière possède à son milieu une vis sans fin que commande une roue, ff, calée sur la tige postérieure du cylindre moteur. L'ouvrier peut régler par la vitesse de rotation de la manivelle, le nombre de coups, le mouvement angulaire et l'avancement du fleuret.

La forme donnée au fleuret (fig. 14 et 15) est, d'après une longue expérience, la plus convenable possible; c'est, comme on le voit, celle d'un Z, dont les ailes sont les arcs d'un cercle ayant son centre en o, projection de l'axe de l'instrument. Pendant le travail, le fleuret tourne dans n'importe quel sens. La forme en Z n'a pour but que d'assurer une section parfaitement circulaire au fourneau. Les outils émoussés sont passés au feu, à la forge et à l'étau ajusteur et ensuite trempés; mais jamais on ne les aiguise comme on fait pour les fleurets en ciseau.

Perforateur de M. Sachs.

C'est un perforateur à percussion, dans lequel le mouvement de battage est produit par l'air comprimé agissant directement et à double effet sur un piston armé de deux tiges dont l'une traverse le fond du cylindre et porte le fleuret. L'autre tige passe à travers le couvercle et commande la distribution et le mouvement de rotation au moyen d'un mécanisme que feront comprendre clairement les figures 1 à 5 de la planche III, dont voici la légende:

A, A,   Deux poutrelles de section circulaire.

B, B,   Entretoises qui relient les poutrelles; le tout compose le chassis de support.

C, C, C, C,   Pièces au nombre de quatre, percées de trous, dans lesquels passent les poutrelles. C'est sur ces quatre pièces que repose le cylindre.

a,   Cylindre alésé dans lequel est ajusté le piston moteur,

b,   Piston, aussi étanche que possible, en fer malléable et consistant en une pièce massive à laquelle sont ajustées les deux tiges c et d.

c,   Tige cylindrique qui traverse une boîte à bourrage au fond du cylindre et porte le fleuret.

d,   Tige cylindrique passant dans la boîte à bourrage qui tient lieu de couvercle au cylindre. Son diamètre est moindre que celui de la tige c, afin de laisser une surface annulaire plus grande à la partie postérieure qu'à la partie antérieure du piston, lequel reçoit ainsi une plus forte pression pour s'élancer en avant que pour revenir en arrière.

$e\ e$, Traverse fixée à la tige d et composée de deux branches qui glissent sur les poutrelles A, A.

f, Ecrou servant à fixer la traverse e à la tige d.

g, Etrier fixé sur le couvercle du cylindre.

$h\ h$, Axe attaché à l'étrier g et porteur de trois leviers ii, nn et s.

$i\ i$, Levier qui accompagne l'axe $h\ h$, et est astreint à jouer dans des trous elliptiques percés dans la traverse $e\ e$.

$k\ k'$, Tiroir de distribution. Le tiroir est divisé, par une paroi, en deux compartiments; celui, k', qui se trouve du côté du couvercle est plus grand que l'autre; sa paroi est percée d'un trou disposé de telle façon que l'air comprimé presse le tiroir par la surface la plus grande. Le couvercle maintenu par quatre boulons n'est que légèrement en contact avec la plate-forme, en sorte que le tiroir circule sans aucune gêne.

l, Robinet servant à régler l'admission de l'air comprimé, qui est livré par un tuyau en caoutchouc et pénètre dans le conduit m.

m, Canal par lequel passe l'air comprimé avant sa distribution.

$n\ n$, Levier à deux branches porté par l'axe $h\ h$.

o,	Tige du tiroir, munie de pas de vis à sa partie postérieure.
p, p',	Pièces qui font partie de la tige o du tiroir et que vient heurter alternativement le double levier $n\,n$, ce qui produit le mouvement de ce tiroir. Ces pièces sont des écrous, de sorte qu'on peut les déplacer sur la tige filetée et régulariser dans certaines limites la force du choc des fleurets. En effet quand le fourneau de mine est incliné sur l'horizon, s'il est dirigé de haut en bas le poids du piston et de tous les organes qui s'y rattachent vient s'ajouter à la force motrice pour déterminer la projection du fleuret contre la roche ; au contraire, ce poids fait obstacle à l'action si le travail se fait de bas en haut.
q,	Arrêt qui maintient les deux écrous p, p' dans un écartement constant et tel que le double levier $n\,n$ doit parcourir un espace mort avant de venir en contact avec eux.
r,	Roue à rochet pourvue de 36 dents et ajustée sur la tige d, dans laquelle des rainures ont été burinées et qui peut ainsi glisser dans la roue sans l'abandonner ou, en d'autres termes, suivre le mouvement rectiligne du piston et lui transmettre le mouvement angulaire de la roue r.
s,	Levier attaché à l'axe $h\,h$.
t,	Petite tige liée au levier s, lequel lui donne un mouvement longitudinal de va et vient.
u,	Cliquet placé sur la tige t et pressé par un ressort contre la roue r. A chaque excur-

sion ascendante de la tige *t*, le cliquet fait
tourner cette roue d'un cran.

v,   Arrêt pressé par un ressort. Il empêche les
mouvements en retour de la roue à rochet.

Le jeu de cette mécanique ingénieuse est facile à saisir:

On ouvre le robinet *l*; l'air passe par le canal *m* dans
le tiroir de distribution et presse la face postérieure du
piston. Le piston s'élance en avant, pousse le fleuret
contre le rocher, entraîne la tige *d* et fait basculer le
double levier *i i* et, par conséquent, les leviers *n n* et *s*
autour de l'axe *h h*. Alors le levier *n n*, après avoir parcouru l'espace mort compris entre les deux écrous *p*, *p'*,
appuie contre l'un d'eux *p'* et chasse le tiroir de distribution. Le mouvement se renverse. L'air comprimé
refoule le piston et ses tiges. Le levier *i i* bascule de
nouveau et fait pivoter l'axe *h h* ; le levier *v*, qui participe à cette oscillation , fait remonter la tige *t* et son
cliquet *u*, et la roue à rochet opère son trente-sixième de
révolution. De son côté le levier *n n* a franchi l'espace mort
et buttant contre *p* retire en arrière la boîte de distribution qui reprend sa position primitive, celle qui est indiquée par les figures.

A mesure que le travail avance et que le fleuret pénètre
dans le rocher , il faut que la machine entière se déplace
et se rapproche du front d'attaque. A cet effet une vis *V*
porte sur deux étriers, *E, E*, solidement attachés au chassis
et reçoit à son extrémité postérieure une manivelle, *M*,
que manœuvre un ouvrier. Cette vis passe dans un écrou
fixé sur le cylindre moteur, que l'ouvrier fait ainsi glisser
le long du chassis.

. M. Sachs a réussi à rendre automotrice cette progression du cylindre sur le chassis , au moyen de la disposition suivante , qu'il a appliquée à un perforateur à haute
pression :

(Les figures 7 à 11 de la Pl. III, auxquelles le lecteur est prié de passer maintenant, indiquent les principaux détails de ce nouvel appareil, qui admet 10 à 11.5 kil. de pression et pèse la moitié seulement du perforateur à pression d'une atmosphère décrit ci-dessus.)

Entre la roue à rochet *r* et le fond du cylindre se trouvent une seconde roue à rochet *w*, et une roue dentée, *x*, ces deux dernières solidement liées. La roue dentée engrène un pignon, *y*, porté par une douille ou écrou, *z*, qui embrasse l'une des poutrelles *A*, *A* constitutives du chassis. Cette poutrelle est pourvue de pas de vis. La douille, tout en étant fixée sur l'une des quatre pièces *C*, *C*... qui supportent le cylindre, peut prendre un mouvement de rotation, mouvement que lui donne la roue à rochet *w*, par l'intermédiaire de la roue dentée et du pignon. Quant à la roue *w*, elle-même, elle tourne par le même mécanisme qui fait tourner la roue *r*; seulement elle est divisée en un nombre de crans tel que le cliquet ne pousse l'un d'eux qu'à une excursion pleine du piston. Lorsque d'aventure le fleuret, retardé par la dureté de la roche ou par toute autre cause, arrête le piston et que celui-ci, par conséquent, n'accomplit pas sa course entière, le cliquet n'opère sur chaque cran qu'à deux ou à plusieurs reprises. — La poutrelle filetée *A* étant fixe, la rotation de l'écrou le fait avancer et pousse le cylindre auquel il est invariablement relié par la pièce *C*. Enfin on peut, par un système de cliquet, de levier et de poignées, établi sur le rebord antérieur de l'écrou, manœuvrer à la main, quand c'est nécessaire, soit pour pousser, soit pour retirer le cylindre.

L'affût du perforateur de M. Sachs (Pl. III, fig. 12 et 13), est un wagon d'une hauteur à peu près égale à celle de la galerie à percer et d'une largeur telle qu'il reste de

3

chaque côté un couloir de 30 à 40 c. pour le passage des
ouvriers. Dans l'espace étroit compris entre le faîte et
l'affût, on chasse des coins en bois qui serrent et fixent
le système. L'arrière du wagon renferme les boyaux en
caoutchouc vulcanisé, les outils, les appareils de réserve
et tous les accessoires, tels qu'une bâche contenant de
l'eau pour injecter dans le trou de mine par le moyen de
l'air comprimé. C'est à l'avant du train que l'on ajuste le
perforateur.

Comme on le voit par la figure, le wagon se compose
de longerons en bois, L, L, reliés par de forts boulons et
munis d'essieux pour deux paires de roues qui circulent
sur des rails. Sur chaque longeron s'élèvent quatre poteaux, P... et P'..., solidement reliés par des entretoises à
leurs sommets. Les quatre poteaux antérieurs P... sont en
fonte et garnis d'une série de petites consoles. Ceux qui
se trouvent près du front d'entaillement portent une traverse échancrée, TT; les deux autres, un axe cylindrique,
SS; ces pièces transversales sont calées avec des coins
en bois. A la traverse T, on fixe, au moyen d'un écrou,
un chevalet (fig. 6), sur lequel vient reposer la tête du
perforateur, par les poutrelles, A, A, qui s'engagent dans
les deux fourches, F, F. L'axe cylindrique SS reçoit le
poignet, D (fig. 1, 2 et 3), qui, à l'aide de la broche, E,
saisit la traverse B du perforateur. L'axe S, le boulon
G, et la broche E, forment trois axes perpendiculaires
deux à deux, autour de chacun desquelles le perforateur
est susceptible de tourner pour prendre n'importe quelle
direction.

Dans un mémoire qu'il a publié au sujet de son perforateur [1], M. Sachs établit une sorte de parallèle entre

[1] Ce Mémoire, traduit de l'allemand par A.-T. P., a été inséré dans
la *Revue Universelle.* 1866. Tome XIX, p. 392.   *(Note de l'éditeur.)*

les inventions de même espèce qui ont précédé la sienne ; il semble vouloir appeler surtout la comparaison entre son système et celui de M. Sommelier.

Si l'on se place à certain point de vue, M. Sommelier possède, à nos yeux, l'avantage d'une longue et incessante expérience durant laquelle il a eu l'occasion d'apporter à la construction de son appareil toutes les améliorations que suggèrent les difficultés de la pratique. L'invention mère, faite en vue d'un travail gigantesque, peut, comme on l'a vu plus haut, se plier au percement des galeries de petites dimensions. Les émules de l'ingénieur piémontais devront donc rechercher des combinaisons tout-à-fait neuves pour arriver à un résultat plus complexe avec une construction simple et des organes légers, solides et peu nombreux. La machine de M. Sachs ne nous paraît pas à l'abri de tout reproche sous ce dernier rapport. Très-séduisante au premier aspect, pouvant fournir toute seule, dès qu'on l'a mise en train, ses trois mouvements simultanés, laissant même la dureté de la roche régler celui de progression, cette machine, lorsqu'on l'examine de près, montre certains défauts auxquels il sera difficile de remédier sans faire subir des modifications profondes à son principe même.

En première ligne, observons que, par suite de la façon dont s'opère la distribution, lorsque le fleuret s'élance vers le roc, le tiroir se renverse avant que la percussion ait eu lieu ; et le choc amorti n'est plus que le résultat de la vitesse acquise, diminuée encore du commencement de l'action engendrée par l'admission contraire. Cette perte d'effet utile, déjà désavantageuse en elle-même, entraîne, en outre, la nécessité d'avoir toujours des fleurets parfaitement acérés.

En second lieu, la multiplicité des pièces ajustées à la

suite du système fait que la longueur totale de la machine est disproportionnée à la longueur du fleuret, lequel ne peut ainsi, pour des dimensions ordinaires, forer des trous de mine d'une certaine profondeur.

Enfin la distribution, commandée par la tige du piston, avec le concours de leviers et de taquets, donne lieu à des mouvements brusques qui doivent amener une prompte dislocation des pièces.

Cette question difficile de la distribution automatique dans les perforateurs a été résolue d'une façon heureuse par un ingénieur anglais, M. Crease, dont nous décrirons l'appareil dans le paragraphe suivant.

Avant de passer à cet objet, voici, au sujet de l'effet utile de la machine de M. Sachs, quelques renseignements fournis par l'inventeur lui-même dans le mémoire précité.

La galerie qu'il s'agissait de percer à Moresnet avait pour but de relier, à l'étage de 90 mètres, un gîte calaminaire au puits principal, dont il était séparé par un grauwacke schisteux; elle devait se prolonger ainsi sur 126.50 m., avec une section de 2.25 m. en hauteur et en largeur.

L'installation du forage commença dans le cours de 1862; mais divers obstacles imprévus ne permirent de faire fonctionner régulièrement les machines qu'au commencement de mars 1864, après qu'on avait déjà fait, à bras d'homme, 58.50 m. Les perforateurs n'ont donc eu à percer que 68 m.; leur œuvre fut terminée au mois d'août de la même année.

« Les 58^m50 de travaux à la main ont exigé 13 1/2 mois (le travail du mois de mars 1863 n'a duré que 15 jours), ce qui donne un avancement moyen de 4.25 m. par mois. Le percement mécanique a commencé le 4 mars et a continué sans interruption jusqu'à la fin d'août, ou pendant six mois; d'où résulte une moyenne de 11.41 m. par mois, ou 2 1/2 fois autant que par le travail à la main. Au mois de juillet, époque où le percement avec la machine commençait à bien marcher, il est arrivé, deux fois en six jours, que l'avancement a été de 5 mètres; plus tard, un banc de quartz aquifère opposa des obstacles au travail; enfin la roche commença à devenir plus tendre, au mois d'août, dans le voisinage du gîte calaminaire. Ainsi l'on peut dire que le travail avec la machine a été double de celui qu'exécute la main des hommes. »

Sous le rapport du mode de travail, il faut remarquer que la galerie était percée, non par gradins, mais sur toute la section. Toutefois on devait faire par reprises à la main l'entaille inférieure ou *crabottage*, parce que la construction du bâti et surtout la forme et le poids des perforateurs ne se prêtaient pas à l'exécution des fourneaux pour cette opération partielle.

Perforateur de M. Crease.

Dans la planche III, la figure 14 est une élévation longitudinale, la fig. 15 une section dans le même sens, la fig. 16 une vue de la partie postérieure et la fig. 17 une section transversale de ce perforateur, qui se compose essentiellement de deux cylindres accolés, de diamètres différents. Les pistons que renferment les cylindres et les quatre canaux qui mettent ceux-ci en communication sont arrangés de telle façon que chaque piston remplit, à l'égard de l'autre, l'office de valve régulatrice; d'où naît, comme on va le voir, leur mouvement réciproque. Cette curieuse disposition peut être utilisée pour d'autres machines encore que pour les perforateurs, chaque fois qu'on veut se dispenser de l'usage de leviers et de taquets; en outre elle s'applique indifféremment à toute espèce de force, vapeur, air comprimé, colonne d'eau. Pour abréger le discours nous nous contenterons, dans notre description, de nommer une de ces forces, la vapeur.

C,   Grand cylindre.

c,   Petit   »

O, O', L, L',   Ouïes ou lumières (ouvertes dans le grand cylindre) des canaux qui mettent les deux cylindres en communication.

o, o', l, l',   Idem, dans le petit cylindre.

E,   Orifice d'évacuation dans le grand cylindre.

e,   »   »   dans le petit   »

a, a',   Orifices d'admission dans le même.

P,   Piston du cylindre C.

p,   »   »   » c.

M.   Le piston P, creusé sur une partie de son pourtour, renferme une retraite ou cavité, M, qui, à la fin de chaque pulsation, vient en regard d'une des deux ouïes, O, O', des canaux qui conduisent respectivement aux extrémités du cylindre c. Quand le piston P est au bout d'une course, la vapeur contenue dans l'extrémité adjacente du petit cylindre se rend, par le canal $o\,O$ ou par le canal $o'O'$, dans le compartiment annulaire M et, de là, à l'air libre par l'orifice d'évacuation E.

m_1, m_2, m_3. De son côté le piston p renferme trois compartiments; celui du milieu, m_2, en découvrant alternativement les ouïes l et l' permet à la vapeur contenue dans les extrémités G et D du grand cylindre de gagner l'orifice d'évacuation e; les deux autres m_2 et m_3, mettent successivement et respectivement

ces mêmes extrémités en communication
avec les orifices d'admission a et a'.

Le dessin représente l'appareil au moment où elle
pénètre dans le petit cylindre par l'orifice d'admission a,
passe, par le canal lL, dans l'extrémité G derrière le piston
P et chasse celui-ci vers l'autre bout de sa course (à droite).
En même temps, la vapeur qui se trouve en D, devant le
piston P, est refoulée à travers le canal $O'o'$, ouvert en
ce moment, et pousse le piston p en sens inverse (vers la
gauche). — Dans son passage, le piston P découvrira
derrière lui l'orifice O du canal conduisant à l'extrémité g,
dans laquelle la vapeur viendra alors affluer et pousser
(de gauche à droite) le piston p, qui dans cet intervalle aura accompli sa première excursion (de droite à
gauche). Les deux pistons marchent toujours en sens
contraires.

Le piston P, en passant — de la position indiquée par la
gravure — à l'autre bout de sa course, refoule la vapeur de
l'extrémité D, à travers le canal $l'L'$, dans le compartiment annulaire m_5, où elle trouve l'orifice d'évacuation e.
Quant à la vapeur qui pendant ce temps a agi sur le piston
p, elle passe — de l'extrémité g du petit cylindre — dans
la cavité annulaire M, par le conduit oO, puis se répand
au dehors par l'orifice E.

Quand les pistons auront touché la fin de leur première
course, c'est la vapeur contenue dans l'extrémité d qui
passera, à travers le conduit $O'o'$, dans cette cavité et, de
là, à l'air libre.

Pour l'excursion rétrograde du piston P, la vapeur
entre par l'admission a', au lieu de a, et les rôles des ouïes
L et L' sont renversés, c'est-à-dire que l'ouïe L' alimente
le cylindre C et que l'ouïe L l'évacue.

Ainsi s'opère la distribution, avec une régularité parfaite, à huit-clos, si l'on peut employer cette expression, et complètement à l'abri des atteintes extérieures.

Quant aux mouvements de rotation et de progression M. Crease les obtient des organes suivants :

Rotation du fleuret.

t,   Tige de piston p.

b,   Bielle attachée à cette tige.

w,   Volant.

v,   Vis sans fin sur l'arbre du volant.

R,   Roue dentée commandée par la vis sans fin et fixée sur le fuseau f.

f,   Fuseau qui pénètre, à travers le couvercle du cylindre C, dans un creux à rainure du piston P de manière à permettre à celui-ci son mouvement de va et vient tout en lui transmettant le mouvement rotatif que le fuseau reçoit du piston p par l'intermédiaire de la bielle, de la manivelle, de la vis sans fin et de la roue dentée.

Mouvement de progression.

l,   Excentrique placé sur l'axe du fuseau f.

b_1,   Bielle de l'excentrique e.

b_2,   Balancier que fait osciller l'excentrique par le moyen de la bielle b_1.

c,   Cliquet porté par le balancier et pressé, par un ressort, contre la roue à rochet r.

r,   Roue à rochet fixée à une vis de rappel, V.

V.   Cette vis joue dans un écrou fixe et indépendant de la partie travaillante, d'où l'avancement de celle-ci.

En fesant varier la distance qui sépare le centre de rotation de l'excentrique et le point de rencontre de la bielle et du balancier, on peut avancer à volonté un ou plusieurs crans de la roue à rochet et, par conséquent, régler l'avancement sur le degré de dureté de la roche.

Machines construites par des Belges pour le percement des fourneaux de mine.

Dans le courant de l'été de 1859, une machine construite par MM. Cassart et Lepourcq, de Seraing, travaillait à prolonger une galerie souterraine de la mine du Hasard à Forêt, près de Liége.

Voici la description de cette machine qui, depuis, fut modifiée comme on le verra plus loin.

Sur un train de voiture repose une plate-forme, aux quatre angles de laquelle se dressent des colonnes reliées entre elles par des traverses ; le tout représente un parallépipède et constitue le bâti ou cage de l'appareil ; ce bâti est en fer forgé ; il renferme un chassis rectangulaire, dont les quatre angles munis de douilles ou anneaux empoignent chacun une des quatre colonnes ; les douilles sont articulées de telle sorte qu'elles permettent au chassis, soit de se coucher dans le plan horizontal, soit de former avec lui toute la série des angles compris entre 45° au dessus et 45° au-dessous de ce plan. Au milieu du chassis est fixé un cylindre pneumatique renfermant un piston imperméable à l'air ; le couvercle postérieur de ce cylindre, est fermé, mais celui de devant — tourné vers le front d'entaillement — possède une ouverture à travers laquelle l'air entre et sort librement. La tige du piston traverse les deux couvercles. Elle est armée, à sa partie antérieure, d'un fleuret destiné à l'attaque de la roche. Elle est en outre munie d'une traverse contre laquelle viennent alternativement heurter deux cames ; ces dernières, calées sur un arbre, reçoivent, par l'intermédiaire d'une courroie, un mouvement de rotation d'une roue établie à la partie postérieure et sur le côté du bâti. Les cames, en tournant, pressent sur la traverse, forcent le piston à

rétrograder vers le fond du cylindre et à comprimer l'air
qui y est renfermé, après quoi elles échappent brusquement ; le piston cédant alors à l'action de l'air comprimé
s'élance en avant avec le fleuret, qui va frapper le rocher.

Quant au mouvement rotatif du fleuret, on l'obtient de
de la manière suivante : L'arbre auquel sont fixées déjà
les cames motrices porte, en outre, un excentrique muni
d'un cliquet : ce cliquet agit par l'intermédiaire d'une tige
à rochet et, à chaque pulsation, la fait tourner d'une
portion de sa circonférence ; la roue, liée par des roues-
d'angle avec la queue du piston, communique à celui-ci un
mouvement de rotation partielle qui continue à chaque
coup.

Mais le bâti doit avancer à mesure que le trou s'approfondit. Ce mouvement, indépendant de ceux que nous
venons de décrire, s'opère au moyen d'une vis établie à
demeure sur le train de voiture et tournant sur elle-même
dans un écrou qui, par cela même, avance graduellement
et fait avancer le bâti auquel il est attaché.

Enfin l'arbre fait marcher par un excentrique une petite
pompe aspirante et foulante qui puise de l'eau dans un
seau et la projette à travers un tuyau en caoutchouc ; le
bec de ce tuyau est entre les mains du maître foreur qui
dirige le jet dans le trou en voie de creusement. Cette
précaution a pour but, non seulement d'empêcher le
ciseau de se détremper, mais encore d'enlever, à chaque
instant, les débris de la trituration de la pierre. Le maître
foreur est également chargé de manœuvrer la vis qui
qui fait avancer le bâti ; son poste est donc à la partie
antérieure de la machine, c'est-à-dire au front d'attaque.

Quelques modifications ont été imaginées par M. Mar-
cellis, constructeur de machines à Liége. Ainsi il a diminué le volume et le poids de l'appareil et rendu le chassis

mobile autour d'un axe vertical ; afin de faire varier à volonté le degré de condensation de l'air, il a converti le couvercle contre lequel avait lieu la pression du fluide en une sorte de piston plongeur susceptible de pénétrer plus ou moins profondément dans le cylindre ; enfin, il a transporté de l'arrière à l'avant le mécanisme de la rotation du fleuret. Mais ces améliorations n'ont pas eu toute l'efficacité que l'on en attendait ; elles laissent la machine dans un état encore défectueux , à cause de l'encombrement que produit son volume, resté considérable même après sa réduction, et des pertes de travail que produisent les frottements des organes interposés entre la force et son point d'application. En effet les expériences assez prolongées, qui ont eu lieu dans la même galerie du Hazard, à la fin de l'année 1860 et au commencement de 1861, ont permis de constater que le fonctionnement de cet appareil exige le concours de quatre ouvriers se relayant par couples, et d'un contre-maître, pour commander la manœuvre , avancer le bâti et diriger le filet d'eau. Or cette main-d'œuvre suffirait au forage simultané de deux trous de mine et demi, par les procédés ordinaires, et l'activité du perforateur, déduction faite des pertes de temps, est loin d'être deux fois et demie aussi grande. Cette imperfection d'un appareil, remarquable d'ailleurs par son agencement si simple et si pratique et par la solidité de ses organes, disparaîtrait complètement si l'on pouvait diminuer encore son volume et son poids, et surtout s'il fonctionnait sous l'impulsion d'un agent plus puissant et moins coûteux que le bras des hommes. — C'est évidemment l'une des meilleures machines qui aient été inventées jusqu'à présent.

A la même époque, deux autres machines, construites sur le même principe, par MM. Cornet et Deschamps, ont été essayées, l'une à la mine de Sarslongchamps, l'autre à celle du Nord-du-Bois de Boussu.

Dans chacun de ces appareils, une tige armée d'un fleuret joue dans un chassis et frappe par réaction, comme dans la machine qui précède ; seulement ce n'est plus l'air comprimé qui produit la projection du fleuret, mais un manchon en caoutchouc ou un ressort à boudin, qui, refoulé sur lui-même par une came, se détend subitement, lorsque celle-ci échappe, et lance l'outil dans la direction longitudinale du chassis. Ce chassis pivote sur un genou, en sorte qu'il peut prendre toutes les positions dans l'espace, excepté la verticale et les positions qui en sont fort rapprochées.

M. Cornet, dans une des réunions mensuelles de la *Société des anciens Élèves de l'École des Mines du Hainaut*, a annoncé que sa machine avait exécuté en 12 minutes un trou de 0^m80 de profondeur dans une muraille en briques. Cependant, comme depuis lors il n'a plus été question de cette invention, il est à croire qu'elle avait quelque défaut qu'il aura été impossible de faire disparaître.

Parmi les perforateurs belges se trouve celui de M. Lisbet, il mérite un paragraphe spécial qu'on lira plus loin.

Percement des fourneaux par rodage.

Depuis longtemps les plâtriers des carrières de Montmartre, près de Paris, se servent de mèches pour forer dans les roches tendres. Les houilleurs n'ont jamais ignoré non plus que l'enlèvement des fragments, sans trituration préalable est une cause d'effet utile. Souvent enfin l'on a songé d'appliquer le *rodage* aux trous de mine, afin d'éviter l'excédant de travail nécessaire au fleuret pour réduire la pierre à l'état pulvérulent sur toute l'étendue du fourneau.

Ce mode de travail peut être réalisé par deux procédés différents : l'un proposé par M. le conseiller divisionnaire Rittinger, de Vienne, consiste à produire une fissure annulaire qui, après la rupture du noyau intérieur, détermine le trou ; l'autre, exécuté par M. Lisbet, ingénieur de la mine de Bully-Grenay (Pas-de-Calais) est le fait d'enlever de la roche par éclats successifs au moyen d'une sorte de tarière. L'instrument de M. Rittinger (Pl. IV, fig. 7) n'est autre qu'un tube en acier fondu, dont les bouts sont munis, à leurs pourtours, de dents analogues à celles d'une scie. Des fentes parallèles à l'axe déterminent l'expulsion des produits pulvérulents de la trituration du rocher ; On fait manœuvrer ce tube au moyen d'un manche d'une espèce particulière ; enfin on peut le retourner afin d'agir avec le second bout lorsque l'usage a rendu le premier défectueux. Il résulte d'expériences faites à Vienne dans les ateliers de construction de M. Schulze que, pour éviter de suréchauffer la partie coupante de l'outil et sous peine de retarder l'opération, la vitesse rotative ne doit pas excéder 10 millimètres par seconde ; et que, dans des roches tendres, on peut percer des trous de 0^m08, en 280 révolutions ou en 10 minutes sans échauffer trop l'acier.

Perforateur héliçoïde de M. Lisbet.

L'appareil de M. Lisbet rappelle, par sa pièce principale, le procédé des plâtriers de Montmartre. Au moyen d'une manivelle ou d'un levier à rochet, on imprime un mouvement de rodage à une espèce de mèche ou de tarière, travaillant dans une boîte supportée elle-même par un bâti ou affût,

Le bâti, dont la longueur varie à volonté, est un cadre rectangulaire (fig. 1 et 2, Pl. IV.) composé de longues bandes de fer plat, a, entretoisées à leurs extrémités ; sur les longues faces externes de ce cadre, dans des rainures longitudinales en forme de queue d'aronde, glissent, à frottement doux, les branches longitudinales, b, b, d'une fourche (ou autrement dit, d'un autre cadre, ouvert par le bas) dont l'entretoise supérieure c, percée en écrou, livre passage à une vis, d, terminée, comme le premier cadre, par une pointe carrée en acier. Cette dernière possède une tête à lanterne dans laquelle on passe un levier de manœuvre pour raccourcir l'affût, suivant la distance ou allonge qui se trouve entre les deux parois de l'excavation où il doit fonctionner.

La course de la vis, 0^m30 à 0^m40, suffit aux galeries de mine ordinaires, de dimensions régulières et uniformes ; mais dans les excavations de grande section, le mineur a recours, pour allonger l'affût, à la faculté que possèdent les cadres de pouvoir glisser l'un sur l'autre, puis à un point voulu devenir solidaires par l'introduction d'une broche à travers des trous placés en regard dans les deux pièces. Par cet agencement l'affût peut convenir à toutes les distances comprises entre 1^m50 et 2^m50. Il pèse 43 kilogrammes.

Pour amarrer l'appareil dans une galerie de moyenne section, le mineur appuie la pointe du cadre extérieur sur le sol ou contre une des parois de l'excavation, puis il imprime à la vis un mouvement de rotation qui tend le bâti et fixe invariablement les deux pointes contre la roche. Si l'exhaussement qui résulte de cette manœuvre était insuffisant, le mineur commencerait par relever le cadre extérieur, jusqu'à ce que sa pointe vînt en contact avec le plafond ou avec la paroi opposée ; alors seulement il serrerait énergiquement le bâti entre les deux points d'appui, au moyen de la vis et de son levier de manœuvre.

Un coulisseau, e, formé de deux plaques en fer, reliées par une entretoise, se meut longitudinalement sur le cadre intérieur, auquel on peut l'attacher à une hauteur quelconque en faisant concorder deux des trous pratiqués dans chacune des deux pièces. Sur le coulisseau repose un chassis rectangulaire, f, dans lequel glisse le porte vis ou écrou en deux pièces g, g, dont l'une reste fixe, tandis que l'autre s'élève ou s'abaisse sous l'impulsion d'une vis qui traverse la pièce supérieure. Cet écrou est destiné à recevoir une vis creuse, h, à filets rectangulaires de 0^m04 à 0^m05 de diamètre et 0^m80 de longueur, 2 millimètres de pas.

Deux tourillons taraudés, placés à l'extérieur du chassis, servent à donner à la vis creuse et au foret divers degrés d'inclinaison. Les écrous qui les accompagnent permettent de serrer l'organe entre les montants du bâti.

L'outil ou foret, i, n'est autre qu'une barre d'acier corroyé, de 7 millimètres d'épaisseur et de 25 millimètres de largeur, contournée en spirale. Son diamant offre deux biseaux formant un angle assez obtus; leurs extrémités, retroussées dans le sens de l'entaillement présentent chacune une arête légèrement aiguë, qui entame le fond du trou en s'insinuant dans la roche sans l'user, ni la broyer. Le diamant a un diamètre de quelques millimètres plus fort que celui de l'hélice afin de frotter seul contre les parois du trou. Les débris de la roche sont entraînés en dehors par la spirale, qui agit sur eux comme la vis d'Archimède sur les liquides.

La vis creuse s'enchasse par son extrémité postérieure dans un bloc, m, où on la fixe par deux vis à têtes carrées. Elle est traversée d'outre en outre sur toute sa longueur par la tige *porte-forets*, ou tige cylindrique qui se termine à un bout par une douille ovale pour recevoir le foret, à

l'autre bout par une portée carrée, *p*, fesant saillie hors
du bloc.

Une manivelle ou un levier à rochet, *k* (fig. 3 et 4), est
fait de façon à pouvoir glisser sur le carré de la tige et,
par conséquent, venir en contact avec le bloc ou s'en
écarter. Dans le premier cas, le talon *l*, inhérent à la
manivelle ou au levier, venant s'interposer entre des crans
ménagés à la partie postérieure du bloc, rend les deux
objets solidaires et produit à chaque tour un avancement
égal à un pas de vis ; dans le second cas, l'effort exercé
directement sur le carré de la tige, devenue indépendante
de la vis creuse, ne donne pas de mouvement de progression
au fleuret. Ainsi le moteur commande tantôt la tige et la
vis, tantôt la tige seule et fait tourner l'outil avec ou sans
mouvement de progression ; il suffit pour cela de porter
le levier tantôt en arrière, tantôt en avant.

Les manœuvres relatives au perforateur consistent
d'abord à installer le bâti dans une position convenable.
Une roche tendre permet de le placer à une distance de
0ᵐ70 à 0ᵐ80 de la paroi que l'on veut attaquer. Mais pour
les roches dures, cette distance ne doit pas excéder 0ᵐ25,
afin d'éviter un porte à faux trop considérable, qui ferait
ployer l'instrument. Alors on place le coulisseau à la hauteur voulue et l'on serre les écrous du chassis. Pour
amener ensuite l'outil dans la direction du trou de mine à
forer, le mineur dispose de trois moyens : la position du
bâti, celle de la boîte ou porte-outil sur les montants du
cadre, et l'inclinaison que peut prendre ce dernier en
tournant sur les tourillons de suspension.

Après quoi, le mineur procède au choix des fleurets ; si
la roche est tendre, il les prend d'une longueur et d'un
diamètre suffisants pour percer immédiatement le fourneau de mine ; dans le cas contraire, il emploie successi-

vement deux fleurets : l'un court et mince ; l'autre, d'un diamètre égal à celui du fourneau. Il place dans la douille le fleuret qu'il a choisi, puis commence l'attaque, en rendant la vis solidaire de la tige, c'est-à-dire en appliquant immédiatement la manivelle ou le levier contre le bloc ; il fait tourner et pénétrer l'outil dans le terrain, jusqu'à ce que, sentant le cadre fléchir, il s'aperçoive que la résistance va devenir trop considérable ; alors il fait glisser le levier de manœuvre sur le carré de la tige, qui devient ainsi indépendante de la vis ; le fleuret, sous l'influence de l'élasticité du cadre, continue à s'enfoncer dans la roche ; mais la résistance diminue peu à peu ; dès qu'elle cesse, l'ouvrier embraye la vis de nouveau et imprime au fleuret les deux mouvements de progression et de rotation simultanément. Les alternatives d'embrayement et de débrayement se succèdent avec d'autant plus de fréquence que la roche est plus dure. Elles sont nulles pour les roches tendres. Le mineur continue ainsi avec des fleurets de longueur croissante, jusqu'à ce que le fourneau ait acquis la profondeur et le diamètre voulus.

Pour retirer l'outil, soit dans le cours du percement afin d'en substituer de plus longs, soit après le percement du trou, il suffit de soulever, au moyen de la clef, la partie supérieure et mobile de l'écrou ; la vis mobile, rendue à la liberté, rétrograde avec le fleuret que l'on peut alors détacher. Après quoi, l'on remet cette vis en place et l'on rabaisse la moitié de l'écrou.

Le perforateur était originairement plus lourd et beaucoup plus compliqué qu'il ne l'est actuellement. En effet, M. Lisbet, désireux de rendre variable le rapport de la progression du foret à son mouvement de rotation, avait imaginé d'interposer entre la manivelle et l'outil une série de pignons et de roues coniques, au moyen

4

desquels il pouvait imprimer au fleuret quatre vitesses différentes. On a, depuis, supprimé, comme le lecteur vient de le voir, cette disposition qui engendrait des frottements fort nuisibles. Des crémaillères tenaient la place des trous qui servent avec plus de sécurité et d'invariabilité, à fixer le coulisseau sur le cadre intérieur. La simple vis qui suffit aujourd'hui pour bander l'appareil entre les deux points d'appui a succédé à une fourche dont les branches rentraient dans les rainures correspondantes de l'un des cadres. Enfin, aux croissants que l'on voyait jadis aux deux bouts du perforateur, on a substitué des pointes carrées, qui présentent sur les premiers cet avantage qu'une seule dépression leur suffit pour s'y loger, tandis que les croissants en exigeaient deux, convenablement espacés et, naturellement, plus difficiles à rencontrer.

Les figures 5 et 6, projections horizontales d'une galerie en percement, montrent que l'appareil peut se placer en travers de la galerie.

Si l'on veut considérer ces figures comme des élévations longitudinales, elles indiqueront les positions qu'il faut donner à l'appareil pour forer : 1° du sol jusqu'au milieu de la galerie (fig. 5); 2° du milieu jusqu'au toit (fig. 6); observons que dans le second cas le perforateur est renversé; le cadre porteur du coulisseau constitue la partie supérieure du bâti, la fourche b en devient la partie inférieure.

L'inclinaison donnée au bâti a pour but de l'arcbouter contre les parois, de lui assurer, en augmentant son bras de levier, une résistance suffisante à la réaction produite par le travail de l'outil.

Effets utiles de l'instrument de M. Lisbet.

Plusieurs directeurs de houillères du Pas-de-Calais

ont formé une commission pour examiner l'appareil de M. Lisbet. Les essais ont eu lieu, en mai 1861, dans une galerie-à-travers-bancs du puits d'Annezin, société de Vendin-lez-Béthune. Voici, d'après un rapport publié par M. Aleyrac dans le *Bulletin de l'Industrie minérale*, le tableau de ces expériences :

NATURE des ROCHES TRAVERSÉES.	PROFONDEUR DES FOURNEAUX.	TEMPS EMPLOYÉ, EN MINUTES.			
		A LA POSE DE L'APPAREIL.	AUX CHANGEMENTS DE FLEURETS.	AU PERCEMENT DU TROU.	A LA TOTALITÉ DE L'OPÉRATION.
1. Schistes durs.	0.600 m.	3'.0	0'.5	2'.5	6'.0
2 Idem plus durs .	0.950 »	2.5	1.0	5.0	8.5
3. Grès à gros grains	0.565 »		0.5	14.5	15.0
4. Idem.	0.515 »				5.5
5. Grès durs.	0.200 »				11.0

1er ESSAI. — Le trou était horizontal ; la manivelle avait été appliquée directement sur la vis motrice et la poussière du rocher s'écoulait complètement.

2e ESSAI. — Le fleuret, placé dans les mêmes conditions qu'au premier essai, a dû traverser un lit ou *barre* de fer carbonaté lihoïde de 0m05 d'épaisseur. Dans aucun de ces essais, l'échauffement de la tarière n'a été sensible ; mais l'un des coins du taillant a été légèrement écorné, probablement au passage du fer carbonaté.

3e ESSAI. — Le mouvement a été imprimé, non plus à l'aide de la manivelle, qui ne pouvait fonctionner, mais du levier à rochet appliqué directement sur la vis.

4e ESSAI. — Les expérimentateurs ont observé que l'humidité des roches est fort nuisible au progrès du

percement; la poussière, transformée en pâte, vient se
loger entre les spires du fleuret, au lieu de s'écouler
comme les débris des roches sèches, et le tranchant cesse
de mordre(1). Il ne faut donc pas injecter de l'eau dans les
fourneaux en percement et, lorsqu'ils renferment, naturellement, quelque humidité à laquelle il soit impossible
de se soustraire, on doit nettoyer la tarière ou la changer.

5e ESSAI. — Ce grès dur, appelé vulgairement *gressian
de querelle* a été attaqué au moyen du levier à rochet.
La Commission s'étant assurée de la solidité de l'appareil
déclare qu'il n'est pas plus exposé aux ruptures qu'un cric
ordinaire. Deux hommes peuvent le transporter à bras
ou le charger sur une petite voiture, que l'un des ouvriers
conduit, pendant que l'autre s'occupe du boisage.

Il convient ici de dire qu'un seul homme suffit, à la
rigueur, pour servir la manivelle; mais le concours d'un
second ouvrier est nécessaire pour enlever l'instrument
et lui faire prendre diverses positions. Ce poste de deux
mineurs leur permet de relayer, chose indispensable dans
tout travail continu, particulièrement dans la rude manœuvre qu'exige le forage des roches dures.

Quelques mois après ces expériences, d'autres ont eu
lieu à la mine du Fond-Piquette, près de Liége. On y a
percé trois fourneaux de mine dans un schiste de moyenne
dûreté. La somme des profondeurs était de 1^m37; le percement a coûté 19 minutes de travail à deux ouvriers, qui
relayaient. Dans le même temps deux mineurs perçaient,
au fleuret et au marteau, un trou de 0^m49. Mais comme
il faut tenir compte du temps employé aux déplacements
de l'appareil, il y a eu, en tout, 28 minutes, pendant

---

(1) Pareille remarque a été faite à la mine de Crachet-Picquery et
ailleurs.

lesquelles les ouvriers travaillant à la main auraient percé
un trou de 0^{m}72. La vitesse du travail a donc été, dans le
premier cas, double de ce qu'elle était dans le second.

Les expériences faites à la mine d'oligiste de Houssoy,
près de Sclaigneaux, rive gauche de la Meuse, ont donné
des résultats défavorables aux perforateurs. En effet, dans
ces expériences qui ont eu lieu sous la surveillance de
M. Jacquet, constructeur de l'appareil, un ouvrier, déjà
familiarisé avec la manœuvre, n'a foré, en 2 heures
et 36 minutes, que six trous d'une longueur totale de 2.40
mètres, tandis que les ouvriers opérant par la méthode
ordinaire obtenaient 4 mètres ; d'où une infériorité, pour
le perforateur, représentée par environ 1/3 du travail total.

Cependant cet oligiste possède, à peu près, la même
dûreté que les schistes de compacité moyenne, entamés
ailleurs avec une si grande facilité. On ne peut attribuer,
comme le fait M. Jacquet, cet insuccès à la forme du tranchant de foret puisque lui-même a reforgé cet outil à
plusieurs reprises.

Ici encore, on a remarqué l'influence pernicieuse des
terrains humides, qui parfois rendaient nulle l'action de la
tarière.

Enfin des essais faits sur une grande échelle et
d'une manière continue, à la houillère de Crachet-Picquery,
près de Mons, à celles des Artistes et de Cheratte, près de
Liége, et exposés en détail dans le VIIe Chapitre, consacré
à l'économie, confirment pleinement les observations
ci-dessus consignées. Le lecteur verra notamment : que
le forage au moyen du perforateur Lisbet s'effectue avec
rapidité, quand le trou est dirigé de bas en haut, parce
qu'alors les déblais se dégagent spontanément, tandis que
dans les trous horizontaux, le frottement est assez grand
pour en empêcher la sortie ; et dans ce cas le maximum

de profondeur auquel puisse arriver le fourneau de mine paraît être de 0ᵐ90. Que, si d'abord le perforateur héliçoïde a pu attaquer les grès non quartzeux de la houillère de Cheratte, il n'en a plus été de même lorsque, plus avant dans la galerie, ces stratifications ont dépassé certaines limites de dûreté et de compacité; qu'alors il a fallu avoir recours à la méthode ordinaire, par fleurets et marteaux.

A la mine de Crachet, le perforateur a été appliqué, dans un travail à prix fait (*marchandage*), au percement d'une galerie à travers-bancs; les ouvriers ont montré de la bonne volonté, aussi l'avancement a été de 8 m. par semaine, tandis que, à la main, le maximum n'avait jamais dépassé 6 m.

Il résulte, de ce qui précède, que l'instrument de M. Lisbet peut être considéré comme éminemment applicable aux schistes houillers, quelle que soit d'ailleurs leur dureté. Et dans les roches tendres de cette espèce, le percement s'effectue avec tant de rapidité qu'il est difficile à un ouvrier de charger, bourrer et mettre à feu les fourneaux que peuvent pratiquer deux hommes bien exercés.

Dans les schistes compactes, l'avancement s'élève en moyenne à 0ᵐ18 par minute, pour un ouvrier robuste astreint pendant quelques minutes seulement à tourner la manivelle de la vis motrice,

Cet instrument convient moins aux grès ordinaires ou *querelles* du Couchant de Mons; toutefois il peut encore leur être appliqué.

Mais en thèse générale, ce perforateur, bien supérieur, pour les roches tendres, aux outils à percussion, doit céder la place dès qu'il se trouve en présence de roches dures et surtout de certaines variétés de grès compactes des terrains houillers.

On a appliqué le système de M. Lisbet au forage des trous de mine pour l'abattage de massifs de houille préalablement excavés ; le poids de l'appareil avait été réduit à 30 kilog. environ.

L'auteur a proposé de l'employer aussi dans le havage des couches, en exécutant une série de trous fort rapprochés les uns des autres ; mais ce projet semble avoir été abandonné.

Nous ignorons s'il a été question, jusqu'à cette heure, d'utiliser les perforateurs pour creuser les puits. Mais ici, les forages étant dirigés de haut en bas, l'humidité des roches, normale au fonds des puits, constituerait un obstacle plus considérable encore que dans les galeries.

Perforateurs annulaires ou tubes diamantifères de M. Leschot.

La taille des diamants et d'autres pierres précieuses exige l'emploi de diamants dits *de nature* ; c'est une espèce particulière de diamant, noir ou brun foncé, trop dur et trop tenace pour servir de bijou ; son prix est fort inférieur à celui des diamants de luxe.

Un horloger genèvois, M. Leschot, ancien élève de l'École Centrale des arts et manufactures de Paris, a cherché à utiliser cette substance pour entamer les roches fort dures et celles que leur élasticité rend rebelles au percement, parce qu'elles repoussent les fleurets sans presque leur permettre de les entamer.

Un tube creux en fer malléable porte à l'une de ses extrémités une couronne ou bague cylindrique de même métal et de 4 millimètres d'épaisseur, armée d'une sertissure de diamants noirs (Pl. IV, fig. 8). La couronne s'adapte à bayonnette au bout du tube et peut être changée à volonté. L'autre extrémité du tube est filetée sur une longueur correspondant à la profondeur des trous de mine.

Le tube diamantifère tourne avec une grande vitesse sous une pression longitudinale très-forte ; il découpe ainsi dans la roche un anneau tubulaire qui isole au centre du trou un noyau cylindrique, d'environ 0^m04 de diamètre, adhérent à la roche par sa base. Si ce noyau ne se détache pas de lui-même, on le brise de temps en temps en exerçant dessus une légère pesée en porte-à-faux, puis on le retire du fourneau de mine afin que l'outil puisse continuer à pénétrer. De l'eau qui jaillit continuellement expulse les matières désagrégées, à mesure qu'elles se produisent, et prévient l'échauffement de la bague.

L'opération du sertissage consiste à pratiquer, au burin, dans l'épaisseur de la bague, des échancrures où l'on introduit des fragments de diamant, fesant saillie de 2 millimètres, les uns sur la surface métallique, les autres en dedans et en dehors, puis à mater le fer de manière à produire un enchassement complet. La bague, garnie de sept ou huit diamants ressemble à une fraise annulaire dont la denture en acier aurait été remplacée par des diamants.

Les roches les plus dures, contre lesquelles les pointes en acier s'émoussent rapidement, ne résistent pas aux diamants noirs et, si après un forage on examine ceux-ci à la loupe, ils ne présentent aucune trace d'usure et leurs arêtes ne paraissent pas avoir subi de modifications sensibles, en sorte que l'opération peut être considérée, sous ce rapport, comme peu coûteuse.

Lorsqu'après un long usage les arêtes viennent enfin à s'altérer, on constate qu'ils n'ont perdu qu'une faible partie de leur poids et, par conséquent, de leur valeur.

Malheureusement le diamant noir devient de jour en jour plus rare et son prix plus élevé ; ainsi le carat qui coûtait six francs il y a cinq ans, en vaut aujourd'hui quatorze. Ce minéral a l'aspect du coke compact, appelé *carbone* dans le commerce. Il n'a d'autre usage industriel que réduit en poudre pour la taille et le polissage des joyaux. On le retire de la province de Bahia dans le Brésil, où il se trouve dans les mêmes sables d'alluvion que les diamants blancs.

On regarde comme normal que deux hommes travaillant, à la manivelle, dans le granit percent, en une heure, un trou de 0^m04 de diamètre et de 0^m60 de profondeur. Avec une force motrice de 1 cheval on peut obtenir, dans les mêmes roches, un avancement de 1^m20 à 1^m50 par heure.

M. Perdonnet, dans une conférence qu'il a donnée, à l'École de médecine de Paris, a fait fonctionner le perforateur Leschot, au moyen d'une machine-à-gaz de Lenoir. Dans cette expérience, il a percé, en moins d'une heure, un trou de 0^m80 de profondeur, dans un granit de l'espèce la plus réfractaire.

M. Leschot a foré, en une heure, dans le granit des trottoirs de Paris, pierre très-dure, un trou de 1^m20 de longueur sur un diamètre de 0^m047 ; or deux mineurs travaillant à la main ne font en une journée que 0.27 0.70 m., suivant la nature de la roche. De plus, ils usent pour une forte somme d'outils, tandis que les diamants, examinés à la loupe, n'ont pas dénoté la moindre altération.

Le roc dans lequel on a creusé le canal de St-Martin d'Estriaux (ligne du Bourbonnais) est composé de porphyre rouge et de granit porphyroïde à gros cristaux de Felspath. Chaque mineur y perçait, en 10 heures, 3 trous de mine ; sa journée lui était payée 4.50 fr. On a usé, en moyenne, 10 pointes d'acier, à 10 centimes pièce, par trou. Le prix de revient se composait donc de :

> fr. 1.50 pour main d'œuvre.
> » 1.00 pour cassure d'outils.

Total : » 2.50

La machine peut percer 10 trous de mine de 0.50 m. de profondeur, en 10 heures, y compris le temps des déplacements. Si l'on évalue à 4 fr. par jour les frais d'usure et d'amortissement de l'appareil, dix trous exécutés dans une journée reviendront à :

2 journées de mineur, fr. 9.00
amortissement, entretien, » 4.00

Total : » 13.00

Soit fr. 1.30 par trou; bénéfice en faveur de la machine: fr. 1.20.

Sur dix trous environ qu'il fallait dans le tunnel de St-Martin pour abattre un mètre cube de roche, l'économie résultant de l'emploi du perforateur eut été de 12 frs., sans compter l'économie de temps, qui est d'une si grande importance.

Le perforateur annulaire a été introduit dans tous les tunnels du chemin de fer des Pyrénées. On vient aussi de l'appliquer, à Oil-Creck, en Pensilvanie, au fonçage d'un puits destiné à l'extraction de l'huile de pétrole. Un essai préalable avait été fait sur un bloc de 0.46 m. d'épaisseur et le forage entier avait exigé 18 minutes, tandis que par les procédés ordinaires l'on n'eût obtenu que 0.25 m. par jour. Le fonçage du puits devait avoir lieu à travers des bancs de roc de même nature que le bloc d'essai, et d'une puissance de 155.50 m. A la main, ce travail eût exigé 2 à 3 mois, il fut terminé en une semaine.

L'avancement de l'outil , à dureté de roches égale , est en raison directe du nombre de tours que le moteur lui fait faire. Lorsque la manivelle est manœuvrée par un homme,la perforation s'opère,dans les roches extra-dures, sur le pied de 0.26 à 0.30 m. par heure de travail. Si elle est mue par la vapeur, le percement atteint dans les mêmes roches 1.40. à 1-50 m. par heure.

S'il est reconnu que cet appareil peut rendre de bons services dans les carrières et dans les tunnels, surtout sous un moteur mécanique, il n'en est pas de même dans les travaux de mine, où jusqu'ici on ne l'a fait marcher qu'à bras. Ainsi M. Burat ayant voulu s'en servir aux mines de Blanzy, a dû y renoncer au bout de quelques jours et reprendre le travail à la main, vu la difficulté d'installer l'instrument dans les excavations et les positions pénibles que les ouvriers devaient prendre pour les manœuvres. L'attirail entier pèse 160 kilog. ; ce poids est évidemment trop lourd pour de petites galeries.

Mécanisme de M. Pihet pour faire tourner et avancer la bague perforatrice.

Voyez aux figures 9 et 10 de la planche IV , un chassis composé de deux barres en fer plat, B , B , rabottées sur leurs faces intérieures et réunies à leurs extrémités par des entretoises. L'une de celles-ci est garnie de pointes ; l'autre est traversée par une vis de serrage, V, dont elle porte l'écrou. On dresse cette sorte de colonne dans la galerie en interposant une semelle et un chapeau. La torsion de l'écrou suffit à assurer le rigidité et l'adhérence nécessaire à la stabilité de l'appareil. Un petit chariot, C C , glisse le long des surfaces rabottées du chassis.

Chaque barre latérale est fendue en une coulisse, garnie d'une crémaillère dans laquelle engrène un pignon. Ce pignon reçoit le mouvement de manivelles, M, ajustées aux extrémités de son axe ; de là partent les mouvements d'ascension et de descente du chariot, maintenu, quand il monte, par des cliquets, X, que l'on dégage, pour effectuer la descente, des dents entre lesquelles ils sont pris.

Un bâti, b, en fer plat, peut prendre, autour de l'axe N, l'une quelconque des positions comprises dans l'angle droit dont les côtés forment 45° avec la colonne B.

Le tube perforateur présente deux parties distinctes : l'une t, est entièrement lisse ; l'autre, t', a la forme d'une vis sur une longueur un peu plus grande que la profondeur du trou qu'il s'agit d'obtenir. Ce tube, à la partie antérieure duquel est ajustée la couronne, traverse le chariot C et repose sur des coussinets c_1 et c_2 qui sont fixés dans le bâti b (et pointillés dans le dessin). Au dessous du tube, parallèlement à sa direction, se trouvent un arbre, a, et deux vis, v, v, terminés en avant par des mordaches qui pressent sur le front d'attaque et contribuent ainsi à la rigidité du système.

Le volant-manivelle, m, reçoit un mouvement de rotation soit de la main de l'homme, soit d'un moteur inorganique. Sur son axe est calée une roue d'angle a_1 ; cette roue d'angle en commande une autre a_2, qui transmet la rotation à l'arbre a et à un pignon à joues, p', lequel engrène la roue r', calée sur le tube. La roue r', quand elle avance ou recule, entraîne le pignon p', le fait glisser dans une rainure pratiquée sur toute la longueur de l'arbre. Un rochet, k, empêche la rotation à contre-sens, qui aurait pour résultat de désembrayer la couronne.

D'un autre côté, le coussinet c_1 porte un écrou, e, que traverse la partie filetée du tube. Sur cet écrou une roue, r, facile à désembrayer, est commandée par le pignon p, prolongement de la roue d'angle a_2.

La rotation de l'écrou, origine du mouvement de progression du tube perforateur, part donc des roues p et r; tandis que les roues p' et r' donnent la rotation de ce tube; or un minime écart dans les diamètres respectifs de ces roues engendre un mouvement différentiel suffisant pour déterminer la pénétration lente de l'outil dans la roche.

Lorsque le fourneau de mine a atteint la profondeur voulue et que l'on veut retirer l'outil avec promptitude, on désembraye la roue r, l'écrou devient immobile et le tube s'y visse en arrière avec la vitesse correspondant à son pas. L'inclinaison du pas de vis doit être telle que le mouvement différentiel fasse avancer l'outil et que la suppression de ce mouvement le fasse reculer, sans qu'on ait besoin de changer le sens de la rotation.

Les roues p et r, destinées à commander la rotation de l'écrou e, sont ajustées de façon qu'on puisse les remplacer par d'autres lorsque le degré de dureté de la roche demande que l'on change la vitesse de progression de l'outil.

Quand on doit déplacer l'appareil, par exemple pour le mettre à l'abri des atteintes de l'explosion de la mine, on retire le volant-manivelle, on rentre le tube dans le bâti et l'on replie le bâti lui-même entre les deux montants, ainsi qu'une lame de couteau dans son manche. Alors, comme ce chassis porte une paire de roues à sa base, et à son sommet une traverse, on peut faire rouler l'appareil à l'instar d'une brouette.

Les avantages de cette machine sont : de pouvoir percer les trous à toute hauteur et aussi près des parois que l'on veut; d'être aisé à transporter, à cause de la symétrie des organes relativement à l'axe longitudinal; enfin

son poids est réduit au minimum par l'emploi du fer forgé
et de la fonte décarburée.

Observations sur le percement mécanique des fournaux de mine.

La cause principale de l'insuccès de quelques appareils
proposés dans ces dernières années tient à ce que leurs
inventeurs n'ont eu en vue que de substituer à l'action
directe de l'homme le travail de machines mues par
l'homme, en sorte que la force motrice subit un intermédiaire qui lui enlève par ses frottements une partie
d'autant plus notable que les organes sont plus compliqués. On a vu que la machine de MM. Cassart et Lepourcq,
fort bien combinée d'ailleurs, absorbait une telle quantité
de l'effet utile qu'elle retardait le percement au lieu de
l'accélérer. Il est donc indispensable d'avoir recours à
une force motrice plus énergique et moins coûteuse que
celle de l'homme, soit l'eau, la vapeur ou l'air comprimé.

La difficulté de conduire la vapeur à son point d'application, les dangers d'incendie et d'explosion du grisou
ont engagé les ingénieurs à renoncer à cet agent. Quant
aux moteurs hydrauliques ils ont contre eux le frottement de l'eau dans les conduites et son embarras quand
elle a fonctionné. Mais l'air comprimé, aussi facile à conduire dans les galeries que facile à créer, n'offre aucun
danger et contribue à l'assainissement des excavations
souterraines. Le lecteur verra, dans le chapitre consacré
au transport intérieur, les moyens de produire et de disposer ces diverses forces motrices, ainsi que le détail des
avantages et des inconvénients de chacune d'elles.

On a reproché aux perforateurs mus par l'air comprimé

de ne pas donner d'économie sur le procédé ordinaire. Ainsi, dit-on, la machine de M. Schumann, à cause d'une plus grande dépense de poudre, des frais occasionnés par de fréquentes réparations et par le moteur spécial appliqué à la compression de l'air, exige, par mètre courant d'avancement, le même prix et parfois même un prix plus élevé que le travail à la main.... Mais l'économie d'un tiers du temps que prend le travail à la main ne peut-elle être considérée comme un large dédommagement, comme un avantage précieux dans toutes les occasions, si fréquentes, où le temps prime la dépense? Le coût élevé du travail mécanique ne dépend-il pas aussi de l'imperfection actuelle des instruments? Ne pourrait-il pas être racheté d'ailleurs par l'installation, au front d'attaque, de plusieurs appareils agissant simultanément ou, mieux encore, par la généralisation de l'emploi d'une force motrice, également appliquée au transport et à d'autres services souterrains, en sorte que les frais diminueraient en se répartissant sur un plus grand nombre d'opérations ?

Un grave inconvénient attaché à l'emploi des machines perforatrices se trouve dans la nécessité, sans cesse renouvelée, de les écarter des fronts d'entaillement chaque fois qu'il s'agit de faire sauter la roche ou d'enlever les déblais; pendant cette manœuvre, les ouvriers restent inactifs ou, tout au moins, ne travaillent pas à l'excavation proprement dite. Pour éviter la perte assez notable qui en résulte, il faut, autant que posssible, choisir des appareils légers, peu volumineux, faciles à transporter et se pliant aisément à toutes les positions qu'on peut avoir à leur donner. Il convient surtout de prendre des mesures efficaces pour que les déblais les plus voisins du front d'attaque soient promptement rejetés en arrière et que les perforateurs puissent être remis en place et fonctionner pendant le déblai définitif des fragments du rocher. Les machines portées à bras sont plus commodes pour la retraite que celles qui reposent sur des voitures. Enfin, plus on aura préparé de fourneaux pour une mise à feu simultanée, moins leur bourrage et leur amorçage prendront de temps.

Pour ce qui concerne le constructeur, il devra tenir note de l'observation suivante : si importante que soit la diminution du poids et du volume de ces appareils, ils doivent néanmoins offrir assez de solidité pour éviter les détériorations trop fréquentes, et assez de simplicité pour qu'un forgeron de mine puisse faire les réparations nécessaires et pour que de simples terrassiers soient en état d'opérer la manœuvre.

Le mouvement complexe des organes propres à la rotation du fleuret et à la distribution de l'air comprimé s'exécute à la main ou provient de la machine elle-même. Il est difficile, dans l'état actuel des choses, de décider quel est celui des deux procédés qui vaut le mieux; toutefois l'expérience enseigne suffisamment que quand ce mouvement est solidaire du battage, les organes se détériorent promptement.

Est-il avantageux de percer les fourneaux comme dans le tunnel du Mont-Cénis, parallèles entre eux, les appareils étant solidement établis sur une voiture de chemin de fer, ou doit-on préférablement forer suivant diverses directions en harmonie avec les joints de clivage et de stratification? Cette question n'a pas encore été résolue. Dans le premier cas, chaque mine prise isolément produit moins d'effet, mais l'effort total croît en proportion géométrique avec le nombre de mines. Dans le second cas, la dépense de poudre est moins considérable, mais l'obliquité des trous exige des agencements compliqués qui

nuisent à la stabilité et à la solidité de l'appareil, conditions essentielles d'une bonne marche (1).

Des bourroirs en bois.

La substitution des bourroirs en alliage métallique
cuivreux aux bourroirs en fer tend, il est vrai, à diminuer
le nombre des accidents, mais ne les supprime pas complètement, le choc du nouveau métal contre les parties
quartzeuses de la roche pouvant encore provoquer des
étincelles. En effet, M. Parran, ingénieur français, a
constaté que, sur 58 accidents survenus dans les mines
de l'Ardèche, du Gard et de la Cozère, par l'explosion des
fourneaux de mine, 30 ont eu lieu pendant le bourrage
avec des bourroirs métalliques cuivreux (2).

C'est en 1858 que M. Dumas, ingénieur des mines de
Sᵗ-Priest, à Privas, a introduit l'emploi régulier des
bourroirs en bois et des mèches de sûreté. Il a vérifié
que, depuis cette époque, plus de 1700 coups ont été
tirés sans accidents. Deux ratées seulement se sont
produites.

Ces instruments sont de simples bâtons en bois de
sapin, de même forme que les bourroirs métalliques,
mais un peu renforcés vers le milieu. Leur base, renflée,
ressemble à un pilon allongé; elle porte une rainure
servant à loger la fusée. Doués d'une faible résistance, ils
ont peu de durée; mais leur prix fort minime compense

---

(1) Il semblerait toutefois que l'auteur penchait involontairement en
faveur des appareils à directions variables, si l'on en juge par une
réflexion qu'il a faite plus haut, p. 19, à propos de l'application des machines du Mont-Cenis au percement des galeries de mines.

(Note de l'éditeur).

(2) *Bulletin de la Société de l'Industrie minérale.* T. IV, p. 17.

largement ce désavantage; on peut d'ailleurs, en les armant d'une frette, prévenir l'épâtement du bois sous le choc de la masse.

Les allemands se servent de bourroirs en bois depuis quelques années. Les exploitants des mines de Neu-Laurweg et d'Hoheneich, attribuant des accidents surve-nus dans les houillères de la Wurm à la détérioration, par le bourroir en fer, de l'étoupille de sûreté, ce qui aurait déterminé l'explosion prématurée, ont adopté le nouveau système dont ils sont très-satisfaits. Les ouvriers choisissent dans les déchets des refentes de hêtre et en fabriquent des bourroirs qui ne coûtent rien aux exploitants.

Il convient de conserver à la bourre d'argile toute sa plasticité pour faciliter son adhésion aux parois du four-neau; à cet effet, il faut la comprimer doucement d'abord avec le bourroir, manœuvré à la main, sans marteau ; puis la tasser un peu plus à mesure que l'on se rapproche de l'orifice du trou. Cette manière d'agir est indiquée par l'observation : en effet, dans les roches tendres, une compression trop forte écrase une partie de la poudre et lui fait perdre de sa vivacité; en outre, la bourre prenant, en quelque sorte, la même texture que le rocher saute avec celui-ci et une notable portion de la substance déton-nante se projette au dehors sans produire d'effet. Si au contraire la bourre, peu rigide, est compressible et adhérente aux parois, la poudre n'exerce sur elle qu'un effort de tension, mais agit instantanément sur la roche qui lui résiste et que, par conséquent, elle disloque et fissure.

Voilà du moins ce qui se passe pour la houille et pour la plupart de ses roches encaissantes; car les roches dures et compactes exigent que l'on comprime la bourre plus énergiquement.

Cela posé, vu la complète sécurité que donnent les bourroirs en bois, on peut dire qu'ils l'emportent de beaucoup sur les bourroirs métalliques, dans les stratifications tendres, où l'on peut se passer de la masse; qu'ils les valent dans celles de moyenne dûreté; et enfin que dans les terrains extrêmement durs, où il faut serrer la bourre fortement, on peut et l'on doit encore en admettre l'emploi, sauf à terminer l'opération avec un bourroir en cuivre, tout danger ayant disparu pendant la dernière période du bourrage.

Bourroirs en zinc.

A la houillère d'Ans, près de Liége, on fabrique un bourroir qui consiste en un lingot de zinc emmanché au bout d'une barre de fer laminé à section circulaire. La soudure des deux pièces s'exécute dans une lingotière en fonte composée de deux parties symétriques (Pl. IV, fig. 11). On a soin de barbeler un peu la barre de fer pour la rendre adhérente au zinc ; on peut aussi y former, à coups de marteau, un léger champignon qui retient le lingot. On évite la coulure en entourant la barre, au point de contact, d'une petite feuille de papier. Enfin on place la barre, son extrémité à quatre ou cinq centimètres du fond, dans la lingotière. La rigole de l'épinglette se fait à la lime. On emploie pour cette fabrication du vieux zinc allié à environ 1/4 de plomb. Les bourroirs hors de service sont utilisés pour en fabriquer des neufs. La durée de cet instrument est d'environ deux mois.

Épinglettes en laiton, ou cuivre jaune, et en cuivre rouge avec poignées annulaires en fer.

Le défaut de rigidité des épinglettes en cuivre rouge et

les retards occasionnés par leur fréquentes ruptures, retards qui se traduisent en pertes matérielles, ont fait naître l'idée de se servir de fils de laiton. Des expériences fort prolongées dans les mines du district de Kamsdorf ont démontré les avantages de cette substitution. Même avec un diamètre plus faible, les épinglettes en laiton sont beaucoup plus rigides que celles en cuivre rouge. Comme elles n'ont pas leur rugosité, mais présentent, au contraire, des surfaces lisses et polies, leur canal d'embrasement est de la plus grande régularité, ce qui prévient les ratées. Leur rupture étant plus difficile, le mineur est astreint à moins de précautions et le bourrage est plus rapide. Elles coûtent moins que les épinglettes en cuivre rouge, ainsi que le lecteur le verra dans le chapitre consacré à l'économie des houillères. Enfin certaines personnes prétendent avoir observé à la suite de leur emploi un accroissement dans l'énergie des explosions. Ces outils sont en usage dans les districts d'Essen, de Bochum et de Siegen.

Cependant on rencontre encore les épinglettes en cuivre rouge dans les bassins de la Ruhr et de la haute Silésie, mais avec une modification qui fait disparaître leur principal défaut : cette modification consiste à employer le fer dans la construction de leurs poignées annulaires (1). Les poignées sont percées, à la partie inférieure, d'un trou conique, formant une espèce de douille, dans laquelle la tige en cuivre, introduite la pointe en avant, est retenue en place par une goupille. Les épinglettes, ainsi fabriquées par les forgerons de Königsgrube, coûtent environ 0-62 fr. de plus que les épinglettes ordinaires ; mais cet excès de dépense est largement compensé par un excès de durée.

(1) Les poignées annulaires s'usent si promptement que, dans la mine de Friedrichsgrube (Haute Silésie), elles sont hors de service du bout de 40 jours de travail, après avoir servi au bourrage de 520 fourneaux seulement.

III° SECTION.

TIR A LA POUDRE

*Procédé pour faciliter le curage des trous forés
avec des fleurets ordinaires* (1).

L'importance qu'il y a de maintenir constamment
propres les trous de mine a fait naître l'idée do rendre
visqueux le mélange d'eau et de roche triturée qui
s'oppose aux progrès du travail, de manière à en provoquer l'adhérence au fleuret et de réduire ainsi la perte de
temps amenée par le curage. Les ouvriers de quelques
mines du Hartz supérieur et notamment ceux d'Ernst-
August arrivent à ce but par l'emploi de la chaux qui
a, dans ce cas, un effet purement mécanique. Ils se pro-
curent cette substance à leurs frais, l'éteignent dans
l'eau, la réduisent à la consistance d'une bouillie épaisse
et la renferment, recouverte d'eau, dans une boîte. Sous
cette forme, ils la transportent avec eux dans les travaux
souterrains; puis lorsqu'ils veulent en faire usage, ils en
prennent un volume, égal à celui d'une noix, qu'ils
délayent dans l'eau.

Ce mélange d'eau et de bouillie de chaux est efficace dans
le percement des roches tendres et surtout des roches

(1) *Berg-und Hüttenmœnnische Zeitung.* 1862, n° 18.

grenues telles que le grès. La trituration de ces dernières ayant pour résultat un sable dont les éléments n'ont pas plus d'adhérence entre eux qu'avec l'outil perforateur, chaque particule se recouvre d'une couche de chaux, se colle avec les voisines et l'ensemble prend une viscosité suffisante pour permettre au mélange de s'attacher aux parois du fleuret, qu'il suffit alors de retirer du trou et de nettoyer chaque fois que l'outil cesse de mordre.

Application de la chaleur au percement des roches fort dures (1).

M. Daubrée s'est livré à des essais ayant pour but de s'assurer s'il est possible, à l'imitation du travail par le feu en usage au Rammelsberg (Hartz), de percer, à l'aide de la chaleur, des trous de mines dans des roches trop dures pour que le fleuret le mieux aciéré puisse y fonctionner sans s'émousser fréquemment.

Les premières expériences ont eu pour objet des quarzites des Alpes, de la variété la plus dure, très-rebelles à l'acier. Une chaleur intense, celle d'un chalumeau à gaz hydrogène et oxigène, ayant été dirigée sur une partie circonscrite du rocher, l'expérimentateur put creuser en 5 minutes un trou cylindrique de 0-06 m. de profondeur et d'une forme assez régulière pour qu'elle parût dériver de l'action d'un fleuret. Dans cette opération, de nombreuses esquilles se détachaient de la surface piquée par le dard du chalumeau, puis étaient projetées à plusieurs décimètres de distance, avec un pétillement prononcé. Ces esquilles, plates et tranchantes, parfois longues de plusieurs millimètres, provenaient d'une espèce d'exfoliation de la roche.

(1) *Annales des Mines*, 5ᵉ série. Tome **XIX**, page 23.

Lorsque la combustion est alimentée par l'air atmosphérique, un effet analogue se produit, mais avec une intensité beaucoup moindre ; car pour être efficace, la température doit être portée brusquement à une hauteur excessive, afin que la dilatation subite qui en résulte produise une prompte décrépitation.

Il conviendrait probablement de faire varier le mode d'application de la chaleur et de sa transmission au fond du fourneau suivant la nature de la roche et sa tendance à se désagréger. Beaucoup de granits, rougis au blanc puis refroidis lentement, perdent à tel point leur cohésion, même sans avoir été étonnés, que la pression de la main suffit pour les pulvériser.

Poudre de mine.

La poudre de mine diffère de la poudre de guerre en ce que chez la première la dose de salpêtre est plus faible et, par suite, la force d'expansion moins active et moins énergique ; car son rôle n'est pas de chasser un projectile avec violence, mais simplement de disloquer la roche, d'y créer des fissures dans lesquelles on puisse introduire les outils, qui divisent la masse en blocs faciles à enlever et à transporter. Cependant, trop vive et trop brutale encore, la poudre de mine projette au loin des fragments qui compromettent la vie des ouvriers et, en outre, absorbent en pure perte une partie notable de l'effet utile.

Trouver une composition moins violente, quoique assez énergique pour disloquer le rocher, tel est le problème que se sont proposé beaucoup de personnes, qui pour arriver à une solution ont suivi avec plus ou moins de bonheur les voies ouvertes par la chimie moderne.

Dans ces recherches on devait avoir en vue non seule-

ment d'obtenir une combustion plus lente qui prévienne la
projection des éclats du rocher, mais encore de diminuer
le volume de la.fumée, de supprimer autant que possible,
son odeur âcre et pénétrante et surtout de ne mettre en
usage que des substances peu coûteuses afin de réduire le
prix de la matière explosive.

La plupart des compositions que nous allons faire connaître ont obtenu la sanction de l'expérience. Parmi les
autres nous donnerons celles qui nous paraissent les plus
acceptables.

Lithofracteur de M. Lannoy de Bruxelles.

Cette poudre renferme du nitrate de soude, de la houille
maigre pulvérisée et une faible proportion de soufre. Elle
emprunte au nitrate de soude — moins cher que le même
sel à base de potasse — ses propriétés hygrométriques,
ce qui nécessite son dépôt dans des lieux secs. L'odeur
qu'elle répand après sa combustion est faible et peu irri-
tante par la minime quantité de soufre qu'elle contient.
Elle prend difficilement feu, car, versée dans une rainure
étroite et découverte, puis embrasée à une de ses extrémités, elle brûle lentement et quelquefois s'éteint avant que
le feu soit parvenu à l'autre extrémité. Cette difficulté d'inflammation à l'air libre, qui lui a valu le nom d'*inexplosible*,
tend à atténuer les chances de danger. L'effet de cette
nouvelle poudre est de déchirer la roche sans trop l'ébranler et surtout sans la faire voler en éclats. Mais elle ne
convient pas aux roches fissurées; car, si minimes que
soient les disjonctions, dès que les gaz trouvent une issue
pour s'échapper, l'explosion est nulle et la mine *fait canon*.

C'est ce que les mineurs d'Altenberg, près de Moresnet
ont vérifié à leur détriment quand ils ont voulu se servir

de cette substance pour arracher des bancs de calcaire très-fissurés qui obstruaient la surface du sol.

A la mine de Silbersand, près de Maïen, le lithofracteur a été appliqué à des recherches au jour, dans le voisinage de nombreuses habitations, qu'il était à craindre d'endommager par les éclats du rocher. Dans ces travaux, exécutés à travers des blocs de lave compacte et des masses limoneuses, la charge et le bourrage eurent lieu à la manière ordinaire, et la mise à feu à l'aide des étoupilles de Bickford. Les essais, qui avaient pour objet dix-huit masses de lave, donnèrent d'excellents résultats, l'expansion des gaz s'étant bornée à fractionner les blocs restés en place. Deux fois seulement, des parcelles de rocher, d'un volume de 3 à 4 centimètres cubes furent projetés à une faible distance, et une seule fois, un fragment, dix fois plus volumineux, à vingt pas environ des fourneaux de mine. Mais dans le limon argileux traversé de nombreuses fissures, les résultats ont été insignifiants.

Des essais comparatifs prolongés pendant une grande période de temps ont eu lieu à l'intérieur de la mine de Houssoy, près de Sclaignaux, dans la couche d'oligiste, objet de cette exploitation. A la suite de ces essais, le lithofracteur a été employé exclusivement, non seulement à Houssoy, mais encore à Cognelée et dans toutes les mines voisines, où il est encore en usage.

M. Jean Poulet, directeur du premier de ces établissements avait constaté les avantages suivants : avec une quantité de lithofracteur égale en poids aux deux tiers de celle que réclame l'ancienne poudre, l'effet produit est le même, si toutefois on se sert des mèches de sûreté de Bickford. Ce n'est pas seulement sur la quantité que le mineur réalise des économies, mais encore sur le prix, qui ne s'élève qu'à fr. 0,90 et, mis en cartouche, à 1 fr. le kilog., au lieu de 1,25 à 1,30 fr.

Des résultats plus favorables encore ont été obtenus récemment dans les carrières de la société Keller et Cⁱᵉ, à Nievelstein, près d'Aix-la-Chapelle, avec le lithofracteur que MM. Kerbs et Cⁱᵉ fabriquent à Deutz, et le succès a été tel que dans ces carrières on n'use plus de l'ancienne poudre que dans des cas exceptionnels.

Dans l'arrachement d'un grès de couleur gris-blanc, qui en raison de sa solidité ne peut être utilisé que pour la confection de pavés, le lithofracteur a produit les effets suivants : l'un des fourneaux, profond de 0,96 m. avec un diamètre de 0,05 m., contenait une charge librement versée sur une hauteur de 0,26 m. ; il avait été muni d'une fusée de sûreté, puis bourré avec des briques pilées. L'effet du coup s'est fait sentir latéralement à une distance de 3,75 m., jusqu'à une profondeur de 0,94 m.

L'action lente de cette poudre, disent les expérimentateurs, tend à détacher et à débiter les roches en gros blocs, mais rend indispensable un bourrage soigné et très-serré. Les résidus de la combustion sont moins considérables et les vapeurs qu'elle dégage, moins incommodes qu'avec la poudre ordinaire. Enfin le prix de cette composition est très-modéré, il ne s'élève qu'à fr. 48,75 par quintal métrique.

M. Rave, de Court-St-Étienne, a imaginé de remplacer, dans cette poudre, l'azotate de soude par un mélange d'azotates de soude et de potasse et il a ainsi obtenu un produit moins hygrométrique, possédant les mêmes propriétés que la poudre bien grainée.

Poudre blanche.

La poudre blanche ou sel d'Augendre, ainsi appelé

du nom de son inventeur (1) est un mélange de ferrocya-
nate ou prussiate de potasse, de sucre de canne et de
chlorate de potasse en diverses proportions.

Les deux séries de proportions, données ci-dessous, se
rapportent, la première à une poudre de rapide explosion,
la seconde à une autre poudre mieux appropriée, par sa
combustion lente, aux travaux de mines.

Ferrocyanate de potasse	28 parties		20 parties	
Sucre de canne ou sucre blanc	23	»	40	»
Chlorate de potasse	49	»	40	»
	100	»	100	»

Pendant la trituration, il y a plus de danger d'explosion
par la voie humide que par la voie sèche, parce que l'eau
détermine un mélange plus parfait des molécules chimiques; c'est donc à la voie sèche qu'il faut avoir recours.

La force d'expansion de ce composé est à celle de la
poudre noire comme 5 est à 3, en sorte que 60 parties
du premier peuvent en remplacer 100 de la seconde. Il se
rapproche beaucoup du fulmi-coton, mais il doit lui être
préféré en raison de son prix moins élevé et de la facilité
de sa préparation.

Cette nouvelle poudre, moins hygrométrique que l'ancienne, peut être conservée pendant un temps assez long.
Elle est moins sujette aux explosions intempestives causées
par les pressions et elle redoute moins les chocs, celui
du fer contre le fer pouvant seul l'enflammer. Mais elle
s'embrase facilement au contact des étincelles électriques
et des corps en état d'ignition. Enfin, elle ne laisse d'autre
odeur que celle du sucre brûlé.

Poudre jaune.

Elle ressemble par quelques unes de ses propriétés

(1) Comptes-rendus de l'Académie de Paris. Tome XXX, page 179.

au lithofracteur de M. Lannoy. Elle a été l'objet de divers
essais dans les mines de houille de Brandeist, où elle a
servi à l'attaque des roches encaissantes dans l'exhaussement des galeries.

C'est une substance d'un blanc jaunâtre, ayant la consistance de la farine. Elle se compose de salpètre, de
soufre et de sucre dans les proportions respectives de
16, 2 et 3, le tout mélangé mécaniquement par voie sèche.
Sa nuance jaunâtre est due au soufre; le sucre lui donne
une saveur douce. Elle jouit de la propriété de se
transformer lentement en gaz sous l'influence d'une
haute température et de dégager proportionnellement
moins de vapeur et de fumée que l'ancienne poudre. Ces
produits gazeux, de même couleur que la masse solide,
n'ont pas d'odeur pénétrante et ne peuvent, par conséquent, vicier l'air de la mine. Cependant la poudre jaune
laisse après la combustion une grande quantité de résidu
charbonneux qui répand une odeur de sucre brûlé.

Autres compositions explosives, proposées pour faire sauter les roches.

M. Davey de Camborn, domicilié à Rouen, associé de
MM. Bikford et Smith, si connus par leurs fusées de
sûreté, se sert d'une poudre dont il fait varier, suivant les
circonstances, les proportions des parties constituantes.
Voici les proportions les plus ordinaires dans l'exploitation
des mines :

Azotate de potasse	64
Soufre	16
Charbon de bois	12
Farine, son, empois	8
	100

On dissout le salpêtre dans une quantité d'eau suffisante pour obtenir, par l'adjonction du soufre, du charbon et de la substance visqueuse, une pâte épaisse, que l'on pétrit afin de lui donner de l'homogénéité. Cette pâte est ensuite cylindrée puis comprimée sur un tissu en fil de fer, dont les mailles correspondent à la grosseur des grains que l'on veut obtenir. On divise la masse en lanières, qui placées sur un drap fin, sont transportées dans la chambre de séchage, pour être passées entre deux cylindres en bois où elles se granulent. La fabrication n'offre aucun danger d'explosion.

Cette poudre ressemble à du thé noir; elle est mate et sans brillant. L'économie qu'elle procure est de 37 % de son poids, son poids étant moindre, vu la petite quantité de salpêtre absorbée et la promptitude de la préparation. La déflagration produit moins de fumée, elle offre aussi moins de chances d'explosion (1).

M. Reynaud de Trets, de Marseille, propose, sous le nom de *pyronome*, une nouvelle poudre de mines, composée d'azotate de soude, de résidu de tan, ou écorces qui ont servi au tannage, et de soufre pulvérisé, dans les proportions respectives de 52.5, 25.7 et 20. La préparation se fait comme suit:

L'azotate de soude, jeté dans une chaudière, avec un volume d'eau suffisant, est dissous à l'aide de la chaleur; puis on ajoute le tan et, quand le tan est bien imprégné de la solution, le soufre en poudre. Alors on retire le mélange, on le sèche et on l'enferme dans des barils ou dans des sacs. On peut s'en servir immédiatement.

Le pyronome brûle à l'air libre sans détonation. L'économie résultant de son emploi est considérable, puisque,

(1) Repertory of patent inventory, 1861.

à volume égal, il pèse 17 fois moins que la poudre à canon produit le même effet. Il s'altère peu ; son exposition à l'humidité ne lui fait perdre aucune de ses propriétés, car il suffit de le sécher de nouveau pour pouvoir s'en servir. Il est très-facile à emmagasiner.

Un anonyme (1) a proposé de remplacer, partiellement ou totalement, dans la poudre ordinaire, l'azotate de potasse par l'azotate de baryte, en conservant les autres ingrédients. Il fait observer que si le prix du sel de baryte est assez élevé, c'est parce que son usage est borné à quelques opérations de laboratoire ou de pyrotechnie ; mais qu'il cesserait d'être un produit rare et coûteux s'il devenait l'objet d'une fabrication régulière.

Pyroxyle ou fulmi-coton.

Les jugements, d'ailleurs si divergents, qui ont été portés dans l'origine sur ce produit explosif, avaient pour cause sa fabrication plus ou moins défectueuse. Dans ces derniers temps, on est enfin parvenu à livrer du pyroxyle de qualité constamment bonne. La fabrication et l'emploi de cette matière, quand on a soin de prendre les précautions voulues, n'offrent pas plus de danger que ceux de la poudre de salpêtre.

M. Schmiedhuber a essayé le pyroxyle à l'intérieur de quelques exploitations du Schneeberg et dans les trous de mine à un seul homme. Voici les résultats qu'il a obtenus:

Dans des circonstance favorables et à l'état de siccité, cette substance produit environ cinq fois autant d'effet qu'un même poids de poudre ordinaire ; bien damée avec le bourroir, elle occupe à peu près le même espace ; mais

(1) Collection des brevets belges. 9e année. 1862, n° 12376.

comprimée de façon à prendre une texture assez lâche, ce qui est le plus efficace quant à l'effet utile, son volume est beaucoup moins considérable que celui de la quantité de poudre qu'il faudrait pour avoir la même action. La fumée émise par sa combustion se dissipe presque instantanément. Le coton-poudre s'enflamme aisément au contact des boutefeux ordinaires ou par les étoupilles de Bickford. Mais l'humidité le rend complétement inerte. Les gaz qu'il dégage ne semblent pas propres à produire une forte expansion dans les cavités et les fissures de la roche et son action est plus faible que celle de la poudre ordinaire. Au surplus, si l'excès d'énergie d'une matière explosive permet de réduire le nombre et le diamètre des trous, cette réduction ne donne lieu qu'à une économie limitée (1).

Les ingénieurs autrichiens ont fait usage du pyroxyle dans l'exploitation des carrières de Totis, en Hongrie, dont les produits étaient destinés aux travaux de la forteresse de Commorn; dans les carrières d'Engelberg, qui fournit les matériaux nécessaires à la construction de l'école militaire de Neustadt, au sud de Vienne; et dans la démolition, en 1857 et 1858, des murs d'enceinte qui séparaient la ville de Vienne de ses faubourgs. Et ils ont trouvé le fulmi-coton très-avantageux, tant sous le rapport de l'économie que par la facilité et la sécurité des manipulations.

Dans ces travaux, le pyroxyle a été employé de deux manières différentes : en cartouches pleines et en cartouches creuses.

Les cartouches pleines, essayées à Commorn, consistaient en une série de cylindres massifs de 0.110 m. de longueur et 0,027 de diamètre sur lesquels étaient enrou-

---

(1) *Jahrbuch für den Berg-und Hüttenmann.* 1851, p. 15.

lés 70 grammes de fil de coton-poudre. Les cartouches
creuses, mises en usage à Vienne, consistaient en cylindres
creux, formés d'un papier-carton épais, longs de 0,135
m. avec un diamètre de 9 à 10 millimètres, et enveloppés
de 52 grammes de fulmi-coton.

L'espace vide à l'intérieur facilite beaucoup l'embrasement et lui permet de se déclarer également au dedans
et au dehors, circonstance d'autant plus importante que
l'effet utile de la substance détonnante est singulièrement
augmenté par l'inflammation rapide et simultanée de la
totalité de la masse. En effet, on a constaté que cinq
cylindres creux enveloppés chacun de 52 grammes de
coton, soit en tout 260 grammes, valent six cartouches massives de même longueur enveloppées de 420
grammes. Ainsi les premières réalisent sur les secondes
une économie de plus de 37 pour cent.

Les fourneaux doivent avoir un diamètre assez grand
pour qu'on puisse les charger sans déformer la cartouche,
ce qui pourrait entraver la propagation de l'embrasement.
Ce diamètre, dans les essais que nous venons de citer,
variait de 62 à 66 millimètres.

La profondeur du trou dépend de la cartouche et doit
être telle que la bourre soit retenue en place et non projetée au dehors. Il résulte de l'expérience acquise qu'un
bourrage soigné, de 0.16 à 0.20 m., non compris le tampon
et le lit de sciures interposé, suffit à des charges de 210
à 940 grammes.

Voici comment on conduit généralement la charge du
fourneau : (Pl. IV, Fig. 12) Au bout d'une baguette en bois
garnie des fils conducteurs de l'électricité se trouve une
capsule ou porte-feu électrique. On dépose cette capsule
au fond du trou et la baguette vient s'appliquer contre
les parois de l'excavation et se prolonge au-dessus de

l'orifice. On remplit de sciures de bois l'espace s resté libre. Alors après avoir fait passer un bout de fusée en pyroxyle f, un peu plus long que la profondeur du fourneau, à travers la cavité intérieure de la cartouche creuse, c, on descend celle-ci sur la tête du porte-feu ; puis on superpose toutes les autres cartouches en ayant soin de les presser au moyen d'un bourroir en bois. L'étoupille, qui a dû les traverser toutes succesivement, est maintenue dans un état de faible tension. On repousse, dans la cavité supérieure du dernier cylindre, le bout qui dépasse, on recouvre la charge d'un tampon d'étoupes ou de papier, et ce tampon, d'un lit de copeaux ou déchets de rabotage de bois ; vient alors une couche de sable d'une faible hauteur, puis une bourre soignée d'argile, de fragments de briques ou de débris du rocher.

Lorsque l'électricité ne doit pas intervenir dans la mise à feu, on écarte la capsule électrique et sa baguette, ainsi que la sciure s ; la fusée de pyroxyle, contenue dans un tube en papier ou en toile imperméable, est prolongée à travers la bourre, puis liée au dehors avec un autre bout de fusée, dont la longueur est calculée de façon à garantir la sécurité du mineur qui doit mettre le feu.

Les expériences de Commorn ont servi à déterminer la distance qu'il est permis de laisser entre chacun des fourneaux de mine destinés à l'attaque d'un même massif de rocher. Cette distance est égale à $1 1/3$ fois celle qui est nécessaire dans le tirage à la poudre ; en sorte que le fulmi-coton permet encore de réduire les frais de forage de 4 à 3, et même moins quand on a affaire à des roches solides, dans lesquelles l'action fissurante s'exerce encore plus loin.

Pendant une période qui a duré depuis le commencement de l'hiver de 1857 jusqu'au 17 août 1858, la car-

6

rière de Leozhegye, à Totis, a livré 6840 mètres cubes
de pierres à bâtir, arrachées au moyen de 258 kil. de
pyroxyle, soit une consommation moyenne de 37 à 38
grammes par mètre cube. Dans l'année qui avait précédé
on avait usé 1674 kilogr. de poudre ordinaire à l'abattage
de 6816 mètres cubes, ou 245 gr. par unité de volume.
Donc six fois plus de poudre que de pyroxyle. Le prix
de la première étant de fr. 1-62, celui du second de
fr. 5-90, la dépense de ce chef s'est élevée, d'un côté
à fr. 2711-88, de l'autre à fr. 1522.20. Ainsi l'emploi du
fulmi-coton a permis, en Autriche, de réaliser, sur l'arrachement de 6840 mètres, une économie de fr. 1189.68
ou de 43 à 44°/₀ (1).

En présence de ces faits, le gouvernement autrichien
prescrivit à ses ingénieurs de faire des efforts pour per-
fectionner la fabrication du fulmi-coton. Les recherches
auxquelles on se livra dès lors donnèrent d'excellents
résultats. Divers produits sortirent des laboratoires gouvernementaux. Dans l'un de ces produits le fulmi-coton
se présente sous la forme d'une corde, d'un diamètre en
rapport avec celui du fourneau, et semble avoir réalisé
deux conditions essentielles : d'abord et surtout de n'offrir
aucun danger pour la vie des ouvriers, ensuite de ne pas
s'altérer. La corde est au fulmi-coton ce que sont les
grains de la poudre au salpêtre. Le *fumicoton* (de *fumis,*
corde) dégage peu de fumée et ne détonne pas sous le
choc comme le coton poudre ordinaire.

Le bourrage du fourneau se fait sans accident, pourvu
que les ouvriers aient soin d'écarter, dans l'accomplisse-
ment de ce travail, toute espèce d'outils en fer et de se
conformer aux règles de la prudence. Cependant la déli-

(1) Zeitschrift des Hanoverschen Ingenieurs-Verein. Bd. VII, p. 264.

catesse du procédé, peu en harmonie avec la brusquerie de mouvements de la plupart des mineurs, et la crainte naturelle qu'inspire l'explosibilité du coton-poudre, se sont opposés, jusqu'à cette heure, à la vulgarisation de cette substance et à son introduction dans la pratique. Cependant les brillants résultats obtenus en Autriche et en Hongrie devraient engager les ingénieurs a entreprendre, avec soin et d'une manière suivie de nouveaux essais. Il faut espérer que cet agent, si inconsidérément et si brusquement écarté de la pratique sortira, maintenant qu'il est mieux fabriqué, de l'oubli dans lequel il est tombé.

Poudre de M. Schultze, capitaine d'artillerie en Prusse.

Cette nouvelle composition, appelée vulgairement et assez sottement *poudre chimique*, est d'une couleur jaunâtre. Sa combustion laisse une légère fumée qui se dissipe promptement et permet au mineur de reprendre son travail sans perdre de temps. La poudre de M. Schultze est une sorte de pyroxyle dans la composition duquel entre du bois de saule, de peuplier, d'aulne, de pin etc., soumis à la distillation sèche, c'est-à-dire distillé en vase clos et à l'abri du contact de l'air. Le charbon qui en sort, et qui est aussi pur que possible, est scié en plaques perpendiculaires aux fibres, puis réduit en grains pour être traité à l'acide azotique à peu près comme le fulmi-coton.

Il résulte d'essais faits en France, par ordre du gouvernement, que le nouveau produit renferme les principes constitutifs de l'ancienne poudre, à l'exception des parties nuisibles ou superflues. La fabrication n'offre de danger qu'à sa dernière période, période fort courte, pendant laquelle travaillent seulement un petit nombre d'ouvriers. Il suffit alors d'emmagasiner séparément les divers éléments de la composition, sauf à les mettre en contact au moment de s'en servir ; elle se conserve et se transporte alors sans danger. Elle n'éclate que quand elle est renfermée dans un espace bien clos ; exposée à l'air libre, elle brûle avec une belle flamme, mais sans explosion.

M. Schultze affirme que sa poudre est d'un prix inférieur à celui de la poudre ordinaire. Des personnes fort compétentes soutiennent le contraire.

Des expériences comparatives ont été faites dans plusieurs mines prussiennes et ont donné des résultats bien divergents. Dans les salines de Stassfurth, trois parties du nouveau composé donnaient autant d'effet que dix de l'ancienne poudre. Et, à Saarbrücken, la dislocation du rocher par la *poudre chimique* exigeait des cartouches de 0.31 m. de longueur, tandis que, pour un massif de même volume, cette longueur pouvait, avec la poudre ordinaire, être réduite à 0.23 m. seulement.

Cependant on s'est accordé dans ces deux localités à reconnaître que les fumées et vapeurs du nouveau produit sont moins incommodes et moins abondantes que celles de la poudre au salpêtre. A Stassfurth les parois de sel étaient beaucoup moins colorées par les acides de la déflagration.

Poudre de mine de MM. Schæffer et Budenberg, à Magdebourg.

Ce produit détonnant, simple modification de la poudre ordinaire, a été essayé dans divers centres miniers de l'Europe. Les auteurs en proposent deux espèces : l'une, *lente*, pour les roches tendres, compactes et non fissurées ; l'autre fort *vive*, pour les roches réfractaires et crevassées, dans lesquelles les gaz ne doivent pas avoir le temps de s'échapper par les fentes avant d'avoir produit leur effet de dislocation.

Voici les proportions respectives des éléments dans chaque espèce :

	Poudre lente	Poudre vive
Azotate de potasse.	78	82
Soufre	8	5
Charbon.	10	10
Tartrate de potasse et de soude.	4	3

On voit qu'elles contiennent 16 à 20 % de salpêtre de plus que la poudre ordinaire : d'où production d'une plus forte température et, par suite, plus grande expansion des gaz. Le charbon de bois et le soufre étant, au contraire, en proportion moindre de moitié, il en résulte un plus petit volume de fumée et de gaz irrespirables. La crème de tartre a pour but d'accélérer la combustion du charbon, afin que celui-ci ne soit pas projeté hors du fourneau avant d'être brûlé, ce qui déterminerait la production de la fumée.

Des expériences comparatives ont été faites, en 1863, dans les travaux des mines de Nœux, Pas-de-Calais, par MM. de Braquemont, directeur de l'établissement, et Coïnce, ingénieur du district. Quatre fourneaux de mine, percés dans le mur de la couche St-Constant, ont donné, de l'avis des mineurs présents, « des résultats au moins » aussi satisfaisants qu'ils auraient pu l'être avec la poudre » ordinaire. La fumée était faible, se dissipait facilement » et ne répandait qu'une légère odeur. »

D'autres essais, plus favorables, ont eu lieu, en 1864, aux mines de fer d'Altenberg, en Styrie, par ordre du ministère des finances de Vienne. Les galeries de travail étaient percées dans un grauwacke très-compacte, renfermant un filon de fer de 0.16 m. M. Jung, directeur de l'établissement, qui avait installé des ouvriers de telle façon qu'ils pouvaient travailler alternativement avec l'ancienne poudre et avec la nouvelle, a observé les effets utiles suivants :

Deux mineurs ont abattu, en 21 jours, 5.65 mètres cubes en employant 5.37 kilogr. de la nouvelle poudre ; ensuite ils ont arraché, en 23 jours 3.77 mètres cubes avec 8.40 kilogr. de l'ancienne. Ce qui fait, à l'avantage de la nouvelle composition, un travail de 57 pour cent en plus.

M. Jung ajoute comme conclusion que :

Cette poudre, beaucoup plus énergique que l'ancienne, n'est pas plus dangereuse à manipuler. L'explosion étant plus lente, le combustion est plus complète, la fumée moins volumineuse et non suffocante comme celle de la poudre ordinaire, circonstance notable au point de vue de la ventilation. Enfin le rocher se détache en plus gros blocs, ce qui est d'une grande importance quand il s'agit des couches de houille.

MM. Gille et Boucher, ingénieurs attachés, l'un à l'administration gouvernementale de la Belgique, l'autre à la société de l'Agrappe et Grisœil, ont constaté que la poudre de MM. Schæffer et Budenberg est plus énergique que la poudre ordinaire et que sa fumée, moins intense, a une odeur moins suffocante. Les essais des ingénieurs ont porté sur une quantité de 150 kilogr. de la poudre en question.

M. Gernaert, actuellement inspecteur général des mines belges, chargé par M. le Ministre des travaux publics d'examiner les propriétés de cette poudre quant à son emploi dans les mines, s'est livré à des expériences dans le tunnel du Hazard (vallée de la Vesdre) et dans les travaux qui y font suite. Il était accompagné de MM. les ingénieurs Mueseler et Geoffroy.

D'abord brûlée à l'air libre, elle « a donné une flamme » très-intense et brillante, presque pas de fumée, ni » d'odeur et la combustion s'est faite en fusant avec un » peu de bruit et comme progressivement d'un point de » la masse à l'autre. Aucune projection d'étincelles. »

Alors des essais comparatifs eurent lieu au jour et à l'intérieur des travaux.

Au jour, la roche entamée était un calcaire stratifié, de résistance moyenne ; des charges très-faibles produisirent des effets considérables et les roches furent profondément disloquées sans projeter de fragments.

A l'intérieur, les trous de mine avaient été percés sur les parois de la galerie à environ 600 mètres de son orifice.

M. Gernaert résume comme suit les résultats des diverses expériences qu'il a faites. :

« La poudre de MM. Schæffer et Budenberg donne une » fumée beaucoup moins abondante et moins nuisible » que celle des poudres ordinaires.

» Cette poudre, employée dans les conditions voulues, » eu égard à la solidité de la roche, à la profondeur du » trou et au poids de la charge donne des résultats plus » satisfaisants que ceux qu'on obtient avec les poudres » ordinaires. Les expériences ont été faites avec la » qualité désignée sous le nom de poudre lente ; son » emploi dans les travaux d'exploitation n'exige aucune » précaution particulière ».

Les résultats observés en Styrie semblent exagérés et l'on doit supposer ou qu'il y a eu une erreur d'appréciation ou que des circonstances étrangères à la substance ont influé sur l'effet obtenu.

On ne peut dire que ce composé représente un perfectionnement sérieux, si ce n'est sous le rapport de la fumée
et de l'odeur. Son prix est plus élevé que celui de
la poudre ordinaire, de 15 fr., en moyenne, au quintal
métrique.

Nitroglicérine, pyroglicerine, huile explosive, trintrine , trinitroglycérine ou poudre liquide.

La composition de glycérine et d'acide azotique est un
liquide explosif auquel on a donné par métonymie le nom
de glycérine. Les propriétés de ce liquide sont les suivantes : il est jaunâtre, avec l'aspect de l'huile de pétrole
non rectifiée ; sa densité est de 1.6 ; il est insoluble ou du
moins assez peu soluble pour pouvoir être employé dans
l'eau. On assure que cette substance se conserve indéfiniment sans altération, et ne peut être décomposée à
la température ordinaire , même sous l'influence du phosphore ou du potassium. On peut, sans danger, porter
sa température à 100 degrés, l'explosion n'ayant lieu
qu'à 180.

La nitroglycérine placée au contact d'un corps incandescent, tel qu'une allumette enflammée , se décompose
avec pétillement et flamme, puis s'éteint dès que ce corps
est retiré ; il n'y a d'explosion que quand le liquide est
placé dans certaines conditions particulières.

L'huile explosive détonne aussi par le choc ; une goutte
étant jetée sur une enclume et étendue avec le doigt, il
suffit du choc d'un marteau pour produire une détonation
comparable à celle d'un pistolet , mais seulement au point
de contact du marteau , car les parties voisines ne participent pas à la déflagration.

Pendant la détonation il ne se produit ni fumée, ni

flamme, mais seulement une lueur pâle, semblable à celle du phosphore.

La nitroglycérine dénote des propriétés toxiques par de violents maux de tête qui affectent les ouvriers appelés à la manipuler. Cette souffrance dure plusieurs heures.

Pour obtenir cette substance fulminante, il faut faire un mélange, à volumes égaux, d'acide sulfurique et d'acide azotique concentré et y verser la glycérine goutte à goutte.

Les produits de la combustion sont:

	En poids,	En volumes,
Vapeur d'eau . .	20.00	554
Acide carbonique .	58.00	469
Oxigène. . . .	3.50	39
Nitrogène . . .	18.50	236
	100.00	1298

Ces gaz formant un volume à peu près égal à 1300 fois le volume primitif du liquide, il est permis de conclure que, à la haute température de la déflagration, ils produisent une pression de 10.400 atmosphères.

Il y a déjà longtemps que la glycérine a été découverte par Scheele, le savant chimiste suédois. Il y a plus de 20 ans que M. Chevreul, en étudiant les corps gras, a découvert la nitroglicérine. D'abord on regarda comme impossible de l'utiliser puisque le contact des corps incandescents ne pouvait déterminer l'explosion et que le choc n'agissait que d'une manière locale. D'ailleurs sa préparation, même en quantité minime, pouvait occasionner de graves accidents, ainsi que l'expérience l'avait prouvé. Grâce à M. Nobel, ingénieur suédois, ces obstacles disparurent et la nitroglycérine put être employée comme poudre de mine.

Le premier perfectionnement consista dans une addition du liquide explosif à la poudre ordinaire qui devint 3 à 5 fois aussi énergique qu'à l'état de pureté. Plus tard, on trouva le moyen d'embraser une charge de glycérine sans aucun mélange, comme on le verra ci-après. Les essais faits à la forteresse de Carlsborg et aux environs de Stockholm ayant prouvé que la nitroglycérine ainsi traitée pouvait être appliquée avec grand succès au tirage des roches, une société se forma (1864) en Suède, pour l'exploitation, en grand, du brevet de M. Nobel. Peu après, de nouveaux essais eurent lieu dans les principales localités minières de l'Europe.

Dans son état actuel, le tir des mines par la nitroglycérine est une opération simple et pratique ; il exige l'emploi d'un détonneur et d'une capsule à forte charge. Le détonneur consiste en un tube ou cylindre en bois de 0,09 m. de longueur et d'un diamètre un peu moindre que celui du fourneau de mine ; il est traversé, suivant son axe, d'un trou de 8 millimètres de diamètre qui, à la partie supérieure, se réduit à 5 millimètres. Dans l'orifice le plus étroit est introduite une mèche de sûreté, assez serrée contre les parois pour qu'elle ne puisse pas se séparer du détonneur pendant les diverses manipulations ; le vide restant au-dessous est rempli de poudre vive, maintenue en place par un bouchon de liége.

Les capsules ne diffèrent de celles des armes à feu que par une quantité de fulminate plus considérable.

La charge s'effectue rapidement et les matières de bourrage ne sont autres que du sable ou de l'eau. Quand on emploie le sable, si les roches sont fissurées, on doit glaiser les parois du trou, c'est-à-dire, les revêtir d'une couche d'argile (1) qui empêche l'huile de s'échapper ;

_____

(1) Cette opération a été décrite dans le *Traité de l'Exploitation des mines de houille*. Tome I, §§ 120 et 125.

alors on verse cette dernière au fond du trou ; on y descend
le détonneur, en le disposant de manière qu'il puisse flotter
dans le liquide ; puis, afin d'éviter l'accès de l'air, on fait
couler, dans le fourneau, du sable sec, dont on le remplit
jusqu'à l'orifice, (Pl. IV, fig. 13). — *r*. Roc. — *h*. Niveau
de l'huile. — *d*. Détonneur. — *b*. Bouchon de liége. —
p. Poudre de guerre renfermée dans le détonneur. —
m. Fusée. — *s*. Bourre de sable sec.

Le bourrage à l'eau s'applique aux roches aquifères.
Une capsule est adaptée d'une manière stable et, pour
ainsi dire, vissée à la mèche de sûreté, afin d'éviter le
contact de l'eau, qui rendrait l'explosion impossible. On
introduit cette capsule à travers le liquide et on l'installe
à une faible profondeur dans l'huile explosive. La charge
à l'eau semble produire un moindre effet que la charge au
sable ; d'autre part, la combustion de l'huile y étant incomplète, les exhalaisons des gaz nuisibles aux ouvriers ne
permettent pas d'employer ce procédé dans les travaux
souterrains (fig. 14). — *r*. Roc. — *h*. Niveau de l'huile.
— *e*. Idem de l'eau. — *m*. Fusée. — *c*. Capsule.

Les trous complétement submergés exigent l'emploi
d'un tube en fer blanc dont l'orifice en forme d'entonnoir
se montre hors de l'eau, et à travers lequel le mineur
verse l'huile d'abord, puis introduit la capsule au fond du
trou ; cela fait, on retire le tube avec précaution. (fig. 15)
— *r*. Roc. — *e*. Niveau de l'eau. — *f*. Trou de mine. —
t. Tube pourvu d'un entonnoir. — *m*. Fusée. — *c*. Capsule.

Dans ces trois cas, la disposition de la mèche exerce
une grande influence sur la réussite de l'opération.

Lorsque le fourneau est horizontal ou incliné de telle
façon que son orifice soit en bas (fig. 16), la nitroglycérine est renfermée dans un tube de zinc ou de fer
blanc d'un diamètre un peu plus faible que celui du trou

de mine ; un tube conique en bois, façonné comme un détonneur, sert de bouchon à la cartouche ; celle-ci est placée au fond du trou, puis chargée de sable sec ou bourrée à l'argile.

A poids égal, la force du produit explosif est 5 à 7 fois plus grande que celle de la poudre de mine ordinaire et à volume égal, 9 fois. Il coûte 9 francs le kilogramme.

Son plus grand avantage résulte de l'économie de la main-d'œuvre dans le forage des trous de mine, dont il est permis de réduire notablement les diamètres, sans réduction d'effet, puisqu'une grande force peut être introduite dans des fourneaux à petite section.

En outre, cette concentration de force sur un même point laisse la faculté d'écarter les trous de mine les uns des autres et, par conséquent, d'en réduire le nombre. Il y a double économie de main-d'œuvre, et cette économie est d'autant plus grande que la roche est plus dure et plus difficile à entamer. Enfin, la suppression du bourrage diminue la durée de l'opération.

Dans les roches naturellement fissurées, l'instantanéité de l'explosion joue un rôle fort important ; le choc est si rapide que les gaz, n'ayant pas le temps de s'échapper à travers les fentes, doivent agir simultanément. C'est le même motif qui rend efficace la bourre au sable. Et la mine n'est plus sujette à *faire canon*, comme il arrive si souvent avec la poudre ordinaire.

La propriété de la nitroglicérine de ne pouvoir détonner au simple contact du feu en rend le transport, l'emmagasinage et la manipulation sans danger.

On a cru longtemps que la roche n'était pas projetée en éclats et que les parties détachées restaient sur place ; mais il ne semble pas qu'il en soit toujours ainsi. M. Harzé, assistant au tirage d'un coup de mine dans des grès très-consistants, a constaté que l'explosion avait provoqué la chûte d'une partie du faîte de la galerie dans laquelle l'opération avait lieu. M. Stœsser, directeur-gérant de Crachet et Picquery, au couchant de Mons, essayant, un jour, l'huile explosive sur un bloc de calcaire de Soignies, a vu des éclats de la roche voler à des distances de 20 à 30 mètres.

L'explosion de la poudre de mine n'enlève que la partie du rocher située au-dessus de la charge ; la nitroglycérine, au contraire, agit suivant les rayons d'une sphère, autour de la cartouche comme centre, c'est-à-dire qu'elle produit des effets *en retour*, disloque la roche en avant , sur les côtés et au delà du fond du fourneau de mine et la broye dans tous les sens. Ce fait a été fréquemment observé et plus spécialement dans les essais faits aux carrières de Hall et de Lessines par MM. les ingénieurs Arnould et Gille; dans l'un de ces essais, l'effet en retour a été de 0.80 m. en arrière du trou et le rocher a été fissuré sur toute la hauteur verticale de la paroi.

Cette propriété peut être fort avantageuse dans les travaux de déblai ; mais elle serait plutôt préjudiciable aux excavations souterraines, car il importe de conserver les parois entièrement intactes, dans la solidité primitive de la roche. M. Harzé rapporte, à ce sujet, que dans certaines carrières, où l'on a essayé l'huile explosive , le rendement en pavés a diminué.

Enfin, il ne faut pas oublier que presque tous les ouvriers qui se sont servis de nitroglycérine à l'intérieur des travaux de mine, ont éprouvé de fortes névralgies.

Les nombreuses expériences qui ont eu lieu sur divers points de l'Europe, pour constater la puissance de la nitroglycérine, ont été tout-à-fait concluantes; elles prouvent à l'évidence que l'intervention de cette substance et son application aux carrières, aux tunnels et à tous les travaux où il s'agit d'arracher des masses considérables constituent une conquête définitivement assurée à l'industrie.

Quant aux travaux souterrains, les essais sont trop peu nombreux pour qu'on puisse rien en conclure, assez satisfaisants toutefois pour engager les ingénieurs à persévérer.

Dans le cours de l'année 1865, des expériences ont été faites au puits n° 21 des Produits, couchant de Mons, par M. Sadin, ingénieur de l'établissement, en présence de M. Harzé. Elles ont été conduites avec soin, mais dans des conditions mauvaises en ce que les fourneaux de mine étaient trop grands relativement aux cartouches préparées. Les premiers avaient, en effet, 40 millimètres de diamètre et les cartouches 28 millimètres seulement. Les charges comportaient 50 à 80 grammes. L'opération avait lieu dans une galerie abandonnée, mais non entièrement privée d'air; « le courant d'air était très-faible; en » sorte que nous étions plongés, dit M. Harzé, dans » l'atmosphère des gaz dégagés pendant l'explosion. » Cependant nous n'avons rien ressenti. Le tirage s'est » borné, il est vrai, à quatre coups de mine. » Suivant les appréciations des ouvriers, il eut fallu une quantité de poudre ordinaire quatre ou cinq fois plus grande pour détacher le même volume de roches.

D'autres expériences ont eu lieu à Péronnes, à l'Agrappe et au Grand-Buisson. Dans cette dernière localité, M. Delcommune a fait sauter trois mines dans les roches aquifères d'un puits en fonçage. Ces mines ont fort bien réussi, mais les ouvriers ont éprouvé de violents maux de tête.

M. Nobel, persuadé que les résultats gazeux de la combustion ne peuvent être nuisibles à la santé et que les accidents morbides survenus à la suite d'un grand nombre d'essais ne doivent être attribués qu'au contact d'une partie non brûlée de la substance, propose de renfermer celle-ci dans des cartouches en tôle.

Dans des expériences faites à l'intérieur des mines de Pluto Vollmund et Prinz von Preussen, près de Bochum, où l'on a eu égard à cette prescription, il n'y a eu d'indisposition que parmi les personnes qui se sont trouvées en contact direct avec la nitroglycérine. Pourtant ces expériences ont eu lieu sur des points où l'activité du courant d'air laissait à désirer; immédiatement après le coup de mine, les expérimentateurs se rapprochaient du lieu de l'explosion et y séjournaient pendant tout le temps nécessaire à l'évacuation des déblais, au forage d'un nouveau trou, au bourrage, etc. De plus, des ouvriers, occupés à des tailles fort rapprochées n'avaient pas interrompu leur travail.

La nitroglycérine était soigneusement renfermée dans des cartouches en tôle. Les expérimentateurs étaient au nombre de six; quelques uns ont éprouvé des picotements passagers à la gorge, au palais et aux yeux; deux d'entre eux, seulement, ceux qui avaient eu pour fonction de remplir les cartouches, ont été affectés de migraines pendant la soirée; les autres n'ont éprouvé aucune indisposition.

D'où ils ont conclu que l'emploi de la nitroglycérine dans les mines ne peut avoir aucune influence pernicieuse sur la santé des ouvriers. Et, comme les résultats obtenus de deux fourneaux chargés de la nouvelle substance équivalaient à ceux de cinq trous dans lesquels on avait mis de la poudre ordinaire, on peut ajouter que l'emploi de l'huile explosive est, non seulement possible, mais encore avantageux (1).

(1) Les dépenses comparatives seront établies dans la partie économique.

Si de nouveaux essais viennent confirmer les observations recueillies à Bochum au point de vue sanitaire, le
mineur n'aura plus qu'à se mettre en garde contre les
dislocations provenant des effets en retour.

Cartouches à enveloppe hydrofuge.

Les mineurs de quelques districts silésiens ont souvent
des puits à foncer à travers des stratifications aquifères
et des mines à tirer sous l'eau, ce qui les expose à voir
leurs fourneaux noyés ; dans ces circonstances ils se sont
servis avec succès de cartouches rendues hydrofuges par
un enduit de poix. Ils ont obtenu par ce procédé, non
seulement une amélioration de travail, mais encore une
notable économie de poudre.

Ces cartouches ont été employées conjointement avec
des étoupilles de Bikfort pour le fonçage de puits appartenant aux mines Ferdinand et Guter Traugott, de la
Haute-Silésie.

Dans le district de Zabrze, la cartouche était recouverte
de boyaux de bœuf qui se déchiraient au contact des
aspérités du rocher et produisaient en brûlant une odeur
des plus désagréables. Les mineurs furent conduits à
plonger le papier à cartouches dans une dissolution de
poix dure, l'enduit ne put être arraché, on eut l'idée
de l'utiliser définitivement et les inconvénients signalés
disparurent.

Dans le creusement du puits d'exhaure de la mine de
Vereinige Trappe, district de Bochum, après avoir cherché
inutilement à rendre les cartouches étanches, tantôt en
les plongeant dans l'huile de ricin, tantôt en les enduisant
d'un vernis au copal, on eût recours à une enveloppe en
papier de gutta-percha, dans laquelle l'extrémité infé-

rieure de l'étoupille pénètrait de 4 à 5 centimètres. Cette cartouche, moins coûteuse que celle de fer blanc, n'est pas, comme celle-ci, sujette à se détériorer par le bourrage et ne possède pas cette inflexibilité qui contrarie l'introduction dans le fourneau.

MM. Masson et Pézieur, de Lyon, fabriquent, sous le nom de *papier-toile*, un produit qui remplace la toile cirée et convient parfaitement à la confection des cartouches qui doivent être imperméables à l'humidité. C'est un tissu de chanvre ou de coton renfermant un à quatre fils par centimètre carré ; sur chaque côté de ce canevas sont collées, avec de l'amidon ou de la farine, des feuilles d'un papier mince, mais solide, enduites, à l'extérieur, d'une couleur à l'huile. Donc, en d'autres termes, deux feuilles de papier entre lesquelles est interposé un tissu fort large, mais suffisant pour leur donner une grande solidité, tel est le papier toile. Cet ensemble est léger, flexible, durable et imperméable à l'humidité ; son prix, de moitié moindre que celui de la toile cirée d'emballage, varie de 30 à 60 centimes le mètre carré, suivant la solidité du tissu interposé et le nombre des couches de couleur à l'huile dont les surfaces extérieures sont revêtues.

M. Copeland a présenté, à la dernière exposition de Londres (1862), des cartouches imperméables à l'eau, destinées aux roches humides ou aquifères. Ces cartouches, munies de fusées de sûreté, sont formées d'une enveloppes de gutta-percha, offrant, à leur base, un minimum de résistance. Elles portent, à leur partie supérieure, un tampon élastique qui, se trouvant interposé entre la poudre et le bourre, non seulement augmente l'intensité de l'action, mais encore protège la substance explosive contre les effets destructifs du bourrage et contre l'inflammation prématurée qui est due quelquefois à l'in-

7

troduction trop brusque de la première pelotte d'argile dans
le fourneau. Le filet de poudre de l'étoupille est aussi
renfermé dans un tube en gutta-percha.

Étoupilles de Bickford ou fusées de sûreté.

Depuis la publication de la première partie de cet ouvrage, de nombreuses expériences ont été faites, dans
presque tous les pays de mines, sur les étoupilles de
Bickford. Mais les résultats qu'elles ont donnés et les
appréciations dont elles ont été l'objet ont offert, selon les
localités, des divergences remarquables.

En Belgique, si ces étoupilles sont d'un usage général
dans la province de Liége, elles sont loin de jouir de la
même estime au Couchant de Mons, où les mineurs les
regardent comme la cause d'une certaine catégorie d'accidents : par exemple, les longs feux, suivis d'explosions
au moment où les ouvriers recherchent la cause du
retard ou sont occupés à décharger le fourneau. Ils leur
reprochent de se plier dans les trous et d'engendrer ainsi
les ratées. Et ils se bornent à les employer dans les
roches humides ou noyées.

En Angleterre, on en fait un usage exclusif dans les
mines métalliques de Cornwall, du pays de Galles, du Der-
byschire, où l'on a constaté que le nombre des accidents
dérivant de l'explosion trop prompte des coups de mine
se trouve réduite à 90 %, pendant que l'économie s'élève à
20 %, comparativement à l'emploi de l'épinglette. Dans
les mines de houille, l'ancien procédé subsiste encore
généralement.

En France, où l'expérience semble avoir donné les
mêmes résultats, quant aux accidents, on pense que
l'économie de poudre est de 40 %.

Les essais comparatifs qui ont eu lieu dans les divers districts de la Prusse ont fourni des résultats peu concordants quant aux roches sèches. Car dans les roches humides ou aquifères, la supériorité est restée aux étoupilles de sûreté. En général, les mineurs allemands n'ont pas trouvé qu'elles offrissent le moindre avantage sous le rapport économique. Dans les mines de Mansfeld, elles entraînent au contraire un excès de dépense de 0.28 à 0.42 fr. par kilogr. de poudre employée. Le même fait se reproduit à Siegen, à Olpe et dans la plupart des districts rhénans, westphaliens et silésiens, à l'exception toutefois des houillères de Düren et des mines de plomb de Wohlfartes à Rescheid, où les nouveaux porte-feu ont été reconnus comme décidément avantageux dans les roches sèches ou humides.

Mais sous le rapport de la sûreté, il y a unanimité dans tous les districts. Et en effet, depuis l'emploi de ces fusées, la statistique prussienne ne constate, pour le travail de plus de cent mille ouvriers mineurs, qu'un nombre fort restreint d'accidents par explosions intempestives, savoir : *deux* pendant les années 1851, 52, 53 et 54; *un* en 1855 et *trois* en 1856.

En Autriche, les étoupilles de sûreté étaient d'abord de provenance anglaise; puis on en a fabriqué à Jennbach (Tyrol), à Windchacht près de Schemnitz (Hongrie) et à Vienne, chez MM. Winkler, qui pour le tir sous l'eau les recouvrent d'une couche de poix. Comme en Prusse, les résultats ont été fort divergents : dans les mines domaniales de la Haute-Hongrie, on a constaté par des essais comparatifs que, provenant d'une bonne fabrication, elles placent l'ouvrier dans des conditions de sécurité presque absolue et qu'elles permettent de réaliser une notable économie de poudre. Il en a été de même dans les mines métalliques d'Autriche, dans les salines du Tyrol et dans les exploitations limitrophes de la Bavière.

Au contraire, dans les mines de Trzibram en Bohême, les résultats ont été défavorables au nouveau porte-feu. On y a reconnu, il est vrai, qu'il préserve les ouvriers du danger des explosions intempestives, pendant le bourrage ; mais la déflagration de la cartouche subissant assez souvent un retard considérable, ce retard qui peut durer dix minutes, est une autre cause de danger pour l'ouvrier, toujours disposé, comme on sait, à se rapprocher du fourneau sans avoir la certitude que le feu soit éteint. En outre, sur 1609 coups de mine, 26 ont raté et 434 ont éclaté sans produire l'effet utile qu'on était en droit d'attendre, tandis que, par l'emploi des fétus, il n'y a eu aucune mine ratée et 392 coups seulement sont mal partis. Enfin, la dépense annuelle aurait été majorée de plus de 9000 francs.

En Saxe, les deux procédés ont été mis en présence dans le percement successif de deux tronçons d'une même galerie, auquel on a consacré des temps égaux. Les étoupilles ont fait preuve d'un surplus d'effet utile de 60 °/₀. On a fait dans ce travail une observation assez remarquable : c'est que l'effet du tir est complet lorsque l'étoupille est disposée de manière à atteindre le fond de la cartouche et que l'extrémité supérieure est au ras de l'orifice du trou.

Dans la partie hanovrienne du Hartz, les essais ont démontré que la sûreté des ouvriers et l'économie de poudre ne résultent pas toujours de l'emploi des nouvelles fusées ; car c'est à ces dernières que l'on a attribué des dépenses de 22000 et de 26000 fr. pour les deux districts de Clausthal et de Zellerfeld, outre un travail plus considérable réclamé du mineur, qui avec l'étoupille ne peut bourrer que deux trous, tandis que, dans le même temps, l'épinglette lui permet d'en bourrer trois. Enfin, dans ces localités, des plaintes fort vives se sont élevées contre la viciation de l'atmosphère des excavations par les fumées nauséabondes que dégage l'inflammation des fusées.

Les expériences faites en Russie ont assez bien concordé avec celles de Przibram. Les ingénieurs ont reconnu l'innocence des étoupilles pendant le bourrage; mais ils ont trouvé que la lenteur de la combustion dans les boute-feu d'une certaine longueur rend cet avantage fort problématique, à cause de l'incertitude de l'ouvrier, incapable, si la combustion vient à cesser, de connaître le moment précis où cet accident a eu lieu. Ils n'ont pas observé, d'ailleurs, que la dépense fût moindre que par l'emploi des fétus ou des roseaux.

Observations sur l'emploi des fusées de sûreté.

Les résultats si disparates, rapportés ci-dessus, semblent trouver leur explication dans la diversité des points de vue sous lesquels les ingénieurs ont envisagé la question ; dans la différence des localités, des gisements et des habitudes. Quant aux divergences d'opinion sur le côté économique, il n'est possible de s'en rendre compte que par l'ignorance du mineur sur la quantité de poudre qu'il doit mettre dans la cartouche pour produire un effet donné; incapable de garder des limites convenables, il cède à une tendance naturelle qui le porte à exagérer les doses ; dès lors on ne peut plus comparer les éléments principaux de la question.

Mais une chose étonnante, c'est que la généralité des ingénieurs allemands se refusent à reconnaître aucun avantage économique à l'emploi des nouvelles fusées et se trouvent, sur ce point, en opposition flagrante avec les Français et les Anglais. Il est à supposer que les essais faits en Allemagne n'ont pas été généralement entrepris dans le but de faire ressortir l'extension de la sphère d'action ou l'augmentation de l'effet utile des coups de mine tirés avec l'étoupille de Bickford. Cependant on a vu que les ingénieurs saxons ont vérifié un excédant d'effet utile de 10 pour cent en faveur du nouveau procédé.

Est-il possible, d'ailleurs, que la suppression du canal d'embrasement, que le rôle de l'étoupille charbonnée comme obstacle à la déperdition des gaz élastiques, que la transmission de la flamme au centre de la cartouche, où elle engendre une déflagration simultanée, que la suppression de la dépense de poudre appliquée à la préparation des roseaux et des fétus, est-il possible que toutes ces améliorations ne soient suivies d'aucun avantage?

Les fusées de Bickford sont géréralement l'objet des critiques suivantes :

On ne peut pas les visiter pour s'assurer de leur bonne fabrication, sans laquelle la combustion est parfois si rapide que le mineur n'a pas le temps de se mettre à l'abri. A cela l'on peut répondre que la fabrication s'améliore tous les jours.

Dans le tir des trous peu profonds, le feu mis directement à l'étoupille de la meilleure qualité se transmet trop promptement à la cartouche. Si l'on communique le feu par l'intermédiaire d'un morceau d'amadou ou d'une mèche soufrée, il arrive, quoique bien rarement, que la mèche ou l'amadou brûle entièrement sans enflammer l'étoupille, ou bien carbonise celle-ci longtemps avant d'atteindre la cartouche, d'où résultent des retards de dix et quelquefois vingt minutes fort dangerereux pour les mineurs, comme on l'a vu plus haut. Mais ce danger existe toujours, quel que soit le procédé de mise à feu.

Dans le fonçage des puits, lorsque le mineur vient de mettre le feu à la mèche, si le vase d'extraction ne s'élève pas immédiatement, les mineurs ne peuvent ni éteindre, ni arracher l'étoupille.

Les étoupilles produisent des gaz nuisibles aux organes de la respiration; mais ces gaz se dissipent facilement et n'ont d'inconvénients réels que dans les mines où un défaut de ventilation rend l'air stagnant.

M. Pape, bergmeister, à Zellerfeld (Hartz hanovrien), adresse encore aux étoupilles le reproche suivant: [1]

Il regarde comme fort difficile de serrer suffisamment les derniers décimètres du bourrage d'un trou foré dans des roches dures et compactes, sans l'intervention de l'épinglette qui sert de guide au bourroir; en sorte que souvent, la bourre n'offrant pas une résistance en rapport avec les effets de la poudre, la mine *fait canon*. Ce fait, dit-il, s'est produit dans des circonstances identiques à d'autres dans lesquelles le bourrage avec l'épinglette avait eu un plein succès.

Il a observé que, pour le bourrage des trous horizontaux ou faiblement inclinés, il faut, avec les étoupilles, deux hommes, et un seul avec les épinglettes.

Le manque de rigidité des premières ne permet pas de bourrer plus de deux trous pendant qu'on en bourre trois avec les secondes.

Enfin, par le nouveau système, le bourrage simultané de plusieurs trous voisins offre des inconvénients. Il est déjà arrivé que l'extrémité d'une étoupille saillante au dehors de l'orifice d'un fourneau a été coupée et enlevée

[1] Bergwerksfreund, Bd. XVII, n° 11.

par les éclats de la roche du coup le premier parti,
quoique cet orifice eut été soigneusement recouvert
d'argile.

Cependant il est peu de personnes qui contestent aux
fusées de Bickford les avantages d'une sûreté à peu près
absolue dans les manipulations relatives au tir à la
poudre.

L'utilité des fusées est incontestable pour les trous
profonds, dans lesquels la projection du fétu embrasé ne
saurait atteindre la cartouche.

Dans les roches aquifères, le bourrage et la mise à feu
deviennent faciles et moins dangereux que par l'emploi de
l'épinglette. Le tir sous l'eau est désormais praticable.
Ainsi nous possédons le moyen le plus convenable pour
agir au fond des puisards, foncer les puits à travers les
stratifications plus ou moins aquifères, etc.

Fusées de sûreté imperméables à l'eau.

Dans le but d'appliquer les mèches de sûreté aux
roches pénétrées d'eau, M. Davey, associé de M. Bickford, les trempe dans une matière qui les protège contre
l'influence de l'humidité. Voici comment s'effectue l'opération : On verse la substance hydrofuge dans un vase, en
forme d'entonnoir, ayant à sa partie inférieure une section
un peu plus grande que celle de l'étoupille. Cette substance, composée d'une partie de poix-résine, d'une de
poix de Bourgogne et de quatre de gutta-percha, est
préparée dans une chaudière chauffée à la vapeur. Une
partie de cette vapeur est dérivée à l'aide d'un tuyau pour
entretenir la chaleur dans le vase-entonnoir. L'étoupille,
dégagée, au moyen d'une manivelle, d'un cylindre sur
lequel elle a été bobinée, passe à travers l'entonnoir, où

elle reçoit l'enduit ; au sortir du vase, elle se rend sur une poulie plongée dans un bain d'eau froide et vient s'enrouler sur un tambour de grand diamètre (1).

On a fait récemment, aux fusées de M. Bickford, une modification qui consiste à changer la nature de l'enveloppe c'est-à-dire à renfermer le filet de poudre dans un tube de plomb, d'étain ou d'un alliage métallique mou et à revêtir extérieurement d'un fil grossier. La société de Wadebridge qui fabrique ces nouvelles fusées *(patent metallic fuzes)* les a fait connaître, à la dernière exposition de Londres.

Nécessairement plus coûteuses que celles de Bickford, elles possèdent une rigidité qui les empêche de s'entasser dans le trou, d'être écrasées ou coupées par le bourroir; elles n'exposent donc pas les mineurs aux accidents que l'on attribue aux explosions tardives. Les membres de l'association des mineurs du Cornwall et du Devon ont parlé favorablement de cette nouvelle invention; mais comme elle n'a pas encore subi l'épreuve d'une assez longue expérience, on ne peut guère se prononcer actuellement en entière connaissance de cause.

Nouvelles fusées de sûreté.

Le prix élevé des étoupilles de Bickford et la lenteur avec laquelle elles transmettent l'embrasement ont engagé MM. Gomez et William Mils (2) à rechercher les moyens d'en fabriquer d'une nouvelle espèce, moins coûteuses et plus sûres.

La masse explosive se compose d'un mélange de chlo-

(1) Armangaud, *Génie industriel.* Décembre 1853, page 327.
(2) *Repertory of patent inventions.* Vol. 32, p. 217.

rate de potasse en poudre fine et de ferro-cyanure de plomb (1). On délaye ces deux substances dans de l'esprit de vin, de façon à obtenir une bouillie claire, qu'on étend, à l'aide d'un pinceau, sur d'étroites bandes de papier ; puis on enveloppe celles-ci d'un fourreau ou étui fibreux, enduit de poix-résine, qui les préserve de l'humidité. Les bandes de papier ont une largeur de 2.5 millmètres. Il suffit de 0.13 grammes du mélange explosif pour fabriquer une fusée de 0.30 m. de longueur.

Les nouvelles étoupilles prennent feu même quand elles sont légèrement humides. Et quand elles le sont entièrement, il suffit de les sécher pour qu'elles reprennent toutes leurs propriétés.

Le mélange de chlorate de potasse et de cyanure de fer plombique, qui peut aussi être employé comme poudre à tirer, ne détonne que s'il est placé entre des surfaces dures ou soumis à une forte percussion. Lorsque la masse explosive qui compose les étoupilles est embrasée à l'une de ses extrémités, la combustion se propage avec une rapidité extraordinaire. Le feu ne se communique jamais à l'enveloppe, mais seulement à la poudre ; et celle-ci ne brûlera que sous forme d'une masse, sans quoi la rapidité de l'explosion la disperse ; mais réunie en une cartouche et renfermée dans le fourneau, elle s'enflamme infailliblement. Quand l'étoupille ne provoque pas une explosion instantanée, c'est que, défectueuse dans l'une de ses parties ou n'ayant pas été convenablement disposée, elle s'est éteinte ; et le mineur peut, sans danger, revenir sur le coup et remplacer la mauvaise fusée par une autre.

---

(1) Le ferro-cyanure de plomb s'obtient par la précipitation d'une solution d'azotate de plomb et d'une solution équivalente de ferro-cyanate de potasse. Les ferro-cyanures d'étain, de zinc, etc., peuvent être substitués à celui de plomb, mais ce dernier est préférable.

Emploi des actions électriques et voltaïques pour la mise à feu des coups de mine.

Les procédés exposés jusqu'à cette heure pour la mise à feu des coups de mine ne laissent pas que de renfermer de grands dangers pour la vie des ouvriers. Il n'y a aucun moyen de se prémunir contre les suites d'une explosion prématurée ou tardive; le coup peut partir avant que le mineur ait eu le temps de se mettre en sûreté ; dans le fonçage des puits, le signal n'est pas toujours suivi de l'ascension immédiate du cable; dans l'humidité, le coup peut manquer, d'où une perte de travail; le tir sous l'eau présente de grandes difficultés et peu de chances de réussite; enfin, l'embrasement simultané de plusieurs coups de mine est impraticable et les moyens proposés à cet effet n'atteignent pas le but, si l'on en croit les expériences d'un grand nombre de praticiens.

Mais les actions d'électricité, statique ou dynamique, qu'il est possible de produire dans la cartouche elle-même, fournissent les moyens d'écarter la plupart des inconvénients inséparables de toute espèce de fusée. Tout danger disparaît. Les étincelles provenant du bourrage ne peuvent atteindre la poudre renfermée dans un espace isolé et complétement fermé (ce qui, pour le dire en passant, exerce en outre une grande influence sur l'énergie de de l'explosion); dans le fonçage des puits, on ne met le feu que quand les mineurs ont été élevés à une grande hauteur au dessus du fourneau, de sorte que leur sûreté est indépendante de la marche si lente des manèges, que l'on emploie souvent pendant les cent premiers mètres de fonçage; aucun accident ne peut retarder, ni avancer l'explosion, attendu que le feu se dénote directement dans la cartouche, sans aucun intermédiaire, et au moment voulu, ainsi la certitude de la mise à feu ne dépend plus de la fabrication plus ou moins imparfaite d'une fusée; enfin l'inflammation simultanée de plusieurs trous, condition si importante dans certaines circonstances, devient simple et pratique, pourvu que l'on s'astreigne aux précautions voulues.

L'emploi de l'électricité semble favorable à la rapidité du travail; car la charge de poudre n'est jamais en rapport exact avec la résistance, presque toujours au contraire elle est exagérée; alors l'action dislocante superflue se porte sur les roches voisines. La fissuration des parties extrêmes, situées à la circonférence de la sphère d'action, n'est qu'ébauchée par le premier coup de mine, puis subitement complétée par le concours des fourneaux les plus rapprochés; de manière que quelques mines simultanées et bien disposées peuvent suffire à l'abattage d'un massif qui aurait exigé un bien plus grand nombre de coups isolés. En d'autres termes, la simultanéité des coups de mine augmente l'effet de chacun d'eux, en ce sens qu'il permet d'élargir, dans une certaine mesure, la distance qui dépasse les fourneaux destinés à détacher une masse de roches.

On peut considérer cette méthode comme éminemment applicable aux rochers qui se déchirent bien, principalement aux schistes houillers.

L'idée de mettre à contribution l'électricité pour l'embrasement des coups de mine est due à Franklin. Les premiers essais datent du milieu du siècle passé. De gigantesques travaux avaient été exécutés par cette méthode, lorsque les mineurs songèrent à l'utiliser. Malheureusement, jusqu'à cette heure, les frais se sont trouvés hors de proportion avec les résultats obtenus, même dans les cas où l'on avait à faire partir une grande quantité de coups simultanés. Aussi les nombreuses applications du tirage électrique ont-elles eu, pour objet, des mines de fortes dimensions, plutôt que des séries de petites opérations, souvent répétées, comme en réclament les travaux souterrains.

Dans les essais tentés jusqu'à présent, le mineur a mis à contribution presque tous les moyens que fournissent les théories de la physique. Il s'est servi des machines électriques, simples ou accompagnées de la bouteille de Leyde ; des courants voltaïques résultant d'un circuit ; des courants d'inductions dérivant d'un courant principal ou d'un aimant énergique, c'est-à-dire des appareils d'induction électro-magnétique.

Ces divers moyens ont tous déterminé l'explosion des poudres faciles à enflammer. Chacun d'eux peut être employé dans certaines limites, mais aucun n'est assez perfectionné pour qu'on doive lui accorder la préférence sur les autres. Cette question, objet d'études suivies en France, en Autriche et en Angleterre, où chaque jour on modifie et simplifie les appareils, trouvera probablement une solution satisfesante. En attendant, voici quelques exemples remarquables de la mise en pratique de divers procédés :

Emploi de l'électricité statique dans les carrières impériales d'Engelberg, de Brunn et de Fischau.

Ces carrières sont situées à deux lieues de Neustadt, dans une chaîne de montagne de calcaire coquiller qui borne, à l'ouest, la vallée du chemin de fer de Vienne au Sœmmering. Elles fournissent les pierres à chaux, les moellons, les pierres de taille et les marbres rouges, bréchiformes et autres, qui servent à la construction de l'école militaire de Neustadt. On y fait usage de l'électricité statique pour mettre le feu aux mines. L'appareil est représenté par les figures 17 et 18 de la Planche IV.

Une petite capsule en bois, surmontée d'une baguette est à moitié remplie d'un mélange fulminant composé, par parties égales, de chlorate de potasse et de sulfure d'antimoine pulvérisés ; ce mélange est préservé de la dispersion par une petite pelotte de coton non filé. L'orifice de la capsule est fermé par un bouchon fixé à l'extrémité de la baguette. Sur les deux côtés opposés les plus larges de cette baguette, dont la longueur est en rapport avec la profondeur du trou de mine, sont pratiquées deux rainures longitudinales destinées à loger des fils conducteurs en laiton, qui sont maintenus en place et isolés au moyen d'un enduit de cire jaune, de colophane et d'asphalte appliqué à chaud. L'extrémité inférieure des fils conducteurs pénètre dans la capsule, où, après les avoir recourbés de façon que les deux pointes viennent en contact, on a fait passer entre elles une lame de canif d'épaisseur moyenne, de façon à mettre entre elles la distance requise pour que l'étincelle électrique se dénote en sautant à travers la composition incendiaire. Les autres extrémités des fils d'amorce, à la queue des baguettes, font saillie de quelques centimètres au dessus de l'orifice du fourneau et sont destinés à se relier aux fils conducteurs de l'électricité.

Les fourneaux sont très-divers quant au diamètre et à la profondeur; celle-ci varie de 0.90 à 9.50 m. La matière de la bourre est un sable très-sec, à grains réguliers, débris d'un conglomérat tertiaire.

La mèche étant préparée, voici comment on conduit l'opération :

On commence par projeter la poudre — poudre ordinaire — dans les trous de mine, sans cartouche ; on plonge la capsule dans la charge ; puis on recouvre celle-ci d'un mince lit de sciures de bois, d'herbes sèches, etc., afin de prévenir le contact et le mélange de la poudre et du sable de la bourre : alors on verse le sable lentement et en le remuant avec une baguette pour que les grains se juxtaposent et occupent le moins d'espace possible.

Si l'on n'a qu'un seul fourneau à tirer, on attache un des deux fils d'amorce au conducteur qui communique avec la machine électrique et l'autre, à un autre conducteur, long de quelques mètres, que l'on maintient sous une pierre ; le sol complète le circuit.

La mise à feu simultanée de plusieurs fourneaux n'exige pas d'autre disposition, si ce n'est qu'il faut les relier entre eux par les extrémités des fils d'amorce de telle sorte que le second fil du premier fourneau soit continué par le premier fil du second, le second fil de celui-ci par le premier du troisième fourneau et ainsi de suite jusqu'à la dernière mine, dont le second fil est mis en communication avec le sol (fig. 19.)

La machine électrique se compose de deux plateaux circulaires en verre tournant entre quatre bagues, dont les pointes soutirent le fluide, que l'on reçoit dans un accumulateur construit sur le modèle des bouteilles de Leyde et muni d'une armature extérieure. La boule d'un conducteur, mobile sur un axe et commandée par un levier à main, s'écarte ou se rapproche à volonté de l'accumulateur. Celui-ci communique avec l'un des fils, le support des coussins avec l'autre fil. Une loge revêtue de tôle a été ménagée dans le voisinage immédiat des plateaux, afin de pouvoir les y assécher, en cas de besoin, au moyen de la chaleur d'une petite lampe à esprit de vin.

Cet appareil comporte un petit volume, se transporte

aisément et l'on peut l'installer sur un pliant. Il est renfermé dans un petit pavillon situé, à peu près, à égale distance des trois carrières en exploitation. Les extrémités des fils qui correspondent à ces carrières peuvent être mises en communication, à volonté et instantanément, avec l'intérieur de la bouteille de Leyde, pendant que l'extérieur communique avec une large et longue plaque de zinc, premier anneau du circuit dont la terre forme le complément. Cette plaque, placée verticalement au devant du pavillon, pénètre dans le sol à une profondeur d'environ cinq mètres. La moitié des fils conducteurs sont supprimés en vertu de cette disposition qui simplifie beaucoup la manœuvre de la mise à feu.

Celui qui écrit ces lignes a vu fréquemment allumer plus de dix coups de mine à la fois, situés à plus de 950 mètres de la machine.

Dans ces travaux, qui sont très vastes, on s'est servi de l'électricité statique pendant près de deux ans, sans avoir à déplorer la mort d'un seul homme. Le feu était mis, à un signal donné, pendant le repas des ouvriers ; il se transmettait simultanément à tous les fourneaux de mine ; l'action s'est toujours produite, dans toutes les saisons de l'année et quelles que fussent les conditions atmosphériques.

Emploi, dans une carrière de Mœdling, de l'électricité développée par le frottement.

La carrière de Hundskogel est située à Mœdling, dans la même chaîne de montagnes que les précédentes, mais beaucoup plus près de Vienne.

Dans cette exploitation, la mise à feu a, pour objet, des mines de 52 millimètres de diamètre, d'une profondeur moyenne de 1.90 m., avec charges de 0.56 kil.

La boîte d'amorce consiste en une cartouche ou enveloppe cylindrique en fort carton, remplie de la composition incendiaire de chlorate de potasse et d'antimoine sulfuré ; les fils métalliques pénètrent dans cette enveloppe par deux de ses côtés opposés et se rapprochent suffisamment pour que l'étincelle électrique puisse enflammer le mélange. On descend la charge au fond du trou ; puis on dépose l'amorce au moyen d'une baguette, à laquelle elle adhère faiblement et que l'on retire après avoir projeté quelques pincées de poudre. Alors on dame solidement une bourre d'argile, pendant que deux ouvriers maintiennent les deux fils sur les parois opposées. Les fourneaux ainsi préparés, on relie les fils entre eux, avec le terrain et avec la machine électrique.

A cette machine est adjoint un condenseur, qui fournit des étincelles de 52 à 78 millimètres de longueur, plus que suffisantes pour mettre le feu à un grand nombre de mines. Tout l'appareil est contenu dans une caisse en bois, très facile à déplacer, dont la hauteur est de 0.03 m. et la base, un carré de 0.32 m. de côté.

Observations des ingénieurs autrichiens sur l'électricité statique.

Des communications sur les diverses circonstances de l'embrasement des mines par l'électricité ont été adressées à l'Académie impériale des sciences de Vienne par M. Von Ebner, major du génie autrichien (1).

D'après l'opinion de cet officier, qui a fait sur ce sujet des études approfondies, les batteries voltaïques sont

(1) *Sitzuungsbericht der mathematisch - naturwissenschaftliche Classe der Keiserl. Academie der Wissenschaften zu Wien.* Bd. XXI, Seite 85.

8

moins propres que les machines électriques à la mise à feu des coups de mine. Car l'énergie d'action dépendant, chez les premières, de la qualité et de la section des conducteurs employés, la production de grands effets exige des batteries colossales et coûteuses, accompagnées de conducteurs de dimensions extraordinaires ; tandis que l'action exclusivement mécanique des machines électriques, entièrement indépendante des conducteurs, n'éprouve plus aucune résistance de la part de ces derniers, qui, dès lors, peuvent être des fils d'une faible section et de métaux peu coûteux.

Les observations de M. Von Ebner sont basées sur des expériences de longues durées qui ont eu lieu à Bruck, à Olmutz, à Krems et à Vienne, avec vingt appareils divers, construits sur le principe des machines ordinaires. Il en résulte que l'action électrique peut se faire sentir à toute distance ; qu'elle peut embraser, à plus de 11 kilomètres, 50 fourneaux, placés sur une ligne de 190 mètres ; que le feu s'est communiqué, sous l'eau, à des distances de 758 et même 948 mètres, à 36 charges, qui ont éclaté à des profondeurs variant de 1.25 à 1.90 m.

Les appareils électriques actuellement en usage, sont tellement minces et légers qu'un homme peut très-aisément en porter un sur son dos, comme un havre-sac, attaché avec des bretelles. Ils sont efficaces avec certitude et difficiles à endommager. Ils ressemblent à la machine ci-dessus décrite. Leurs plateaux sont en verre ou, mieux, en caoutchouc vulcanisé, qui se charge moins d'humidité ; leurs frottoirs sont enduits de l'amalgame d'étain, de zinc et de mercure, ordinairement appliqué aux machines électriques ; le condenseur, également en caoutchouc vulcanisé, est renfermé dans une petite boîte au dessous de l'appareil. L'ensemble est disposé dans une caisse imperméable à l'humidité, afin qu'on puisse s'en servir en plein air et même pendant la pluie.

Plus récemment, on a adopté, pour garantir les divers organes de ces machines contre les intempéries atmosphériques, une enveloppe en cuir et une toiture en tôle qu'il n'est pas nécessaire d'enlever quand on opère, les fils conducteurs pouvant être attachés à des boutons qui font saillie hors de l'enveloppe.

Les conducteurs sont des fils de cuivre, d'un millimètre de diamètre seulement, nus et polis, ou revêtus, suivant les circonstances, d'une couche de gutta-percha.

La bonté de ces appareils est attestée par la longueur des étincelles; il suffit, en effet, d'un petit nombre de révolutions des plateaux pour faire des étincelles de 27 millimètres, preuve certaine que l'embrasement peut porter aisément à plusieurs centaines de mètres.

Machine électrique de Bornhardt, de Braunschweig.

Les machines destinées au tir des mines ont un léger défaut qui consiste en ce que les dépôts formés par l'amalgame dont on recouvre les coussins de friction doivent être fréquemment enlevés, pour que l'électricité se développe régulièrement, opération qu'on ne peut faire sans ouvrir la caisse, même au sein d'une atmosphère humide. Ce défaut est peu sensible dans la pratique des mines, puisqu'il est loisible, en tout temps, de transporter l'appareil au jour dans une pièce chaude et sèche pour nettoyer les frottoirs. Cependant M. Bornhardt est parvenu à supprimer cet inconvénient au moyen d'une préparation spéciale du plateau en caoutchouc, préparation dont il garde le secret.

Voici toutefois la disposition adoptée par ce constructeur: La machine est installée dans une caisse en fer blanc, de 0.40 m. de longueur, sur 0.30 m. de largeur et 0.20 m. de hauteur, et munie de poignées et de bretelles qui en facilitent le transport à la main ou à dos d'homme. Le couvercle de cette caisse est vissé de telle sorte que le joint soit étanche; on la loge dans un fourreau en bois recouvert de cuir américain. Le plateau en caoutchouc vulcanisé tourne autour d'un axe en fer, dont les tourillons traversent des boîtes à bourrage, installées dans les parois de la boîte sans faire saillie.

L'excitateur de la bouteille de Leyde reçoit le mouvement propre à provoquer la décharge par l'intermédiaire d'une clef agissant du dehors. Le conducteur, venant de l'intérieur, traverse un disque en caoutchouc qui fait partie de l'une des parois de la caisse en fer blanc.

Huit et treize tours de manivelle produisent respectivement des étincelles de 13 et de 25 millimètres de longueur. Il est inutile d'isoler les conducteurs, attendu qu'ils peuvent embraser plusieurs mines à la fois, à plus de 100 mètres de distance, même lorsqu'ils sont étendus sur l'herbe humide. Dans un essai, un fil conducteur long de 16 à 17 mètres, quoique enfoui dans la neige, porta le feu à dix cartouches simultanément.

L'action n'est pas interrompue lorsque les fils, de faible section, sont plongés dans l'eau sur une étendue de quelques mètres. Un appareil de cette espèce, après avoir séjourné pendant deux semaines dans une cave fort humide, a donné des étincelles aussi longues qu'auparavant. Un autre, abandonné dans un tunnel, avait été recouvert de quelques centimètres d'eau; néanmoins on a pu l'utiliser immédiatement.

Application des courants galvaniques à l'embrasement des mines.

On a imaginé, pour provoquer l'explosion de la poudre de mine, d'interrompre le conducteur d'une pile galvanique par un fil de platine fort mince enveloppé d'une substance inflammable. Ce fil et ses accessoires constituent une amorce que l'on place au milieu du fourneau de mine ; le conducteur est mis en communication avec les deux pôles de la pile, le courant passe, le fil rougit et embrase la poudre ; ainsi l'inflammation se communique à distance.

Les conducteurs métalliques sont isolés dans une enveloppe en gutta-percha.

L'explosion simultanée de plusieurs fourneaux exige l'emploi d'autant d'amorces qu'il y a de coups et chacune d'elles doit être mise en communication avec la source d'électricité ; toutes étant alors traversées simultanément par le courant galvanique, on a autant d'explosions, qui se confondent en une seule. Il est bien entendu que les fils, quoique très-minces, doivent être assez forts pour ne pas entrer en fusion.

Pour que l'opération réussisse, le mineur ne doit faire partir qu'un nombre assez restreint de fourneaux, trois ou quatre par exemple, à une distance de quelques centaines de mètres seulement. Dans ces conditions, 8 à 10 éléments d'une pile de Bunsen de grandeur moyenne sont très-suffisants. Le lecteur verra plus loin comment il convient d'agir pour de plus grandes distances et pour un plus grand nombre de fourneaux ; en attendant voici deux exemples du procédé qui vient d'être esquissé :

Emploi de l'électricité galvanique pour la mise à feu des coups de mine dans le département de l'Ardèche.

En 1851, MM. Dumas et Castel ont fait une application pratique du galvanisme au fonçage d'un puits destiné à recouper une couche de minérai de fer dans la concession des mines du Lac, près de Privos, Ardèche (1).

Malgré les précautions prises pour obstruer les orifices des sources qui se déversaient dans l'excavation et l'action incessante d'une machine à vapeur d'épuisement, on ne pouvait parvenir à dominer les eaux ; aussi les travaux de percement, exécutés au milieu d'une pluie incessante, fort incommode pour les ouvriers, n'avançaient qu'avec lenteur, retardés comme ils l'étaient par la difficulté de la mise à feu, opération que souvent on devait répéter quatre ou cinq fois pour un même fourneau de mine, lorsque l'eau, en s'élevant, atteignait la mèche soufrée ou l'amadou. En outre, de nombreuses chances d'accidents dérivaient de cet état de choses, en ce que le feu pouvait couver pendant quelque temps au milieu de la poudre humide, et le coup partir quand les ouvriers retournaient au point d'attaque. Ces graves inconvénients décidèrent l'administration à recourir à l'électricité dynamique pour la mise à feu.

Le porte-feu consiste en fils de cuivre rouge, de 0.75 mm. de diamètre, logés dans de petites gorges creusées sur les deux côtés opposés d'une baguette méplate de 0.010 m. de largeur et 0.005 d'épaisseur. Les extrémités de ces fils, dépouillés de leur gaîne de gutta-percha, sont reliées par un fil de fer très-fin, qui, sous l'influence d'un faible courant, s'échauffe, rougit et communique le feu à la

---

(1) *Annales des mines,* 5e série, tome II, page 199.

charge. Ce fil est assez résistant pour ne pas rompre quand on le plonge dans la poudre ; mais son diamètre doit être assez petit pour opposer au passage du courant un obstacle qui provoque l'incandescence. Les fils sont tordus au dessus de la baguette, à laquelle on donne une longueur de 0.80 m. On introduit ce porte-feu dans le fourneau après y avoir versé les deux tiers de la charge, puis on coule ce qui reste de celle-ci et l'on exécute sur le tout un bourrage soigné.

Quant à la nature du conducteur employé, c'est tantôt une corde résultant de la torsion de trois fils de cuivre, de 0.75 millimètres de diamètre, tantôt un fil isolé par une enveloppe de gutta-percha vulcanisé. Deux conducteurs semblent indispensables, car deux plaques de tôle d'un mètre carré de surface, composant un électrode, ayant été enfouies, à 40 mètres de distance l'une de l'autre, dans la terre humide, on a constaté que cette dernière ne peut remplacer le conducteur comme dans les lignes télégraphiques et qu'elle ne livre passage qu'à un courant fort affaibli.

Les conducteurs isolés sont fixés par des crampons le long des parois du puits. Vers le fond de l'excavation et à dix mètres environ au dessus du point d'entaillement, on les arrête pour ne pas les exposer aux explosions et on les remplace par des fils de manœuvre non isolés, également en cuivre rouge, d'un millimètre de diamètre seulement, qui se relient par une simple torsion avec les conducteurs des porte-feu. La liaison de ces fils de manœuvre et des grands conducteurs s'effectue au moyen d'un petit cylindre, en fer ou en cuivre, pourvu de deux écrous et de deux vis de pression.

Le générateur de l'électricité est une batterie de Bunsen renfermée dans une caisse en bois fermant à clef; cette

caisse est installée dans une baraque en planches construite près de l'orifice du puits ; c'est là que viennent se
rendre les extrémités des deux conducteurs destinés à
porter le courant au fond de l'excavation et à le ramener
à la batterie. Le service de la batterie est confié à un
ouvrier intelligent; au signal d'élever le vase dans lequel
se sont réfugiés les mineurs, cet homme fait descendre
simultanément dans l'acide tous les cylindres métalliques;
puis, lorsqu'il est averti par un nouveau signal que les
mineurs ont atteint une hauteur qui les met à l'abri de
tout danger, il ferme le circuit et l'explosion se prononce
instantanément. Dès que la détonation a frappé son oreille,
il rompt le circuit et défait la batterie.

Le nombre des éléments varie suivant la nature des
conducteurs : huit à dix sont nécessaires pour des fils
sans enveloppes isolantes et tordus en corde; huit ou sept
seulement permettent de conduire, sans déperdition, un
courant isolé sur un fil de deux millimètres recouvert
d'une gaîne en gutta-percha de même épaisseur ; enfin,
lorsque la colonne des pompes sert de conducteur de
retour, il faut dix éléments, à cause de la perte de fluide
résultant du contact de la colonne avec le terrain.

La dépense en consommation de métal, d'acide, de baguettes, de fils, etc. s'est élevée à fr. 0.147 par coup de
mine. Le porte-feu absorbe 2 mètres de fil de cuivre ;
mais comme on retrouve ce fil dans les déblais, on peut le
faire servir plusieurs fois jusqu'à ce qu'il se rompe.

D'autres essais ont eu lieu pour le fonçage des puits
dans les mines de Sᵗ-Étienne et de Privas. Dans cette
dernière localité, chaque porte-feu électrique a coûté environ fr. 0.10 ; neuf cents coups de mine ont consommé 23
kilogr. de zinc, 18.5 d'acide sulfurique, 24 d'acide azotique et 900 baguettes de cuivre rouge.

Les mineurs de Veyras pensent avoir obtenu, par l'emploi de l'électricité, une notable économie de poudre sur le procédé ordinaire. Ce fait n'aurait rien de surprenant, puisque, les canaux d'embrasement étant supprimés, les gaz ne peuvent s'échapper et l'action de la poudre se porte intégralement contre les parois du fourneau.

Opération analogue à la précédente et exécutée dans une mine du Monmoutschire (1).

Dans le fonçage d'un puits des mines d'Abercarn et de Gwythen, les mineurs, pour faire sauter des roches schisteuses, se sont servis de courants galvaniques, afin d'accroître l'effet utile par la simultanéité des explosions.

Le puits est de forme elliptique, les axes ont 3.51 m. et 5.64 m. de longueur. Les fourneaux, de grandes dimensions, étaient percés par deux ou par trois hommes, suivant les différents cas. Les fleurets, entièrement en acier fondu, ont une longueur de 1.22 m. et une largeur, au tranchant, de 0.06 à 0.07 m. Les mâs ou masses pèsent 4 kilogr. et sont armés de manches de 0.91 m. de longueur.

Deux piles de Groove, composées chacune de 6 couples, les uns de 0.075, les autres de 0.150 m. de longueur, étaient installées dans les bureaux du chef mineur. Les fils conducteurs, reliés l'un au zinc et l'autre au platine, étaient enveloppés de gutta-percha et conduits vers le puits, dans lequel ils descendaient jusqu'au fourneau. Les piles étaient mises en activité au premier signal parti du fond de l'excavation.

Le boute-feu (Pl. IV, fig. 20) se compose de deux fils

---

(1) *Preuss Zeitschrift. T. VI, Abtheil B,* p. 115.

en cuivre, *a, b,* enveloppés de gutta-percha et séparés
l'un de l'autre par un petit morceau de bois, *d,* le tout
entortillé d'un fil flexible et recouvert d'une couche de
minium. Les extrémités de fils d'amorce, après avoir été
mis à nu par l'enlèvement de la gutta-percha sur une longueur de 0,012 m. sont réunis au moyen d'un fil de
platine, *p,* d'une extrême ténuité, qni s'enroule dans des
échancrures pratiquées *ad hoc.* On décape l'ensemble formé
par le fil de platine et les bouts de fils de cuivre en le
plongeant dans une dissolution de zinc et d'acide sulfurique, puis dans du zinc fondu. On renferme la fusée,
ainsi ébauchée, dans la partie supérieure d'une enveloppe
qui n'est autre qu'une tige de roseau fendue en deux et
dépouillée de sa moëlle; la cavité inférieure de cette
enveloppe est remplie de fine poudre de chasse. On serre
le tout au moyen d'une mince ficelle et d'une bande de
papier vernis. Le prolongement de ce papier est également collé sur l'orifice supérieure du cylindre, afin de
s'opposer à la dispersion de la poudre; mais il se déchire
en partie au moment où l'on plonge le cylindre d'amorce
dans la cartouche.

Dans l'embrasement simultané de plusieurs coups de
mine, le placement des fusées et des charges au fond des
fourneaux et le bourrage s'exécutent à la manière ordinaire
et les fils conducteurs du boute-feu, repliés les uns vers
les autres, sont reliés deux à deux, à l'exception des fils
extrêmes que l'on attache aux conducteurs venant des deux
pôles de la pile voltaïque. La fig. 19, Pl. IV, représente
la liaison des quatre fourneax. Ce nombre de fourneaux
était le mieux approprié au fonçage d'Abercarn, où ils ont
toujours été tirés simultanément.

Les amorces cylindriques, préparées à la mine même,
ne coûtaient guère plus de fr. 0.10 pièce, vu la ténuité

du fil de platine et la faiblesse du volume de poudre de
chasse. Le prix des fils avec leur gaîne en gutta-percha,
est de fr. 138 les 1000 mètres.

Aux mines du Lac, on n'enflammait à la fois qu'un seul
coup de mine, ce qui entraînait des pertes de temps considérables; à Abercarn, on fesait éclater quatre fourneaux
simultanément, mais les conducteurs y étaient à grande
section et les piles fort puissantes; et en outre, l'absence
de dispositions tendant à prévenir la détérioration, la
rupture ou la dispersion des fils conducteurs était une cause
de notables dépenses.

Ces procédés et d'autres analogues ont été fréquemment
mis en usage dans les mines anglaises. L'exposition de
Londres de 1852 renfermait un assez bon nombre d'appareils électriques qui s'y rapportaient.

Emploi de la bobine de Ruhmkorf et des fusées de Statcham.

Le système précédent donne des résultats satisfaisants
quand la source d'électricité n'est éloignée que de quelques centaines de mètres de son point d'application. Il
suffit alors de 8 à 10 éléments d'une pile de Bunsen pour
faire partir deux ou trois fourneaux; mais il en faut 12 de
la pile de Groove pour provoquer l'explosion simultanée
de quatre coups, pourvu encore que l'action ne soit pas
compromise par la fusion de l'un des fils de platine. Dans
ces conditions, les difficultés inhérentes à l'emploi des batteries sont telles que l'on eût sans doute abandonné le
procédé, si les courants d'induction n'étaient venus sim-
plifier la question et permettre soit de diminuer le nombre
des éléments voltaïques, tout en portant le feu à de

grandes distances, soit d'assurer la simultanéité d'explosion d'un grand nombre de mines.

Un seul élément de pile et une bobine de Ruhmkorf produisent des étincelles électriques semblables à celles de la bouteille de Leyde et capables d'enflammer les corps combustibles à des distances considérables et par tous les temps.

Mais les courants induits rencontrent, en pratique, un obstacle dans l'inertie des étincelles, quand elles traversent les corps mauvais conducteurs ; ce phénomène est tel que pour certaines longueurs de circuit le courant passe à travers la poudre sans l'enflammer. C'est pour obvier à cet inconvénient que M. Stateham, constructeur du télégraphe électrique de Douvres à Calais, a imaginé les fusées qui portent son nom. Elles sont d'une fabrication facile : deux fils en cuivre tels qu'on en prépare pour la télégraphie, ou plus simplement en fer galvanisé, sont réunis par leurs extrémités libres (Pl. IV, fig. 21 et 22) aux conducteurs du courant d'induction, tandis que les deux autres extrémités, dégarnies de leur enveloppe, sont repliées de manière à pénétrer dans un petit manchon de gutta-percha vulcanisé provenant de la gaîne d'un vieux fil conducteur. Ce manchon, par son contact prolongé avec le métal, conserve, à l'intérieur, des taches noires de sulfure de fer, qui constituent autant de conducteurs secondaires de l'électricité, propres à faciliter la transmission des étincelles. Lorsque les deux fils sont disposés en face l'un de l'autre, à une distance de 2 à 3 millimètres, on pratique sur le manchon une échancrure *ab* que l'on remplit de fulminate de mercure ou d'un mélange, à poids égaux, d'antimoine sulfuré et de chlorate de potasse à l'état pulvérulent ; alors on renferme l'ensemble dans un sachet en gutta-percha destiné à plonger lui-même dans la cartouche. Il faut faire sur la fusée quelques essais pour régler l'étendue de l'interruption ; car une trop grande quantité de sulfure engendrerait un excès de conductibilité qui empêcherait l'étincelle de se produire, tandis qu'une quantité trop faible rendrait, au contraire, la décharge fort difficile.

La présence du fulminate au sein de la poudre de chasse ne doit inspirer aucune crainte ; la nature essentiellement élastique de la gutta-percha supprime tout danger résultant de leur transport ou de leur chûte accidentelle sur le sol.

L'embrasement d'un ou de plusieurs fourneaux de mine est déterminé par l'embrasement des fils isolés de chaque fusée sur le courant induit et par l'achèvement du circuit au moyen de la terre, dans laquelle on fiche les fils nus. Le courant, engendré par deux éléments de la pile ordinaire de Bunsen et transmis par une bobine de petit modèle, permet d'embraser simultanément au moins quatre fourneaux de mine (1), ce qui est plus que suffisant dans tous les cas. Comme ces dispositions permettent de faire entrer la terre dans le circuit, un seul des fils de la fusée doit être isolé. En outre, la suppression de l'un des conducteurs diminue l'encombrement des excavations, les difficultés d'isolement et les dépenses.

Ce procédé a été mis en usage par M. Houpeurt, direc-recteur des mines de la Loire, dans le fonçage de divers

(1) Les expériences si remarquables de M. Verdu, lieutenant-colonel du génie espagnol et de M. Savarre, capitaine de même arme en France, ont donné lieu à des dispositions un peu complexes, mais capables de produire l'embrasement d'un très-grand nombre de fourneaux à des distances considérables. Si quelque cas exceptionnel se présentait dans les mines, on pourrait recourir aux descriptions qui ont été publiées dans les tomes XXXVI et XXXVIII des comptes-rendus de l'Académie des sciences de Paris.

puits et, plus récemment, par MM. Dumas et Jouguet, l'un aux mines de fer du Lac, l'autre à celles de Bessèges, établissement dépendant des fonderies et forges de Terrenoire, Lavault et Bessèges.

M. Parran évalue à 900 francs la dépense nécessaire à l'acquisition du matériel pour le tir électrique dans un puits de 200 m. de profondeur. Il n'est pas possible d'établir le prix d'un coup de mine ; mais lorsque les mineurs se seront familiarisés avec la nouvelle méthode, l'excès de prix sur l'ancienne sera minime, si encore elle existe ; et la régularité du travail, la diminution du nombre de coups perdus, surtout dans le tirage sous l'eau, suffiront d'ailleurs à établir une large compensation.

La section de cet ouvrage relative à l'éclairage contient la description d'une lampe électrique qui simplifie la mise à feu des coups de mine.

Lieu de refuge préparé pour les ouvriers qui font sauter la mine.

Dans le fonçage des puits, les mineurs se soustrayent ordinairement à l'atteinte des coups de mine en se plaçant sur le vase d'extraction, auquel on se hâte d'imprimer un mouvement d'ascension rapide. Mais si par inadvertance, défaut d'attention, ou par suite d'un dérangement subit survenu à la machine, ou de signaux mal donnés, ou mal interprétés, ou pour toute autre cause, les mineurs ne sont pas immédiatement élevés au jour, ces malheureux se voient irrévocablement condamnés à subir les chances de l'explosion, à moins que l'un d'eux n'ait assez de présence d'esprit pour s'élancer vivement et arracher la mèche de l'étoupille.

Les ingénieurs des mines fiscales d'Ibbenbüren, dans

le but d'empêcher d'aussi graves accidents de se reproduire,
ont appliqué au fonçage d'un puits un procédé, qui, bien
que n'offrant pas une sûreté complète pour tous les ouvriers, mérite d'être connu.

Une caisse en tôle, dite *caisse de refuge*, est attachée,
par une chaîne, aux tiges de suspension de la pompe
volante, à une hauteur de 8 à 10 mètres au dessus du
fond du puits, distance qui, malgré l'approfondissement
de l'excavation, reste toujours la même, vu la descente
successive des appareils d'épuisement. L'épaisseur de la
tôle est de 6 à 7 millimètres. La caisse est cylindrique ;
elle a 1-90 m. de hauteur et 0-95 m. de diamètre ; elle
est munie, comme les générateurs à vapeur, d'un couvercle et d'un fond en forme de calotte sphérique et pourvue d'une porte à loquet, de 0-50 m. de largeur sur 1-70
de hauteur. Elle offre assez de capacité pour pouvoir
loger cinq ou six ouvriers, qui s'y rendent facilement au
moyen d'une échelle en fer. Celui qui est chargé de la
mise à feu de l'étoupille est seul obligé de recourir à la
machine à vapeur pour s'éloigner du trou de mine.

Tir des mines dans les galeries infestées de grisou.

La houillère Caroline, à Ostran en Moravie, est une mine
à grisou. Dans le courant de l'année 1857, pendant le
percement d'une galerie à travers banc, il arriva que les
petits lits de houille dispersés dans les roches encaissantes
dégagèrent, subitement et à plusieurs reprises, de si grands
volumes d'hydrogène carboné, que ce gaz se répandit
jusqu'au front d'entaillement de la galerie ; là, les coups
de mine en déterminèrent l'explosion, qui, chaque fois, fut
accompagnée de la destruction de la paroi en planches du

compartiment destiné au retour de l'air, et cela sur une longueur de 40 à 50 mètres (1).

Ces accidents se reproduisirent si fréquemment que les exploitants avaient résolu de suspendre le travail de percement jusqu'en hiver, lorsque les mineurs remarquèrent que l'explosion du grisou avait lieu avant le départ du coup de mine, au moment où brûlait le fétu de paille, d'où ils conclurent que le feu était communiqué au grisou par ce fétu ou par le trou d'amorce et non par la charge du fourneau, dont la déflagration a toujours pour objet de refouler les gaz dangereux et d'interposer, entre eux et le foyer de l'explosion, des gaz spéciaux, tels que l'acide carbonique, l'azote, l'hydrogène sulfuré, etc., qui se mêlent à l'atmosphère et entravent la combustion meurtrière.

Guidés par ces observations, ils imaginèrent de recouvrir l'amorce, après la mise à feu de l'amadou, d'une calotte faite avec un tissu métallique hors de service et, par conséquent, sans valeur et d'en luter la base avec une bourrelet de terre glaise. Ce moyen réussit et l'on n'eut plus d'accidents à déplorer.

Mais il semble, d'après les expériences plus récentes de M. Delsaux (2), que la protection de la calotte n'est pas aussi certaine que le pensent les mineurs moraves, parce qu'elle peut être enlevée par l'explosion du fétu. S'il convient d'employer ce préservatif, c'est avec l'étoupille de Bickford, dont la combustion lente et sans explosion permet à la calotte de rester en place. D'ailleurs, le résidu charbonneux, résultat de la combustion de l'étoupille dans le canal d'embrasement, met obstacle à la sortie des produits de la déflagration de la charge.

(1) Oesterr. Zeitschrift für Berg-und-Hüttenwesen 1858, no 26
(2) 3ᵉ bulletin des élèves de l'école des mines de Mons, page 24.

Effets des coups de mine dans l'air comprimé (1).

M. Triger rencontra dans un puits qu'il fonçait sur les bords de la Loire, à la profondeur de 27 mètres, une roche assez dure pour nécessiter l'intervention de la poudre. Des physiciens distingués regardaient cette opération, dans une excavation hermétiquement fermée et remplie d'air comprimé à trois atmosphères, comme hérissée d'inconvénients. Cependant l'auteur crut devoir passer outre, ce qu'il fit avec succès, sans avoir couru un seul instant les dangers prédits ; en sorte que l'emploi de la poudre dans l'air comprimé est ausssi facile et produit les mêmes résultats qu'à la pression ordinaire.

Craignant les accidents on n'employa d'abord la poudre qu'à petites doses, mais quoique les détonations produisirent un volume sept à huit cents fois plus grand que le volume initial, comme elles déterminaient à peine quelques oscillations dans le mercure du manomètre, on décida d'employer la poudre à la même charge que dans l'atmosphère ordinaire, ce qui eut lieu sans inconvénient.

Les mèches soufrées, usitées pendant quelque temps dans les mines de la Loire, brûlaient avec rapidité en dégageant énormément d'acide sulfureux ; aussi le puits n'était-il abordable qu'après un laps de quelques heures ; on a dû les remplacer par l'amadou, qui a une combustion plus lente, sans odeur désagréable.

La détonation dans l'air comprimé n'est pas plus forte qu'à l'air libre. Le coup, plus sourd, fait à peine vibrer le tubage en fer qui forme le revêtement du puits ; mais le coup part avec une vitesse incomparablement plus grande.

(1) Extrait d'une lettre de M. Triger à M. Arago. (Comptes-rendus de l'Académie des sciences. 1845).

9

SECTION III BIS.

INSTRUMENTS D'ABATAGE, EXCAVATEURS, ETC. (1)

Aiguille-coin, Federkeil *des Allemands.*

Cet instrument, employé dans le Hartz depuis plus de 150 ans, (2) et par les Anglais, avant l'invention de la poudre, a été appliqué à l'arrachement de la houille et des roches encaissantes par M. Marquet, ex-directeur de la houillère des Six-Boniers, à Ougrée, près de Liége, où les mineurs désignent cet outil sous le nom *d'aiguille infernale.*

Dans les figures 1, 2 et 3 de la planche V, *a, a* représentent deux joues latérales forgées en fer doux; leur section demi circulaire, va en diminuant d'une extrémité à l'autre, de telle façon que ces organes, étant appliqués contre les parois du fourneau, laissent entre eux un vide longitudinal, qui s'accroît à mesure qu'il se rapproche de

---

(1) L'auteur avait rangé à la fin de la section III, *relative* au tir à la poudre, la description des instruments et appareils propres à remplacer, dans certains cas, la poudre de mine. Nous avons cru devoir, pour plus de clarté, classer à part cette description.

(Note de l'éditeur.)

(2) On lit dans Calvœr, *Theil II, Cap. III. Scite,* 28, que « *Cristoph Fritsch a trouvé une nouvelle méthode pour détacher le minérai et les roches en perçant des trous...*, etc. »

l'orifice du trou. Dans ce vide pénètre un coin *b*, — en fer dur et grenu ou, mieux, en acier, — qui, chassé à coups de masse, écarte les joues et produit la dislocation du rocher ou l'abatage de la houille.

Le forgeron chargé de confectionner les aiguilles-coins doit observer rigoureusement les dimensions prescrites et dresser exactement les faces du contact.

Pour faciliter le glissement et la pénétration du coin, il faut avoir soin de graisser les surfaces planes des pièces latérales au moyen d'un tampon d'étoupes enduit de suif.

Le diamètre des trois pièces réunies, mesuré à la partie la plus étroite, doit toujours être quelque peu supérieur à celui du trou. La différence de ces deux mesures et la longueur de l'outil varient suivant la nature de la roche et le dégagement plus ou moins complet du bloc à désagréger. L'augmentation de diamètre, d'abord faible, pour les roches dures et résistantes, s'accroît à mesure que le terrain, devenant plus tendre, a une plus grande tendance à l'écrasement et par conséquent réduit l'efficacité du coin. La longueur de l'instrument doit être également proportionnelle à la nature plus ou moins tendre et dégagée du terrain.

Enfin, les trous destinés à recevoir l'aiguille-coin ne peuvent avoir une profondeur moindre que la longueur de cette aiguille, car lorsque celle-ci atteint le fond et que la frappe continue, si la partie qui dépasse l'orifice est atteinte, elle plie ou se casse. C'est le seul accident qui puisse arriver; aussi les réparations que nécessitent ces outils sont fort rares, pourvu toutefois qu'ils soient entre les mains d'ouvriers intelligents ou habitués à ce genre de travail. Dans tous les cas, les ruptures ne peuvent occasionner de chômages, si les mineurs ont en leur possession quelques pièces de rechange.

L'efficacité de l'instrument résulte du glissement du coin que facilitent les contacts métalliques et la distribution de la pression sur de grandes surfaces (1).

Quoique ce mode de travail n'ait pas toute la célérité et la puissance d'action de la poudre, cependant son efficacité est telle que le mineur peut y recourir avantageusement pour l'abatage de la houille dans les tailles, l'arrachement du mur et du toit dans l'exhaussement des voies et même pour le creusement des galeries à travers les roches stériles, lorsque la présence du grisou peut rendre dangereux le tir à la poudre.

Les aiguilles-coins ne fonctionnèrent à la mine des Six-Bonniers que pendant la direction de M. Marquet; depuis lors elles étaient presque retombées dans l'oubli, la routine l'emportait encore une fois sur le progrès, lorsque dernièrement MM. Vincent, ingénieur, et Demanet, sous-ingénieur de la mine du Crachet et Picquery (couchant de Mons) eurent l'heureuse idée de s'en servir pour le creusement d'une galerie à travers-bancs dans laquelle les dégagements de grisou interdisaient l'emploi de la poudre. Les résultats que fournit l'usage combiné des aiguilles-coins et du perforateur héliçoïde furent remarquables.

Ces Messieurs annoncent, dans une note insérée dans les *Annales des travaux publiques de Belgique* (2), qu'ils ont appliqué le même procédé au *coupage des voies*, ou arrachement des salbandes des couches, dans l'exhaussement des galeries, afin de se soustraire aux dangers des explosions.

Enfin, plus récemment encore et toujours pour le même

_____

(1) *Annales des Travaux publics.* Tome **XIV**, page **510**.

(2) Tome **XXI**, page 113.

motif, on en a fait usage pour ouvrir une galerie à travers des bancs de grès solides et résistants. L'arrachement des roches exigea de grands efforts et beaucoup de temps de la part des ouvriers, la rupture des coins entravant à chaque instant l'opération et exigeant le forage de nouveaux trous.

Tir à l'eau ou cartouches hydrauliques.

Si cette nouvelle invention, actuellement encore en voie de perfectionnement, réalise les effets qu'on en peut espérer, les compositions explosives et les fusées deviendront inutiles dans un grand nombre de cas.

M. Guibal, se fondant sur le principe de la transmission des pressions par les liquides, a imaginé de substituer à la poudre, des cartouches pleines d'eau, que l'on gonfle au moyen d'un simple piston agissant à la manière des presses hydrauliques, d'où résulte une excessive pression sur les parois du fourneau de mine (Pl. IV, fig. 23).

L'instrument se compose d'un tube, a, adducteur de l'eau, en fer ou en cuivre, dont la longueur dépend de la profondeur du trou dans lequel il s'agit d'opérer. La partie antérieure de ce tube, dont le diamètre est de 20 millimètres, forme la pompe de compression. Dans cette pompe circule un piston, b, creux, cylindrique, garni d'un cuir embouti ou d'un morceau de caoutchouc; il est mu par une vis, c, en acier dont le filet doit être très-lent. La vis est munie d'une poignée semblable à celle d'une vrille et traverse un couvercle, d, qui est vissé à la partie supérieure de la pompe, où il s'oppose à ce que l'eau soit expulsée par les excursions du piston. Le tube a été soigneusement alésé sur tout le parcours de la garniture en cuir. L'autre partie du tube, plus étroite que la première conduit l'eau à la cartouche, placée à l'extrémité inférieure entre deux viroles. Cette cartouche est en caoutchouc vulcanisé, elle a la forme d'un cylindre étranglé à ses deux bouts (fig. 24).

Au premier abord, il semble fort difficile d'empêcher le liquide, projeté dans l'enveloppe de caoutchouc et incessamment sollicité par la compression à laquelle il est soumis, de s'échapper au dehors de la cartouche pour se répandre à travers l'orifice du fourneau ou les fissures du rocher. Pourtant une disposition des plus simples aura raison de cette difficulté. Il suffit de retrousser, à l'intérieur, les goulots de la cartouche (fig. 25) et de la glisser ainsi sur le tube. Lorsque le fluide opère sa pression, le joint compris entre le tube et le caoutchouc se resserre avec d'autant plus d'énergie que cette pression est plus grande, en sorte que pas une goutte d'eau ne peut s'échapper.

Pour se servir de cet instrument, l'opérateur insère la cartouche entre les deux viroles, retire du tube le piston creux et sa tige, qu'il replace après y avoir versé de l'eau, puis visse le couvercle. Il introduit ce tube dans le fourneau, de manière que la cartouche soit en contact avec le fond du trou, et le maintient d'une main tandis que, de l'autre, il fait tourner la poignée à l'instar d'une vrille. A chaque tour, le piston avance d'un pas de vis et force l'eau à pénétrer dans la cartouche ; la cartouche se gonfle, se moule dans le trou, et finit par en presser les parois avec l'intégrité de la pression communiquée à l'eau. Cette pression sans cesse croissante arrive à égaler, puis à dépasser la résistance de la roche, qui éclate.

Plusieurs expériences fort intéressantes ont été faites par M. Guibal. Dans l'une d'elles, qui a eu lieu en présence des membres de l'association des ingénieurs sortis de l'école de Mons, la pression devint, en quelques instants, suffisante pour faire éclater deux cercles, en fonte de première qualité, offrant une section de 150 mm. Cette pression, suivant M. Guibal, équivalait donc à 120 atmosphères.

Dans ce procédé, le travail se réduit au forage du fourneau; la pose de la fusée, le bourrage et la mise à feu sont supprimés. Le rocher se disloque sans projection et les ouvriers peuvent rester en place. La cartouche, qui ne coûte que 30 à 40 centimes, peut servir plusieurs fois. Donc consommation à peu près nulle et, par conséquent, économie incontestable.

Mais il est à craindre que les roches tendres n'opposent pas assez de résistance et se retirent sous la pression, sans se disloquer suffisamment. Une substance plus extensible que le caoutchouc suivrait peut-être la roche dans sa retraite et arriverait à la fissurer complétement. M. Guibal est à la recherche d'un moyen propre à résoudre ou à tourner cette difficulté.

Excavateurs mécaniques.

L'examen attentif des machines à travailler les pierres permet de constater combien, sous le rapport de la puissance et de la rapide exécution, les procédés d'entaillement direct l'emportent sur ceux de battage ou de percussion. Il est évident que la force absorbée par les premiers et la consommation d'acier, sont en raison directe de l'étendue des surfaces attaquées. C'est pourquoi les ingénieurs se sont efforcés, à plusieurs reprises, de créer des appareils capables d'attaquer la roche directement, au moyen d'outils en acier agissant par broyage, par rodage ou à la manière des scies circulaires.

L'un de ces excavateurs, appelé *tunnelling* (machine pour tunnel) a été construit en Amérique (1) par MM. Talbot

_____

(1) *Voyage dans l'Amérique du Nord*, par G. Lambert.

et Wilson, pour le percement d'une galerie dans une roche de schiste talqueux, à texture serrée, recoupée par de nombreux filets de quartz blanc, passant aux grès à grains fins et fort durs.

Vingt fraises, ou disques tranchants, en acier, sont répartis et fixés sur la circonférence de quatre segments circulaires. Ces segments sont soumis, à la fois, à deux mouvements de rotation; l'un alternatif autour de chacun de leurs centres, l'autre qui les fait pivoter autour d'un axe central. En outre, l'ensemble est poussé en avant, suivant l'axe de la galerie, par une machine à vapeur.

Les fraises rabotent la roche et l'on obtient ainsi une excavation cylindrique au centre de laquelle reste un noyau plein, facile à abattre quand il a atteint une certaine longueur.

L'appareil est tout en fer. Il pèse 75 tonnes, non compris le moteur à vapeur et ses chaudières. Son avancement, dans la roche ci-dessus décrite, est de 1.22 m., par journée de 12 heures. Quatre hommes suffisent à son service. Le remplacement des fraises émoussées demande peu de temps.

Excavateurs ou scies circulaires de MM. Vallauri et Buquet.

Cet outil-machine est une application de la scie circulaire à l'attaque des roches. Il les divise en creusant des sillons étroits, profonds et équidistants. Après que la masse a été ainsi débitée verticalement, on l'abat à l'aide de coins, de masses et de leviers (1).

_____

(1) Ce procédé rappelle celui que M. Maus, ingénieur belge, proposait, déjà en 1848, pour le percement du mont Cenis, avec cette différence qu'ici les rainures destinées à isoler les blocs devaient se faire au moyen de 116 fleurets disposés, les uns en lignes verticales, les autres en lignes horizontales.

Les figures 4, 5 et 6 de la planche V représentent cette machine qui est agencée comme suit :

Un chariot, *a*, en fonte repose sur des galets circulaires roulant dans des rainures, ou ornières, que laissent les plateaux d'entaillement sur le sol de la galerie. Il est pourvu de glissières, à sa surface supérieure, où il reçoit un bâti, *b*, également en fonte, qui peut se mouvoir suivant l'axe de l'excavation, au fur et à mesure de la pénétration de l'outil dans la roche.

A l'avant du bâti et parallèlement au front d'attaque, est installé un arbre horizontal, *c*, auquel on a adapté, à des distances égales, les plateaux ou porte-outils ; ceux-ci se composent chacun de deux rayons, *d, d*, en fer forgé, dont les extrémités sont reliées par un secteur, *e*, qui porte des outils mobiles, en acier, *f, f*...Le développement des arcs de cercle est en raison inverse de leur nombre, de sorte que leur ensemble ne forme qu'une seule circonférence. Ainsi, par exemple, les secteurs d'un appareil composé de 3 ou de 4 plateaux agissant simultanément, auront une longueur égale à 1/3 ou à 1/4 de la circonférence de cercle, afin que les résistances soient également réparties sur l'arbre moteur. Ces plateaux ont 0.04 m. d'épaisseur ; les outils présentent, de chaque côté, des saillies de 10 millimètres, ce qui détermine le creusement de rainures assez larges pour éviter les frottements des plateaux contre les parois.

A l'arrière du bâti, se trouve le cylindre moteur, dont le piston fonctionne sous la pression de l'air comprimé. L'air comprimé vient du jour ou d'un réservoir portatif placé à l'intérieur des travaux.

La transmission du mouvement de la tige à l'arbre des porte-outils se fait par l'intermédiaire d'une manivelle, de pignons, de roues d'engrenage et d'une chaîne à la Vaucauson. La force est régularisée par un volant calé sur l'arbre de la manivelle.

Le mouvement progressif du bâti sur le chariot est imprimé par le conducteur de la machine, lequel, au moyen d'une vis de rappel, *g*, règle la vitesse suivant la dûreté de la roche.

Les scies circulaires, toujours en porte-à-faux, triturent et réduisent la roche en poussière, sur une largeur de 0.06 m. et sur toute la hauteur de la galerie, en laissant, entre les sillons, des cloisons, *h*, d'une épaisseur telle que leur abatage soit possible. Un jet d'eau froide continu nettoie les entailles, facilite la désagrégation de la roche et prévient l'échauffement et, par conséquent, la détrempe des outils. Les porte-outils sont au nombre de 3, de 4 ou de 5. Leur diamètre varie suivant la hauteur à donner aux excavations; si, par exemple, elle doit être de deux mètres, comme les outils dépassent de 0.07 m. le rayon, ce diamètre sera de 2.00 — 0.14 = 1.86 mètres.

Si les exploitants jugent convenables de diminuer la longueur et le poids du bâti, ils n'ont qu'à supprimer le cylindre moteur, prendre la force motrice à l'extérieur et la transmettre à l'arbre principal de l'excavation par un cable métallique de petit diamètre. — C'est cette disposition que représente notre dessin. — Un petit chariot tendeur, roulant sur un chemin de fer extérieur, permettra au cable de suivre l'avancement du bâti, pendant son travail dans la roche.

Pour donner à la galerie une hauteur un peu plus grande que le diamètre des scies circulaires et, en même temps, éviter que celles-ci s'accrochent au sol ou au faîte, lorsque l'appareil avance ou recule ou que l'on a remplacé par des rails les sillons dans lesquels circulent les galets des chariots, on pourrait établir à l'arrière du bâti un mouvement résultant de l'engrenage de trois vis sans fin avec trois pignons calés sur les essieux mobiles de l'appareil: ces essieux, terminés à chacune de leurs extrémités par des tourillons excentrés de 0.06 m., soulèveraient l'appareil de 0.12 m. et, par conséquent, permettraient d'agrandir l'excavation d'une égale quantité.

L'appareil fonctionne dans une moitié de l'excavation pendant que, dans l'autre moitié, les mineurs sont occupés à l'arrachement du massif divisé en blocs séparés. De cette manière, un seul appareil suffit à l'ouverture d'une galerie; mais l'inventeur propose d'employer, pour éviter les pertes de temps, deux machines semblables : l'une travaillerait un peu en avant de l'autre; lorsqu'elle aurait achevé son percement, on la retirerait en arrière, afin de laisser, entre les deux, un passage pour l'évacuation des déblais.

Pendant le chômage de l'excavateur, on change les outils, on graisse la machine, etc.

Chaque excavateur est conduit par un aide, avec l'assistance de deux manœuvres et sous la surveillance du machiniste. Quatre manœuvres travaillent à l'abatage.

La vitesse à donner aux porte-outils varie suivant la dûreté de la roche. Dans les roches analogues à la serpentine, par exemple, elle doit être de trois tours par minute. Les outils progressent alors de deux millimètres au moins à chaque révolution, c'est-à-dire de 6 à 9 millimètres par minute; d'où il résulte qu'un avancement de 1 mètre exige, au moins, 1 heure 50 minutes et, au plus, 2 heures 45 minutes.

L'appareil à cylindre moteur du premier type a été essayé à Sestri en Piémont. La scie, d'un mètre de diamètre, était fixée sur un tour auquel elle empruntait son mouvement de rotation. Des entailles de 0.07 m. de largeur ont été pratiquées dans la serpentine graniteuse, le marbre de Carrare et le calcaire de Coscia et, malgré la difficulté et l'irrégularité d'un travail exécuté sur des blocs instables, l'avancement n'en a pas moins été de 5 à 9 millimètres par minute. La force transmise ne s'élevait pas à 1/4 cheval-vapeur et les outils ont travaillé six heures sans être repassés.

D'autres essais ont été faits à Bagneux, sur un banc de calcaire imprégné de quartz, avec un excavateur du second système, sortant des ateliers de M. Cail. L'appareil, de même que la transmission de mouvement et le chariot tendeur, ont fonctionné régulièrement, en absorbant, au maximum, six chevaux-vapeur. L'avancement moyen dans ces calcaires, d'une dûreté ordinaire, a été estimé à un centimètre par minute, soit 0.75 m. en cinq quarts d'heure. En ajoutant cinq quarts d'heure pour déplacer l'appareil, abattre les cloisons et enlever les déblais, cela fait un avancement total de 0.75 m. en 2 1/2 heures, ou plus de 9 mètres en 24 heures. Les mêmes outils ayant percé plus de deux mètres sans avoir besoin d'être affûtés, la consommation d'acier peut être considérée comme insignifiante. Il est vrai de dire qu'on s'était servi d'acier de Wolfram, plus dur et plus tenace que tout autre, puisqu'il raye le verre et attaque le quartz; on le fabrique avec du tungstate de fer et de manganèse, minérai que M. Destram exploite dans le Limousin.

La courroie motrice avait une vitesse de 5 m. par seconde.

La machine avait coûté 8000 fr.

Appareil proposé par M. Preigne pour percer les tunnels.

Cette machine, que l'inventeur se propose d'appliquer à un aqueduc-tunnel de 45 kilomètres de longueur, pour détourner les eaux du Rhin, n'a fonctionné, jusqu'à présent, qu'à l'état de modèle. Son but est de forer une rainure circulaire, afin d'isoler de la masse un noyau, ou bloc cylindrique, de roche et, simultanément, au centre de ce dernier, un trou de mine. Lorsque les deux excavations auraient la profondeur voulue, on retirerait l'appareil, on ferait sauter la mine et les débris seraient chargés sur un wagon qui les transporterait hors du chantier d'arrachement.

L'excavateur se compose d'un cylindre rodeur horizontal, soumis à un mouvement de rotation, et d'un arbre attaché au fond de ce cylindre, suivant le prolongement de son axe. Cet arbre, qui tourne dans une crapaudine, installée sur un point fort rapproché de l'outil, afin que le porte-à-faux soit le plus petit possible, est fileté sur une certaine partie de sa longueur et traverse un écrou, dont la rotation détermine les mouvements de progression et de recul du cylindre. A cet effet, l'écrou porte une roue d'engrenage commandée par un pignon, dont les dimensions sont calculées sur la quantité d'avancement de l'outil dans un temps donné et, par conséquent, sur la dureté du massif à entamer. Un second pignon, calé sur le même arbre engrène une roue, fixée au fond du cylindre, pour lui transmettre un mouvement de rotation, dont la vitesse dépend également du rapport entre les deux engrenages. L'arbre des pignons reçoit, en outre, un autre pignon, à vis sans fin, et une poulie sur laquelle doit passer la courroie destinée à transmettre le mouvement du moteur au cylindre rodeur et à la vis propulsatrice. Enfin, une mèche, fixée à l'extrémité et dans le prolongement de l'arbre principal, perce le trou de mine au centre du noyau cylindrique.

Les couteaux, ajustés sur la tranche antérieure du cylindre-outil pour pratiquer dans la roche une rainure circulaire, qui a 0-10 m. de largeur, sont toujours en nombre multiple de quatre, afin que les dents, intercalées dans les espaces vides qui les séparent, arrachent et broyent la roche sur toute la surface de l'entaille.

Le bâti, monté sur quatre roues, reçoit les divers organes que nous venons d'énumérer, disposés de manière que le cylindre tombe en porte-à-faux. Le moteur est une locomotive que l'on transforme en locomobile en la soulevant, avec un vérin, au dessus du sol, jusqu'à ce que les roues abandonnent les rails et deviennent autant de volants.

Les diverses manœuvres se succèdent comme suit :

La locomotive, après avoir poussé l'excavateur au fond de la galerie, est soulevée sur le vérin et devient un moteur capable d'animer, par l'intermédiaire de la courroie, les divers organes mobiles de l'appareil. Lorsque le noyau d'un rocher est circonscrit par l'entaille et percé d'un fourneau de profondeur suffisante, on retire la courroie, le vérin relaché permet aux roues de reposer sur les rails, et l'excavateur, entraîné par la locomotive, vient de nouveau se loger dans la remise d'évitement. Il ne reste plus alors qu'à faire sauter la mine et à enlever les déblais, pour recommencer de nouveau.

L'application de cet appareil aux mines exigerait naturellement l'emploi d'une locomotive à air comprimé.

La machine de M. Preigne a le même défaut capital que la plupart des excavateurs proposés jusqu'à présent : c'est de ne posséder, pour se mouvoir, d'autre espace que celui qu'elles se sont créé elles-mêmes et ainsi, non seulement d'être sujettes à accrocher les parois ou le faîte, au moindre déplacement, mais encore, lorsque le creusement est effectué par un cylindre couché, comme c'est ici le cas, d'exiger une nouvelle attaque des stratifications du sol des galeries. En outre, elles ne permettent pas d'établir aucune espèce de revêtement, même accidentel, pendant toute la durée du percement. Aussi l'intention de l'auteur n'est-elle pas de présenter ces excavateurs comme des modèles à suivre, mais comme un acheminement à d'autres constructions plus convenables. Il semble, au premier abord, que le seul moyen de vaincre ces obstacles soit d'augmenter, après coup, par reprises de courtes longueurs, la section des galeries, au moyen d'une machine accessoire. Mais alors il faudrait se résoudre à sacrifier une partie notable de l'effet utile et la promptitude d'exécution, précisément ce que l'on recherche dans les machines de cette nature.

IVᵉ SECTION.

FONÇAGE DES PUITS ET CREUSEMENT DES GALERIES.

Puits curvilignes et rectangulaires.

De grandes discussions ont eu lieu sur la forme qu'il convient de donner à la section des puits : les uns la veulent circulaire ou elliptique, les autres rectangulaire.

Les derniers n'ont pu, jusqu'à présent, arguer en faveur de leur opinion que de la concordance du rectangle avec les blindages ou revêtements en bois et surtout de la perte d'espace qui résulte des sections circulaires. La première objection n'a pas grande valeur, si l'on considère que les maçonneries tendent de plus en plus à se substituer aux boisages. Quant à la seconde, elle n'a trait qu'aux compartiments d'extraction, attendu que, pour le reste, la forme est indifférente et que les puits cylindriques sont même plus avantageux pour la ventilation.

Le fonçage curviligne est évidemment celui qui se prête le mieux à l'endiguement des eaux, quelle que soit la nature du cuvelage destiné à recouvrir les parois de l'excavation : car les maçonneries, la fonte et la tôle sont disposées suivant un cercle ou une ellipse et le bois doit prendre une forme polygonale.

Il est aisé de donner au puits une direction verticale en suspendant, au centre, un fil à plomb, origine d'un rayon ou d'un axe de longueur convenable.

Dans le percement des stratifications horizontales ou peu inclinées, les cassures de la roche se rapprochent plus de l'arc de cercle que de toute autre ligne ; en sorte qu'il faut un moins grand nombre de coups de mine pour donner aux parois la forme voulue et à l'excavation les dimensions qu'elle réclame. Ces coups peuvent être dirigés perpendiculairement aux parois, sans que la roche ait trop à en souffrir dans sa solidité ; tandis que celle-ci est fort compromise par la formation des angles dans les puits rectangulaires, opération d'ailleurs fort difficile et qui réclame beaucoup de temps.

La forme circulaire n'exige que de légers boisages provisoires, souvent même elle permet de ne pas boiser du tout. Dans tous les cas, on peut prendre des mesures pour que les stratifications traversées ne restent pas longtemps à découvert et qu'ainsi les agents atmosphériques n'aient pas le temps d'accroître la pression en fesant gonfler la roche.

Ces considérations sont maintenant appréciées par la plupart des ingénieurs ; aussi les puits rectangulaires commencent-ils, dans beaucoup de localités, à céder la place aux puits circulaires ou elliptiques.

Creusements sous-stot dirigés de bas en haut.

Le lecteur a déjà vu, dans la première partie de cet ouvrage, les avantages et les désavantages des creusements sous-stot. Il n'est donc pas question de revenir ici sur ce point, mais de faire connaître un nouveau procédé qui est usité, déjà depuis plusieurs années, dans quelques mines belges et qui consiste à attaquer, de bas en haut, les massifs à excaver.

Les travaux d'exploitation au puits n° 3 de Sars-Long-champs et Bouvy avaient pour objet la couche dite *Grande Veine*, dont les produits devaient être transportés par chevaux sur une galerie ascendante. Cette vallée, très-difficile à parcourir, à cause de l'humidité du terrain, devenait parfois impraticable à la suite d'éboulements. Les diverses remèdes apportés à cet état de choses n'ayant pas eu de succès, M. Cornet, ingénieur de la houillère, résolut de réavaler le puits, afin de couper le gîte par son pied.

Une galerie horizontale partant du point d'exploitation de la couche et percée, partie dans le gîte et partie dans ses roches encaissantes, conduisit le mineur juste au dessous du puits d'extraction, où il exécuta une chambre d'accrochage pendant qu'on forait un trou de sonde pour déterminer la position exacte du puits futur.

Le puisard, exécuté dans des conditions ordinaires, n'offrit aucune difficulté. Au dessus de ce puisard on attaqua le massif par le faîte de l'excavation et de bas en haut. Un premier cadre de revêtement reçut des porteurs, sur lesquels on installa un nouveau cadre, surmonté d'un palier ou échafaudage ; puis, successivement et à mesure que l'excavation gagnait en hauteur, une série d'autres cadres, également munis de paliers. Dans ces paliers on avait ménagé des ouvertures qui permettaient aux ouvriers de passer et aux débris de tomber sur le sol, d'où on les transportait, par voitures, dans des galeries devenues inutiles qu'ils servaient à remblayer.

L'exécution de ce tronçon de puits ne prit pas plus de temps que si on l'avait creusé en descendant. — Il avait 14.70 mètres (1).

(1) 9⁰ Bulletin de la Société des Ingénieurs de Mons, page 143.

A la mine de l'Espérance, à Seraing, près de Liége, pour faire les réavaleres ses, destinées à préparer un nouveau champ d'exploitation dans la partie inférieure du gîte, on suit ordinairement la même méthode, afin de pouvoir continuer l'extraction de la houille dans les travaux supérieurs tout en opérant le creusement.

Les zônes ou tranches d'exploitation, qui, en général, ont une hauteur de 30 à 40 mètres, mesurées verticalement, entrainent nécessairement une même hauteur de percement. Si donc le fonçage de l'un des puits a précédé le fonçage de l'autre, il suffira d'ouvrir une galerie partant du premier et dirigé vers l'axe du second et d'attaquer de bas en haut.

Le puits d'extraction, dit *Fanny*, de la mine de l'Espérance, est accompagné d'un autre puits destiné au retour de l'air ; le premier avait atteint une profondeur qui permettait d'exploiter la zône inférieure, mais le second, resté en arrière de 37 mètres, devait être l'objet d'un creusement ascendant. Après le percement de la galerie, lorsque les mineurs, installés sur des échafaudages, se furent avancés dans la hauteur par l'abatage de quelques mètres de roche, on jugea nécessaire de prendre des dispositions spéciales relativement à la sureté des ouvriers et à la ventilation (Pl. VI, fig. 2, 3 et 4). Dans ce but, on divisa l'excavation en trois compartiments, au moyen de deux cloisons en planches. Le premier, *a*, était destiné à l'ascension du courant ventilateur et à la circulation des ouvriers sur des échelles verticales. Dans celui du milieu, *b*, étaient accumulés des déblais, qui ne furent retirés qu'après l'entier achèvement de l'opération et sur lesquels les mineurs s'établissaient pour travailler ; en outre, il contenait deux coffres en bois servant à ramener dans les galeries inférieures le courant ventilateur qui avait assaini

l'atelier d'arrachement. Ces coffres, dont la section intérieure était un carré de 0.24 m. de côté, étaient appliqués
contre l'une des parois du rocher ; l'ouverture d'un registre
placé à la partie inférieure permettait de transmettre aux
ouvriers de l'abatage les ordres et les avertissements nécessaires. Enfin, le dernier compartiment, c, fonctionnant
à la manière des cheminées de dégagement, était muni, à
sa base, d'une trémie pour verser les déblais dans les
voitures de transport.

Le travail des mineurs, exécuté à la poudre, comme dans
les avaleresses, était facilité par l'action de la gravité.
Une trappe recouvrait le compartiment aux échelles, sans
toutefois gêner la marche du courant d'air ; après la mise
à feu, l'ouvrier *boute-feu*, soulevait cette trappe pour
descendre les échelles et se réfugier dans la galerie inférieure ou dans une niche ménagée à une certaine hauteur
des déblais. L'atelier d'arrachement était ventilé par un
courant d'air parvenant directement du puits d'extraction
et forcé de traverser le compartiment aux échelles, par
l'installation d'une porte en d. Le massif de rocher ou *stot*,
résultant de la disposition du travail, protégeait les ouvriers contre la chûte des corps graves et empêchait les
venues d'eau de troubler le tir à la poudre.

*Percement, par un procédé mixte, d'un tronçon
de puits de la mine de Sacré-Madame, près
de Charleroi* [1].

Le puits, dit *Mécanique*, de cette mine offre un exemple
— le plus complet qui se soit présenté jusqu'à présent —
du percement de bas en haut.

[1] Communication de M. Havrez, ingénieur des mines, à l'auteur.

La nécessité de préparer un nouveau champ d'exploitation dans la couche Brôce, de 1.80 m. de puissance, gisant au dessous du puisard, exigeait un approfondissement de de 49.50 m. du puits d'extraction. Le fonçage devait s'effectuer rapidement, sans interrompre les travaux d'exploitation de l'étage supérieur.

L'ingénieur chargé de la direction des travaux résolut de prolonger d'abord le puits de retour de l'air de 56.50 m., puis de partir de ce dernier pour opérer le fonçage sous stot en combinant les deux modes d'attaque, ascendant et descendant. (Pl. VI. Fig. 1.).

Il perça donc deux galeries allant du puits latéral vers le puits d'extraction, de manière à diviser la hauteur du fonçage en quatre parties, dont deux devraient être percées en descendant, les deux autres en montant. Puis il détermina géométriquement les points de coïncidence de ces excavations partielles avec l'axe du puits.

On commença par le fonçage des deux tronçons descendants en laissant le stot dans son intégrité. La ventilation se faisait par l'appel d'une colonne de tuyaux installée dans le puits d'aérage ; deux embranchements se dirigeaient vers le fond de chaque creusement et on les allongeait au fur et à mesure ; l'air venait du puits d'extraction, descendait dans le puits d'aérage, traversait les galeries A et B, était appelé au fond de ces excavations par les tuyaux, se rendait dans la colonne verticale, puis se répandait dans la partie supérieure du puits d'aérage, où il était attiré par un ventilateur.

Les déblais, chargés dans des paniers, étaient enlevés par des treuils, puis conduits le long de galeries A et B, sur de petits trains de voiture, jusqu'au puits latéral ; de de là ils étaient élevés au niveau de l'accrochage pour être ensuite transportés au jour par la machine à vapeur.

L'extraction simultanée des paniers venant de deux points d'attaque situés à des niveaux différents fit naître l'idée d'employer un treuil à engrenage avec un tambour à double rayon d'enroulement, de façon à pouvoir opérer en même temps l'extraction des paniers pleins et la descente des vides.

Lorsque ces fonçages furent arrivés aux points désignés, on procéda aux percements ascendants, par l'établissement successif de paliers, sur lesquels les mineurs s'installaient pour battre la mine et qui recevaient les déblais. Ces déblais tombaient ensuite de palier en palier jusqu'au sol de la galerie, où ils étaient chargés dans des paniers.

Ce travail, qu'on prolongea jusqu'au dessous de la couche de Brôce, afin de se ménager la jouissance d'un puisard, coûta 90 à 100 fr. le mètre courant. Le diamètre de l'excavation était de 3.90 m.; le muraillement le reduisit à 3.20 m.

Forage des puits par le procédé de M. Kindt.

On sait que ce procédé consiste à percer le puits dans toute sa profondeur sans se préoccuper de l'épuisement des eaux ; à descendre dans l'excavation un revêtement étanche en bois ou en fonte — dont la base vient reposer sur le fond, bien nivelé, du puits — en ayant le soin de réserver, entre les parois du rocher et la surface extérieure du revêtement, un vide annulaire que l'on remplit ultérieurement de béton hydraulique.

Lorsque parut la première partie de cet ouvrage, le forage du puits Sᵗᵉ-Marthe à Schönecken était terminé depuis quelque temps. Il avait atteint une profondeur de 110 mètres. Son diamètre, de 4.15 m., devait se réduire, par le cuvelage, à 3.50 m. Ce creusement avait été exécuté

avec une promptitude remarquable, à l'aide des outils
d'entaillement et de vidange les mieux appropriés à la
nature du travail. Le cuvelage était commencé et rien ne
pouvait faire prévoir l'insuccès de cette dernière phase de
l'opération. Mais, en 1852, après l'achèvement du revêtement étanche, on reconnut l'impossibilité absolue d'assécher l'excavation, malgré la mise en œuvre d'une forte
machine d'épuisement.

Cet insuccès attribué à un dérangement qui serait
survenu dans le cuvelage, ne découragea point les exploitants qui se livrèrent encore à deux autres tentatives.

Un puits, de 200 m. de profondeur sur 1.50 m. de
diamètre, fut foncé dans la cour de l'usine de Styring.
L'épuisement commença en 1854, lorsque le cuvelage eut
réduit la section à 1 m. de diamètre dans œuvre. Mais
dès que les eaux atteignirent le niveau de 160 m. au
dessous de la margelle, la pression des eaux extérieures,
détermina la rupture d'une douve et l'inondation du puits.

Enfin, une troisième excavation était arrivée à la profondeur de 96 m., lorsque la compagnie, voyant que la
dépense faite jusqu'à ce jour s'élevait à la somme de
1.800.000 fr., résolut d'abandonner le système de M. Kindt
et d'avoir recours aux procédés usités en Belgique (1).

Cependant ces insuccès réitérés n'empêchèrent pas la
société belge-rhénane d'appliquer la méthode de M. Kindt au
puits Léopold, dont elle entreprit le forage à Rotthausen,
bourg situé à 6 kilomètres au nord d'Essen. C'est là qu'on
fit, pour la première fois, usage de la *boîte-à-mousse* dont
nous reparlerons plus loin. Malgré la rupture de quelques
douves, accident considéré jusqu'alors comme irréparable,

(1) Notice de M. Lévy insérée dans le *Bulletin de la Société de l'Industrie minérale.* (T. V, page 69).

après un travail de quatre ans et neuf mois, accompagné de grandes dépenses, on parvint à percer les terrains aquifères, à les revêtir d'un blindage étanche et à prolonger l'excavation dans les stratifications carbonifères.

C'est probablement à ce demi succès qu'il faut attribuer les nouvelles tentatives que l'on a faites dans la concession de Péronnes, près de Binche, et dont une, au moins, a été couronnée d'une réussite complète. M. Chaudron, directeur de ces fonçages, y fit usage de la boîte à mousse, antérieurement essayée au puits Léopold, à Rotthausen, et de quelques nouvelles pièces secondaires. Mais le remplacement du bois par la fonte dans la construction des revêtements a été d'une efficacité incontestable. Cette idée, des plus heureuses, ne s'est pas présentée à M. Kindt lors de ses nombreux essais à Styring, bien que son brevet contienne à ce sujet une mention spéciale et que l'inventeur s'y soit réservé, d'une manière formelle, l'emploi de ce métal pour les cuvelages à niveau plein.

On voit, à n'en pas douter, que le procédé de M. Kindt n'a jamais fait défaut et que tout les accidents doivent être attribués au système défectueux des revêtements adoptés. Il n'y a jamais rien eu à changer ni aux outils de fonçage, ni aux premières dispositions établies à Styring. Nous n'avons donc rien à ajouter à ce que nous avons dit dans la première partie de cet ouvrage.

On exécute en ce moment, par le procédé de M. Kindt, un puits dans le département de la Moselle.

Forage du puits Léopold, à Rotthausen, district d'Essen.

L'installation de ce forage était le même qu'à Styring.

La tour de sondage a de grandes dimensions ; elle est en bois ; de grandes chaînes-amarres, tendues du sol au faîte de l'édifice, la consolident. A une certaine hauteur, sont établis, sur de fortes poutres, les chemins de fer affectés à la circulation des chariots porteurs du trépan et de la cuillère. Lorsqu'on veut vider celle-ci ou qu'elle ne doit pas fonctionner, on la conduit hors du bâtiment sur un prolongement de la voie ferrée. Quand le trépan revient au jour, on le remise dans une excavation pratiquée à côté de l'orifice du puits. La molette, ou poulie sur laquelle s'infléchit le cable de service, est établie sur un échafaudage très-solide, au dessus duquel est un plancher servant aux ouvriers pour attacher et détacher les tiges du cable.

La tour renferme également deux machines motrices. L'une est à simple effet. La tige de son piston moteur est attachée directement à l'une des extrémités du levier de battage. Ce levier, soulevé par la vapeur, admise seulement dans la partie supérieure du cylindre, retombe en vertu du poids de l'outillage. On fait la distribution à la main, afin de pouvoir régler la hauteur de chûte d'après la dûreté des roches à entailler.

L'autre machine est à rotation. Elle sert à enrouler et à dérouler le cable qui, passant sur la molette, monte et descend les outils et les tiges du forage.

Les terrains stériles comprenaient des marnes, sur une épaisseur de 106.50 m., et une couche de sables boulants (*Fliess*), de 5 mètres, stratifiée à la surface du sol. On descendit à travers cette couche une tour en maçonnerie descendante, qui assura la solidité des fondations de la tour de sondage. Puis on fora le puits jusqu'à une profondeur de 116.50 m. le fesant ainsi pénétrer de 5 m. dans le terrain houiller.

Le trou précurseur avait un diamètre de 1.41 m. Sa

mission était de recueillir, afin qu'on put les élever facilement au jour, les détritus du grand puits qui devait le remplacer, et surtout de maintenir le trépan dans une position verticale. Son percement ne demanda que 105 jours de travail et fut, par cela même, peu coûteux.

Alors on commença l'excavation définitive, au moyen d'un trépan de 4.26 m. de largeur. Elle atteignit, en 13 mois, une profondeur de 43.60 m. L'avancement, qui, dans l'origine, était de 0.78 m. par journée de 12 heures, alla ensuite en diminuant progressivement, parce que la boue, accumulée dans le trou précurseur, se solidifiait et rendait le curage à la cuillère de plus en plus difficile, tellement qu'il devint nécessaire de forer ce trou à nouveau.

A cette époque, les ingénieurs ayant observé que les fréquentes réparations réclamées par le trépan diminuaient considérablement l'effet utile du forage, s'adressèrent à M. Krupp, d'Essen, pour obtenir un trépan d'une seule pièce, fait de cet acier fondu dont on a tant parlé.

L'avancement très-faible des trois derniers mois fut attribué à la grande dureté des marnes blanches qu'il fallut traverser, à la rupture de l'assemblage principal du trépan et de la tige et, surtout, à la fréquence des nettoyages opérés à une grande profondeur.

Ce fonçage, commencé au mois de juillet 1853, n'a été terminé que dans le courant de janvier 1855; il a donc duré un an et sept mois, ce qui fait un avancement moyen de 6.13 m. par mois.

Le lecteur verra plus loin la nature du cuvelage appliqué à ce puits.

Forage des puits de St-Vaast et de Péronnes (1).

M. Chaudron, ingénieur des mines, a mis à profit le

(1) *Annales des travaux publics de Belgique.* Tome XVIII, page 1.

procédé Kindt pour forer deux puits dans la concession de Péronnes, près de Binche, district du Centre. Le premier, le puits de St-Vaast, avait à traverser 195 mètres de terrains stériles, composés de marnes, d'argiles glauconifères, de sables argileux et de ces dangereux sables boulants intercalés, dans cette localité, entre les terrains crétacés et la formation houillère. L'excavation a été arrêtée, à une profondeur de 98 m., dans la stratification dite *tourtia*, où se trouve actuellement la base du cuvelage, comme le lecteur le verra plus loin. Il resterait donc encore 97 m. à percer avant d'atteindre le terrain houiller ; mais on a dû abandonner définitivement ce travail, parce que l'eau s'ouvrait incessamment un passage sous la partie inférieure du cuvelage et maintenait au fond du puits un niveau inépuisable de 25 mètres de hauteur.

Le forage a présenté deux périodes, l'une consacrée au trou précurseur, l'autre au puits définitif. Le trou précurseur, dont le diamètre avait 1.37 m., a été porté d'un seul jet à une profondeur de 135 m. en 172 jours, dont 51 jours ont été absorbés par divers travaux de réparation.

L'exécution du grand puits, c'est-à-dire l'élargissement du premier à un diamètre de 4.25 m., a réclamé 7 mois ou 209 jours, dont 17 de chômages pour réparations. En sorte que le fonçage complet a avancé, en moyenne, de 0.30 m. par jour, en défalquant toutefois la profondeur du forage précurseur.

De même qu'à Rotthausen, le *porte-dents* ou lame inférieure du trépan avait été fabriqué en acier fondu, provenant de l'usine de M. Krupp, à Essen ; les autres pièces étaient en acier forgé ; l'ensemble pesait environ 7000 kilogr. L'instrument, surmonté d'une glissière, était manœuvré par des tiges en sapin de 0.15 à 0.16 m. d'équarrissage.

La nature des terrains n'a pas nécessité l'emploi de la drague décrite dans la première partie de cet ouvrage une cuillère, en tôle de 2 mètres de longueur et de 1 m. de diamètre, a suffi dans tout le cours du travail.

On avait complétement achevé le forage précurseur avant d'entreprendre le percement du grand puits, suivant la méthode de M. Kindt; mais l'expérience a prouvé, de nouveau, que les débris s'accumulent et se tassent dans le trou et qu'on ne peut les enlever à la cuillère sans remettre en jeu le petit trépan, ce qui occasionne une perte de temps très-notable.

Le second puits a été foré sur une ancienne avaleresse, dite de St^e-Marie, abandonnée autrefois à 43 mètres de profondeur. Ce puits, situé à 30 mètres environ d'un puits d'extraction, est destiné au retour de l'air dans l'atmosphère; il traverse une épaisseur de 107 mètres de terrains stériles, composés de marne et de silex; ces stratifications reposent sur un banc d'argile compacte qui, suivant M. Chaudron, doit se rapporter aux fortes toises du Couchant de Mons, et dans lequel il a établi la base du revêtement étanche. Instruit par l'expérience, cet ingénieur a fait, cette fois, marcher alternativement le trou précurseur et le grand puits, de telle façon que le second suivît toujours le premier, en lui laissant toutefois une avance de cinq à dix mètres, pour pouvoir guider les outils.

La première excavation, dont le diamètre est de 1.37 m., est parvenue à une profondeur de 108.20 m.; la seconde a été arrêtée à 105.20 m.; son diamètre est de 2.32 m.

Le percement de la seconde a été marqué par deux accidents. D'abord, une déviation qui se fit sentir dans la verticalité de l'axe, exigea le redressement des parois; puis, une partie de la maçonnerie construite à l'orifice du puits vint à s'écrouler et recouvrit de débris les outils de forage qui étaient au fond de l'excavation. Ces deux accidents produisirent un retard d'environ quatre mois.

Le temps employé à ce travail a été de 11 mois, répartis comme suit : 210 jours de travail effectif, 39 de chômage pour cause de réparations et 92 d'interruption de travail ; en tout 341 jours pour atteindre une profondeur de 105.20 m. Si l'on retranche les 48 premiers mètres de l'ancienne excavation au fond de laquelle le forage a été commencé, il reste 62.20 m., soit un avancement de 0.25 m. par jour employé, ou environ 0.30 m, par journée de travail effectif, en mettant de côté les 92 jours consacrés à réparer les dégats causés par l'éboulement de la maçonnerie.

IVe SECTION.

REVÊTEMENTS EN MAÇONNERIES.

Revêtements des galeries percées dans des terrains ébouleux.

Le *Feldsbiss*, faille de 184 mètres de puissance, a été reconnu à l'étage de 218 m. de la houillère de Guley, bassin de la Wurm. Les percements exécutés dans ce dérangement ont une grande section, afin que le mineur puisse recourir à des moyens de soutènement qui lui permettent de résister à la pression considérable des roches adjacentes. Le procédé dont on se sert pour traverser ce terrain, que recoupent de courtes et nombreuses fissures, est analogue à celui qui est appliqué aux tunnels des canaux et des voies ferrées et consiste à creuser et à murailler alternativement des tronçons de 6 à 7 mètres de longueur.

Deux excavations assez étroites, *a* et *b* (fig. 5 et 6, Pl. VI), de 1.80 m. de hauteur sur 1.30 m. de largeur, et séparées par un massif de 1.83 m. d'épaisseur, sont dirigées parallèlement à la direction voulue. Elles sont précédées, pendant le percement, de trous de sonde qui mettent les mineurs à l'abri de l'irruption subite des eaux renfermées dans certaines roches du Feldsbiss. Arrivées à une distance de 5 à 7 mètres de leur origine, les deux excavations sont réunies par une traverse de 1.25 m. de hauteur et de 0.94 m. de largeur. Alors les maçons commencent à murailler en retraite et par reprises de 0.94 m. de longueur, de la manière suivante :

Ils construisent d'abord la partie inférieure des pieds-droits et pour se diriger dans cet ouvrage, ils ont une paroi de planches disposées horizontalement et clouées sur les étais que l'on a placés pendant le percement. Le vide d'environ 0.20 m., qui subsiste entre cette paroi et le noyau ou massif intérieur, est rempli de déblais. Les pieds-droits ont quatre briques d'épaisseur cimentées au mortier ordinaire. Ils se terminent par trois assises de pierres sèches, au dessus desquelles on pratique deux petites excavations de 1.57 m. de hauteur et d'une longueur égale à celle de la reprise. Alors les maçons reprennent ces pieds-droits, mais avec une épaisseur moindre, afin de laisser des saillies intérieures de 0.30 m., destinées à servir de coussinets à la voûte en plein ceintre, de 0.68 m. d'épaisseur, que l'on construira au dessus du noyau. Lorsque cette maçonnerie en retraite est revenue à l'origine du tronçon, on la relie à la muraille du tronçon qui précède et l'on enlève complètement le noyau. La galerie qui résulte de ce travail a 2.35 m. de hauteur et de largeur.

Dans la prévision qu'un radier deviendrait nécessaire plus tard, on en prépare la construction en ménageant à la base des pieds-droits une retraite de 0.30 m. de hauteur, formant quatre gradins renversés.

Ce procédé a toujours réussi, même lorsqu'on l'a mis en usage au milieu de roches dont la dislocation produisait un fardeau extraordinaire.

De la conservation des bois appliqués aux revêtements des puits ; emploi de la fonte.

M. Chaudron, ingénieur de la mine des 24 actions, recherchant les conditions de ventilation qui influent sur la durée des bois de soutènement, a trouvé que les parties les plus exposées à l'action d'un courant d'air frais sont aussi celles qui se conservent le mieux. Ainsi les bois de deux cuvelages construits dans des puits de retour de l'air ont été complétement détériorés en 17 et en 20 ans. Et même, au bout de 11 1/2 ans, un tronçon qui avait été soumis à des alternatives de sécheresse et d'humidité, par suite de l'affluence intermittente de l'eau derrière cette partie du cuvelage, se trouvait déjà hors de service.

L'air, dont le volume était de 2.75 m. en entrant dans le puits, parcourait souterrainement 1600 mètres environ. Tandis que ces cuvelages ainsi consumés exigeaient une reconstruction immédiate, ceux des puits d'entrée de l'air, qui avaient été établis à la même époque, se trouvaient encore dans l'état le plus satisfaisant.

Le même ingénieur a constaté que le revêtement d'une chambre d'accrochage, dans laquelle passait tout le courant d'air de la mine, était encore en bon état après avoir servi pendant 5 à 6 ans, durée du champ d'exploitation desservi par cette chambre ; à l'exception toutefois de quelques parties de la surface des bois qui, n'ayant pas été exposées directement au contact du courant ventilateur, offraient des trace de pourriture sèche (1).

Quant aux bois réservés au soutènement des puits, il convient de les écorcer et, si c'est possible, de les équar-

_____

(1) 3e bulletin des ingénieurs sortis de l'École des mines du Hainaut. Page 19.

rir à vives arêtes. Les exploitants d'un grand nombre de mines Westphaliennes les font, en outre, raboter, afin d'enlever les esquilles qui restent à leurs surfaces, après le travail de la hache ou de la scie, et qui donnent prise à la carie sèche. Cette pratique, en facilitant la pose des cadres à l'aplomb les uns des autres, détermine l'installation correcte des guidonages et, par conséquent, diminue notablement les frottements des cages et l'intensité de leurs chocs.

Les Westphaliens remplacent quelquefois, dans les cadres de revêtement des puits, le bois par la fonte de fer. A la mine Heinrich Theodor, près d'Essen, les parois d'un puits, foncé à travers des roches fort disloquées, exerçaient en divers points une pression telle que les cadres en bois étaient quelquefois rompus. Cette circonstance engagea les exploitants à se servir de cadres en fonte, assemblés de la même manière que ceux en bois ; les pièces avaient une largeur de 0.15 m. et une épaisseur de 0.10 m.

Revêtements provisoires en fer malléable ou armatures pour le soutènement des puits.

Le lecteur a vu, dans la première partie de cet ouvrage, la description du procédé employé pour soutenir provisoirement les parois des puits en fonçage, en attendant le revêtement définitif en maçonnerie. Ce procédé qui consiste à encastrer, par leurs extrémités, dans la paroi de l'excavation, des cadres de boisage reliés par des porteurs, renferme de graves inconvénients lorsque ces pièces de revêtement doivent être assez rapprochées les unes des autres et surtout lorsque le rocher n'est pas assez solide. De plus, les entailles dans lesquelles se logent les oreilles des

cages sont difficiles à remplir lorsque vient le muraillement ; enfin, les bois, exposés aux alternatives d'humidité
et de sécheresse et aux chocs des fragments lancés par les
coups de mines, sont promptement détériorés ou détruits.

Telles sont les considérations qui ont engagé M.
Delaroche, directeur gérant de la mine de Streppy-Bracquegnies, district du Centre, à supprimer l'encastrement
des pièces et à remplacer le bois par le fer dans toutes
les parties du revêtement.

Le puits St-Adolphe est circulaire ; son diamètre, qui
est de 4.50 m., laisse une excavation de 4 m. après la
construction du revêtement d'une brique d'épaisseur. Les
passes successives du fonçage, c'est-à-dire les tronçons
alternativement creusés et muraillés, ont une hauteur de
20 à 25 m. et sont soutenus provisoirement par un système
de couronnes ou de cadres circulaires et de porteurs en
fer laminé.

Chaque couronne se compose de 10 segments, en fer
double-T (Pl. VI, fig. 10), qui présentent une longueur de
développement de 1.41 m. Ils sont juxtaposés et assemblés
au moyen d'éclisses en fonte de 0.20 à 0.25 m. de longueur, insérées dans le creux des pièces et reliées par des
boulons de 15 millim. de diamètre (fig. 7). Les éclisses,
principalement celles qui se trouvent au dessous, exposées
aux éclats des coups de mine, sont sujettes à se rompre
et l'on se propose de les remplacer par d'autres, en fer
forgé, de 0.02 m. d'épaisseur, par conséquent plus minces
que les premières. Les couronnes, placées à des distances
qui varient de 0.50 m. à 1.00 m. suivant la solidité du
terrain, sont embrassées par les extrémités recourbées de
porteurs en fer méplat de 0.01 sur 0.06 m. (fig. 8). Chaque
segment reçoit deux porteurs, en sorte que deux cadres
consécutifs sont réunis par vingt porteurs, disposés régu-

lièrement sur le périmètre du puits. Tout le système est maintenu dans un état général de tension par des coins et des bois de reliement insérés entre les couronnes et la paroi du rocher (fig. 9).

Ce revêtement, qui est fort solide, peut durer indéfiniment ; la pose, facile et prompte, peut être exécutée par n'importe quels ouvriers. Il permet de réaliser des économies de matériaux et de main d'œuvre : d'après M. Vanderslagmolen, ingénieur de l'établissement (1), les revêtements en fer ne coûtent que la moitié des revêtements en bois ; l'économie de temps s'élève à 3 1/2 heures par mètre courant de percement, soit 7 à 9 pour cent de la totalité du temps employé. En tenant compte de la suppression des frais de surveillance, d'ouvriers, de machinistes etc., il se trouve que le revêtement est remboursé au bout de neuf mois.

Gabarit mobile pour murailler les puits.

Un puits bien muraillé doit être de section uniforme sur toute la hauteur, et son axe, coïncider avec une ligne droite et verticale. Les maçons du couchant de Mons arrivent à ce résultat au moyen du *mazinguet*, règle en bois, égale au diamètre intérieur du puits, au milieu de laquelle pivote une autre règle en bois, égale au rayon. La première étant disposée en coïncidence avec le diamètre du puits, il suffit de faire tourner la seconde pour décrire la circonférence et guider ainsi l'ouvrier dans la pose des briques. On déplace l'instrument à mesure que le travail avance. Des fils à plomb, suspendus dans le puits

(1) *Bulletin des ingénieurs sorti de l'Ecole des mines du Hainaut,* page 92.

et mis en relation avec le mazinguet, déterminent la verticalité.

Mais ce procédé est très-défectueux : la suspension des fils est une opération délicate qui exige beaucoup de soins et d'attention ; ces fils sont un embarras continuel, et les vases, dans leur circulation, les arrachent fréquemment. Le mazinguet ne peut être appliqué, sans de grandes complications, aux puits à section elliptique, forme que l'on est souvent forcé d'adopter. Chaque fois que la maçonnerie est arrivée à une certaine hauteur, il faut déplacer les échafaudages, ordinairement humides et chargés de boue, opération dangereuse qui réclame beaucoup de temps. Enfin, les solives de ces échafaudages laissent, dans le revêtement, des boulins qui en diminuent notablement la solidité et que des ouvriers doivent ensuite boucher, en se tenant suspendus au cable d'extraction.

M. Dubois, directeur de la houillère de Marihaye, près de Liége, dans le but de supprimer ces difficultés et ces causes de danger, a fait construire un appareil qu'il nomme *gabarit mobile* ou *gabarit de muraillement des puits*, sorte de cintre, qui maintient la section du puits parfaitement régulière, tout en donnant plus de solidité à la construction et en réduisant les dépenses.

C'est une caisse, sans fond, dont la section extérieure est, à peu près, égale à la section intérieure que l'on veut donner à la maçonnerie.

Les fig. 12 et 13 de la pl. VI représentent un gabarit cylindrique dont cet ingénieur s'est servi récemment. La hauteur de cet appareil est de 1.50 m. Il se compose de six panneaux rectangulaires en fers d'angle, courbes, repliés en quatre points différents, soudés à leur point de jonction, recouverts de tôles à têtes fraisées, reliés par leurs brides verticales au moyen de boulons. La tranche supérieure est munie de quatre pattes, p, p (fig. 16), destinées à porter sur la surface du dernier lit de maçonnerie, ainsi qu'on le verra plus loin. Sur tout le pourtour intérieur et à la moitié de la hauteur, sont boulonnés des fers d'équerre, disposés en couronne, qui servent de suspension au plancher sur lequel s'installent les maçons. Ce plancher, supporté par quatre étriers, e, e, se compose de deux sommiers, w, de solives s, s, et de planches, dans lesquelles des ouvertures ont été ménagées pour livrer passage aux ouvriers et au courant d'air. A deux mètres au-dessous, est accroché à des anneaux boulonnés, a, a, un palier, dont on obtient le contact avec la maçonnerie au moyen de boulons n, n, traversant des écrous fixés à ce palier même. Le gabarit est suspendu par des tringles ou par des chaînettes, dont le nombre est en rapport avec la dimension du puits; ces chaînettes, fixées aux parois intérieures, sont réunies par un anneau, à la manière usitée pour les tonnes d'extraction.

Une forte chaîne ou un équipage de tiges analogue à celui d'un forage (fig. 11 et 11 bis) se rattache par son extrémité inférieure à l'anneau et se prolonge jusqu'au jour. Là elle se termine par une tige liée à une vis d'appel à filets rectangulaires, dont la largeur peut varier de 2 à 4 mètres et dont le diamètre est en rapport avec la résistance à vaincre. L'écrou de cette vis, manœuvré par les deux bras d'un levier, b, b, est installé sur une charpente, de telle façon que son axe, de même que ceux de la vis et des tiges soient dans le prolongement de l'axe du puits.

Pour que la chaîne ou l'équipage des tiges ne soit pas emporté dans le mouvement rotatoire, imprimé à l'écrou pendant l'ascension du gabarit, la partie carrée de la vis d'appel est embrassée par une fourche h, prolonge-

ment d'une barre articulée, *c*, *c*, boulonnée à l'une des
pièces de la charpente.

Voici la manœuvre de l'appareil :

La caisse, librement suspendue aux tiges ou à la chaîne,
se place naturellement dans la verticale et détermine au
fond du puits la position exacte du rouet, *r*, *r*, base du
muraillement, qui, dès lors, se trouve en concordance
avec la marge de l'excavation.

Les maçons élèvent d'abord la partie du muraillement
comprise entre le rouet et les pattes du gabarit, en s'installant, pour cette fois seulement, entre la roche et la
caisse. Lorsque la dernière assise vient affleurer les
rebords du gabarit, le travail prend une marche normale.
Les ouvriers du jour font tourner l'écrou ; la vis, empêchée
de suivre ce mouvement circulaire, s'élève forcément et
entraîne dans son ascension les tiges et la caisse. Après
0.25 à 0.30 m. d'exhaussement, on s'arrête, de manière
que la caisse reste engagée sur une hauteur de 1.20 à
1.25 m. dans la partie maçonnée. Alors les maçons l'assujétissent en posant quatre ou cinq lits de briques au-dessous des quatre pattes, puis ils opèrent le remplissage
des intervalles compris entre le gabarit et les parois du
rocher. Cette opération achevée, nouvel exhaussement
de l'appareil et pose de nouvelles assises se succèdent
alternativement jusqu'au point où le revêtement doit être
arrêté.

Le crépissage des joints se fait pendant l'enlèvement
des boisages provisoires du puits. Les maçons se tiennent
pour cela sur le palier, auquel ils se rendent par des trous-
d'homme, ménagés dans le plancher.

Lorsque la vis, ayant entièrement traversé l'écrou, ne
peut plus fonctionner, on suspend l'équipage à une clame
ou traverse, ajustée aux extrémités inférieures de deux

boulons auxiliaires, sur laquelle vient reposer l'embase de l'avant-dernière tige. On enlève la dernière, on la remplace par la vis, qui redescend de toute sa hauteur afin d'être en état de fonctionner de nouveau. Cette manœuvre, analogue à celle que font les ouvriers sondeurs quand ils veulent retirer l'appareil du trou de forage, se répète chaque fois que la vis a achevé sa course ascendante. Lorsqu'au lieu de tiges, on se sert d'une chaîne, on dispose la traverse de façon à la passer dans les mailles. L'opération est plus prompte.

La première fois qu'on fit usage de cet appareil, on s'aperçut, à plusieurs reprises, principalement le lundi matin, au moment de reprendre le travail abandonné le samedi soir, que la dernière assise de maçonnerie était en adhérence avec la face extérieure de l'appareil. Lorsque ce fait, attribué à un serrage trop énergique de quelques briques, venait à se produire, le gabarit entraînait avec lui la maçonnerie et détruisait une partie du travail exécuté l'avant-veille. Pour se soustraire à cet accident, M. Dubois imagina d'interposer, entre la caisse et la maçonnerie, des planchettes (fig. 14 et 15), de 3 à 4 millimètres d'épaisseur, d'une hauteur de 0.45 à 0.50 m. et d'une longueur égale à la distance comprise entre deux pattes consécutives ; ces planchettes, munies d'une poignée qui permet de les mettre en place et de les retirer ensuite, maintiennent le parement de la muraille dans un état d'écartement tel qu'aucune adhérence ne peut avoir lieu.

On a eu plusieurs fois l'occasion d'employer le gabarit à la mine de Marihaye, où il a donné les meilleurs résultats, sous le double rapport de la perfection du travail et de la sûreté des ouvriers.

Il a servi notamment à revêtir, sur une hauteur de 200 m., un puits d'un diamètre intérieur de 3.50 m.

La muraille a deux briques d'épaisseur, plus les garnissages nécessaires pour combler les dépressions. De deux en deux mètres, sont placées des chaînes en pierres de taille, munies d'échancrures propres à recevoir les extrémités des bois de refend qui divisent l'excavation en quatre compartiments.

Le mortier se composait de deux volumes de trass et un de chaux hydraulique éteinte.

Les postes d'ouvriers étaient de 8 heures; chaque poste comprenait deux maçons, un manœuvre pour les servir et un ouvrier mineur, chargé de retirer les boisages provisoires, d'élever l'appareil à l'aide de la vis, etc. La journée du receveur établi au jour était de 12 heures.

Le travail marchait avec une rapidité telle que la fourniture des matériaux était souvent en retard sur leur emploi. L'opération a duré 73 jours, ce qui donne une moyenne de 2.63 m. par 24 heures de travail, tant pour la maçonnerie et le crépissage que pour l'installation des bois de refend. Plus tard l'avancement a été de 2.70 m. Jamais on n'était arrivé à pareille rapidité d'exécution.

Le gabarit a laissé derrière lui un revêtement vertical de section parfaitement uniforme, sans inflexions ni gauchissements, sans bosses, saillies ni dépressions; enfin l'œuvre la plus régulière et la plus solide qu'il soit possible d'obtenir en fait de revêtement de puits (1).

_____

(1) L'auteur du présent ouvrage a donné, dans le n° du 25 janvier 1851 du journal *La Meuse*, une description sommaire de cet appareil, qui, peu après, a été reproduite, sans indication d'origine, par quelques journaux périodiques.

VIIe SECTION.

CUVELAGES EN BOIS.

Revêtement étanche de la mine de Rotthausen.
(Fig. 1 à 5. Pl. VII.)

Voici, pour faire suite au forage du puits Léopold, exposé dans l'un des paragraphes précédents, la description du revêtement étanche, système Kindt, appliqué à ce puits. Le cuvelage se compose de 45 cuves sans fond, de 3.50 m. de diamètre intérieur et de 2.50 de hauteur. Les douves sont en chêne et leurs épaisseurs croissent avec la profondeur, c'est-à-dire avec la pression à laquelle elles sont soumises, de telle sorte que cette dimension qui, à la margelle, n'est que de 0.16 m. atteint 0.26 m. au fond du puits.

Les diamètres respectifs du forage (4.26 m.) et du revêtement (3.50 m.) sont tels qu'il reste, entre l'extrados de ce dernier et les parois du rocher, un vide annulaire qui varie de 0.22 à 0.12 m., ultérieurement rempli de béton.

Les douves, en forme de voussoirs, c'est-à-dire coupées en biseau suivant des plans passant par l'axe du puits,

sont reliées entre elles par des broches ou tenons en bois,
implantés à une distance de 0.60 m. de leurs extrémités.
Le tout est serré par trois cercles en fer, qui enveloppent
les cylindres à l'extérieur et sont encastrés dans l'épaisseur du bois. On rend étanches les joints horizontaux des
cuves superposées en intercalant trois doubles de toile
goudronnée, après avoir échancré les tranches des douves
par de légers traits de scie. Enfin ces mêmes joints sont
recouverts, à l'intérieur, de cercles en fer, de 0.13 m. de
largeur, en trois segments appliqués par moitié sur chaque
extrémité des cuves en contact. De plus, les cuves gisant
dans la moitié inférieure du puits sont également renforcées
de cercles semblables fixés à l'intérieur, au nombre de
quatre, trois ou deux, suivant qu'ils sont exposés à une
pression plus ou moins considérable.

Un cylindre en fer, a, (fig. 2), enveloppe les deux tonnes
inférieures, b, b', et s'y rattache au moyen de boulons. Au
point de jonction de ces deux tonnes est fixé un anneau, c,
pour servir d'attache à huit tirans de suspension, d, qui,
prolongés à une hauteur de 9.50 m. au-dessus de la margelle, s'y terminent par autant de vis et d'écrous.

A la base du cuvelage se trouve la *boîte à mousse*, B,
nouvel organe dont le but est d'offrir une assise imperméable. Elle est formée d'un rouet en bois de chêne, e, à
la circonférence intérieure duquel est adapté un cylindre,
f, en fer forgé, de 1.93 m. de hauteur, surmonté d'un
autre cylindre en bois, g. C'est l'espace extérieur compris
entre le rouet, le cylindre et la tranche inférieure de la
dernière cuve qui constitue la *boîte* dans laquelle la *mousse*
est entassée et retenue en place par un filet de pêcheur qui
l'enveloppe et la serre sur tout son pourtour. Des feuilles
de tôle mince, h, disposées de manière à former une surface
conique, produisent, pendant la compression, une compo-

sante horizontale qui force la mousse à s'appliquer contre les parois de l'excavation. La boîte à mousse est suspendue au cuvelage au moyen de tringles, i, qui, traversant les deux anneaux c et k, empêchent la boîte et le cuvelage de se séparer, tout en leur permettant de se rapprocher l'un de l'autre.

On installe le cuvelage dans le puits au moyen des huit vis de rappel ci-dessus indiquées et de quatre cabestans. Les vis, agissant simultanément, produisent un mouvement de descente fort lent, auquel participent les tirans de suspension. On descend d'abord la boîte à mousse et les deux cuves inférieures au niveau de la margelle, où elles sont suspendues à des clefs de retenue, analogues à celles des sondages. Les tirans, saisis par les cables des cabestans, permettent aux vis de sortir de leurs écrous et de remonter à vide ; on met cet instant à profit pour ajouter à la colonne la troisième cuve, que manœuvre la machine d'extraction ; on ajoute de nouvelles allonges aux vis de rappel ; les écrous sont remis en place, les clefs enlevées et l'ensemble descend de toute la hauteur d'une nouvelle cuve.

Par la répétition de cette manœuvre et l'allongement successif des tirans, la colonne a été installée en trois mois. Ce travail était terminé dans le courant de juillet 1855.

Lorsque le rouet de la boîte vient en contact avec le fond de la bure, convenablement nivelé, naturellement il s'arrête ; mais le cuvelage continuant de descendre, presse de tout son poids sur la mousse, qui se comprime au point de tomber de 1.53 m. à 0 31 m.

Alors dans l'espace annulaire, l, réservé entre le revêtement et les parois de la roche, on introduit un mortier ou béton hydraulique, à l'aide d'une cuillère, selon le mode

décrit dans la première partie du présent Traité. Cet espace
annulaire, qui, vers l'orifice du puits, est de 0.22 m., se
rétrécit en s'avançant vers la base, où il n'a plus que
0.12 m. Les ingénieurs, comptant sur l'influence des
diverses pressions hydrostatiques, ne jugèrent pas convenable de composer leur béton d'une manière identique
pour toute la hauteur du puits ; mais, pour des motifs
d'économie, sans doute, ils combinèrent la chaux hydraulique avec du ciment, du trass, du sable, suivant que le
béton devrait être coulé au bas, à la partie moyenne ou
vers le haut de l'excavation.

Les travaux précédents durèrent deux ans et demi sans
interruption d'aucune espèce ; mais à dater de ce moment,
alors que l'opération pouvait être considérée comme
achevée, survinrent une série d'accidents dont les conséquences ont failli compromettre le sort de toute l'avalaresse.

Peu de jours après la fin du bétonage, sans lui laisser
le temps de prendre corps, ce qui eut été nécessaire surtout pour la partie supérieure, — vu la composition du
mortier,—on entreprit de vider le puits à l'aide de grandes
tonnes et d'une pompe à bras. D'abord tout marche bien.
Mais le niveau de l'eau descend dans le puits et la pression
extérieure se fait sentir de plus en plus ; les couronnes
de consolidation, fixées à l'intérieur des cuves, s'infléchissent, puis se brisent. On les remplace immédiatement.
Cependant le niveau est arrivé à la 22e cuve, la pression
devient telle qu'elle courbe quatre douves d'une paroi et
en brise trois sur la paroi diamétralement opposée. Cet
accident, survenu le 24 janvier 1856, arrête tout travail
dans le puits et nécessite l'emploi de nouveaux moyens.

On installe et met en activité une machine d'épuisement
de 200 chevaux. Les eaux s'abaissant permettent d'armer
chaque cuve de trois anneaux de renfort ; bientôt la cuve

rompue est démasquée, et l'état des choses apparaît ainsi qu'il est représenté dans les figures 1 et 3. En *A*, une ouverture dénote le lieu de la rupture des douves, qui, en trois autres points, se sont infléchies ou ont dévié de leur position normale.

On procède immédiatement à la réparation de la cuve compromise (fig. 4 et 5). Les parties soumises à des inflexions ou à des changements de place sont rétablies dans leur position première à l'aide de moises, de coins et à coups de marteau, opération que facilite le percement préalable de trous destinés à diminuer la pression par l'évacuation des eaux de la colonne extérieure.

Sur les parois latérales de la rupture *A*, l'on applique, avec interposition de planches de saule, *m*, *n*, deux douves *o*, *p*, qui, plus larges en bas qu'en haut, laissent entre elles un intervalle propre à recevoir la douve-clef, *q*, entaillée en forme de coin ; cette douve, dont la hauteur est égale aux deux tiers de celle des deux autres, est chassée à coups de masse, de manière à opérer un serrage énergique. Alors on revêt la cuve de cinq couronnes en fer, de 0.13 m. de largeur, dont une, celle de dessus, est placée de manière à recouvrir de la moitié de sa largeur l'ouverture restant au dessus de la clef. On ne procède à l'obturation de cette ouverture qu'après que les cuves inférieures ont été armées de couronnes de renfort et alors voici comment se fait l'opération :

Entre quatre planchettes en saule, r_1, r_2, r_3, r_4 dont les parois sont préalablement revêtues, on introduit un tampon en chêne composé de trois pièces, *s*, *t* et *u* (fig. 4 bis) ; les deux premières étant mises en place on engage avec force le coin *u* dans l'espace restant, puis on picote la fissure comprise entre *s* et *u*, de même que les quatre planchettes qui enveloppent le tampon. — Ce travail a été exécuté par des ouvriers belges, qui se sont servit du picoteur représenté par la fig. 4 ter.

Ces difficultés ne furent pas les seules que l'on eut à vaincre : les joints horizontaux, que l'on avait dû calfater souvent, se détériorèrent en plusieurs points, ce qui nécessita l'emploi d'un picotage. Une autre fois, la pompe fut enclouée par des débris de bois, de fer, de béton qui s'étaient accumulés au fond du puits. Enfin une planche, tombée de l'orifice, s'étant incrustée en dessous de la base du cuvelage, détruisit l'imperméabilité de celui-ci.

Pour porter remède à ce dernier accident, on approfondit le puits de 2.50 m. et l'on y picota une trousse par les procédés usités en Belgique. Cette trousse fut surmontée d'un cuvelage à seize pans et reliée à l'ancien revêtement. Mais comme l'eau affluait encore par toutes les fissures et principalement par les joints horizontaux, on décida de percer deux trous de 0.05 m. dans le revêtement inférieur, afin de laisser écouler les eaux et de diminuer la pression de la colonne extérieure. Cette résolution était prise en vue d'établir ultérieurement, à une certaine profondeur, des réservoirs qui permettraient de faire chômer la machine d'épuisement, afin d'exécuter des calfatages et des picotages assez parfaits pour s'opposer au déversement, dans le puits, d'une partie des eaux affluentes, dont le volume s'élevait à 8 hectolitres environ.

Ces travaux de forage et de revêtement ont eu une durée totale de 4 ans et 9 mois et se sont terminés à la fin de l'année 1857.

VIII° SECTION.

DES CUVELAGES EN MAÇONNERIE.

Imitation des cuvelages de la Ruhr par les mineurs liégeois (1).

Le siége d'exploitation de l'Aumonier, situé à la limite occidentale de la ville de Liége, se compose de deux excavations fort anciennes et déjà abandonnées en 1806, par suite d'une trop grande affluence des eaux. Diverses tentatives faites, dans les années 1848 et suivantes, pour le remettre en activité et pour entrer en possession des couches inférieures furent infructueuses et n'eurent d'autre résultat que de démontrer la nécessité de cuvelages.

Après quelques discussions sur le procédé que l'on devait mettre en œuvre, on décida d'exécuter des muraillements étanches, analogues aux rhénans-westphaliens, mais en écartant complétement l'usage du bois.

A l'époque où l'on adopta ce projet, les deux puits

(1) Les documents dont l'auteur s'est servi pour écrire ce paragraphe sont dus, en partie, à ses observations personnelles, et, pour le reste, empruntés à une notice de M. Victor Flamache, insérée dans les *Annales des Travaux publics*. Tome XIV, p. 207.

avaient une profondeur de 211 m. ; l'un rectangulaire,
appliqué à l'extraction et à l'épuisement, était pourvu d'une
machine d'exhaure à traction directe ; l'autre, circulaire,
situé à 15 mètres du premier, servait au retour de l'air
dans l'atmosphère. En outre, une galerie d'exhaure débou-
chait de ces puits, à 78 mètres au dessous du sol. Les
cuvelages devaient donc avoir leur origine à cette même
profondeur de 211 m. et remonter jusqu'à la galerie
d'exhaure, sur une hauteur de 133 m.

Les deux cuvelages ayant été exécutés simultanément,
par des procédés identiques, il suffira de décrire le premier, qui est le plus important. (Pl. VII. Fig. 6 et 7).

On commença par les fondations du mur de refend
destiné à diviser l'excavation en deux compartiments.
Ces fondations, établies à 6.50 m. au dessous de la couche
l'estay, consistent en une voûte en pierre de *petit-granit*.
Le mur a deux briques d'épaisseur, s'élève en même temps
que le cuvelage et se relie avec lui.

La banquette qui doit recevoir le revêtement étanche
est entaillée à 3.50 m. au dessous du Pestay, soit 3 mètres
au-dessus de l'origine du mur de refend. L'entaille, ébauchée au pic, a été achevée au ciseau : la suface en est
rigoureusement plane, mais légèrement inclinée du centre
à la circonférence,

La base du cuvelage est un empâtement qui pénètre
dans le rocher et se compose de cinq assises de briques
superposées. Ces briques sont disposées, de même que
dans le reste de la construction, par rouleaux concentriques, dont les joints verticaux se dirigent normalement
aux courbes, c'est-à-dire, suivant les rayons de celles-ci.
La première assise, en contact avec la banquette, est
placée de champ avec interposition d'un lit de mortier;
elle est de cinq rouleaux. Les suivantes, posées de plat,

décroissent en largeur, de manière qu'il n'y ait plus que
quatre briques à la partie supérieure de l'empâtement.
Enfin le corps du cuvelage se réduit à trois rouleaux,
séparés par des espaces de 0.04 m., dans lesquels les
ouvriers tassent soigneusement du ciment hydraulique
qui, en durcissant, forme des enveloppes concentriques,
difficilement pénétrables aux infiltrations.

Le mur de refend, que les maçons montent en même
temps que le cuvelage, se compose de deux chaînes verticales en pierre de taille, petit granit, enserrant des
briques maçonnées de champs. Ces chaînes ou piliers
servent à recevoir la butée des rouleaux intérieurs du
cuvelage aux points où ils sont interrompus par le mur
de refend.

Dans ce genre de travail, on emploie à profusion le
mortier ou ciment hydraulique ; les briques y plongent
comme dans un bain. On le force à pénétrer dans tous
les joints du massif, dans les fentes et crevasses du rocher,
dans toutes les cavités enfin que l'on peut apercevoir.

Ce mortier contient, en volume, sept parties de trass
d'Andernach et cinq de chaux hydraulique éteinte. Ces deux
substances, passées au tamis de soie et mêlées à sec, sont
remuées au rable et arrosées de faibles quantités d'eau
jusqu'à ce que le mélange ait pris une demi liquidité et
une couleur d'un gris jaunâtre uniforme.

Le puits primitif n'offrait qu'une section rectangulaire
de 2.25 m., tandis que la section des nouveaux compartiments et de leur enveloppe en maçonnerie ne pouvait être
circonscrite que par un rectangle de 7 m. sur 3.70 m.
Il fallut donc arracher les roches sur une assez forte
épaisseur, travail qui fut fait à la poudre, au fur et à
mesure que le muraillement avançait, et qui entraîna,
comme on peut le comprendre, de nombreux éboulements,

12

de grandes difficultés et, par conséquent, de fréquents
retards.

Détails accessoires relatifs à ce cuvelage.

L'encastrement des bois de support dans les maçonneries, où ils se trouvent en contact avec le mortier, est une
cause de destruction très-rapide, que l'on parvint à éviter
de la manière suivante :

Pour fixer le guidonnage, on intercale dans la muraille,
à des intervalles verticaux de 1.20 m., de petites niches
en fonte formant des échancrures capables de recevoir les
extrémités des pièces transversales sur lesquelles sont
boulonnés les guides ou solives de conduite. La pièce,
engagée d'abord en *a*, est ensuite insérée par son autre
extrémité, dans l'échancrure opposée ; puis, glissant de
gauche à droite, elle prend définitivement place en *b*,
à la partie inférieure de la niche où elle se trouve invariablement fixée.

Les traverses servent, dès l'origine, de supports aux
planchers volants sur lesquels sont installés les maçons.

Quant aux assises des pompes, assises fixées dans le
cuvelage, il importe de les soutenir par un revêtement en
état de résister au poids de la colonne d'eau et aux ébranlements causés par la partie mobile de l'appareil d'exhaure.
A cet effet, on entaille la paroi du puits plus profondément,
à partir de 3 mètres au-dessous de la base des assises,
de façon à pouvoir porter l'épaisseur du revêtement de 3 à
5 briques. Quand la maçonnerie est parvenue au niveau
voulu, on la recouvre, sur les deux points opposés où
doivent porter les extrémités des bois de support des
pompes, de plaques en fontes, de 0.07 m. d'épaisseur, et
d'une longueur de 2.50 m., mesurée suivant le développement de la courbe intérieure. Sur ces plaques on rive les

caisses rectangulaires en fonte, destinées à loger les extrémités de trois pièces d'assise superposées, qui consistent en bois d'un équarrissage de 0.50 m. Un couvercle en fonte est vissé sur chaque caisse. Alors on prolonge la maçonnerie, renforcée, jusqu'à 2.50 m. au-dessus du couvercle, où elle reprend son épaisseur normale.

Lorsque les eaux affluent en abondance, il convient d'en prévenir l'accumulation derrière le muraillement fraîchement construit, afin de le soustraire à des pressions qui pourraient le détériorer ou en déterminer la rupture partielle. Dans ce but, on installe des *busettes* ou petits tuyaux de fonte en forme de pyramide tronquée et percée, suivant l'axe, d'un trou de 0.07 m. de diamètre. On les couche dans la maçonnerie, la base tournée vers la face extérieure du massif, contre lequel ils s'appuient par un rebord ou collier qui les empêche de se déplacer. Lorsque les circonstances le réclament, on ferme ces tuyaux au moyen d'une broche en saule qui obstrue le trou dans toute sa longueur et d'un bouchon-à-vis égagé dans l'orifice antérieur préalablement taraudé.

Lorsque, par suite d'un accident quelconque, les travaux de maçonnerie sont suspendus pendant plus de 48 heures, le dernier lit de mortier hydraulique durcit de telle façon qu'il est fort difficile de le relier avec la reprise suivante. Toutefois si le chômage ne dépasse pas une semaine, on se contente de nettoyer avec soin la dernière assise de briques et de la piquer avec un instrument pointu, pour y produire des aspérités et des dépressions qui provoquent l'adhérence du mortier frais. Mais si l'interruption a été plus longue, cette pratique devient insuffisante. Il faut alors former, derrière le joint de reprise, une enveloppe capable de s'opposer aux infiltrations, en creusant dans le rocher et sur tout le pourtour du puits une excavation annulaire d'environ 0.25 m. de profondeur sur 0.60 m. de hauteur, que l'on remplit de mortier. Des reprises faites par ce procédé, après une suspension de travail de plus de six semaines ont été parfaitement étanches.

Les maçons, divisés en postes de six hommes, travaillent 12 heures sans s'arrêter, qu'une heure à midi pour remonter au jour et y prendre leur repas. Avant de descendre, ils ont le soin d'enduire leurs mains de goudron, afin de les préserver contre l'action corrosive de la chaux. Les mineurs forment des brigades de 4 hommes, qui se succèdent par postes de huit heures. Ils servent les maçons, entaillent concuremment avec eux les parois de l'excavation, les uns battant la mine, tandis que les autres manœuvrent les fleurets.

Ce personnel a construit, en moyenne, une hauteur de cuvelage de 0.75 m. à 0.80 m. par journée de travail. Le revêtement a été terminé le 28 novembre 1855. On laissa remonter les eaux à l'intérieur du puits, afin que les maçonneries de la partie supérieure eussent le temps de se solidifier. Quinze jours après, les eaux ayant été épuisées, on vit que le cuvelage était intact dans toute son étendue, quoique la base subit une pression de 129.500 kilogrammes par mètre carré de surface, c'est-à-dire plus de 13 atmosphères. Cependant de légères filtrations eurent lieu dans le compartiment d'extraction, mais les fentes étaient invisibles et les écoulements sans jets. Les assises de la base sont parfaitement étanches et la voûte sur laquelle repose le mur de refend n'a subi aucun dérangement. La venue d'eau est de 57.60 hectolitres par heure.

Cuvelages en pierres de taille. — Imitation des cuvelages de Seraing [1].

Un revêtement en pierre de taille a été construit, en

[1] *Traité de l'Exploitation des mines de houille*, tome 1, § 197.

1856, à Vieux-Condé, dans le puits *Trou-Martin* des mines d'Anzin, en remplacement d'un ancien cuvelage en bois, à section rectangulaire, qui se détériorait. C'est M. Pautignies, directeur des travaux du fond, qui a exécuté ce travail.

La pierre employée est un calcaire bleuâtre des carrières de Maffle, près de Soignies, désignée sous le nom de *pierre bleue* ou *pierre de Soignies*.

Le diamètre intérieur du nouveau revêtement est de 3.20 m. Cette section, plus grande que l'ancienne, a nécessité l'arrachement d'une certaine épaisseur de roche autour des parois de l'excavation. La hauteur est de 27 mètres, partagée en 83 assises de 0.20 à 0.33 m. de hauteur. Chaque assise se compose de dix voussoirs, de 0.25 m. d'épaisseur pour les dix-sept premiers mètres et de 0.20 m. seulement pour les dix derniers. Les deux premières assises, qui servent de base au cuvelage, sont picotées avec lambourdes circulaires ou cintres en bois blanc, picots en bois blanc et en chêne. Huit autres assises, prises en différents points de la hauteur totale et groupées deux à deux, sont garnies d'un picotage semblable. Autant que possible on choisit pour cela celles qui reposent contre des terrains solides et au-dessous des principales venues d'eau. En outre, on serre cinq trousses avec des coins et on les picote en bois blanc, afin de diminuer le poids que supportent les huit picotages.

Entre chaque joint vertical des assises picotées, on intercale une feuille de plomb dont l'épaisseur, 5 mm., se réduit, après le picotage, à 2 mm. Les feuilles interposées entre les joints des assises non picotées n'ont que 3 millimètres. Les joints verticaux sont garnis d'une couverture grossière en chanvre; les lèvres de tous les joints ont été ouvertes afin de prévenir les éclats des arêtes et de faciliter le calfatage, qui consiste à enfoncer, à coups de marteaux et à refus, des étoupes goudronnées. Enfin tous les vides restant entre les parois du rocher et le cuvelage sont remplis d'un béton plus ou moins liquide, composé de chaux hydraulique et de pouzzolane (1).

Le travail a duré 3 mois ; il a coûté 1500 francs de plus qu'un cuvelage en bois ; mais le mur était beaucoup plus épais que les circonstances ne l'exigeaient ; en outre, les pierres de taille venant de Belgique, leur prix était fort élevé.

Substances propres à la fabrication des mortiers hydrauliques.

Dans l'exécution du revêtement étanche d'un puits d'exhaure de la mine de Diepenlinchen, district de Düren, le trass, ordinairement employé pour donner au mortier des qualités hydrauliques, a été avantageusement remplacé par un schiste calcareux, gisant à la limite des calcaires du Grauwacke ; cette substance, pour être mise en œuvre, doit être cuite et moulue. Mais ce fait est tout local, en voici un autre plus intéressant par son caractère de généralité.

Le trass coûte en Belgique 25 à 30 francs le mètre cube. Ce prix excessif appella l'attention des ingénieurs des mines de Seraing sur l'analogie de ce produit volcanique avec les laitiers des hauts fourneaux ; la composition chimique étant la même (2), ils se demandèrent s'ils ne pourraient pas obtenir les mêmes résultats hydrofuges. Des scories furent coulées dans des réservoirs d'eau froide, où elles perdirent leur couleur et se transformèrent en une substance d'un gris jaune, poreuse, légère, friable, offrant, en un mot, toute l'apparence du trass. Cette subs-

(1) Annales des mines. T. XIX. 1861.
(2) Les laves et les pouzzalanes, parmi lesquelles se range le trass, se composent, en général, de silice, d'alumine, de magnésie, de peroxide de fer, de chaux et de principes alcalins et volatiles, en des proportions

tance, soigneusement pulvérisée, entra dans la confection d'un mortier, que l'on essaya concuremment avec un autre renfermant du trass. Les deux mortiers placés sous l'eau acquirent, dans le même temps, le même degré de dureté. Malgré cette épreuve péremptoire, les ingénieurs de Seraing n'ont pas osé se servir de ce produit artificiel dans les cuvelages, mais seulement dans les revêtements ordinaires en briques.

La pulvérisation des scories se fait, aux mines de Seraing, au moyen d'une machine à vapeur.

Le ciment anglais, dit *de Portland*, est une chaux artificielle éminemment hydraulique, jouissant, au plus haut degré, de la propriété de se solidifier en quelques heures au contact de l'air ou de l'eau. Elle est le résultat d'un mélange d'argile et de craie en proportions déterminées. On triture convenablement la matière, on en fait des briques que l'on cuit au four. Ce produit occupe en Angleterre un assez grand nombre de fabriques.

L'analyse du ciment donne les substances suivantes :

Carbonate de chaux . .	65.70	
Id. de magnésie .	0.50	
Id. de fer . . .	6.00	
Id. de manganèse	1.60	100.00
Silice	18.00	
Alumine	6.60	
Eau.	1.60	

diverses et variables. D'un autre côté, l'analyse des laitiers des hauts fourneaux donne :

Silice	40 à 45
Chaux	36 » 34
Alumine	20 » 15
Oxides ferreux. . . Id. manganeux .	3 » 5
Soufre	1 » 1.5
	100 à 100.5

Les allemands ont découvert, dans les environs de Küf-stein, une marne qui, par les proportions de ses éléments, constitue un ciment naturel, dont on peut se servir immédiatement après sa cuisson.

Des tentatives ont été faites, en diverses parties de l'Allemagne, pour imiter le ciment de Portland; ce n'est qu'en 1852, à Stettin et, plus tard, à Bonn, qu'on est parvenu à se procurer artificiellement ce produit. Il en existe actuellement plusieurs fabriques.

Dans des essais qui ont eu lieu récemment à la mine des Artistes, à Flémalle, près de Liége, on s'est assuré qu'en ajoutant à de la chaux hydraulique un dixième de ciment, dit Portland, de Bonn, on obtient un mortier fort étanche qui durcit promptement sous l'eau.

La composition chimique ne présente d'ailleurs que de faibles différences avec celle du ciment anglais. Voici cette composition :

Chaux	55.70	à	57.00
Magnésie . . .	1.60	»	1.30
Alumine . . .	8.90	»	9.20
Oxyde de fer . .	6.00	»	5.10
Potasse . . .	0.75	»	0.60
Soude	1.00	»	0.70
Silice	22.53	»	23.30
Acide carbonique	1.50	»	1.90
Id. sulfurique .	1.80	»	0.60
	99.78	à	99.70

Matériaux récemment mis en usage pour les muraillements des puits.

Les mortiers hydrauliques ne sont pas les seules décou-

vertes dans cette branche de l'art des mines , qui s'est
enrichi dans ces derniers temps de quelques matériaux
solides propres aux constructions étanches.

Le puits de la mine de Swalmius à Alstaden , près de
Mülheim, district d'Essen, a reçu une muraille formée de
pierres volcaniques, ou laves poreuses, provenant des
carrières de Niedermendig, près d'Andernach, rive gauche
du Rhin. Cette substance, facile à tailler, rugueuse et,
par conséquent, retenant bien le mortier , présente des
parois lisses, inaltérables et très-solides. La section du
puits est une sorte de rectangle, formé de quatre arcs de
cercle , tracés avec un rayon de 3.75 m. Les joints verticaux sont alternatifs et les pierres d'angle, toujours d'une
seule pièce. Un mur d'une demi-brique a été construit
entre les parois de l'excavation et le revêtement en pierres
pour écarter les eaux pendant l'exécution et augmenter
l'imperméabilité de l'ensemble. L'eau affluente, qui pendant le fonçage s'élevait à 15 mètres cubes par minutes ,
se réduisit à 6 litres après l'opération.

Pierres artificielles appliquées aux cuvelages.

Depuis longtemps les ingénieurs du nord de l'Angleterre, principalement ceux du district de Durham , se
plaignent de la promptitude avec laquelle les cuvelages
métalliques, dans les puits servant au retour de l'air, se
dégradent et se détériorent sous l'influence d'une haute
température ou par l'action de l'acide sulfurique. La chaleur qui se dégage du foyer d'appel , atteignant quelquefois 150° centigrades, facilite l'oxidation du fer, le corrode
et en réduit l'épaisseur. De son côté, l'acide sulfurique
des eaux d'infiltration qui coulent le long des parois se
concentre par l'évaporation de ces eaux et finit par opérer

la destruction totale du cuvelage. De là la nécessité d'appliquer contre la surface intérieure du revêtement une doublure en briques qui le protége contre ces actions destructives.

Cet état de choses a inspiré à M. Johnson, ingénieur des mines, l'idée de fabriquer des pierres à bâtir de ciment hydraulique de Portland, pour en doubler les cuvelages métalliques ou, mieux encore, pour les substituer entièrements aux segments en fonte,

Le ciment, trituré et réduit en une bouillie épaisse, est fortement comprimé dans des moules. Les blocs qui en proviennent ont une longueur de 0.61 m., une hauteur de 0.305 m. et une épaisseur de 0.25 m.; leur poids est de 82 kil.; ils ont, dans le sens de leur longueur, une courbure déterminée par le rayon du puits. A chacune de leur extrémités ces blocs sont munis d'une échancrure verticale et semi-circulaire, en sorte que, après la pose de deux pierres contiguës d'une même assise, le joint qui les sépare est interrompu par une petite excavation cylindridrique, que l'on remplit ultérieurement de mortier. Une échancrure, ménagée à la face supérieure, sert à recevoir le crochet de suspension au moyen duquel un cable, passé sur un treuil, est attaché au bloc et permet de le descendre et de le manœuvrer dans le puits.

La pose s'exécute à la manière ordinaire; les joints, placés en regard des pleins, sont garnis d'une couche de ciment à demi liquide, en sorte que bientôt l'ensemble de la maçonnerie ne forme qu'une seule masse solide annulaire, de même hauteur que le cuvelage.

Ces pierres artificielles ont été l'objet de diverses expériences propres à faire connaître leurs propriétés.

Des cubes soumis à l'action d'un levier broyeur ont accusé, pour la limite de résistance à l'écrasement, 1.650.000 kilog.

par mètre carré de surface, tandis que des pierres calcaires essayées comparativement se broyaient sous un effort de 1.340.000 kil. Cependant le ciment, moulé depuis quelques jours seulement, ne pouvait supporter la pression à laquelle il aurait résisté si sa fabrication eut été plus ancienne.

Les actions chimiques laissent aux éléments constitutifs du ciment une adhésion des plus remarquable, qui semble s'accroître avec l'ancienneté du fabricat : des briques suspendues et chargées ne se sont rompues que sous un effort de 4.200 kilog. par décimètre carré, tandis que 1.560 kil. suffiraient à la pierre pour la même unité de section.

La densité du ciment est considérable. Deux cubes, l'un de pierre, l'autre de ciment ont été pesés, plongés dans l'eau, puis pesés de nouveau après l'immersion. Le premier avait absorbé de l'eau : 5.36 pour cent de son poids et le second, 0.56 seulement. Cette propriété est fort importante sous le rapport de la durée, en ce que la substance non poreuse et, par conséquent, imperméable, borne l'action de l'eau à la surface.

Le ciment de Portland, éminemment hydraulique, possède à haut degré la propriété de s'opposer à l'action dissolvante de l'eau. Des blocs, immergés dans ce liquide, bien loin d'en subir aucune détérioration, durcissent de plus en plus. Il en est de même lorsqu'ils sont exposés aux vapeurs et à l'humidité.

Cette substance résiste également aux brusques alternatives de température sans éprouver ni expansion, ni contraction. Des pierres artificielles, placées dans une étuve, ont subi une chaleur de 120 degrés centigrades, pendant plus de six heures, sans qu'on ait pu apercevoir aucune altération dans les dimensions, sans qu'une seule crevasse se soit produite. La température peut s'élever jusqu'à 260 degrés sans aucune apparence de calcination. Plongées pendant 96 heures dans de l'acide sulfurique étendu d'eau, ces pierres n'ont perdu que 1.70 pour cent de leur poids. Ces deux dernières propriétés du ciment de Portland lui donnent de la valeur dans son application au revêtement des puits d'appel, puisqu'elles permettent d'éviter les inconvénients auxquels sont exposés les cuvelages en fonte installés dans ces conditions.

Le mélange de chaux hydraulique et de trass dont se servent les mineurs rheno-westphaliens et liégeois, offre la plus grande analogie avec la substance en question et résiste à des pressions considérables. Pourquoi n'essaye-rait-on pas, dans les houillères du continent, de fabriquer des pierres artificielles en employant le trass ou, plus économiquement, les scories des hauts-fourneaux, traités comme il a été dit ci-dessus (1)?

On a également fabriqué des blocs de pierre artificielle en comprimant un certain volume de chaux ou de ciment mélangés de sable, de poussière de briques ou de laitiers des hauts-fourneaux.

Plus récemment, M. Coignet a tenté de remplacer les pierres de taille par ce qu'il appelle le « béton aggloméré », résultant de l'opération suivante :

On réduit la chaux ou le ciment à l'état pulvérulent ; on le mélange avec du sable ou du gravier, à grains égaux ; on ajoute de l'eau au mélange, mais en quantité assez

---

(1) C'est aussi dans le but de protéger les segments des cuvelages en fonte contre l'action corrosive des eaux, qui les détruit si promptement, que M. John Gibson, ingénieur de la mine de Rybope, Sunderland, a imaginé de les couler en coquille. Cette opération consiste à remplacer le moule en sable par un moule en fonte *(chills)* qui, refroidissant promptement la surface de l'objet fondu, transmet au métal une plus grande compacité et le rend susceptible de résister à la corrosion.

minime pour que la pâte ne soit pas liquide ; on introduit
cette pâte dans un moule, par lits de 20 millimètres
d'épaisseur, bien pilonnés les uns après les autres ; puis,
lorsque la masse a acquis une solidité suffisante, on la
retire du moule pour la dessécher à l'air libre. Une trop
grande quantité d'eau aurait l'inconvénient de fondre une
partie de la chaux, de sorte que le retrait du bloc produirait des vides et le rendrait poreux et friable. Si le gravier
ou les petits fragments de cailloux introduits dans la
masse doivent avoir des volumes à peu près égaux, c'est
afin qu'on puisse la damer facilement.

Le même expérimentateur a fabriqué d'autres pierres
qui durcissent beaucoup plus promptement, en soumettant
la masse à une haute température pendant le broyage et
le pilonnage. Il propose d'appliquer ces produits aux cuvelages, aux fondations des machines, etc.

On a aussi proposé d'imbiber de brai les pierres et les
briques en les plongeant dans une chaudière contenant
cette substance à l'état bouillant. Après les y avoir laissés
pendant un temps plus ou moins long, suivant le degré
de pénétration à obtenir, on les retire de la chaudière, on
les dessèche, et les matériaux peuvent alors servir aux
constructions hydrauliques.

Enfin un mélange de brai et de sable moulé à chaud
fournit encore des pierres artificielles hydrofuges. Mais
le brai, produit de la dissolution du goudron, est d'un
prix trop élevé pour qu'on ne recherche pas une substance moins coûteuse.

IX⁰ SECTION.

CUVELAGES EN FONTE DE FER.

Revêtements étanches des puits de la concession de Péronnes. (Pl. VII. Fig. 8.)

Le percement de ces deux puits a été décrit ci-dessus. Leur cuvelage consiste en cylindres de fonte, coulés d'une seule pièce, c'est-à-dire sans joints verticaux ; n'étant pas susceptibles de s'ouvrir, ils conservent toute leur imperméabilité. Ces cylindres sont reliés les uns aux autres par des boulons qui traversent des brides où collets d'assemblage, placés à l'intérieur des puits. Ils sont en outre renforcés par des nervures horizontales. Leur hauteur est limitée par les exigences de la manœuvre ; leur épaisseur varie avec leur position dans le puits.

Les surfaces annulaires des collets sont planées au tour, afin que la superposition des tronçons métalliques détermine une colonne tubulaire rigoureusement droite et verticale. Les joints horizontaux, compris entre les brides, sont revêtus de lames de plomb d'épaisseur uniforme ; la saillie de ces lames au dedans et au dehors des pièces sert à opérer un rematage après le boulonnage des collets. L'expérience a prouvé que les joints de cette espèce sont parfaitement étanches.

On recouvre les cylindres, à l'intérieur et à l'extérieur,

d'une couche de minium; mais M. Chaudron pense que cette précaution n'est pas indispensable.

A la base de chaque cuvelage est suspendue une boîte à mousse de même construction que celle de Rotthausen, sauf quelques détails de minime importance, qui résultent de la substitution du fer au bois et que la comparaison des deux figures fait aisément reconnaître.

La coulée des cylindres d'une seule pièce, opération anormale jusqu'alors, a été exécutée, non sans difficulté, après de nombreux essais. Le tournage des collets et le forage des trous de boulons a exigé beaucoup de manœuvres rendues pénibles par la grandeur des masses à déplacer.

Les tronçons doivent subir des épreuves qui permettent de vérifier leur degré de résistance à l'écrasement; on les soumet dans ce but à une pression extérieure. Le procédé est fort simple, mais sa description ne peut trouver place ici (1).

M. Chaudron a remplacé le plancher obturateur, le piston et les soupapes, que M. Kindt employait dans l'origine, pour la suspension et la descente du cuvelage, par une disposition, fondée sur le même principe (2).

A la base du cuvelage, au-dessous du collet d'assemblage du troisième tronçon, est fixé un cercle en fer, que traversent les extrémités filetées de six tirants arrêtés par des écrous. Chaque tirant, formé d'allonges de 4 m. de longueur, s'élève au jour, où il se termine par une vis de rappel, commandée par une roue dentée, un pignon et une manivelle. Au collet du tronçon placé immédiatement

(1) Les personnes qui désireraient avoir de plus amples détails sur ce point pourront consulter le mémoire que M. Chaudron a publié dans les *Annales des Travaux publics de Belgique. Tome XVIII page* 58.
(2) *Traité de l'Exploitation des mines de houille. Tome I,* § 204.

au-dessus de celui qui reçoit les tirants de suspension, est adapté un plateau annulaire portant une calotte sphérique; au milieu de celle-ci est réservé un trou circulaire sur lequel s'ouvre une colonne creuse ou tube central, formé de quelques vieux tuyaux de pompe. La colonne, à des distances verticales de 7 à 8 mètres, est percée de trous de 9 à 10 millimètres de diamètre, fermés par des vis qui, au besoin, permettent de laisser passer l'eau à l'intérieur du cuvelage afin d'en augmenter le poids. Cette disposition a pour but de régulariser la descente du cuvelage. En effet, lorsque celui-ci pénètre dans l'eau que renferme le puits, le liquide s'élève dans le tube et autour des tronçons, dont l'intérieur reste à sec. Il arrive un moment où le cuvelage, ne pouvant plus descendre, resterait dans un état flottant assez dangereux, si les trous ménagés dans le tube central ne donnaient passage à à l'eau; l'eau maintient le cuvelage sous une charge constante, qui en détermine incessamment la submersion tout en le tenant suspendu aux tirants. Il est facile de deviner, d'après tout ce qui a été dit ci-dessus, de quelle manière s'effectue la descente du revêtement étanche.

Alors vient le bétonnage, pendant lequel il faut maintenir les tirants de suspension, dont les mouvements d'ascension et de descente viennent d'un treuil, tandis qu'un autre treuil imprime à son cable un mouvement de va et vient qui tend à secouer le piston arrivé à destination et à provoquer la vidange de la cuillère.

A Péronnes, on a mis en jeu simultanément trois cuillères; mais il importe d'en disposer, à la circonférence du puits, un aussi grand nombre que possible, afin que l'espace annulaire se remplisse uniformément et que les divers volumes déposés isolément se lient entre eux avant d'avoir eu le temps de faire prise.

Le béton comportait deux parties de chaux éteinte par aspersion, deux de sable, deux de trass, une de ciment anglais, le tout amené à consistance d'une pâte bien liée.

Le cuvelage du Puits de St-Vaast a 67.50 m. de hauteur. Il se compose de 45 tronçons cylindriques, de 1.50 m. de hauteur et de 3.63 m. de diamètre intérieur. Ceux de la base, dont l'épaisseur est de 0.04 m., pèsent chacun 6000 kilog. ou 4000 par mètre carré de hauteur. Les fondeurs ne croyaient pas d'abord qu'il fût possible de couler ces pièces d'un seul bloc; mais l'un d'eux ayant osé entreprendre cette tâche, il finit par réussir complétement. Toutefois la perte de temps occasionnée par les premiers essais ne permit pas d'attendre que le travail fût entièrement achevé et les exploitants durent employer la tôle pour construire les 28 cylindres de la partie supérieure du revêtement.

La colonne métallique du puits Ste-Marie de Péronnes se compose de 31 tronçons, de 2 m. de hauteur et de 1.80 m. de diamètre, coulés d'une seule pièce. Ils comprennent trois séries dans lesquelles les épaisseurs sont de 30, 27 et 25 millimètres et les poids, de 3150, 2821 et 2200 kilog. Les pressions d'essai, d'abord de 18 atmosphères, puis seulement de 8, n'ont accusé aucune défectuosité.

L'épuisement des eaux n'a eu lieu que 55 jours environ après l'achèvement du revêtement, afin que le béton put faire prise et se durcir avant de subir la pression des colonnes d'eau.

Au puits de Péronnes, 45 hectolitres de mousse qui avaient été réduits par le tasssement à 15 hectolitres, capacité de la boîte, c'est-à-dire au tiers du volume primitif, sont tombés de nouveau à 1/5 de leur dernier volume par la pénétration du manchon dans la boîte sous l'influence du poids du tubage. Ainsi la mousse n'occupe plus qu'un espace égal au quinzième de son volume primitif.

Pendant le cours de l'année 1863, on a foncé un dernier puits par le procédé Kindt, dans la campagne située entre le siége de la mine de Péronnes et la petite ville de Binche. Le diamètre intérieur de ce puits est de 3.63 mètres.

Au mois de décembre de la même année, après la prise du béton du revètement, on épuisa les eaux à la tonne, dans le but d'enlever la colonne d'équilibre et le faux-fond. Mais on s'aperçut alors que le manchon de la boîte à mousse était fendu; l'on attribua cet accident à un arrêt momentané du cuvelage pendant la descente, arrêt immédiatement suivi d'une chûte et d'un choc qui aurait provoqué la rupture (fig. 9.)

Comme le béton tenait, on épuisa les eaux au moyen de deux pompes que le cylindre batteur faisait fonctionner.

La base du cuvelage était à une profondeur de 86.50 mètres ; on approfondit, de 4.50 m., l'excavation, qui fut ainsi de 91 mètres, et l'on y installa une trousse picotée, a; on doubla la pièce fendue, b, d'un manchon intérieur, c, et le joint inférieur reçut un picotage horizontal, d. En cet endroit la section, qui d'abord était de 3.63 m., fut alors réduite à 3.53 m. (1).

Observations sur les procédés de forage et de de cuvelage de M. Kindt.

Le percement des terrains au moyen du trépan est une opération simple, qui, dans des roches capables de sou-

(1) Ces détails ont été empruntés au compte-rendu de l'accident, adressé par la direction des travaux de l'avaleresse à M. l'ingénieur du 1er district des mines.

tenir d'elles-mêmes, a été, jusqu'à présent, couronnée de succès. Mais il n'en a pas toujours été de même pour la réunion du tubage et des parois de l'excavation.

Dans l'origine, M. Kindt enveloppait la cuve inférieure du revêtement en bois d'une masse de béton, qu'il maintenait en place au moyen d'un fourreau en planches minces et de quelques lambeaux de toile cloués sur les joints. Il espérait que la substance hydraulique, soumise à la pression du cuvelage, se moulerait sur la roche, pénétrerait dans toutes les fissures et formerait un garnissage imperméable qui relierait la base du cuvelage au terrain houiller.

Mais cet espoir ne pouvait se réaliser, car pendant la descente du revêtement, opération qui, dans les circonstances normales, dure cinq à six semaines, le béton se lave et devient inerte, ou bien, en vertu de sa propriété caractéristique, durcit sous l'eau, se solidifie avant le temps et cesse de remplir les conditions exigées.

Le bétonnage à la circonférence, travail des plus délicats, semble avoir souvent compromis le succès de l'entreprise, soit à cause du mauvais choix des matières constitutives du mortier, soit parce qu'on n'obtenait pas une masse compacte, serrée et suffisamment épaisse; parfois le retrait du béton a produit des effets désastreux; d'autres fois encore, l'exhaure trop hâtif des eaux de l'intérieur du puits n'a pas permis au mortier de durcir ou, tout au moins, de faire prise.

Mais la chose la plus fâcheuse a été l'emploi des douves verticales en bois, dont les fibres s'altèrent puis s'infléchissent ou cèdent sous l'action d'une très-forte pression; car alors, quel que soit le degré de résistance du béton, l'eau de la colonne extérieure en provoque la rupture et détermine des fissures à travers lesquelles passe le liquide.

Ce mode de cuvelage ne peut donc réussir qu'au moyen
de cylindres en fer et il semble étonnant que M. Kindt,
qui, dès l'origine, avait eu cette idée (1), ne l'ait pas mise
à exécution. Voici, pour expliquer ce fait, la traduction
d'une lettre que cet habile sondeur écrivait dernièrement
à l'un de ses correspondants d'Essen, Prusse rhénane :

« J'avais eu l'idée de revêtir de fonte de fer mes puits
forés ; mais l'appât d'une économie d'environ vingt mille
francs par chaque centaine de mètres de hauteur m'a
constamment poussé sur la fatale pente d'employer le bois.
Si j'avais suivi ma première impulsion, les résultats auraient été tout autres et une année aurait suffi pour percer
et revêtir un puits de 100 mètres de profondeur, etc. »

Actuellement que les tubages en fer ont remplacé avec
un si grand succès les cuves en bois, tous les efforts
devraient se porter vers le perfectionnement du bétonnage
que tant de circonstances concourent à rendre défectueux.
En effet, tous les inconvénients signalés à ce sujet dans
les cuvelages en bois subsistent également dans les tubages
en fer. Les surfaces du rocher, percées au trépan, ne
peuvent être exactement planes et verticales ; en sorte que
l'espace annulaire, de 0^{m}15 à 0^{m}20 au plus, réservé entre
elles et le tube, doit être assez irrégulier ; quelquefois
même les deux parties doivent venir en contact et le béton
fait défaut dans un assez grand nombre de cavités. Le
gonflement de la roche, son délitement ou l'éboulement
de certaines parties des parois peut obstruer cet espace
annulaire et s'opposer partiellement au passage du ciment.
Le ciment peut être lavé dans son parcours et se trouver
inerte lorsqu'il arrive au fonds du puits. Enfin le retrait

(1) Le lecteur a vu plus haut que M. Kindt, dans la spécification de
son brevet, mentionne les cuvelages en fonte de fer comme applicables
à son système.

que subit la masse en fesant prise occasionne nécessairement des fentes qui annulent l'imperméabilité, circonstance plusieurs fois observée dans les divers fonçages de la concession de Schœnecken (Styring).

Ce sont ces imperfections du bétonnage qui permettent aux eaux extérieures d'exercer une pression sur les eaux intérieures — lorsque le niveau de ces dernières est abaissé par l'épuisement — et de se faire jour sous la base du cuvelage.

Peut-être suffirait-il, pour remédier à ces défauts, d'augmenter la largeur de l'espace annulaire et de pouvoir acquérir, pendant la descente du tubage, la certitude de la coïncidence de son axe et de celui de l'excavation.

Des doutes existent dans certains esprits sur l'utilité de la boîte à mousse ; beaucoup d'ingénieurs se demandent encore quel rôle joue cet organe et s'il produit réellement l'imperméabilité qu'on lui demande. Suivant eux, un anneau de béton d'épaisseur convenable, composé de matériaux de bonne qualité, régulièrement entassés et maintenus par une colonne métallique invariable, non seulement suffirait, mais encore serait préférable pour arrêter les eaux sur toute la hauteur de l'excavation, et pour relier la base du cuvelage avec le terrain houiller. S'il en est ainsi, ne vaudrait-il pas mieux se débarrasser de cet organe encombrant, qui réclame tant de soin pendant la descente ?

Un ingénieur des mines, dont le nom fait autorité en pareille matière, proposait de faire un trou dans la paroi de l'un des cylindres superposés à la boîte à mousse ; il pensait que, si l'eau ne jaillissait pas immédiatement, ce serait une preuve de l'efficacité complète du bétonnage et de sa suffisance pour atteindre le but que l'on se propose.

Il faut espérer que le système de M. Kindt, après avoir reçu tous les perfectionnements dont il semble susceptible,

prendra enfin sa place dans la pratique des mines et que
l'on pourra désormais forer et tuber les puits, comme on
fait pour les sondages d'un grand diamètre, sans se préoccuper de l'épuisement des eaux.

Dans tous les cas, il est indispensable que le terrain
dans lequel s'exécute le fonçage soit assez solide pour
que les parois de l'excavation se soutiennent d'elles-mêmes ;
aussi les stratifications désagrégées ou ébouleuses, notamment les couches de sable aquifère, sont-elles nécessairement exclues de la catégorie des roches auxquelles le
procédé peut être appliqué.

Il convient encore d'observer que toutes les sources
traversées par le forage déversent simultanément leurs
eaux dans le puits et que, par conséquent, le volume d'eau
est ici bien plus considérable que par l'emploi du procédé
ordinaire de cuvelage, où les niveaux n'affluent que successivement. Cette quantité d'eau qui, dans les terrains
crétacés du Hainaut, est souvent excessive, pourrait être
une cause d'insuccès dans des conditions pareilles à
celles qui ont accompagné le dernier fonçage de Péronnes.

M. Chaudron fait en ce moment l'avaleresse d'un nouveau puits de la concession de Schœnecken (Moselle). Nous
ne savons si des modifications quelconques ont marqué
cette entreprise, personne n'ayant été admis jusqu'à présent à visiter les travaux.

Détermination de l'épaisseur des cuvelages à sections polygonale, rectangulaire et carrée (1)

L'épaisseur des revêtements étanches dépend de la hau-

---

(1) Le calcul de l'épaisseur des cuvelages ayant été oublié dans la
première partie de cet ouvrage, l'auteur saisit ici l'occasion de réparer
cette omission involontaire.

teur de la colonne d'eau qui les presse extérieurement, de la section du puits et de la nature des matériaux employés. Les constructions en bois s'appliquent généralement à des sections polygonales rectangulaires ou carrées; l'emploi de la fonte de fer, du fer malléable et de la maçonnerie en briques ou en pierres de taille naturelles ou artificielles a pour objet des sections circulaires ou elliptiques. Les épaisseurs dans ces deux catégories de revêtements se déduisent de deux formules différentes. Voici ce qui concerne la première catégorie :

Le moment de la résistance d'une pièce de bois prismatique, à section rectangulaire, reposant par ses extrémités sur deux appuis, et celui d'une force uniformément répartie sur tous les points de la surface de cette pièce fournissent la relation :

$$\frac{PL^2}{8} = \frac{Rbh^2}{6},$$

$$\text{d'où } 6PL^2 = 8Rbh^2 \text{ (1)}$$

$$\text{et } h = \sqrt{\frac{6PL^2}{8Rb}},$$

dans laquelle :

P est la force ou la pression qui tend à provoquer la rupture,

L, le bras de levier de cette force ou la longueur de la pièce entre ses appuis;

R, la plus grande résistance à la traction et à la compression, qui d'ailleurs ne peut dépasser la limité d'élasticité ;

b, la largeur de la section transversale de la pièce ou la la dimension de cette section, perpendiculaire à la direction de la force P;

---

(1) Claudel, *Formules des ingénieurs*, 5e édition, page 305.

h, la hauteur ou la dimension de la section transversale, parallèle à la direction de la même force P.

Pour appliquer la formule ci-dessus à un cuvelage en bois, la force de résistance, R, est remplacée par E — et h, épaisseur des pièces, par e.

L, longueur de ces pièces considérée comme faisant partie d'un polygone de n côtés, prend une valeur de :

$$2r.\ \text{tang.}\ \frac{360}{2n} = D.\ \text{tang.}\ \frac{180}{n},$$

par la substitution du diamètre D au double rayon $2n$.

Si H est la hauteur de la colonne d'eau qui presse à l'extérieur sur le point du cuvelage dont on cherche l'épaisseur, P, ou la pression par mètre carré de surface, devient $H \times 1000$ kilogrammes et b est égal à 1 mètre. Alors l'équation devient :

$$e = \sqrt{\frac{6 \times 1000\,H \times \left(D.\ \text{tang.}\ \frac{180}{n} \right)^2}{8\,e}}\ ;$$

puis en simplifiant :

$$e = \sqrt{\frac{750\,H \times \left(D.\ \text{tang.}\ \frac{180}{n} \right)^2}{E}} \quad (1).$$

Pour $H = 60\ m.$; $D = 3\ m.$; $n = 8$ et $E = 500.000$ kilog., on obtient :

$$e = \sqrt{\frac{750 \times 60\,(3 \times 0.4142)^2}{500.000}} = \sqrt{13.9} = 0.375\,m.$$

---

(1) La valeur trouvée ci-dessus est un peu trop forte parce que, dans la formule, le diamètre extérieur, D, est pris pour le diamètre intérieur, d, ce qui est loin d'offrir aucun inconvénient dans la pratique. Si tou-

Épaisseur des cuvelages circulaires et elliptiques.

Soit un tronçon de cuvelage cylindrique d'un mètre de hauteur et d'un rayon r. Sur la surface extérieure de ce tronçon presse une colonne d'eau H qui tend à l'écraser suivant une direction perpendiculaire au plan qui passe par son axe et dont la trace est MN (Pl. VII, fig. 20).

ab étant un élément infiniment petit de la circonférence extérieure, la force agissant sur lui est :

$$P = ab \cdot 1^m \cdot H \cdot 1000.$$

P est une normale résultant de deux composantes : l'une, P'' détruite par une autre composante symétriquement placée ; l'autre, P', perpendiculaire à mn, se détermine comme suit :

Les deux triangles semblables abc et mno donnent :

$$P : P' = ab : ac ; \text{ d'où, } P' = P \frac{ac}{ab}.$$

La même opération étant répétée pour tous les autres éléments de la demi-circonférence, la somme des efforts perpendiculaires à mn, ou au diamètre $2r$, sera :

$$\frac{P}{ab} (ac + ac + ac + \ldots) = \frac{P}{ab} \cdot 2r$$

tefois le lecteur désire obtenir une exactitude complète, il lui suffira de poser, dans la formule, $D = d + 2e$, d'où :

$$E e^2 = 750 \, H \, \text{tg}^2 \frac{180}{n} (d + 2c)^2.$$

Faisant, pour abréger : $750 \, H \cdot \text{tg}^2 \frac{180}{n} = k$, on aura :

$$e^2 (E - 4k) - 4kdc + kd^2 = 0 ;$$

d'où $$e = \frac{2dk \pm d \sqrt{8k^2 - hE}}{E - 4k};$$

puis, mettant la valeur de k sous le radical,

$$e = \frac{2dk \pm 5d \, \text{tg} \frac{180}{n} \sqrt{30 \, H \, (8k - E)}}{E - 4k}.$$

Si l'on remplace P par sa valeur, l'effort qui tend à écraser le cylindre est représenté par :

$$\frac{ab \cdot 1^m \cdot H \cdot 1000 \cdot 2r}{ab} = H \cdot 1000 \cdot 2r$$

A cette charge, qui se fait sentir sur les deux sections du solide annulaire dont la hauteur est de 1 mètre et la base, égale à l'épaisseur du revêtement, est opposée la résistance que les matériaux compris dans ces mêmes sections peuvent offrir par mètre carré.

Si donc e représente l'épaisseur du revêtement et E, la résistance par mètre carré, on a la relation :

$$1000 H \cdot 2r = r \, 2 e \, 1^m \, ;$$

$$\text{d'où } e = \frac{1000 H \cdot 2r}{2E \cdot 1^m} = \frac{1000 \, Hr}{E}.$$

Si, par surcroît de précaution, l'ingénieur juge convenable d'avoir égard à la pression de la colonne d'eau sur la surface extérieure du cuvelage, il lui suffira de faire, dans l'équation ci-dessus, $r = r + e$ et la valeur de e deviendra :

$$e = \frac{1000 H (r + e)}{E} = \frac{1000 H \cdot r}{E - 1000 H}$$

L'épaisseur d'une section elliptique devrait être un minimum aux extrémités du grand axe, puis s'accroître insensiblement de manière à atteindre son maximum aux extrémités du petit. Mais ces différences d'épaisseur n'ayant rien de pratique, l'usage est d'établir le calcul comme s'il s'agissait simplement d'un cercle décrit par le plus grand rayon recteur.

Les cuvelages des districts rhéno-westphaliens ont une section formée de quatre arcs d'un cercle de grand rayon qui se recoupent entre eux de manière à former une figure régulière à quatre angles égaux. Dans ce cas, l'épaisseur de chaque arc doit être calculée comme s'il faisait partie d'un cylindre d'égal rayon.

Résistance des matériaux de cuvelage.

Dans la pratique, les matériaux, tels que le bois, les briques et les pierres de taille, ne doivent pas être soumis à une force de traction ou de pression permanente supérieure au dixième de celle de la rupture ou de l'écrasement.

Quant au fer et à la fonte, pour les constructions de grande durée, il est d'usage de prendre un quart, un cinquième ou mieux un sixième de la charge à la rupture.

Les tables suivantes contiennent l'indication des charges qui ont produit l'écrasement ou la rupture de divers matériaux, d'où il est facile de déduire les coëfficients de résistance ou les valeurs de E :

Expériences anglaises.

Bois.	par mètre carré	kilog.		
Frêne		6.300.000		
Hêtre		6.600.000		
Bouleau		4.500.000		
Orme		7.240.000		
Pin rouge		3.780.000	à	4.360.000
Id. jaune d'Amérique		3.800.000		
Mélèze		3.920.000		
Chêne d'Angleterre		7.030.000		
Id. de Dantzig		5.420.000		
Id. rouge d'Amérique		4.220.000		

Matériaux de maçonnerie.				
Briques rouges tendres		387.000	à	560.000
Id. résistantes et dures		773.000		
Id. réfractaires		1.195.000		
Granit		3.866.000	à	7.733.000
Calcaires, marbres		3.866.000		
Id. granuleux		2.800.000	à	3.163.000
Grès compacte et dur		3.866.000		
Id. ordinaire		2.335.000	à	3.093.000
Id. tendre		1.548.000		
Ciment de Portland		1.655.000		

Métaux.				
Fontes de qualités variables		35.500.000	à	92.100.000
Id. en moyenne		63.800.000		
Fer forgé		25.450.000	à	28.100.000

Expériences françaises et belges.

Bois.	par mètre carré de surface.	kilog.	
Chêne.	6.000.000	à	8.000.000
Sapin	6.000.000		7.000.000
Sapin des Vosges	4.000.000		
Pin silvestre des Vosges . . !	12.480.000		
Frêne	12.000 000		
Id des Vosges	6.780.000		
Orme	10.400.000		
Id. des Vosges	6.990.000		
Hêtre . . . . :	8.000.000		

Maçonneries.

Briques dures et fort cuites.	1.500.000
Id. rouges	600.000
Id. rouge-pâle	400.000
Id. vitrifiées.	1.000.000
Id. flamandes tendres.	180.000

Pierres calcaires.

Pierre à tissu arénacé ou sabloneux . .	940.000
Id. id. oolitique ou globuleux. .	1.060.000
Id. id. compacte, lithographique	2.850.000
Marbre noir des Flandres	7 900.000
Lave dure du Vésuve	5.900.000
Id. tendre de Naples	2.300.000
Calcaire dit petit granit	5.000.000

Métaux.

Tôles en fer	36.000.000 à 41.000.000

Les substances les plus en usage pour les revêtements étanches sont : le bois de chêne, les briques, les calcaires et la fonte de fer, auxquelles on attribue pour coëfficients respectifs : 500.000, 120.000, 280.000 et 6.000.000 kilogrammes.

Il existe pour chaque espèce de substance une limite de profondeur au-delà de laquelle la force de résistance devient insuffisante. Ainsi pour les maçonneries en briques, dont le coëfficient est de 120,000, il est évident que leur résistance sera annihilée par la pression d'une colonne d'eau d'un mètre carré de section, agissant à une profondeur de 120 mètres. Mais ce terme peut être dépassé à cause de la latitude obtenue par la réduction à un dixième de la force absolue de résistance à l'écrasement.

Le calcul des épaisseurs à donner aux cuvelages ne comprenant pas d'éléments relatifs à la stabilité des constructions, aux défauts éventuels des matériaux et à la résistance qu'ils doivent offrir aux chocs accidentels, donne quelquefois des résultats trop faibles lorsqu'ils doivent s'appliquer à des parties de revêtement gisant à de petites profondeurs au-dessous du sol. Aussi a-t-on établi pour chaque substance un minimum d'épaisseur au-dessous duquel il ne faut jamais descendre, quelle que soit d'ailleurs la charge. Ces minimum sont: pour le bois 0.15 m.; les briques, 0.20 à 0.30 m.; les pierres de taille, 0.20. et la fonte, 0.012 m.

Modifications relatives au passage des sables aquifères par palplanches.

Les couches de lignite de la Saxe prussienne sont partiellement recouvertes de formations tertiaires arénacées et aquifères, en sorte que le fonçage des puits par palplanches est une opération à laquelle le mineur doit souvent avoir recours. Comme, dans ces circonstances, les accidents les plus à craindre sont les afflux d'eau et de sable jaillissant du fond de l'excavation, le mineur a songé à s'en préserver par des masques horizontaux installés sur le front d'entaillement. Ces masques, planchers ou pavages (*Vertæfelungen*) sont de diverses espèces:

Ce sont ordinairement des madriers jointifs, divisés en un certain nombre de compartiments et disposées transversalement dans le puits, de manière à en recouvrir le sol ; on les maintient, soit par des poids, soit par des étais qui, appuyés sur eux, viennent buter contre le dernier cadre de la série. Lorsqu'il s'agit de procéder au fonçage, les mineurs ouvrent alternativement chacun des compartiments pour en retirer le sable et les referment aussitôt. On place ordinairement des lits de paille sous les madriers, afin de s'opposer aux irruptions du terrain.

Plus récemment, on a fait consister ce masque en une plate-forme munie d'ouvertures pratiquées aux extrémités et faciles à fermer. La plate-forme, qui recouvre tout le fond du puits, est aussi étagée contre le dernier cadre du boisage. Lorsqu'on a enlevé le terrain, les poids dont la plate-forme est chargée déterminent la descente uniforme de celle-ci.

Un troisième procédé pour garantir le sol, consiste à le recouvrir d'un lit de billots ou tasseaux formant une série de compartiments réguliers.

Ce procédé, avantageusement employé à la mine *Concordia*, près de Nachterstedt, et à *La Réunion*, de Cristophe Friedrich, près de Hornhausen, est indiqué dans la figure 17 de la planche VII.

Des blocs de chêne ou de sapin, de forme parallélipipède, de 0.26 à 0.30 m. de largeur sur 0.30 à 0.40 m. de longueur, sont préparés, puis percés, en leur milieu, d'un trou de 0.05 à 0.06 m. de diamètre ; on élargit ensuite ce trou, on le transforme, avec le ciseau, en un entonnoir auquel on conserve la forme cylindrique sur une hauteur de 75 millimètres. Les tasseaux, auxquels il convient de donner une grande solidité, afin qu'ils puissent résister aux chocs du mouton, sont armés, à leurs extrémités supérieures, de bandages en fer et, par dessus, d'un sabot de même métal. On les juxtapose, en plaçant vers le bas l'ouverture la plus large, puis on les enfonce à coups de mouton avec interposition d'une pièce de bois. Le choc force l'eau et le sable à traverser les trous de bas en haut, en sorte que le liquide est conduit goutte à goute et réglé à volonté. Lorsque le sable est trop serré dans le passage, il suffit de le dégager à l'aide d'une tarière ou d'un instrument semblable à une spatule.

Pour que la pression du sol ne soulève pas les billots, on les étaye contre le dernier cadre du boisage aussi longtemps qu'on ne procède pas à leur enfoncement.

On exécute le fonçage à partir du milieu du puits, afin de former un puisard dans lequel plonge l'aspirateur des pompes, puis on enfonce successivement, de 0.13 à 0.15 m., chaque ligne de tasseaux. Lorsqu'on emploie le masque conjointement avec les palplanches, on entaille en biseau, suivant la divergence des palplanches, les billots en contact immédiat avec les parois du puits. Quelquefois, pour rejoindre la paroi, on inserre, entre les billots extérieurs et la ligne de ceux qui sont en contact, des coins d'une forme particulière.

Les exploitants de la mine de lignite *Columbus* de Hammersleben (Saxe prussienne) se sont servis avec avantage de palplanches doubles (fig. 10 et 11) reliées les unes aux autres de façon que leurs joints se recouvrent mutuellement. Dans ce système, il ne se produit pas de fuites et aucune venue d'eau ne se fait jour sur les parois. Ces palplanches, qui pénètrent mieux que les autres dans le terrain, sont conduites pendant leur descente, à l'aide de moises verticales fixées par des crampons. On les enfonce au moyen de masses de 9 à 10 kilogr. dont les angles sont abattus. Quelquefois on emploie un mouton pesant plusieurs quintaux métriques, qui se meut sur une poulie et entre deux coulisses, faciles à transporter d'un point sur un autre. Le mouton est disposé de manière à rencontrer chaque fois la tête de la palplanche suivant la verticale. La corde du treuil se noue par un bout au mouton et par l'autre, à l'un des bois du revêtement du puits. La poulie se rattache au mouton par un crochet. La hauteur de chûte est d'environ 1.55 m. Enfin on détache le crochet de l'oreille en donnant un petit choc à sa poignée.

Les vibrations produites par le mouton sur les palplanches sont un inconvénient qui a engagé les mineurs à se servir plutôt de crics d'une grande solidité. On les place de manière que leur base repose sur la tête des palplanches tandis que leur talon vient buter contre les cadres inférieurs.

Le mineur cherche, autant que possible, à enfoncer les palplanches de toute leur longueur ; mais la plupart du temps, il doit se contenter de les chasser de 0.94 à 1.24 m. et de creuser ensuite le puits, ce qui permet de placer un cadre.

Autres modifications relatives au fonçage des puits à travers les sables aquifères.

Certaines zones des terrains boulants qui recouvrent les gisements de lignite de la mine de Beust, près de Grünberg, district de Waldenburg, opposent de grands obstacles aux percements des galeries par palplanches. Il y a peu de temps encore, les mineurs appliquaient un bouclier en planches contre le front d'entaillement ; mais comme il cédait sous la pression des sables, on jugea convenable de substituer à ce mode de revêtement un système de caisses en bois juxtaposées et serrées les unes contre les autres. Ces caisses, que l'on poussait en avant par des vis de pressions, avaient une longueur de 0.48 m. et 0.24 m. de largeur et de hauteur. Ultérieurement, dans le but d'augmenter la durée, on remplaça le bois par du fer.

Cette disposition rappelle les picots employés, à la mine de la Louvière (Centre du Hainaut), au revêtement du front d'entaillement d'une galerie, dans des circonstances analogues et peut-être plus difficiles encore.

Les lignites de la partie orientale du district de Halberstadt sont recouverts de stratifications ébouleuses appartenant à la formation tertiaire qui exigent aussi un travail par palplanches pour atteindre le gîte, objet de l'exploitation.

Comme, dans ces conditions, le choc de la masse produit des ébranlements dans tout le revêtement, à la suite desquels le sol et les parois des excavations livrent passage à des afflux d'eau et de sable, les exploitants de ces localités ont imité ceux de Hammersleben, en remplaçant la masse par un cric. Ce procédé présente encore cet avantage qu'on peut à volonté, suivant le besoin du moment, imprimer à la palplanche une direction verticale ou oblique en appliquant le talon du cric sur le milieu ou sur l'un des côtés de la tête de cette palplanche. En outre, les têtes des palplanches ne sont plus exposées à se fendre, à se briser ou à voler en éclats.

Dans le même district de Halberstadt, les mineurs poussent au fond du puits un puisard plus étroit que l'excavation et y installent un coffre en bois ou en tôle. Le niveau d'eau ainsi abaissé facilite le fonçage; de plus, le puisard, recevant l'aspirante des pompes, livre à celles-ci de l'eau assez pure pour éviter la majeure partie des embourbages et des obstructions (1).

(1) *Preuss. Zeitschrift.* Band. VIII, Seite 21.

14

X⁰ SECTION.

PASSAGE DES SABLES BOULANTS ET AQUIFÈRES.

Fonçage au moyen d'une tour descendante à niveau vide (1).

Le fonçage des puits, à l'aide de tours en maçonnerie descendantes, a fait récemment de grands progrès dans les districts rhéno-westphaliens. L'ensemble des opérations est resté le même qu'autrefois ; mais les perfectionnements de détail et les simplifications dont ces travaux ont été l'objet méritent d'obtenir l'attention du lecteur.

Les mineurs de ces localités procèdent, suivant les circonstances, à niveau vide ou à niveau plein, d'après les règles qu'ils ont établies à ce sujet : ainsi ils prescrivent de s'abstenir d'épuiser les eaux lorsque le volume de celles-ci dépasse 31 hectolitres par minute, ou que des bâtiments voisins pourraient être compromis par les mouvements du terrrain. Ils pensent, au contraire, que l'épuisement doit être appliqué aux couches de sable aquifère alternant avec des stratifications de roches solides, parce que la maçonnerie ne pouvant alors pénétrer par son poids seul, il faut travailler au pic et à la pointerolle. Mais dans ce cas l'inter-

---

(2) *Preuss. Zeitschrift.* Band VII, Abtheilung *B*, Seite 194.

position de ces lits ordinairement imperméables réduit le nombre des sources qui affluent simultanément dans l'excavation.

Le terrain que devait traverser le second puits de la mine de houille de Hansa, près de Dortmund, a 16.30 m. de puissance et est composé comme suit :

Argile ou terre glaise (*Lehm*) . . . . m.   2.50
Sable argileux boulant (*Fliess*). . . . . . . »   3.76
   Id.   désagrégé et aquifère . . . . . . »   3.14
   Id.   grossier et alternant avec des lits de marne. »   5.65
Marne plastique . . . . »   1.25
                                » 16.30

Marne solide puis terrain houiller :

La puissance des lits de marne intercalés dans les sables s'élève jusqu'à 0.15 et 0.16 m. Le volume d'eau maximum est de 15 mètres cubes par minute.

Le puits, d'un diamètre définitif dans œuvre de 6.12 m., a été foncé à niveau vide. La première excavation a dû mesurer 9.40 m. afin de concentrer les diverses enceintes de maçonnerie. Cette énorme dimension se justifie comme suit :

Diamètre dans œuvre du puits définitif . . . m. 6.12
Revêtement du terrain houiller. Épaisseur double
   de 1 1/2 brique . . . . » 0.83
Idem dans les marnes . . . . » 0.83
Tour descendante de 2 1/2 briques. Épaisseur double » 1.36
Idem vers le haut de la tour. . . . . . . » 0.26
                                 » 9.40

A la surface a été installé un échafaudage dans lequel on a fait entrer des bois en grume, afin de pouvoir les appliquer ultérieurement à d'autres usages. Deux semelles reçoivent les montants et offrent une longueur telle qu'elles dépassent les limites possibles d'un affaissement de terrain. Cet échafaudage comprend deux étages situés l'un à 6.27 m. et l'autre à 9.40 m. au-dessus du sol. Le premier étage porte les varlets de la pompe et le second, les molettes. Au nord, est établie la machine à vapeur d'épuisement ; au sud, celle d'extraction ; à l'est, le cabestan destiné au montage et aux réparations des pompes et, à l'ouest, la margelle, ou plancher de réception, accompagné de voies de roulage.

Construction de la tour descendante

A la base de la tour, se trouve la trousse ou sabot tranchant (Pl. VII, fig. 12 et 13). La trousse est de forme triangulaire ; elle se compose de dix segments en fonte assemblés à vis par leurs faces latérales. Ces segments portent deux couronnes en chêne attachées au moyen de boulons ; elles ont pour but de consolider l'organe et de porter sa largeur à 0.68 m., espace nécessaire pour loger 2 1/2 briques d'épaisseur.

La stratification de glaise qui ne contient pas d'eau est creusée en forme d'entonnoir à talus fort incliné, jusqu'à 0.15 ou 0.20 m. au-dessus de la tête des boulants. On descend la trousse au fond de l'excavation et l'on procède à l'installation de la tour.

Sur le contour extérieur de la première couronne sont clouées des planches minces et étroites qui, également fixées à deux rouets installés au-dessus, forment une tonne cylindrique propre à faciliter le glissement de la tour contre le terrain et à diriger les maçons dans leur travail de remplissage. Ces planches ont une longueur de 3.14 m.

La tour descendante se compose de cinq tronçons ou reprises de même hauteur que les planches. Pour éviter

qu'elle ne soit retenue par les aspérités du terrain et pour
que celui-ci contribue à la descente par une pression verticale, la tour reçoit un talus extérieur de 0.13 m. sur la
hauteur totale, en sorte que le diamètre supérieur de
chaque tronçon est moindre de 0.052 m. que celui de
dessous, ce qui, pour les cinq reprises, donne le jeu de
0.26 m.

Pour préserver la maçonnerie des solutions de continuité
que les oscillations de la descente pourraient y déterminer,
chaque reprise est fortement reliée avec la trousse par des
boulons verticaux, passant par les milieux des segments.
Ces boulons, prolongés au-dessus des planches s'appuyent
par un talon sur des plaques en fonte que reçoit la première couronne en bois et sont fixés par des écrous engagés
à leurs extrémités au-dessous de la trousse.

On construit le muraillement avec des briques dures et
bien cuites et un mortier composé de chaux hydraulique
(3.6 hectol.) et de trass sec (6. 2 hectol.) délayés dans 22
hectolitres d'eau.

Des tuyaux en fonte de 0.08 m. de diamètre, dispersés
dans la maçonnerie permettent à l'eau qui se trouve derrière
le revêtement de s'écouler dans l'intérieur du puits; ainsi
l'on évite la tension que le liquide produirait derrière la
maçonnerie et d'où pourrait résulter l'écoulement subit du
sable par dessous le sabot tranchant.

Lorsque la reprise est entièrement muraillée, on installe
un cylindre en planche et la maçonnerie se poursuit jusqu'un
peu au-dessous des extrémités filetées des boulons. Là on
place des plateaux en fonte, de mêmes dimensions que
ceux de la trousse; puis, au-dessous, des ancres horizontales sur lesquelles viennent porter les écrous. Ces
ancres sont des barres de fer méplat destinées à relier les
boulons entre eux, afin de prévenir les disjonctions verti-

cales qui pourraient avoir lieu dans la maçonnerie, de
même que les boulons s'opposent aux fissures horizontales.
Les saillies des pas de vis au-dessus des écrous servent à
attacher la seconde série de boulons.

Ces opérations se répètent à chaque nouvelle reprise
jusqu'à ce que la tour soit arrivée à la hauteur voulue.

Descente du revêtement.

Lorsque la trousse fut installée au fond de l'excavation
pratiquée dans les argiles asséchées de la surface, elle
se trouvait à une distance verticale, au-dessous de l'étage
inférieur du bâti, qui permettait de lui superposer immédiatement deux reprises. Celles-ci, en y comprenant la trousse,
formaient une hauteur de 6.90 m. Alors commença le creusement des sables dans lesquels la sécheresse si remarquable de l'été de 1857 permit de s'enfoncer de 1.88 m.,
sans avoir recours à l'épuisement des eaux.

A cette époque on interrompit les travaux ; puis on les
reprit au bout de quelques mois, en fesant fonctionner une
pompe de 0.26 m., qui épuisait des venues de 3 hectolitres
d'eau par minute. La tour descendit régulièrement de 0.31
m. par jour. Mais comme le travail n'avait lieu que pendant
la journée, le boulant, foulé aux pieds et transformé en
une boue visqueuse, prenait ensuite, par le repos de la
nuit et grâce à l'influence de la sécheresse, une consistance qui permettait de l'enlever facilement à la bêche.

Le sabot ayant atteint le banc de sable pur, une nouvelle reprise fut muraillée ; mais, malgré l'augmentation
de poids résultant de cette superposition, la tour cessa de
descendre. On attribua ce fait aux argiles qui, desséchées
par l'action des pompes, adhèrent en vertu de leur plas-

ticité aux parois extérieures de la tour, en sorte que celle-ci reste suspendue dans l'excavation, malgré l'extraction des sables de l'intérieur.

L'expérience d'un premier puits avait fait connaître qu'un creusement, porté plus avant dans la profondeur, forçait la tour à se détacher des parties flottantes ; mais on savait aussi que des affouillements se produisaient derrière le revêtement et se propageaient à distance. Comme il importait d'éviter ce danger, voici le procédé que l'on mit en œuvre :

Les mineurs cessèrent d'excaver à l'intérieur du puits et se mirent à creuser une cavité annulaire à l'extérieur de la tour, dans le sable boulant asséché par l'action des pompes, qui s'emparaient des eaux à mesure qu'elles s'écoulaient à travers les tuyaux. Cette cavité fut revêtue de trois cadres octogones et de palplanches ou de picots de garnissage. Ces cadres, reliés par des tringles en fer, furent suspendus à un autre cadre composé de sommiers et reposant sur les quatre semelles de l'échafaudage. Après s'être ainsi préservé, par un revêtement extérieur, des affouillements de l'argile et du sable argileux, après avoir empêché les frottements de ces stratifications contre la tour en maçonnerie, on continua le fonçage du puits à travers le banc de sable désagrégé, dans lequel le revêtement pénétra en moyenne de 0.26 m. par poste de 6 heures.

La tour avait une hauteur de 12.55 m. lorsque sa base atteignait la tête du sable grossier et venait reposer sur un lit de marne de 0.052 m. d'épaisseur. Ce lit, qu'elle ne put traverser malgré son poids qui s'élevait à 350 tonnes métriques, dut être entamé au pic et à la pointerolle ; alors elle put poursuivre sa marche descendante à travers la couche de sable à gros grains agglutinés, dans laquelle sont dispersés des blocs de marne de 0.60 m. de longueur sur 0.10 à 0.15 m. d'épaisseur. Mais pendant que la tour en maçonnerie pénétrait dans cette stratification, l'eau qui sortait par les tubes de dégorgement entraînait des sables du banc situé immédiatement au-dessus et y formait des affouillements dangereux. Les argiles de recouvrement se maintenaient en place, il est vrai, mais leur écroulement était à craindre dans le cas où les cavités des sables augmenteraient de capacité.

Le travail dans le puits fut donc de nouveau suspendu et l'excavation annulaire qui enveloppe la tour fut approfondie jusqu'au petit lit de marne et revêtue de trois nouveaux cadres octogones. Les palplanches introduites derrière ces derniers livrèrent passage à l'eau, mais s'opposèrent à la sortie des sables. Alors le travail reprit son cours, sans que l'on eût plus à craindre de nouveaux éboulements, et avança régulièrement de 0.31 à 0.47 m. par journée de 12 heures.

Lorsque le fonçage eut atteint le milieu de la couche de sable grossier, un éboulement, qui se produisit dans l'excavation extérieure, rompit le boisage en divers points. Ces dégâts furent promptement réparés; mais comme une forte pression agissait encore sur les cadres et les palplanches, ce qui faisait craindre un nouvel éboulement, on combla l'espace annulaire avec des fragments de briques, entre lesquels la tour pouvait facilement glisser.

Le percement prit de nouveau une marche régulière. Les tuyaux de dégagement logés dans la maçonnerie restèrent ouverts, afin de supprimer complétement la pression extérieure, et le sabot pénétra, sans autre empêchement, dans la marne tendre et plastique.

La trousse, qui jusqu'alors avait été recouverte de sable, ne devant plus pénétrer en vertu du poids de la maçonnerie, fut mise à découvert ; pour éviter les affouillements, on dégagea soigneusement les tuyaux de dégorgement inférieurs, afin de déterminer un fort courant d'eau. Puis des dépressions successives, produites d'abord au milieu du puits et portées peu à peu à la circonférence, provoquèrent la descente de la trousse. La trousse, après avoir franchi les marnes tendres, arriva sur une autre stratification de même nature, relativement solide, où elle fut arrêtée.

Ce travail descendant, qui avait alors une profondeur de 16.30 m., avait exigé trois mois ; commencé au milieu d'octobre 1857, il était terminé à la mi-janvier de 1858. Et notons que l'on a chômé la nuit, les dimanches et les jours de fête.

Alors on tamponna les tuyaux et la colonne d'eau s'éleva derrière la maçonnerie. Le revêtement se trouvait dans le meilleur état et il ne s'était produit ni rupture, ni la plus petite lézarde dans la maçonnerie.

Tubages en bois, descendants, à niveaux pleins.

Un revêtement de cette nature a été appliqué à l'un des puits de la mine Maria, à Hœngen, district de la Wurm.

On avait reconnu, par un trou de sonde de 0.30 m., le terrain de recouvrement que devait traverser l'excavation. La puissance totale de ce terrain est de 43 mètres et les stratifications qu'il renferme se divisent en deux séries ; l'une, de 14.10 m., se compose de sable à gros grains, de graviers et de cailloux roulés, appartient à la formation diluvienne et ne contient pas d'eau ; l'autre, de 28.90 m., offre de fréquentes alternatives de sables purs et de sables plus ou moins mélangés d'argile ou de glaise et quelquefois de débris de lignites. Ces stratifications, du terrain tertiaire, renferment des sources abondantes.

Le puits en fonçage, quoique devant être affecté à la circulation des ouvriers et à l'épuisement, n'a que 1.65 m. de diamètre.

Le tubage, destiné à pénétrer dans les stratifications éboulantes et aquifères, se compose de douves de sapin, dont l'épaisseur, de 0.24 m. à la base, se réduit successivement en remontant à la tête de niveau, où elle n'est plus que de 0.15 m. Afin de se soustraire à l'emploi d'un trop grand nombre de manchons ou anneaux de raccordement, de prévenir les fissures et les inflexions du bois, et surtout d'éviter les déviations du revêtement hors de la perpendiculaire, on a porté à 7.85 m. la hauteur des douves appliquées aux cuves inférieures qui doivent marcher en avant. Les joints compris entre les surfaces de contact de deux cuves successives sont fermés par des anneaux en fonte à double rebord, dont l'un, placé à l'intérieur, a une hauteur de 0.40 m., l'autre, à l'extérieur, 0.10 m. seulement. Entre ces rebords sont encastrées les extrémités des douves. Les anneaux sont reliés entre eux et avec la trousse par des tirants et des écrous noyés dans le bois aux extrémités de deux diamètres à angle droit. Les douves, soigneusement rabotées et ajustées au tour, sont solidement fixées dans les cavités comprises entre les deux rebords, afin d'éviter l'interposition de toute espèce de garniture. Enfin une trousse coupante, en fonte, à section triangulaire et munie d'un talon d'assemblage est installée à la base du revêtement, qu'elle précède dans le terrain. Sa hauteur est de 0.47 m.

La descente du tubage a eu lieu comme suit :

La trousse coupante, surmontée d'une cuve, est installée au fond du puits creusé par palplanches à travers la pre-

mière série des stratifications asséchées, voisines de la
surface. Le terrain est enlevé à la drague. Dès que l'excavation est parvenue de 1.25 à 1.60 m. au-dessous du sabot
tranchant, si le sabot n'est pas descendu spontanément,
des leviers et leurs vis de pression, installés sur la tête de
la cuve provoquent la descente de celle-ci. Parfois les
stratifications assez consistantes exigent l'application , au-
dessous de la trousse, d'un trépan élargisseur; d'autres fois,
dans les terrains très-mouvants, il a fallu, pour se préserver
des. éboulements , faire l'excavation après le boisage et ne
creuser qu'après avoir exercé la pression sur le sabot.

Quatre cuves suffirent pour atteindre les schistes houillers, dans lesquels le trépan élargisseur fonctionna jusqu'à
une profondeur de 1.25 m., qui permit de loger la base du
tubage et de la relier avec une stratification relativement
solide. Alors on remplit de béton le fond du puits jusqu'à
une hauteur de 1.88 m. Ce béton, qui parvenait à destination dans une caisse en bois bien fermée, avait pour composition, en volume : deux parties de trass, deux de chaux
hydraulique et une de fragments de briques de la grosseur d'une noix. Au milieu de cette couche on introduisit
un cylindre en tôle de 3.76 m. de hauteur et de 1.50 m.
dans œuvre, qu'on acheva de remplir de béton, en prolongeant ce remplissage dans la cuve en bois, sur une hauteur
d'environ 0.60 m. Un bloc de bois, de 0.15 m. d'équarrissage, d'une longueur égale au diamètre de l'excavation et
muni d'une tige de manœuvre, servit à comprimer le
mortier hydraulique et à le faire pénétrer dans tous les
vides et principalement dans l'espace compris entre la base
du tubage en bois et le cylindre en fer. Ce procédé pour
relier la base du cuvelage avec la roche a déjà été décrit
dans la première partie de cet ouvrage.

Après trois semaines , temps indiqué par l'expérience

pour que le béton acquière une certaine dûreté, on épuisa
les eaux à la tonne. Alors le pic et la pointerolle ayant été
appliqués à l'entaillement du trass à l'intérieur du puits, le
fonçage dans la roche solide continua par les procédés
ordinaires.

Les revêtements de cette espèce sont moins coûteux que
les tubages en fer. Mais ceux-ci sont plus faciles à établir
dans les terrains mouvants d'une grande puissance. S'il
devient nécessaire de faire passer une colonne à travers
celle qui les précède, le diamètre du puits subit une réduction moindre par l'emploi du fer que par celui du bois. Les
douves se pourrissent assez promptement sous l'influence
du courant d'air qui a parcouru les travaux. Enfin il arrive
quelquefois que les douves se déplacent ou se rompent.
La mine Maria, dont il est question ici, a fourni un exemple
de cet accident. Il en sera fait mention dans l'un des
paragraphes suivants.

Tours descendantes en maçonnerie, cuves en bois et en tôle et cuvelages en fonte de la mine de Ruhr-et-Rhin.

Le fonçage exécuté dernièrement dans les terrains qui
recouvrent la formation houillère située au-dessous du con-
fluent de la Ruhr et du Rhin a traversé 81 m. de terrain
d'alluvion et de terrain crétacé avant d'atteindre la houille.

Le percement a commencé par la descente d'une tour
en maçonnerie d'un diamètre intérieur de 8.40 m. et d'une
épaisseur de 0.84 m.; les frottements contre le terrain
ayant arrêté cette première tour à une profondeur de 23.70
m., une autre tour concentrique lui vint en aide dans le
but de prolonger l'excavation jusqu'à un banc d'argile que

l'on savait devoir exister un peu plus bas. Cette seconde
tour, dont le diamètre était de 5.80 m. et l'épaisseur, de
0.55 m., descendit à 7.80 m. au-dessous de la précédente, ce qui portait la profondeur totale du puits à 31.50
m. Mais on ne put aller au-delà.

Les trousses coupantes de ces deux tours ayant été
construites d'une manière aussi simple que solide, il convient d'en dire ici quelques mots. La première—par ordre
de date — est en bois; la seconde, en fer.

La trousse coupante en bois (Pl. VII, fig. 15 et 15 bis)
se compose d'un couteau ou sabot auquel sont superposés
cinq rouets. La largeur des rouets s'accroît en avançant
vers le haut et leurs segments sont disposés de manière
que les joints verticaux correspondent aux pleins. Tous
sont reliés par des chevilles puis traversés, d'outre en
outre, par des boulons dont la partie supérieure, filetée, se
visse dans une douille taraudée de gauche à droite, sur la
première moitié de sa hauteur et de droite à gauche, sur
l'autre moitié; c'est dans la seconde moitié de cette douille
que viennent se visser les extrémités inférieures des ancres
destinées à consolider la maçonnerie. Ces ancres sont assemblées entre elles, bout à bout, par des douilles à
double écrou, semblables aux précédentes et dispersées
sur la hauteur du muraillement. Une chemise de planches
facilite la construction de la muraille, à laquelle elle sert
de moule, et prévient un frottement trop rude contre le
terrain.

La trousse coupante de la tour intérieure est en fonte
de fer (Pl. VII, fig. 14). Elle se compose de trois rouets
circulaires superposés et formés eux-mêmes de segments
réunis par des boulons latéraux. Le rouet de dessous constitue le couteau; celui de dessus sert de base à la chemise
et à la première douille à double écrou. Ces trois pièces

sont reliées entre elles par des boulons verticaux ; des ancres assurent la maçonnerie contre toute rupture.

On ne peut entrer ici dans le détail des tribulations qui furent causées pendant la descente des tours par l'affluence des eaux, des sables et de la boue ; il suffit de savoir que, dans l'origine, le travail se faisait *à niveau plein*, c'est-à-dire que les eaux se mettaient naturellement de niveau dans le puits ; mais, à une assez minime profondeur, la manœuvre de la drague devint si pénible qu'il fallut avoir recours à un épuisement partiel, au moyen de tonnes, afin que les ouvriers pussent s'installer sur des paliers plus rapprochés du point d'attaque.

La seconde tour s'était donc arrêtée, ainsi qu'on l'a vu, sur une stratification argileuse et refusait d'avancer ; comme elle était percée, à sa base, de gargouilles ou buses destinées à donner un libre passage aux eaux et diminuer la pression latérale, comme ces gargouilles étaient ouvertes et qu'il ne pouvait être question d'enfoncer une troisième tour, le premier travail auquel on se livra fut de boucher les gargouilles et d'atteindre la couche d'argile immédiatement inférieure, qui, présumée suffisamment étanche, semblait devoir faciliter le fonçage ultérieur du puits.

Les opérations longues et coûteuses que l'on entreprit à cette époque n'offrant pour la plupart qu'un intérêt local ne peuvent être ici l'objet d'une exposition détaillée, mais seulement d'une esquisse fort rapide.

On projeta une couche de gravier au fond du puits, afin d'arrêter les sables tout en laissant filtrer les eaux, que l'on épuisa avec des pompes. On recouvrit ces graviers de madriers jointifs maintenus par des poussards verticaux dans le but de s'opposer à des soulèvements de bas en haut. Puis on imagina de supprimer les palplanches ordinaires et d'enfoncer à coups de mouton une cuve, de 5.34

m. de hauteur, formée de douves de bois et cerclée en fer.
Elle se trouva dans un sol formé de sable et de gravier et
fut suivie d'une autre cuve dont la pénétration éprouva de
grandes difficultés, la résistance augmentant avec la profondeur; enfin elle se dégrada complétement et perdit sa
verticalité avant d'avoir atteint la stratification cherchée.

Dans cette circonstance, M. Meintzhausen, ingénieur de
l'établissement, eut recours aux palplanches en fer pour en
former un cylindre d'une construction particulière.

Comme il est souvent nécessaire de lier le revêtement
descendant avec le terrain consistant et imperméable, le
lecteur trouvera quelque intérêt à la description de ce
travail.

La cuve cylindrique (fig. 16 et 16 bis), d'un diamètre
de 5 mètres, dans œuvre, est formée de douves, ou palplanches, en fer, de 3.75 m. de longueur, sur 0.21 m.
de largeur et de 25 à 26 millimètres d'épaisseur ; leurs
extrémités antérieures sont coupées en biseau et les autres
sont munies d'oreilles qui servent à la manœuvre. L'une
des tranches longitudinales de chaque pièce est recouverte,
sur les deux faces opposées, de lames en tôle qui, formant
saillies, donnent des rainures latérales, dans lesquelles
s'engagent les tranches restées libres de la palplanche en
contact. Cinq couronnes en bois, disposées à l'intérieur du
cylindre, guident les palplanches dans leur descente que
l'on détermine d'abord à coups de masse, ensuite par des
presses, puis à coups de mouton.

Après de nombreux accidents, dûs à l'excessive pression
des terrains boulants, ce travail, exécuté à niveau vide,
atteignit enfin son but et le revêtement pénètra dans la
stratification argileuse si longtemps cherchée.

L'excavation ainsi rétablie en bon état, l'ingénieur eut
l'espoir de continuer le fonçage au moyen d'un cuvelage

en fonte, composé de tronçons de 0.31 m. de hauteur et
formés eux-mêmes de dix segments. La descente se fit à
niveau vide, par douze vis de pression que manœuvrèrent
trois ouvriers, pendant qu'on enlevait l'argile jusqu'au
voisinage de la trousse coupante. Puis, lorsque celle-ci fut
descendue de 1.60 m., le terrain devint assez compacte pour
qu'on pût enlever le couteau et ajouter les tronçons à la
base du cuvelage, au fur et à mesure du creusement.

Une fausse trousse avait été établie dans un banc d'argile
solide; au-dessous, à une profondeur de 42.30 m., deux
trousses avaient été picotées, l'une en bois, l'autre en fonte.
Celle-ci était surmontée de manchons qui se reliaient avec
la partie supérieure du revêtement. Les ouvriers étaient
occupés à calfater les joints du cuvelage, lorsque, tout-à-
coup, l'eau et les sables firent irruption dans le puits et les
sables mirent les pompes hors de service. Cet accident
démontra la nécessité de changer complétement de système
et l'on décida d'avoir recours au fonçage à niveau plein,
avec cuvelage descendant en fonte et dragage (1).

*Continuation des travaux par la descente, à
niveau plein, d'un tubage descendant en fonte
de fer.*

Après avoir enlevé les planchers, les briques, outils, etc.
qui encombraient le fond du puits, les ouvriers entassèrent
des couches successives de mousse, d'argile et de gravier
sur une hauteur d'environ 9.40 m. afin d'opposer une
résistance suffisante à une invasion inopinée des sables.

_____

(1) Ces détails sont extraits du journal des travaux, communiqué à
l'auteur par M. l'ingénieur Plumat.

Puis on descendit le cuvelage. Les tronçons de ce revêtement, dont le diamètre intérieur est de 4.03 m., sont formés
de dix segments de 0.94 m. de hauteur et de 32 millimètres d'épaisseur. Une trousse coupante les précède, composée de deux anneaux superposés dont l'épaisseur est
de 40 millimètres ; en sorte que la trousse forme une saillie annulaire sur la colonne des tronçons, ce qui tend à
diminuer le contact de ces derniers et du terrain. On commença par descendre la trousse coupante surmontée d'un
tronçon, (fig. 18 et 19), ces deux pièces liées entre elles
et picotées ; pendant ce temps, on préparait, au jour, d'autres
tronçons, que l'on descendit ensuite à l'aide du cable de
la machine d'extraction ; on les superposa et boulonna sur
la colonne déjà installée au fond de l'excavation. Ce montage, qui prit deux mois de travail, fut suivi du fonçage à
niveau plein. Dans le commencement, des mouvements
imprimés aux sables par les pompes eurent pour conséquence de déterminer, à deux reprises, la descente oblique
du revêtement, dont le sommet vint s'appuyer contre l'ancien cuvelage. On parvint, les deux fois, à réparer l'accident de la manière suivante : deux couples de moises transversales ayant été appliquées, l'une au-dessous du collier
du cuvelage précédent et suivant la ligne de plus grande
pente de la surface supérieure du tronçon, l'autre à l'intérieur de ce dernier, on les fit traverser par deux boulons
filetés ; les écrous, en tournant, soulevèrent le revêtement
par l'une de ses extrémités, pendant que deux vis de pression le refoulaient, de bas en haut, aux extrémités opposées.

Voici maintenant les outils dont on s'est servi dans le
fonçage :

La *drague* (Pl. VIII, fig. 2 et 3) coupe le terrain et recueille les déblais. Elle se compose d'un fort bâti, dont
les fers d'angle sont disposés de manière à lui donner une

15

rigidité convenable, et auquel on attache, soit des couteaux d'entaille, soit des sacs propres à recevoir les débris des stratifications. Ces objets se placent à volonté dans des positions variables relativement à l'axe de l'instrument.

Les fers d'angle sont assemblés de manière à former un rectangle d'une hauteur suffisante pour qu'on puisse le guider suivant la verticale ; d'autres fers sont ajustés suivant les diagonales et boulonnés sur la tige. La tige est en fer aciéreux de bonne qualité ; sa longueur est de 6.43 m. et son équarrissage de 0.98 m. Les couteaux attachés par des boulons aux fers d'angle de la drague sont de deux espèces et occupent des positions différentes. Les uns sont horizontaux et se relient à la base de la drague ; c'est à leur partie inférieure que se trouve le tranchant. Les couteaux verticaux sont également fixés à la base et le tranchant se trouve à leur partie latérale. Les uns et les autres sont formés de bandes d'acier recourbées et tranchantes sur une partie de leur pourtour. On préfère les couteaux verticaux parce qu'ils entament mieux l'argile compacte.

Les *sacs dragueurs* varient quant à leur construction.

Les plus simples (fig. 4 et 5) employés aujourd'hui conjointement avec les couteaux verticaux, sont faits de toile goudronnée, renforcés de lanières de cuir. L'un des bouts est lié par une couture au pourtour du couteau l'autre est simplement fermé par une ficelle qui traverse une série de trous pratiqués dans les lanières ; quand le sac est arrivé au jour il suffit d'un coup de canif dans la ficelle pour ouvrir le fond et les débris tombent dans une voiture.

Le *sac* en forme de *porte-monnaie*, imaginé par M. Maintzhausen, différait du précédent en ce que la partie inférieure était fermée par une armature analogue à celle des porte-monnaie ce qui permettait de les ouvrir promptement. Mais l'armature étant sujette à se détacher fréquemment, on a renoncé à ce système.

Les tiges ont 6.28 m. de longueur et un équarrissage de 0.10 m. Quoique faites d'excellent fer, elles se sont quelquefois contournées en tire-bouchon, à cause de la résistance à la rotation qu'éprouvaient les couteaux. Leurs assemblages sont à douille avec cale en fer.

Un *guide circulaire* (Pl. VIII, fig. 1) est composé de deux demi-circonférences en bois, pouvant prendre un mouvement de charnière autour de leur diamètre commun. Chaque aile est suspendue à un crochet fixé sur la tige. Lorsque les chaînes sont détachées, le guide se replie pour pouvoir passer à travers l'orifice du puits. Le puits est recouvert de madriers; mais une ouverture longitudinale a été réservée pour le passage du guide circulaire. Pendant le travail, cette ouverture elle-même est obstruée par un plancher à charnière qui ne laisse que strictement le passage nécessaire à la tige; on soulève ce plancher à l'aide d'un contre-poids chaque fois que la drague doit entrer ou sortir.

Les couteaux latéraux ou élargisseurs sont mis en usage lorsqu'il devient nécessaire d'entailler le terrain au-desssous du sabot du tubage pour provoquer la descente de ce dernier. A cet effet, on ajoute à la drague deux couteaux latéraux, liés à des ressorts en bois qui tendent sans cesse à les pousser hors du puits. Pendant la descente, ils se tiennent rentrés; mais dès qu'ils atteignent le dessous du sabot, ils sont chassés à l'intérieur et l'on peut pousser la coupure aussi loin qu'on le juge convenable. Quand l'outil revient au jour, de même que quand il descend, les deux couteaux rentrent spontanément à l'intérieur du cylindre.

La drague fonctionne sous l'impulsion de chevaux conduits par un homme; ainsi l'on peut suspendre instanta-

nément le mouvement, quand la résistance est trop forte ,
et éviter des accidents dangereux, ce qui serait impossible
avec la force aveugle d'une machine à vapeur. Le manège
suspendu au cable d'extraction se compose d'une barre de
fer et de deux fers d'angle reliés par une traverse. Les
chevaux sont attelés à l'extrémité de ces bras. La tige centrale communique le mouvement à tout l'appareil ; il faut
donc qu'elle soit maintenue, pendant la marche, en un
point de l'excavation toujours le même.

Les opérations de dragage et de percement ont été traversées d'assez grandes difficultés ; mais les moyens à l'aide
desquels on s'est rendu maître des obstacles rencontrés
étant les mêmes que ceux qui ont été décrits en divers
points de cet ouvrage, il est inutile d'entrer dans aucun
nouveau détail.

Pour raccorder la base du cuvelage avec le terrain houiller, M. Maintzhausen força le tubage à descendre dans une
couche de béton, déversée préalablement au fond du puits.
Cette descente fut d'abord entravée soit par la banquette
réservée au-dessous du couteau, soit par le béton déjà
durci ; mais après quelques jours de manœuvres inutiles,
le tubage, chargé de poids considérables, se mit en mouvement et vint se placer au milieu du béton dans l'excavation qui lui était destinée.

Fonçage, par l'air comprimé, à travers les graviers de la Meuse.

La société Cockerill, à Seraing, avait à foncer trois puits
destinés, le premier à l'extraction, le second à l'assèchement des travaux et le dernier, au retour de l'air dans
l'atmosphère. Ces puits, avant d'atteindre le terrain houiller,

avaient à traverser environ 10 mètres d'argile et de graviers grossiers alternant avec d'autres plus tenus.

Les travaux de percement curent d'abord pour objet l'avaleresse du puits d'aérage, par les procédés ordinaires; mais comme les eaux affluaient avec une telle abondance que quatre pompes ne pouvaient les épuiser, on résolut d'employer l'air comprimé, qui, pour une profondeur aussi minime, ne pouvait avoir d'influence nuisible sur la santé des ouvriers (1).

Les divers puits ont été successivement percés avec les mêmes appareils. Les figures 12, 13 et 14 (Pl. VIII), qui se rapportent à l'exécution du puits d'extraction, indiquent les divers organes, que le lecteur reconnaîtra pour les avoir déjà vus dans la première partie de ce Traité.

Les sas à air, A, est un cylindre circulaire en tôle, de 10 millimètres d'épaisseur; le fond supérieur est relié, par l'intermédiaire de six poutrelles, b b, avec deux sommiers D, de grande longueur, installés sur le sol. Ces poutrelles faites de tôle et d'équerres en fer dont la section représente un double T, sont rivées au fond supérieur du sas, qu'elles consolident, liées entre elles par des entretoises et entièrement couvertes d'un plancher de fortes

---

(1) Les morts violentes ne sont pas les seuls malheurs qu'entraînent les travaux exécutés avec le sas à air. Le séjour des mineurs dans une atmosphère dont la compression dépasse certaines limites altère si gravement leur santé qu'ils ne font plus que traîner une vie languissante dont le terme est une mort prématurée. — Ainsi à Streppy-Bracquegnies, où la compression s'est élevée à 2 3/4 atmosphères, les ouvriers, auparavant jeunes, sains et vigoureusement constitué, ont successivement succombé quelques années après l'achèvement du travail, bien qu'on leur eût procuré une nourriture saine et fortifiante, des vêtements chauds et convenables, qu'on eût veillé à ce qu'ils ne se livrassent à aucun excès, enfin malgré toutes les précautions hygiéniques et les soins véritablement paternels dont l'administration de la mine les avait entourés.

solives, jointives, à l'exception de la partie correspondante au clapet ou porte horizontale supérieure, destinée à livrer passage aux ouvriers et aux matériaux. Pour empêcher l'excès de pression de l'air comprimé sur la pression atmosphérique de déterminer un soulèvement, des gueuses en fonte réparties sur le plancher augmentent le poids de l'appareil et servent de base à l'action des vis, *e, e*..., au moyen desquelles on force le cuvelage à descendre. Le fond inférieur de la chambre d'air est également armé de poutrelles et d'entretoises disposées de la même manière.

Uu manchon en fonte *F*, composé de huit segments, assemblés par leurs brides verticales, et boulonnés au collet saillant qui termine la base du cylindre, sert à guider la descente du cuvelage et à diriger les ouvriers pendant la pose. La saillie de ce manchon se fait en dehors ou en dedans, suivant que la section du puits à percer est plus ou moins grande que celle de la chambre à air. Les vis de pression *e*... qui provoquent la descente du tubage sont fixées aux parois intérieures de ce manchon.

Les trappes, *g, g'*, ou clapets d'entrée et de sortie sont en fer ; leur pourtour est recouvert d'un cadre en caoutchouc que maintiennent des règles en tôle. Des contrepoids *h* et *h'*, attachés à des chaînettes qui passent sur des poulies, les équilibrent afin de prévenir la compression et la détente subites de l'air dans le sas, qui ne manquent de se produire lorsqu'on ouvre ou ferme ces trappes intempestivement.

Le tuyau, *I*, adducteur de l'air comprimé, d'un diamètre de 0.20 m., débouche au-dessous du fond inférieur du sas. Il est muni, à son sommet, d'une tubulure, renfermant une soupape de sûreté dont le levier est chargé d'un poids proportionné avec le degré de tension nécessaire à l'exécution des travaux de fonçage. Cette tension est indiquée par des manomètres placés à la surface et dans la chambre d'air. Deux robinets ajustés au tuyau adducteur permettent, l'un de régler l'admission progressive de l'air comprimé, l'autre, d'écouler le fluide pour le détendre quand il y a lieu.

Le tuyau d'ascension ou de dégorgement des eaux, i, a un diamètre de 0.10 m. ; il est rétréci à la partie inférieure pour faciliter le jeu de l'appareil. Deux robinets permettent de régler, l'un, k, le débit du liquide, et l'autre k' l'introduction de l'air comprimé qui fait remonter la colonne d'eau.

Deux sonnettes placées, l'une au jour, l'autre dans la chambre d'air servent à donner les signaux qui mettent en communication les ouvriers du dehors et ceux de l'intérieur.

Le cuvelage en fonte de fer, pour les stratifications de recouvrement, se compose de tronçons, $l...$, $l'...$, etc., superposés. Chacun de ces tronçons, dont la hauteur est de 0.40 m., comprend huit segments, de 15 millimètres d'épaisseur, assemblés par des brides verticales faisant saillie à l'intérieur de l'excavation et serrées avec des boulons. Ces segments sont consolidés par des consoles et portent, sur tout leur pourtour, une saillie qui sera utilisée ultérieurement pour la fermeture hermétique des joints, ainsi que le lecteur le verra plus loin. Enfin la base du tronçon inférieur se termine par un biseau affilé, m, m, qui coupe le terrain à traverser.

Montage des appareils et descente du cuvelage.

Une excavation peu profonde, destinée à contenir le sas et ses accessoires, est pratiquée dans les stratifications asséchées de la surface du sol. On la revêt de cadres, N, $N...$, et de planches jointives. On installe le manchon guide au fond de la cavité sur de courtes poutrelles, qui, plus tard, seront enlevées; puis le sas à air, descendu au moyen de deux chèvres, vient couronner le manchon, avec lequel il est relié. En outre, on dispose sur le sol de l'excavation trois tronçons, précédés du sabot tranchant.

Cette opération préliminaire achevée, on procède au fonçage et au revêtement du puits, travail exécuté alternativement par des mineurs et des ajusteurs-mécaniciens. Ces derniers sont chargés de l'assemblage des tronçons et des segments, dont ils rendent les joints étanches en bourrant d'un mastic de fer les espaces compris entre deux brides ou deux colliers consécutifs, espaces provenant des saillies ménagées sur les tranches de ces parties segmentaires.

Le mastic, qu'ils fabriquent sur place, est composé de : dix parties de limaille de fer, deux de sel ammoniac, une partie de fleur de soufre et un peu d'eau. Ce mélange, qui produit certaines actions chimiques, avec un sensible dégagement de chaleur, durcit en séchant.

A mesure qu'un nouveau tronçon est superposé au tubage, les mineurs en provoquent la descente en arrachant la stratification sur laquelle repose le sabot. Pendant ce temps, d'autres ouvriers, armés de clefs, tournent les vis, qui, par l'intermédiaire de blocs de bois, agissent sur le collier supérieur du dernier tronçon mis en place. Les hommes chargés de cette opération sont établis sur un plancher suspendu par des tiges en fer aux poutrelles de consolidation de la base du sas à air.

Les brides et les colliers forment saillie au dedans de l'excavation, malgré les inconvénients d'une pareille disposition; mais elle est indispensable pour faciliter le boulonnage des segments et surtout pour prévenir la tendance des pièces du cuvelage à s'écarter et des brides verticales à se disjoindre sous la pression de l'air condensé.

On entasse de la mousse, recouverte d'un lit d'argile, dans l'espace annulaire compris entre le manchon-guide et la partie supérieure du cuvelage, afin d'empêcher l'air de sortir de l'excavation. C'est aussi ce que l'on fait à la partie inférieure, pendant le fonçage dans le terrain houiller, où l'on chasse en outre des coins et des picots.

Ces travaux ont été exécutés par quatre postes successifs d'ouvriers travaillant pendant quatre heures. Dans les deux premiers postes, composés de mineurs, ceux-ci arrachaient le terrain du fond du puits, pendant que des manœuvres agissaient sur les vis de pression. Le nombre de ces derniers, qui dans l'origine n'était que de quatre, s'est accru successivement jusqu'à huit en raison de l'augmentation des frottements. C'est pour le même motif que l'avancement dans le gravier, qui d'abord était 0.60 m. par 24 heures, descendit successivement jusqu'à 0.40 m. Le troisième poste était composé d'ajusteurs, auxquels on avait adjoint un mineur pour les servir, chercher l'eau, etc. Ce poste montait un tronçon et boulonnait. Enfin, le dernier poste se composait d'ouvriers mastiqueurs.

On dut faire pénétrer le cuvelage à une profondeur de 10 mètres dans le terrain houiller, à cause de la présence d'une couche de schiste tendre et perméable *(bezics)* et de grès très-fissurés, dont la tête, aboutissant au gravier, mettait l'excavation en communication avec les eaux de la Meuse.

Lorsque le fonçage et le cuvelage descendant sont arrivés à la profondeur voulue une entaille est pratiquée pour recevoir la trousse à picoter ; on enlève le sabot tranchant, puis, dans l'intervalle compris entre la trousse et la base du cuvelage, on interpose trois tronçons. On évide la trousse par des chambres, on réunit ses segments par des boulons et l'on interpose des planchettes de sapin dans les joints, excepté aux arêtes intérieures, où l'on tasse du mastic de fer. Pour procéder au picotage les mineurs disposent, suivant deux lignes circulaires concentriques, des lambourdes ou planches de sapin; puis après avoir tassé de la mousse du côté de la roche, ils écartent les lambourdes l'une de l'autre par un picotage fait à la manière ordinaire. L'espace compris entre les tronçons et les parois de l'excavation est rempli de béton composé de deux parties de trass et d'une de chaux hydraulique de Chaudfontaine.

Ce percement, exécuté en 24 jours, a traversé 3.50 m. de terre végétale et d'argile, 5.50 m. de gravier de diverses grosseurs et de cailloux roulés, alternant par couches, et enfin 15 mètres de schiste houiller plus ou moins désagrégé et 5 mètres de grès fissuré.

Le cuvelage en fer a été suivi d'un cuvelage en briques de 15 m. de hauteur, au-dessous duquel on en a construit un troisième, de 28.40 m., en pierres de taille. L'emploi de ces dernières a été nécessité par l'accroissement de pression de la colonne d'eau, sous laquelle les briques menaçaient de céder en s'écrasant. Cette grande pression dérivait principalement des nombreux bancs de grès très-fissurés qui, à cette profondeur, viennent se profiler dans le puits, avec une inclinaison de 18° à 20°.

Observations faites pendant le cours des travaux (1).

Les chandelles de suif, comme on l'avait déjà observé ailleurs, brûlent trop rapidement et produisent une fumée

---

(1) Ces observations, recueillies par M. Bougnet, ingénieur des mines, sont empruntées au mémoire qu'il a publié dans le tome XVI, page 305, des *Annales des travaux publics* de Belgique.

insupportable. La lampe Mueseler n'éclaire pas ; ses armatures en cuivre dégagent, sous l'influence de la chaleur, une odeur des plus désagréables. Mais les bougies pourvues d'une mèche mince donnent une lumière intense et brillante et brûlent lentement sans dégager de fumée incommode.

La comparaison des températures, accusées par des thermomètres à l'alcool placés au fond du puits, dans le sas et au jour, donne les résultats suivants :

1° La température est moins élevée à la surface, mais beaucoup moins variable que dans le sas;

2° Elle est plus élevée dans le sas qu'au fond de l'excavation, malgré la combustion des bougies et la présence des ouvriers. Cette anomalie peut être attribuée au refroidissement causé par les eaux d'infiltration et à la tendance des couches de vapeur et d'air suréchauffés à s'élever en vertu de leur moindre densité;

3° La température de l'air semble s'accroître à mesure qu'on se rapproche de l'appareil de compression. Ainsi, lorsque le thermomètre centigrade accusait 27° au fond du puits et 30° dans le sas, elle était de 40° à la partie inférieure du tuyau adducteur et dépassait 55° auprès du cylindre soufflant.

Malgré la haute température que ce dernier acquiert, les cuirs des clapets se sont assez bien conservés, grâce à la précaution que l'on a prise de les laisser tremper pendant 24 heures, avant d'en faire usage, dans un bain de suif fondu et de les lubréfier, pendant l'opération, avec de l'huile de poisson.

Des couvertures d'étoupe constamment mouillées enveloppaient l'appareil compresseur et la partie extérieure du tuyau adducteur, afin de refroidir l'air qui se rendait dans l'excavation.

Si, d'un côté, le calorique dégagé par la compression

élève la température de l'air, de l'autre, cette température décroît, avec production de vapeur, lorsque l'air se détend, c'est-à-dire au moment de l'ouverture du robinet ou de la trappe supérieure du sas.

Aucune disposition n'a été prise pour la ventilation de l'excavation, le volume d'air injecté ayant suffi à cette fin. Enfin, le travail a été effectué sous des pressions comprises entre 0.2 et 0.9 atmosphère effective.

Application de l'air comprimé à la réparation du tubage en bois de la mine Maria, district de la Wurm (Pl. VIII, fig. 8 à 11).

Le puits d'exhaure de la mine Maria, dont il a été question ci-dessus, a été le théâtre d'un accident fort grave. Une nuit du mois de janvier 1857, la machine d'épuisement s'étant subitement arrêtée, une visite à l'intérieur fit découvrir la rupture d'une douve appartenant à l'avant-dernière cuve du tubage en bois, le déplacement des trois douves voisines et l'invasion des sables aquifères à l'intérieur de l'excavation. On considéra cet accident comme la conséquence du bris de la maîtresse-tige, arrivé quelques jours auparavant, et du choc violent que le revêtement avait reçu dans cette circonstance.

Au commencement, l'évacuation des sables n'était pas assez importante pour inspirer des craintes sur la solidité du puits. Mais, l'affouillement se propageant de plus en plus atteignit, en douze heures, le niveau d'eau, situé à une profondeur de 12.30 m., où se trouvait la base du revêtement en briques, qui s'affaissa sur toute la périphérie; enfin des fissures se dénotèrent dans le bâtiment de la machine d'extraction jusqu'à une hauteur de 4 à 5 mètres au-dessus du sol, et causèrent dans la suite la rupture de divers organes de l'appareil d'exhaure.

Le premier soin devait être d'empêcher le terrain aquifère de s'écouler dans le puits et d'encombrer les excavations inférieures. Dans ce but, on construisit avec des poutrelles, à 4.40 m. au-dessous de la brèche, un échafaudage, A, (fig. 10) et on le chargea de foin qui se mélangea avec le sable. Des bandes clouées contre les douves et portant des traverses sur lesquelles reposaient des étais verticaux soutenaient le système concurremment avec un autre échafaudage, B, établi au-dessus du premier.

A la fin de ce travail, le niveau des sables s'arrête à 2. 50 m. au-dessus de la rupture. Plusieurs tentatives pour dégager et boucher directement la brèche restent infructueuses: les exploitants décident d'avoir recours à l'air comprimé.

L'impossibilité où ils se trouvent d'introduire un sas à air spécial dans un puits de 1.65 m. de diamètre et la hâte qu'ils doivent apporter à ce travail les engagent à se servir des parois du puits lui-même malgré leurs doutes sur le degré de résistance que les douves peuvent opposer à la pression de l'air condensé.

Alors on isole au-dessus de la brèche, au moyen de deux planchers composés de fortes solives convenablement dressées, un compartiment, C, de 1.57 m. de hauteur (fig. 11). Cette installation exige l'enlèvement préalable des tuyaux de pompe sur une certaine hauteur. Pour donner aux planchers l'invariabilité désirable, des consoles, c, fixées aux douves au moyen de vis-à-bois, servent de supports à une couronne, d, — qui est formée de segments disposés autour de la circonférence intérieure du puits, — et sur laquelle portent les extrémités des solives. Les joints compris entre ces extrémités et la paroi du puits sont garnis d'un anneau, *a*, en gutta-percha, substance que l'expérience indique comme la plus convenable pour rendre étanches les joints de la circonférence. Lorsque cette garniture devient perméable, il suffit de lui superposer un cercle, *f*, en fer forgé et de le serrer en fesant agir des vis de pression qui traversent simultanément le plancher et un certain nombre de moises établies directement sur l'anneau en fer. On augmente la résistance des planchers aux efforts de distension de l'air comprimé en plaçant à la circonférence du puits huit étais, les uns verticaux, les autres inclinés et d'autres pièces de même espèce qui viennent buter contre le rebord inférieur du manchon d'assemblage situé immédiatement au-dessus.

Les trous d'homme ont une section elliptique et sont fermés par des trappes ou bouchons, mobiles sur des charnières. Pour rendre imperméables leurs contours, on y applique des torches de chanvre goudronné ou, mieux, des lanières de gutta-percha sur lesquelles on cloue des lisières en cuir. Les lettres *r* et *r'* représentent les robinets qui équilibrent l'air comprimé dans le sas lors de l'entrée et de la sortie des ouvriers et des matériaux. La soupape de sûreté, *h*, est chargée d'un poids égal à la pression d'une colonne d'eau de 15 mètres, soit 1 1/2 atmosphère.

La pompe à air — diamètre 0.40 m.; course 2.80 m. — est mise en mouvement par un appendice attaché à la maîtresse-tige d'une machine à traction directe. L'air, comprimé par les excursions du piston, se rend au-dessous du sas à travers un tuyau en plomb, *t*, dont l'orifice inférieur est muni d'une soupape, *s*, destinée à mettre obstacle au retour de l'air. Un plateau en fonte, *p*, garni de cuir et faisant fonction de soupape, s'oppose au retour de l'air comprimé pendant la descente du piston. Enfin, un manomètre à mercure, *m*, est ajusté sur le tube adducteur.

Mais cet appareil ne put donner la pression voulue, parce que l'air, passant dans les interstices compris entre les poutrelles et les tuyaux de la pompe restée en place, s'échappait dans les excavations inférieures. Il devint donc indispensable de construire une digue étanche entre les deux échafaudages A et B (fig. 10). Une ouverture pratiquée à travers celui de dessous, B, permit d'établir une plate-cuve, D, en briques, composée de quatre voûtes superposées. Le trou d'homme ménagé dans la maçonnerie fut revêtu d'un tuyau conique de 0.40 m. de diamètre et fermé par un tampon.

L'opération réussit, l'air se comprima et l'on put immédiatement procéder à la réparation du cuvelage en bois.

Chaque poste, de quatre heures, comprend 7 ouvriers et deux chefs-mineurs, dont l'un observe constamment le manomètre, tandis que l'autre surveille les travaux. Un manœuvre installé au-dessus du compartiment C, maintient la trappe fermée pendant la descente jusqu'au moment où la tension de l'air devient suffisante pour remplir spontanément cet office.

On enlève la masse de sable, sortie de la brèche et qui est en voie d'assèchement. On dégage insensiblement la douve fracturée pendant que les ouvriers chassent derrière elle (fig. 9) des plaques de fer forgé de 18 millimètres d'épaisseur, dont ils clouent les extrémités sur la paroi intérieure du revêtement. Ces plaques sont disposées les unes sur les autres, de manière qu'elles ferment la brèche tout en permettant de réduire en fragments la douve défectueuse et de la remplacer par une nouvelle, qui a, comme l'espace qu'elle doit occuper, une section triangulaire.

Ce travail important, exécuté en 24 heures, a pour but d'empêcher provisoirement les sables, — qui sont d'ailleurs si bien asséchés qu'on doit les enlever au louchet, — de passer à travers la brèche. L'action de l'air condensé est supprimée et les mineurs entreprennent de consolider cette partie des parois de l'excavation. A cette fin, ils garnissent la cuve, sur toute sa hauteur, de cercles en fer, puis, au-devant de la cuve compromise, assujétissent des tôles de 32 millimètres d'épaisseur, serrées par des moises horizontales, superposées sur toute la hauteur de la cuve. Enfin, ils remplissent de ciment hydraulique et de ciment romain les espaces x, y et z.

Le puits se trouve alors divisé en trois compartiments : l'un, P, est affecté à la descente des ouvriers ; Q, à la maîtresse-tige et O, à la colonne d'ascension des pompes. Ces compartiments, de faible section, suffisent à la destination qu'ils doivent remplir.

Voici les divers phénomènes que l'on a observé pendant le cours du travail. La pression de l'air a été en moyenne de 3/4 d'atmosphère effective. Les ouvriers, à leur entrée dans l'air comprimé, éprouvaient une contraction des muscles de la figure et un picotement très-désagréable auquel succédait une vive douleur aux oreilles ; celle-ci s'apaissait après une demi-heure de séjour dans l'atmosphère du sas et était quelquefois accompagnée de saignements par le nez. La respiration était plus difficile et plus fréquente qu'à l'état normal ; la poitrine se serrait et l'émission de la voix devenait plus difficile.

Seconde réparation du puits d'exhaure de la mine Maria.

La première réparation, ci-dessus décrite, dont ce puits avait été l'objet, en avait tellement rétréci la section disponible que, sur une partie de sa hauteur, il suffisait à peine aux besoins de l'épuisement. Mais comme il ne laissait rien à désirer sous le rapport de la solidité, les exploitants se résignèrent à le maintenir dans le même état jusqu'en 1859. A cette époque, l'affluence sans cesse croissante des eaux rendant indispensable le remplacement des pompes de 0.25 m. par d'autres de 0.45 m., il fallut songer définitivement à élargir le puits, c'est-à-dire à rétablir, dans la section primitive, la partie rétrécie. On décida de faire cette opération par le moyen de l'air comprimé.

La durée de ce travail, qui comportait en outre la substitution de nouvelles pompes aux anciennes et d'une forte machine à traction directe, à la machine à balancier, ne devait pas excéder trois semaines, sous peine d'inonder la mine et par conséquent d'interrompre l'extraction.

L'opération fut conduite de la manière suivante :

Une plate-cuve, impénétrable à l'air, construite au fond du puits, se composait de poutres juxtaposées, recouvertes d'une maçonnerie, le tout traversé par un tuyau destiné à donner un courant d'air frais avant et après l'emploi de l'air comprimé. Immédiatement au-dessous de l'ancienne brèche se trouvait un palier pour recevoir les produits des éboulements éventuels. Le sas à air, — cylindre en tôle, qui, par sa circonférence extérieure, pouvait s'adapter exactement aux parois du cuvelage en bois, — était fixé à la partie supérieure de l'excavation. Il était, d'ailleurs, accompagné de tous les accessoires nécessaires. Enfin, l'air, comprimé au jour par une machine spéciale de la force de 12 chevaux, était refoulé dans l'excavation à travers des tubes en plomb de 0.05 m. de diamètre intérieur.

Lorsque les appareils se mirent en activité, la compression de l'air s'éleva immédiatement à 1 1/4 d'atmosphère ; mais il fut impossible de dépasser cette limite, quoique les 25 pulsations doubles de la machine fissent entrer dans

16

l'excavation un cube d'air de 1.98 m. par minute. Ce fait, conséquence naturelle de la perméabilité des pores du bois, que l'air traversait pour se rendre dans les sables et de là au jour ou au fond du puits, pouvait devenir un obstacle insurmontable; mais lorsqu'une compression régulière fut établie, les sables, dont les eaux furent refoulées en arrière, perdirent leur mobilité et restèrent simplement humides, dans un état de solidité telle que, pour les arracher, il fallait employer un pic en bec de cane.

L'élargissement du puits eut lieu de haut en bas, sur une hauteur de 4.20 m. Les moises de renfort, qui s'opposaient à l'installation des pompes, et les plateaux de fer, qui obstruaient la brèche, ayant été enlevés, les charpentiers-mineurs, armés de l'herminette, de la doloire et du ciseau, procédèrent à l'entaillement de la partie saillante des douves à l'intérieur, afin de remettre les parois dans l'aplomb général du puits; ils revêtirent ensuite la brèche en appliquant des pièces de tôle courbées en demi-cercle de 0.31 m. de hauteur, dont ils assujétirent les extrémités au moyen de forts clous implantés dans les douves restées en place. Puis on coula du ciment derrière les tôles. Pour consolider ce premier revêtement, on fixa d'abord des cercles en fer sur les lignes de jonction des plaques; mais plus tard on crut devoir y substituer un cylindre en tôle d'une hauteur égale à celle de la brèche.

Les débris de la brèche, tels que sable, ciment, recoupes de bois, etc., furent provisoirement rejetés dans la partie du puits située au-dessus de la plate-cuve, afin de diminuer la quantité des matériaux à extraire pendant le cours des opérations à l'air comprimé. L'introduction à l'intérieur du puits des objets nécessaires au travail se faisait au renouvellement des postes d'ouvriers.

Les opérations exécutées à l'aide de l'air comprimé ont

duré huit jours et la réparation complète, y compris le déplacement et le remplacement des pompes et de leurs moteurs, n'en a exigé que vingt-et-un. Ce travail a donné lieu à une observation fort importante: l'évacuation de l'eau a permis aux sables de se solidifier de telle manière qu'on a pu les mettre complétement à nu au-devant de la brèche et y travailler pendant plusieurs heures sous la simple pression de l'atmosphère. L'eau a reparu insensiblement, mais d'une manière complète au bout de vingt-quatre heures.

Passage des sables mouvants à la mine de houille de la Louvière.

Le puits Léopold, dont il est ici question, a été foncé à la limite occidentale de la concession de la Louvière, en un point où la puissance des sables qui recouvrent le terrain houiller est de 67 mètres. Ces sables sont divisés, par une galerie d'exhaure, en deux parties superposées; l'une, gisant immédiatement au-dessous du sol et desséchée par cette galerie, a une puissance de 52 m.; l'autre est encore dans son état aquifère primitif; son épaisseur est de 15 mètres.

Le creusement a offert quatre phases distinctes, savoir:

L'application directe de la main des ouvriers dans la partie asséchée sur une profondeur de   52.00 m.

Un fonçage à la tête des sables aquifères, par le même procédé . . . .   2.15 »

L'emploi d'un tubage en tôle . . . . .   9.63 »

Et un cuvelage suspendu, en bois, dont la base a été picotée à une profondeur de 0.83 m. dans les schistes houillers . . . . . .   5.40 »

                                                            ————

                                                       69.18 »

La traversée des sables asséchés, gisant au-dessus de la galerie d'écoulement, ne se distingue en rien des autres opérations de creusement par les procédés directs. Le revêtement se compose de hêtres, carrés, qui deviennent des octogones (diamètre du cercle inscrit, 4.90 m.) par l'adjonction de goussets aux quatre angles : les pièces, assemblées à mi-bois, sont réunies par des boulons. Ces cadres maintiennent les palplanches contre les terrains ébouleux ; ils sont rendus solidaires les uns des autres par des porteurs et par des bandes de fer attachées au moyen de vis à bois et régnant, au nombre de seize, sur toute la hauteur de l'excavation.

Deux cadres de la partie supérieure du puits ont été colletés dans des points où le terrain possède assez de solidité, afin de pouvoir y suspendre la série des cadres inférieurs, installés dans des stratifications moins résistantes.

Le mineur arrivé au sol de la galerie d'écoulement attaque les stratifications aquifères par le même procédé de creusement direct. Il a soin de les assécher préalablement en enfonçant au centre de l'excavation un cylindre en tôle, sans fond, dont le pourtour, criblé de trous, permet aux eaux de pénétrer par infiltration. Ce cylindre, d'un diamètre de 1.80 m. et d'une hauteur de 1.20 m., en renferme un autre en bois, de 0.80 m. de diamètre. Des coups de dame, appliqués successivement sur ces deux organes, en provoquent la descente ; le terrain gisant à l'intérieur est enlevé et le cylindre en bois sert de puisard dans lequel des petites tonnes reliées à un treuil viennent chercher les eaux.

C'est ainsi qu'on assécha les sables avoisinants, mais d'une manière assez imparfaite pour qu'un reste d'humidité déterminât l'adhérence des particules entre elles, de telle sorte que leur compacité était plus grande que celle des stratifications gisant au-dessus de la galerie.

Des venues d'eau constantes, que les tonnes et leurs treuils ne pouvaient enlever que difficilement, s'étant déclarées à une profondeur de 2.15 m., comme il était certain que la quantité d'eau ne ferait que s'accroître, les exploitants durent songer à un autre mode de fonçage.

C'est alors qu'ils résolurent de foncer un tubage en tôle à niveau plein, c'est-à-dire sans abaisser le niveau actuel des eaux, et d'appliquer ensuite le sas à air pour opérer la jonction du revêtement avec le terrain houiller.

Ce tubage, en feuilles de tôle de 18 millimètres d'épaisseur, a un diamètre intérieur de 4.54 m. et une hauteur de 19 m. Chaque tronçon se compose de panneaux, résultant de la réunion de quatre feuilles, sur les joints desquelles sont rivés des fers en T, et dont les bords sont munis d'équerres formant les brides et les colliers d'assemblage. Dans les joints horizontaux et verticaux sont intercalées des lames de plomb, qui, pour augmenter la rigidité du tubage, reçoivent des barres de fer méplat, dont les extrémités correspondent chacune au milieu de deux tronçons superposés. Des oreilles, fixées à l'intérieur des panneaux, permettent de les suspendre aux cables et de les descendre dans l'excavation.

La partie inférieure du tubage, destinée à couper le terrain, se termine en biseau tranchant, elle est dépourvue de parties saillantes et se compose exclusivement de tôles assemblées par des rivets à tête perdue.

Avant la descente du tubage, six sondages d'exploration pratiqués au fond de l'excavation firent connaître que l'inclinaison du terrain houiller marche du nord au sud et que la différence de niveau, aux deux extrémités du diamètre du tubage correspondant à cette direction, est de 0.60 mètres.

Alors on enfonça le revêtement à niveau vide en maintenant toujours le sabot tranchant à une distance de 0.20

à 0.25 m. du fond du puits, afin d'éviter la pénétration des sables à l'intérieur. Mais quand on eut atteint une profondeur de 4.05 m., malgré l'action de huit fortes vis de pression, il fut impossible d'aller au-delà. Les mineurs s'étant assuré que le sabot portait sur un sable aggloméré et durci, ne pouvait être mis à découvert sans provoquer l'affluence des sables boulants, on résolut de laisser remonter les eaux et de continuer le travail au moyen de dragues et de trépans manœuvrés à la main.

Mais l'exccesive lenteur de ce procédé dans un terrain de plus en plus compacte, la différence des résistances qui se firent sentir aux extrémités d'un même diamètre de la base du revêtement descendant, enfin l'impossibilité, pendant le travail avec l'outil dragueur, d'empêcher les sables de se déverser à l'intérieur du puits, furent autant d'obstacles contre lesquels on jugea inutile de continuer la lutte. On recourut à un autre procédé.

Application de l'air comprimé au fonçage de la Louvière. (Pl. VIII, fig. 19).

Le sas à air employé dans cette circonstance a été disposé, d'une manière toute nouvelle, par M. Colson, ingénieur-mécanicien à Beaume. Il consiste en deux troncs de cône accolés par leurs grandes bases. Sa hauteur totale est de 6 m., avec un diamètre de 4 m. au milieu et de 0.85 m. aux extrémités. Cette disposition, dont la construction est des plus faciles, oppose une résistance énergique à la force d'expansion de l'air comprimé. La capacité assez grande de cet appareil (42 m. c.) est motivée par la grande quantité d'ouvriers et de seaux qu'il doit renfermer et par la crainte que l'air soit trop promptement vicié par la respiration des hommes et la combustion des lumières.

Le prolongement du tubage au-dessus de la galerie d'écoulement permet d'installer le sas à la partie supérieure du revêtement, avec lequel il se relie au moyen d'un anneau plat en fer, a. Sur cet anneau sont placées les moises verticales m, m, destinées à transmettre au tubage la pression de vis tendant à déterminer la pénétration du sabot dans le terrain. Ainsi le sas et le tubage complet forment un ensemble dont la descente s'opère simultanément. Le creusement a pour objet un terrain découvert gisant à l'intérieur du tubage, dont la pénétration précède l'emploi de l'air comprimé. Deux planchers sont établis, l'un dans le sas, l'autre un peu au-dessous du clapet.

L'appareil compresseur construit par M. Colson, consiste en un cylindre dans lequel se meut un piston plein. La distribution de l'air a été l'objet d'une modification importante : des tiroirs semblables à ceux des machines à vapeur ont pris la place des clapets en cuir, qui brûlaient trop facilement à la haute température que donne la compression de l'air.

Un tuyau de dégorgement des eaux, t, mit en communication le fond de l'avaleresse et la galerie d'écoulement. Son utilité fut nulle dans les sables, qui, en vertu de leur perméabilité, livraient un passage facile aux eaux refoulées; mais il rendit quelque service dans le terrain houiller.

Le tuyau adducteur de l'air comprimé, T, se recourbe pour traverser les deux parois coniques du sas ; immédiatement au-dessus de ce dernier, il est muni d'un emmanchement à coulisse et d'une boîte à bourrage qui lui donnent la faculté de s'allonger, sans que le fluide puisse s'échapper. Mais le dégagement du tuyau ne pouvant avoir lieu que sur une longueur de 2 mètres, il fallait, chaque fois que son extrémité inférieure avait atteint la boîte à bourrage, l'allonger de cette quantité et, par conséquent, suspendre la

marche de la machine et laisser remonter les eaux dans
l'excavation. On surmonta cette grave difficulté au moyen
d'un quadruple emboîtement, c'est-à-dire en introduisant
les uns dans les autres quatre tubes, disposés comme ceux
d'un télescope.

Pour traverser les sables durcis sur lesquels reposait le
tubage, on comprima l'air à l'intérieur de celui-ci. Il fallut
recourir à l'emploi de fourneaux de mine, ce que permit la
retraite des eaux sous une pression assez forte de l'air
condensé. Mais au-delà, les frottements latéraux des sables
rendirent la descente de plus en plus difficile, même lorsque
le creusement précédait le sabot tranchant. Alors la diminution de pression, seul moyen à employer, laissait affluer
à l'intérieur l'eau et le sable, et cet expédient trop souvent
répété produisait des affouillements autour des revêtements
supérieurs, dont ils compromettaient la solidité et même
l'existence. Enfin les cadres du boisage, pressés par les
sommiers de retenue des vis, se brisaient sous les efforts
de ces dernières. Cependant la descente s'opérait et malgré
ces incessantes difficultés, le tubage s'était enfoncé, en
moins de huit mois, de 9.63 m., c'est-à-dire de 11.78 m.
au-dessous du sol de la galerie de démergement.

Alors on inaugura un nouveau système consistant à prolonger le revêtement par un cuvelage en bois relié avec la
base du tubage en fer. La première assise de ce cuvelage,
dont la section était un polygone régulier de 16 côtés,
recevait à sa face supérieure une échancrure circulaire, qui
était destinée à loger l'extrémité du sabot et devait, plus
tard, être l'objet d'un picotage soigné. Chacune des seize
pièces de cette assise fut suspendue par deux tirants verticaux au dernier collier du tubage. Alors d'autres assises
vinrent successivement s'appliquer au-dessous, qui allon-
gèrent le cuvelage par le bas. On les relia entre elles par

un procédé proposé par M. Guibal pour l'avaleresse de St-Vaast, dont il sera bientôt question. Ce procédé consiste à faire passer, à travers chaque pièce que l'on doit rattacher au cuvelage, deux boulons dont l'extrémité filetée fait saillie au-dessus de la face supérieure et vient s'encastrer dans un trou plus petit, foré à la face inférieure de la pièce déjà fixée en place. Ces boulons, placés alternativement suivant l'une et l'autre diagonales, ont leurs têtes naturellement noyées dans le bois.

Le fonçage avança assez rapidement malgré le glissement des sables sur la pente du terrain, qui, vers le sud, aggravaient les difficultés de la pose des pièces. C'est ainsi qu'il fallut parfois vingt heures pour une seule de ces pièces, tandis qu'au nord cinq heures suffisaient pour en installer quatre.

Ici fut vérifiée l'observation déjà faite à la mine de Douchy, savoir : la tendance des panneaux du cuvelage à se disjoindre, en vertu de l'excès de pression de l'air comprimé sur l'eau, d'où résulte l'agrandissement des joints et quelquefois la déviation du revêtement hors de la verticale. Les précautions prises à ce propos ayant été insuffisantes, il fallut rappeler à l'intérieur de l'excavation les panneaux qui s'en étaient écartés. A cet effet, on installa au centre du puits, dans une position horizontale, un anneau en fer de 1.20 m. Seize trous forés à sa circonférence reçurent autant de tringles qui se rattachaient à des menottes fixées au milieu de chaque panneau. Enfin les tiges, filetées à leurs extrémités les plus rapprochées de l'axe, portaient chacune un écrou destiné à presser sur la surface intérieure de l'anneau. Lorsque l'action exercée sur les écrous eut ramené les pièces dans leur position normale, des fers d'angle placés sur les joints verticaux suffirent à la fixité du cuvelage.

La pose des pièces en descendant continua dans les schistes qui, dans ce but, furent excavés de 1.05 m. au nord et de 0.50 m. au sud. Puis, après avoir prolongé le creusement jusqu'à une profondeur de 1.30 m., on établit sur la banquette une forte trousse picotée. Alors le cuvelage en bois s'étendit sur une hauteur de 5.40 m. et la base du revêtement se trouva à 17.18 m. au-dessous du sol de la galerie. Plus tard, on consolida cette base en installant une seconde trousse picotée au-dessous de la première. Enfin on prolongea le cuvelage en bois à l'intérieur du tubage au moyen de pièces de moindre épaisseur que les précédentes.

Les travaux commencés par M. Hancart, dans le cours du mois de mai 1855, ont été achevés par M. Englebert en octobre 1857, leur durée a donc été de 2 ans et 5 mois.

Immédiatement après l'achèvement de ce puits, un second puits, placé dans les mêmes conditions, fut entrepris par les mêmes moyens. L'ingénieur, éclairé par l'expérience, substitua la fonte à la tôle dans la construction du tubage, ce qui lui permit d'employer des tronçons coulés d'une seule pièce et de se soustraire ainsi aux difficultés résultant de la perméabilité des rivures et de joints multipliés et à l'usage d'un cuvelage en bois.

Ces opérations, pour lesquelles on a mis à contribution les principaux procédés de fonçage, semblent avoir été l'objet de nombreux tâtonnements. Mais elles renferment aussi quelques innovations heureuses: l'application des glissières à la pompe de compression de l'air; la disposition du sas et la descente simultanée du sas et du tubage pendant l'avant-dernière période du travail (1).

(1) Le lecteur trouvera de nombreux détails sur les fonçages de la Louvière dans un mémoire publié par M. l'ingénieur Simonis. *Annales des Travaux publics*. Tome XVIII, page 5.

Procédé de M. Guibal pour le passage des sables boulants et aquifères. (Pl. IX et X.)

Lorsque la Société de St-Vaast, Centre du Hainaut, résolut de se servir du procédé de M. Guibal, il existait, vers la limite de la concession de Péronnes, un puits qui avait franchi les terrains crétacés au moyen d'un cuvelage à section octogonale, de 2.50 m. de diamètre, dont la base était installée à une profondeur de 70.84 m. Au-dessous, l'excavation se prolongeait sans revêtement sur deux mètres de hauteur (fig. 1).

Avant toute autre opération, on pratiqua des sondages au fond du puits, afin de reconnaître la nature des stratifications qu'il restait à percer pour atteindre le terrain houiller. Ils dénotèrent l'existence d'un banc d'argile de 9.30 m. et d'une masse arénacée, de 24.75 m. de puissance, qui repose sur les schistes houillers passés à l'état plastique. Les sables, de nature homogène, siliceux, à grains fins et blancs, exempts de débris de roches, de bancs ou de rognures de silex, renferment seulement quelques rares galets et quelques cailloux roulés, dont les volumes atteignent à peine huit décimètres cubes. La tête du niveau de cette stratification, de même hauteur que celle du terrain de recouvrement, se trouve à 22.13 m. au-dessous du sol; aussi les sables sont-ils doués d'une force jaillissante si considérable qu'il suffit de diminuer de quelques décimètres la hauteur de la colonne d'eau qui équilibre la pression extérieure du niveau, pour qu'ils fassent irruption et s'élèvent dans les excavations, même au-dessus de leur niveau naturel.

Un pareil état de choses ne permettait pas de songer aux tubages, vu la difficulté de les faire pénétrer à la base du dépôt sans créer des affouillements à l'extérieur, ce qui aurait déterminé l'isolement du tube au milieu de la masse et, par suite, la ruine de l'opération. L'absence d'un puits spécial d'exhaure ou de toute autre excavation ne laissant pas la faculté d'avoir recours à l'artifice employé à Streppy-Bracquegnies, il eût fallu, pour atteindre les sables, leur opposer une colonne d'eau égale à celle qui les pressait et, par conséquent, mettre en œuvre un tubage de 9 à 10 mètres de hauteur. Enfin l'usage de l'air comprimé, qui eût exigé une pression de 9 à 10 atmosphères, était interdit.

Placé dans des conditions aussi anormales, M. Guibal, imitant en quelque sorte le procédé dont on s'est servi pour percer le tunnel sous la Tamise, divise le revêtement en deux parties : l'une, mobile, analogue au bouclier de Brunnel, s'enfonce dans les sables à mesure que le percement progresse ; l'autre, fixe et construite définitivement, n'est autre que le prolongement du cuvelage établi dans les stratifications supérieures.

La partie mobile du revêtement, ou *prisme pénétrant*, *A* (fig. 2 et 8), protège, contre l'action des sables environnants, la partie inférieure fixe, *B* ; en outre, à mesure qu'elle s'enfonce dans le terrain, en précédant ou en suivant l'excavation, elle laisse une surface libre que le mineur revêt d'une manière définitive. Une nouvelle pénétration est suivie d'un nouveau prolongement du cuvelage. Ainsi l'appareil abandonne successivement au-dessus de lui les diverses parties de la construction qui s'exécute à son intérieur et celle-ci, pressée par le terrain qui se resserre, tend à se maintenir dans un état d'immobilité complète. D'où il résulte que les frottements de ce prisme, dont la hauteur est constante et qui présente toujours la même surface de contact, ne peuvent subir aucune variation dans les terrains homogènes.

Des presses hydrauliques, $C, C\ldots$, agissant sur la construction stable, opèrent une réaction sur le prisme et le font cheminer de haut en bas. Ces appareils, dont on peut obtenir de très-fortes pressions, valent mieux que les vis : ils permettent d'agir à distance, tandis qu'elles exigent la présence des ouvriers dans l'excavation. Les vis, manœuvrées à bras d'hommes, pressent d'une manière intermittente; au contraire, les presses, dont l'action est incessante, maintiennent le cuvelage et, de plus, mettent au profit de la pénétration toutes les circonstances favorables, à quelque instant qu'elles se présentent et si courte que soit leur durée. Enfin, les presses, alimentées par des tuyaux venant du jour, agissent à volonté et indépendamment les unes des autres.

La colonne alimentaire, haute de 80 à 120 mètres, vient en aide à l'action qui provoque la descente, en ajoutant à la pression 1000 kil. par mètre de hauteur, pour chaque mètre carré de surface des pistons.

Au prisme est attaché un masque, D, diaphragme étanche et solidement établi, qui s'oppose à la pénétration des eaux dans le puits. Il est percé, à son centre, d'une ouverture circulaire, surmontée d'un tube ou colonne centrale, O, qui s'élève jusqu'au-dessus du niveau des eaux. L'espace annulaire compris entre le revêtement du puits et la colonne centrale pouvant être asséché pendant que celle-ci continue d'être remplie d'eau, l'excavation se trouve divisée en deux parties : l'une, située au-dessus du masque, représente le niveau vide ; l'autre, au-dessous, et au centre du puits, le niveau plein. Cette ingénieuse combinaison satisfait à deux conditions qui, au premier abord, semblent inconciliables : la présence des ouvriers occupés à la construction du cuvelage au fond d'un puits libre de tout obstacle et, simultanément, la pression équilibrante d'une

colonne d'eau opposée aux sables de l'extérieur du puits.
Le tube central a pour destination, non seulement de permettre aux eaux des niveaux inférieurs de prendre leur
équilibre, mais encore d'établir, entre l'orifice du masque
et le jour, une communication par laquelle on peut creuser
le terrain au moyen de forages dans les argiles et de
dragages dans les sables. Les instruments propres à ces
manœuvres, qui se font de la surface, seront l'objet de
descriptions spéciales.

Voici quelques détails relatifs à la construction des organes qui précèdent :

Le prisme pénétrant se compose de huit panneaux,
a, a..., correspondant aux huit côtés, b, b..., du cuvelage
déjà établi. Chacun de ces panneaux est fait de pièces de
bois, de 0.10 m. d'épaisseur, horizontales et superposées ; elles sont revêtues, intérieurement et extérieurement, de tôles de deux centimètre d'épaisseur ; le tout
est réuni et consolidé par des rivets à tête fraisée,
espacés de 0.20 m. La liaison des panneaux s'effectue à
l'aide : 1° des armatures intérieures, $e\ e$, $e'\ e'$, composées
de bandages pliés suivant les angles du polygone et appliqués simultanément sur deux panneaux en contact, 2° des
segments du masque, dont les lignes d'assemblage coïn-
cident avec les rayons du cercle inscrit perpendiculaires
aux côtés du prisme ; 3° d'une double tôle qui, placée à
l'intérieur, saisit par moitié les panneaux voisins ; 4° enfin,
d'une forte barre de fer méplat, f (fig. 7), qui s'infléchit suivant les angles du prisme, au-dessous de la pièce où sont
fixées les lames de cuir dont il sera fait mention ultérieurement. La partie inférieure, g, g (fig. 2), de chaque panneau
est taillée en biseau ; là s'opère le rapprochement des deux
tôles appliquées sur chaque face, qui se réduisent au-dessous du bois sur une certaine longueur, puis se terminent

par une lame acérée destinée à jouer le rôle de *sabot tranchant* ou *trousse coupante*.

Le glissement de l'appareil est facilité par la disposition suivante : sur le pourtour du prisme, entre la surface intérieure de celui-ci et la surface extérieure du cuvelage, est ménagé un espace circulaire, d'environ 0.01 m., obstrué par de fortes lames de cuir, *h*, *h* (fig. 7), disposées en écailles de poisson. A cet effet, la tranche supérieure du prisme a été couronné de pièces de bois, *E*, faisant saillie sur les tôles de revêtement ; à leur face intérieure sont pratiqués trois crans dans chacun desquels sont assujétis, avec des rubans de fer et des vis à bois, une série de lames de cuir de 0.30 à 0.40 m. de hauteur. Ces lames, superposées de manière que les joints correspondent aux pleins, forment une espèce de soupape continuellement appliquée contre la surface extérieure du cuvelage par la pression du niveau.

Un second bandage, *k*, taillé en biseau, règne au-dessous du premier, afin que le cuvelage soit astreint à passer à travers une section rigoureusement égale à sa section extérieure.

Le prisme a pu supporter l'énorme pression de 91.000 kilogr. par mètre carré, sans aucun inconvénient.

La section intérieure du prisme dérive de celle du cuvelage qu'il renferme. Le diamètre de celui-ci étant de 2.50 m., l'épaisseur des pièces, de 0.38 m., et un jeu de 0.01 m. ayant été laissé pour la facilité du glissement, le diamètre du cercle inscrit au prisme est de 3.27 m. Une hauteur de 4.50 m. a été jugée suffisante pour embrasser les trois ou quatre dernières pièces du cuvelage, loger les presses, effectuer la pose des pièces et, enfin, pour ménager au-dessous du masque une cavité qui facilite le dragage des sables et l'arrachement des argiles. Ainsi, la surface du prisme, ou la partie flottante en contact avec le terrain, est de 52.20 mètres carrés.

Le masque — en fonte de fer — est doué d'une grande rigidité, afin d'annihiler, autant que possible, la pression qu'il pourrait exercer sur le prisme de dedans en dehors. Cet organe se compose de huit segments assemblés par des brides perpendiculaires aux panneaux et aboutissant au milieu de leur largeur. Chaque segment forme un compartiment renforcé par des nervures saillantes, i; les faces latérales, convenablement dressées, sont en contact parfait. Le masque est pourvu, à son centre, d'une bride, sur laquelle s'applique le premier tuyau de la colonne centrale. Il repose sur un bandage octogonale e, auquel il est attaché par des boulons à tête noyée dans l'épaisseur du fer.

La colonne centrale, O, est une série de tuyaux de 3 m. de longueur, dont la tôle décroît en épaisseur à mesure qu'ils se rapprochent du jour : le diamètre intérieur est de 0.80 m. Des bois de refend, tels que l, l' établis à diverses hauteurs maintiennent la colonne dans une position invariable; ils constituent, en outre, l'un des côtés de la prison des tuyaux de la pompe d'épuisement P. Des robinets placés en divers points de la colonne permettent d'écouler totalement ou partiellement les eaux qu'elle renferme. Comme elle descend progressivement, il faut ajouter, de temps en temps des tuyaux à sa partie supérieure.

Les presses hydrauliques C, C... sont au nombre de seize. Elles sont installées par couple au-dessous de chaque panneau et liées au prisme par des boulons, r, r... Le diamètre de chacun de leurs pistons étant de 0.20 m. ceux-ci offrent en totalité une surface de 50.26 décimètres carrés. Un tube circulaire couché suivant un plan horizontal et dont on voit une partie en m, m (fig. 5) sert à transmettre isolément à chaque couple de presse l'eau qu'il reçoit d'un autre tube, vertical; celui-ci règne le long du puits, arrive au jour, où il communique avec le piston alimentaire, que met en mouvement une petite machine à vapeur. Des robinets placés sur la colonne d'alimentation permettent d'interrompre subitement l'ascension des seize pistons. Enfin, des *dépresseurs*, adjoints à chaque couple de presse, assurent la marche simultanée de celles qui correspondent à un même panneau. Les figures 5 et 6 qui représentent ces organes indiquent la position de objets suivants : v, v', orifices d'entrée et de sortie de l'eau, qui pénètre dans les presses et s'en échappe respectivement par des tuyaux, w et w'; x et x' régulateurs d'adduction et d'évacuation, composés de deux cônes obsturateurs, surmontés d'une vis dont la tête est manœuvrée de l'extérieur. Les dépresseurs donnent la faculté d'imprimer le mouvement à un ou à plusieurs couples de presses et de l'arrêter sans changer l'état des autres. On peut aussi, par l'évacuation de l'eau contenue dans les corps de pompe, faire descendre les pistons parvenus au haut de leur course.

Pour que les presses soient constamment alimentées, malgré leur descente successive à la suite du prisme, on a établi en un point du tube vertical, s, (fig. 10), un emboîtement à coulisse, qui résulte d'une solution de continuité de ce tube, dont les deux extrémités s'engagent dans un tuyau, n, où elles sont serrées par des boites à bourrage, q, q'. Lorsque l'appareil progresse de haut en bas, la partie inférieure du tube alimentaire s se dégage de la boîte à étoupes sans donner lieu à une disjonction. Puis lorsque ce tube est sur le point d'en sortir, on assemble un nouveau tube en l'engageant dans la boîte à étoupes.

On installa le prisme et ses accessoires dans une excavation octogonale pratiquée immédiatement au-dessous du cuvelage déjà existant et disposée dans la stratification argileuse de manière à laisser entre la tête des sables et son sol un espace de six mètres, plus que suffisant pour résister momentanément à la pression du niveau, qui tend à s'élever. Cette excavation étant solidement boisée, des guides en bois, fixés contre les cadres de revêtement, assurèrent la verticalité du prisme pendant la descente et s'opposèrent à toute déviation.

La descente des panneaux fut suivie de leur pose ; le dernier seul exigea quelques précautions semblables à celles que l'on prend pour la clef d'une passe de cuvelage. Le masque étant placé, on coula dans les joints un mastic résineux. On établit les presses, leurs dépresseurs et la colonne alimentaire ; puis la garniture en cuir destinée à empêcher le sable de passer entre le prisme et le cuvelage ; ensuite les pièces nécessaires pour revêtir l'espace compris entre les siéges et les presses et, enfin, la colonne centrale d'équilibre.

Les diverses opérations préparatoires, commencées le 21 avril 1857, furent terminées le 13 juin de la même année. Les appropriations à la surface et l'établissement des engins qui s'y trouvent durèrent jusqu'au mois d'août.

Instruments d'entaille et de déblai.

Les outils qui ne doivent agir que sur des stratifications tendres, telles qu'argiles et sables, sont manœuvrés par mouvements de rotation ou de pompage. Il y en a trois : le *trépan dilatable*, la *tarière* et la *cuillère* ou cylindre à soupape.

Le trépan dilatable, *q q*, est représenté ouvert et fermé dans la figure 12 et en projection horizontale dans la figure 9. Cet instrument agit sous le masque, où il creuse, dans l'argile superposée aux sables et dans les schistes de la formation houillère, l'excavation dans laquelle le prisme s'engage. Quatre lames recourbées dans le sens du mouvement, aciérées et tranchantes sur toute leur longueur, sont articulées sur des tourillons, t, t... que portent les quatre faces verticales du manchon u. Quatre bras, v, v, articulés de la même manière sur le manchon supérieur u' se rattachent aux lames vers le milieu de leurs longueurs. Les deux manchons, en fonte, u, u' sont carrés et glissent librement sur une tige en bois de même forme, qui lui communique un mouvement de torsion. Ce mécanisme, analogue à celui d'un parapluie, permet d'ouvrir et de fermer les lames en rapprochant ou en écartant l'un de l'autre les deux manchons.

La tige de manœuvre, T, est munie à sa partie inférieure d'un arrêt, k; le manchon supérieur est suspendu à deux cables, L, L', qui, à leur arrivée au jour, s'infléchissent sur des poulies et viennent s'enrouler sur le tambour d'un treuil. Quand l'instrument, suspendu aux cables, descend le long de la tige, son poids force les deux manchons à se maintenir au minimum d'écartement; ses lames sont fermées et il passe dans la colonne centrale sans frottement. Mais vient-il s'asseoir sur l'arrêt k, le poids de sa partie supérieure se portant sur les lames les force à s'écarter de la tige, tandis que le manchon de dessous continue pendant quelques décimètres son mouvement de descente. Le degré d'ouverture dépend naturellement de la volonté des hommes appliqués au treuil. Lorsqu'on tire l'instrument au jour, le manchon supérieur remonte en entraînant les bras de liaison, les lames se placent parallèlement à la tige et l'outil fermé peut de nouveau parcourir la colonne centrale sans frottement. Ainsi le trépan se ferme nécessairement pour monter et pour descendre dans le puits ; il ne s'ouvre qu'en dessous du masque, après avoir atteint l'arrêt k, point où doit se faire le travail d'excavation.

La tige conductrice du trépan occupe le centre de la colonne d'équilibre. Elle se compose de pièces de sapin, de 0.20 m. d'équarrissage, assemblées entre elles par des étriers (fig. 13), disposés de manière qu'elle puisse conserver dans toute son étendue une section uniforme pour le libre glissement des manchons. Elle se termine par une pointe assez aiguë, M (fig. 12), qui s'implante dans le terrain et prévient les déviations. La rotation de l'outil est provoquée par une roue d'engrenage, $d\,d$ (fig. 11), établie sur une charpente à une certaine hauteur au-dessus de l'orifice du puits. Cette roue, que traverse la tige T, repose sur des galets, a, a, à la manière des plates-formes tournantes des chemins de fer ; elle est engrenée à sa circonférence par quatre pignons, e, e, mis en jeu par des manivelles, c, c, avec l'intermédiaire de deux roues d'angle.

Avant d'employer le trépan, il convient de creuser un trou précurseur qui le guide dans son cheminement. L'outil dont on se sert pour cette opération (fig. 4 et 4 bis) se compose de quatre tarières fixées aux quatre angles d'une tubulure ou manchon, s, inséré à l'extrémité inférieure de la tige de manœuvre, T. Cet instrument, auquel on imprime un mouvement de rotation, se manœuvre comme le trépan. Enfin, on recueille les sables avec des cylindres à clapets, N (fig. 2), de 2.80 m. de longueur et de 0.47 m. de diamètre, dont la contenance est de 3 1/2 hectolitres. Ce cylindre est attaché à une tige rigide, Q, dont les éléments, fer et bois, sont combinés de manière que son extraction réclame la moindre force possible. Les tentatives faites dans le but de substituer des cables aux tiges rigides n'ont pas eu de succès.

Travaux de percement; effets utiles.

Les premières opérations eurent pour objet le passage de la masse argileuse à l'aide du trépan dilatable, auquel la voie devait être frayée par l'emploi de la tarière (fig. 4 et 4 bis). Celle-ci, glissant le long de la tige, descendit au fond du puits, où elle détermina le trou précurseur à l'aplomb de la colonne centrale. Au bout d'une heure, elle remontait enveloppée de 1 1/2 hectolitres, au moins, d'argile. Elle avait déjà pénétré dans les sables et le Conseil d'administration, comptant sur l'action des presses pour faire affluer le terrain vers le milieu de l'excavation et faciliter la descente du prisme, cherchait à se dispenser de l'emploi du trépan dilatable proposé par M. Guibal. Leur répugnance était fondée sur la crainte que l'outil enveloppé d'argile ne pût se refermer et restât encloué sous le masque. L'espoir de pénétrer dans l'argile par l'action exclusive des presses fut naturellement déçu. Cette action, qui d'abord avait produit un avancement journalier de 4 à 5 centimètres, devint de plus en plus minime, malgré une pression portée au-delà de 175 atmosphères. Comme on ne pouvait plus avancer, il fallut bien céder aux réclamations de M. Guibal et prendre l'instrument si redouté. Après qu'on l'eut fait tourner un temps suffisant, il revint au jour sans difficulté, ramenant attaché à ses lames un volume d'argile de 2 1/2 hectolitres, dont on le débarrassa, pour le redescendre de nouveau et le remettre en activité.

Les stratifications argileuses traversées, on entreprit le percement des sables au moyen de la cuillère ou cylindre à soupapes. On manœuvre cet instrument comme pour un sondage. Sa tige est attachée à un levier de frappe. Il faut, pour mettre la cuillère en mouvement, neuf ouvriers qui peuvent lui communiquer une levée de 0.28 m. Au moment où la base vient en contact avec le terrain, les ouvriers lui communiquent un mouvement de pompage précipité, d'une amplitude de quelques centimètres seulement, afin de détruire la cohésion des sables résultant de leur tassement. Après quelques instants de frappe, ils soulèvent la cuillère pour que le terrain s'éboule au centre de l'excavation. Alors ils manœuvrent à grande course et il s'établit un courant assez rapide pour entraîner les sables qui vont se loger et se tasser dans la cuillère. Chaque reprise, y compris l'ascension et la descente, absorbe 38 à 40 minutes ; le battage seul dure 15 minutes en moyenne.

L'emploi de deux cylindres procure une économie de temps : quand l'un est arrivé au jour, on l'enlève de sa tige, on met l'autre à sa place, et pendant que celui-ci accomplit son voyage, on suspend le premier par sa base, la bouche tournée vers le sol et on le frappe à coups de maillet pour en détacher les sables qui adhèrent en vertu de leur humidité.

Pendant que ces outils dragueurs recueillent les déblais, le puits se remplit d'eau, provenant soit des fissures du cuvelage, soit de la colonne centrale, d'où elle découle par un ou plusieurs robinets. On pousse le prisme en avant, à mesure que l'excavation progresse, et il convient de le faire pénétrer le plus avant possible, tant pour profiter des éboulements qui peuvent survenir que pour empêcher les affouillements de se propager dans les massifs environnants.

La pénétration du prisme exige de la part des presses un effort de 110 atmosphères lorsque le puits est libre et seulement de 50 à 60 quand il est plein d'eau. Si la résistance à l'enfoncement est trop considérable, on peut décharger la colonne centrale, alors les mouvements provoqués par les sables facilitent la descente ; mais, dans ce cas, les presses doivent agir avec énergie et surtout sans discontinuité. Dès que le prisme s'est avancé d'une quantité, suffisante pour permettre l'adjonction d'une nouvelle assise du cuvelage, mais moindre que la course des pistons des presses hydrauliques, le creusement cesse, les pompes jouent pour vider le puits et les ouvriers descendent pour prolonger le revêtement.

Voici la manœuvre usitée dans la construction de ce dernier : on descend dans le puits une pièce de cuvelage, repérée et numérotée; on suspend le mouvement de l'appareil alimentaire; on ferme les robinets des presses, afin que l'eau qu'elles contiennent s'oppose au retour des pistons. Alors les mineurs ouvrent la soupape d'évacuation des deux presses correspondant à l'un des panneaux de cuvelage descendant ; on pose la pièce sur les tablettes qui recouvrent leurs faces supérieures; puis on ferme la soupape ouverte, on ouvre celle d'alimentation et les pistons s'élèvent en soulevant la pièce qui vient s'enchasser dans l'espace resté libre. Les ouvriers sont armés de pinces, ou petits leviers, en fer, avec lesquels ils guident dans son ascension cette pièce, dont la coupe est d'ailleurs fort exacte. Enfin ils introduisent les boulons de suspension dont la partie supérieure, formant vis à bois, pénètre dans la moitié de l'épaisseur de la pièce supérieure (fig. 3).

L'espace libre étant revêtu sur les huit côtés du polygone, le mineur, avant de reprendre le creusement, laisse le puits se remplir, afin de détruire la pression de bas en haut que supporte le masque. Il suffit pour cela de suspendre le jeu des pompes et, quelquefois, d'ouvrir les robinets supérieurs de la colonne centrale.

L'effet utile du trépan dans les argiles à été prodigieux:

en 18 jours de travail, le puits s'enfonça de 3.80 m. ou, en moyenne, de 0.20 m. par jour.

Dans les sables, le prisme, qui avait marché fort lentement pendant le mois de juin 1858, y avait néanmoins pénétré de 0.46 m. par semaine. Vers le milieu d'août, son avancement moyen était de 0.80 m. Enfin, dès le mois de septembre, il a cheminé régulièrement de 1 mètre par semaine, jusqu'au moment où survint un accident qui sera relaté plus loin.

Des observations ont été faites pour vérifier si le volume de sable extrait correspond au cube de l'espace excavé, c'est-à-dire, si les matières extraites du puits sont égales au vide créé : dans une reprise de fonçage de 12.70 m. de hauteur, on a extrait 150 m. q. de sable. La section du puits étant de 11.05 m. c., la reprise comporte un volume de 140.33 m. c., soit un écart de 10 mètres cubes en moins. Mais quand même cet écart pourrait se justifier par le foisonnement des sables ou la différence de leur état de tassement avant et après l'extraction, il n'en serait pas moins permis de conclure que, s'il existe des affouillements derrière le revêtement, ils sont trop minimes pour mériter aucune considération. Il résulte, en outre, de cette observation que le fonçage du puits correspond, par centimètre courant, à une extraction d'un peu plus d'un hectolitre (1.18) de sable.

L'installation du cuvelage fournit un exemple de la nécessité qu'il y a de laisser les ouvriers se familiariser avec toute opération nouvelle. La pose d'une seule pièce, dans l'origine exigeait 4, 5 et même 6 heures, plus tard s'est effectuée en moins de 2 heures, puis en 1 heure seulement. En sorte que la pose journalière du cuvelage, qui d'abord n'était que de 0.12 m. de hauteur, s'est successivement élevé à 0.20 et 0.40 m.

Une série d'observations faites pendant le mois d'octobre 1858 a donné, quant au temps réclamé par les diverses opérations, les résultats suivants :

Enlèvement de 65 à 70 hectolitres, correspondant au creusement du puits sur une hauteur de 0.55 0.60 m. . . . . .   30 heures.

Pose de 16 pièces de cuvelage et leur abloquage   21   »

Mise des eaux à plat . . . . . . 7 à 8   »

Descente de la pompe   4   »

Allongement de la pompe. Une fois pour deux reprises   3   »

Id.   de la colonne centrale. Une fois pour quatre descentes consécutives .   4   »

Descente de la colonne alimentaire. Une fois pour deux descentes   2   »

Ainsi un avancement d'un mètre n'aurait exigé que cinq jours environ, si les fausses manœuvres, les réparations des pompes etc. n'eussent porté ce temps à une semaine, ainsi qu'on l'a vu ci-dessus.

Tentatives faites pour relier la base du cuvelage et le terrain houiller.

Ce fut le 1er août 1859, après tous les obstacles imaginables et de nombreux accidents, que le prisme atteignit le terrain houiller à une profondeur totale de 106.57 m. Le banc de sable venait d'être traversé et M. Guibal était en droit de croire qu'il en avait fini avec la partie la plus difficile de l'opération. En effet, dans le fonçage d'un grand nombre de puits du bassin du Centre, on avait

observé que la tête de la formation houillère, immédiatement au-dessous des terrains de recouvrement, est en
général régulièrement désagrégée et réduite à un état de
plasticité remarquable. Il y avait donc lieu d'espérer qu'il
suffirait d'enfoncer, d'une faible quantité, la base du prisme
pour maintenir les eaux et les sables supérieurs pendant
le temps nécessaire à la pose d'une trousse picotée et de
quelques assises destinées à relier la partie déjà construite
du cuvelage et le terrain houiller. Telle était à cet égard
l'opinion de toutes les personnes compétentes ; mais cet
espoir fut déçu : les fissures du terrain ou, comme on le
crut à cette époque, un changement notable et inattendu
dans la constitution de ce terrain, opposèrent tout à coup
des difficultés telles que tout fut remis en question et que
l'on dut entreprendre des travaux coûteux et délicats, au
moment même où l'opération pouvait être considérée comme
à peu près terminée.

Il s'agissait donc de poursuivre le fonçage à travers le
terrain houiller. Naturellement le trépan dilatable, qui avait
fonctionné d'une manière si heureuse dans les argiles
supérieures, trouva dans cette circonstance une nouvelle
application. Avant de le mettre en œuvre on creusa un
trou précurseur. Pendant qu'on l'exécutait, la cuillère de
vidange ramena à plusieurs reprises plus de trente kilogrammes d'outils et de morceaux de fer empâtés dans le
terrain, objets que l'on avait abandonnés sous le masque
ou qui étaient tombés dans la colonne d'équilibre ; elle
retira, en outre, un assez grand nombre de galets qui,
déposés sur le terrain houiller, opposaient de grandes
difficultés au fonçage de l'excavation.

Au moyen d'une série de percements successifs en forme
de cônes tronqués et renversés et par l'action des presses
hydrauliques, le couteau du prisme parvint, en décembre

1859, à une profondeur de 2.15 m. dans le terrain houiller. Mais, comme le trépan laissait subsister une banquette au-dessous du sabot tranchant; comme, le terrain devenant de plus en plus résistant, cette banquette s'opposait à la descente, on retourna l'instrument, ainsi que l'indique la figure 1 (Pl. X), de manière à n'attaquer que la circonférence et à former une excavation à fond horizontal. Le contour du prisme avait été dégagé, l'avancement devint beaucoup plus facile. Pendant ces opérations, les mineurs crurent reconnaître l'existence d'une mince stratification plastique à laquelle succédèrent des alternatives de grès et de schistes feuilletés et micacés, d'une couleur noirâtre et semés d'empreintes végétales.

A cette époque, M. Guibal voulant savoir si l'excavation située au-dessous du masque était à l'abri des infiltrations et des sables, résolut d'épuiser l'eau de la colonne centrale, certain de le faire complétement si toutes les communications étaient interrompues entre le niveau extérieur et le dessous du masque. Cet épuisement eut lieu; mais dès que les eaux eurent baissé de 37 m., une énorme masse de sables aquifères envahit l'appareil, preuve évidente que le terrain houiller avait cédé à la pression et que des fissures établissaient un canal qu'il était indispensable de supprimer.

On reprit donc le fonçage; mais la dûreté du terrain croissant avec la profondeur, on dut forer le trou précurseur au moyen d'un trépan en ciseau, de 0.50 m. de largeur au tranchant. Puis fesant agir le trépan dilatable, on poussa le couteau du prisme en avant. Comme, après cette opération, il y avait lieu d'espérer que les fissures du terrain étaient bouchées par les sables, on essaya de nouveau d'abaisser le niveau de la colonne centrale; mais le résultat fut le même que ci-dessus.

Alors de nouveaux enfoncements firent parvenir le prisme à des profondeurs croissantes de 2.75, 3.10 et 3.90 m. Mais le terrain houiller devenant de plus en plus résistant, on dut aider aux efforts de pénétration par une surélévation du niveau d'eau dans le puits, combinée avec un abaissement du niveau dans la colonne centrale. Chaque mètre de différence entre ces deux niveaux donnait lieu à un effort de 8000 kilogr. en chiffre rond. Souvent même la puissance empruntée à une différence de 19 mètres s'est élevée à 232000 kilogr.

Ne pouvant atteindre le but désiré par la pénétration de plus en plus profonde de l'appareil dans les schistes, M. Guibal essaya d'obstruer par un lit d'étoupes le joint qu'il supposait exister à la base du prisme. Dans ce but, il fit creuser, avec le trépan renversé, une rainure débordant de 0.10 m. les angles du prisme descendant, pour y introduire 224 bottes d'étoupes au moyen d'un outil analogue au trépan dilatable. Cet outil porte, à l'extrémité de chacun de ses quatre bras, une pince disposée de manière à lâcher la botte d'étoupe dès qu'il reçoit un mouvement de battage. On bourra ce garnissage au moyen d'un instrument à peu près semblable. Puis on descendit le prisme sur ce lit et on le comprima avec énergie. A la fin d'août 1860, le sabot tranchant était arrivé à une profondeur de 4.75 m. dans le terrain houiller.

Alors on fit deux nouveaux essais pour reconnaître si le fond de l'excavation communiquait encore avec les sables. Dans le premier essai, le masque ayant été ouvert, les ouvriers se disposaient à travailler au-dessous, mais des infiltrations s'étant prononcées dès le second jour, ils refermèrent aussitôt le diaphragme protecteur, ainsi que le commandait la prudence; dans le second, après avoir fait jouer les presses pour serrer le prisme plus fortement sur le lit d'étoupes, on fit danser la cuillère à clapets dans l'excavation ; mais, comme elle ramena avec elle une assez forte quantité de sable, on ne poursuivit pas l'expérience, car la conviction était acquise, ou que le puits traversait une solution de continuité du terrain houiller, ou que celui-ci, entièrement disloqué, était recoupé de nombreuses et larges fissures. Il fallut donc continuer le fonçage, malgré l'énergie sans cesse croissante des frottements.

Dans le courant d'octobre, tandis que l'appareil était engagé de 5.74 m. dans le terrain houiller, le sable et l'eau affluèrent sous le masque avec un abondance telle que l'eau se déversa par l'orifice supérieur de la colonne centrale. En outre, les sables ancrèrent le trépan de telle sorte qu'il devint impossible de le faire fonctionner. On ne le dégagea que dans le courant de décembre. Alors, après avoir curé le puits, on continua le creusement en surchargeant la colonne d'équilibre d'une hauteur d'eau de 1.50 m. afin de s'opposer à une nouvelle affluence des sables.

A une profondeur de 5.69 m., un mouvement de l'eau de la colonne centrale annonça une irruption des sables. Cet accident prouva qu'une faille ou une autre disjonction du terrain se trouvait dans le voisinage et qu'on était directement en rapport avec elle. Il fait voir également combien il est heureux que, dans la tentative ci-dessus indiquée, les infiltrations aient inspiré des craintes aux ouvriers qui avaient pénétré sous le masque et qu'on ait refermé celui-ci sans donner suite au projet de poser un siége de picotage et de raccordement du cuvelage, ce qui aurait conduit à un désastre inévitable. Comment, en effet, aurait-il été possible, en poursuivant l'enfoncement, de résister à l'énorme pression des eaux et du sable à niveau vide, lorsque à niveau plein ils ont fait irruption dans le puits?

Pour reconnaître le terrain, on exécuta au fond du puits

un sondage de 0.50 m. de diamètre. Les témoins naturels
ou carottes que l'on ramena au jour, d'un point situé à
10 mètres environ dans le terrain houiller, consistaient en
schistes un peu ramollis par les eaux, mais entièrement
secs et parfaitement stratifiés ; leur consistance était celle
des argiles les plus compactes et leur inclinaison de 45°.
Une couche rencontrée à une profondeur de 17.58 m. aurait
eu, à cette inclinaison, une puissance de 0.90 m. au
moins.

A une profondeur de 6.50 m., les eaux de la colonne
centrale ayant été abaissées, il se produisit dans le masque
un mouvement à la suite duquel on opéra un curage. La
cuillère ou cylindre à soupape ramena au jour des morceaux d'un grès pourri appartenant à une couche régulièrement stratifiée. Ces fragments ne cessèrent de se
présenter dans les déblais, surtout après les divers essais
tendant à reconnaître l'existence du passage entre les sables
et le dessous du masque. On renouvela ces épreuves à
chaque reprise de creusement, dont la hauteur était de
0.50 à 0.60 m. Les excavations successives avaient un
diamètre plus grand que le cercle inscrit aux faces extérieures du prisme, de manière que celui-ci n'eut à couper
le terrain qu'à ses angles et d'une faible quantité.

Le prisme étant arrivé à une profondeur de 7.63 m.
dans le terrain houiller, correspondant à 114.19 m. au-dessous de la surface du sol, on jugea inutile de poursuivre
plus avant. En effet, disait-on, le trépan dilatable ayant dû
percer suivant un cercle à peu près circonscrit au prisme,
il devait rester sur son pourtour huit espaces prismatiques
ayant pour base des segments de cercle. N'était-il pas
probable que les vides, dont la plus grande largeur était de
0.30 centimètres, étaient les canaux par lesquels les sables
mouvants s'écoulaient au-dessous du masque? Quoique ce

raisonnement parût en contradiction avec une expérience qui a eu pour objet l'introduction d'un lit d'étoupe à la base du prisme, on n'en résolut pas moins de mettre terme, par un picotage horizontal, à l'écoulement des sables, (Pl. X, fig. 1 et 2.)

Ce picotage, exécuté à travers le cuvelage et un peu au-dessus de la partie supérieure du prisme, se compose de trois séries de pieux, l'une de pieux en bois, comprise entre deux séries de picots en fer. Les premiers sont des cylindres en chêne séché, ferrés à leurs pointes ; leur diamètre, 0.06 m., est tel que chaque panneau en comprend 17 placés en contact les uns des autres. Une rainure, ayant 5 millimètres de largeur et autant de profondeur, et percés suivant une des génératrices, prévient les effets de piston qu'exercerait le pieu contre l'eau qui presse de l'extérieur. M. Guibal, ayant reconnu, dans le placement de la première rangée, que ces pieux exigeaient pour leur enfoncement un temps trop considérable, leur en substitua d'autres, en fer, d'un diamètre moindre de moitié (0.03 m.), dont la mise en place fut infiniment plus prompte. Ces derniers formaient les deux séries extrêmes.

Dans l'exécution du picotage, les ouvriers commencent par marquer les 17 trous avec la plus grande exactitude. Ils emploient pour cela un gabarit, ou patron, en forte tôle recouverte d'une pièce de bois. Ces deux objets sont percés d'un nombre de trous égal à la moitié, plus un, de ceux que renferme la ligne, c'est-à-dire, que les trous pairs sont exclus pour faire place aux impairs. Leur diamètre est égal à celui des picots, et la longueur du gabarit, à la largeur des panneaux du cuvelage. Ce patron étant placé, dans une position rigoureusement horizontale, sur la ligne où doit s'exécuter le picotage, les ouvriers se servent d'un poinçon cylindrique pourvu d'une pointe implantée à l'une de ses extrémités. Ce poinçon glissant à frottement dans les trous du gabarit les occupe successivement et marque, sous un coup de maillet, le centre de chaque trou à forer. Un autre patron, identique au premier, à part que les pleins sont remplacés par des vides et réciproquement, est installé à la même place et sert à tracer les centres des trous intermédiaires.

Le percement des trous est dirigé par une traverse en bois installée dans le puits perpendiculairement aux pieux à enfoncer ou parallèlement au panneau, objet du travail. Une forte plaque en fonte, percée de 17 trous, espacés entre eux comme ceux des gabarits, est attachée à la traverse au moyen d'étriers en fer (fig. 5 et 6); la faculté qu'elle possède de se déplacer suivant sa longueur, permet de mettre ses trous en correspondance, suivant des perpendiculaires, avec les centres des trous à percer à travers les panneaux du cuvelage. Quant à ces derniers trous, on les fore avec une mèche anglaise ajustée sur un vilbrequin analogue à ceux dont se servent les ouvriers sur métaux (fig. 7). Mais l'opération exige les plus grandes précautions: aussi, quand la mèche est sur le point d'atteindre la face extérieure du cuvelage, le chef mineur mesure le trou exactement et continue lui-même le percement. Pendant ce temps, on graisse le picot et l'on apprête une broche conique en bois, afin de boucher instantanément l'orifice du trou, sans retirer la mèche, pour le cas où celle-ci débouchant au delà de la paroi, livrerait tout à coup le passage aux sables aquifères, dont la pression excède 9 atmosphères. Alors on munit la tête du picot de petits étriers en fer auxquels sont attachées de fortes cordes; puis, lorsque le trou a atteint la profondeur voulue, on y bourre une pelotte d'argile; on attache les cordes à des œillets vissés au nombre de quatre et deux ouvriers

les maintiennent à l'état de tension pendant que leur chef frappe avec force sur la tête des picots, qu'il enfonce le plus avant possible, après avoir fait sauter la mince paroi de bois réservée à la partie postérieure de la pièce. La limite de l'enfoncement a varié de 0.75 à 1.25 m. et quelquefois s'est élevée à 1.50 m.

Les lignes de picots enfoncés perpendiculairement aux panneaux laissant entre elles huit angles entièrement libres au passage des sables, chacun de ces angles est, à son tour, l'objet d'un picotage dont les pieux sont dirigés obliquement aux premiers et parallèlement aux rayons passant par les angles intérieurs du polygone. Ces lignes sont disposées au-dessous des précédentes, de manière à obturer complétement l'espace vide (fig. 2).

Les mineurs insérèrent, par le même procédé, dans le cuvelage deux séries de pieux en fer forgé, placées l'une au-dessus de l'autre, au-dessous des picots en bois, ce qui accéléra considérablement le travail, tout en ménageant les pièces du cuvelage, qui précédemment étaient exposées à se fendre. L'opération a été terminée vers la fin de mars 1862.

Le moment était venu de s'assurer de l'efficacité des pieux, pour obturer le passage des sables, et de leur influence sur le volume des eaux débitées et sur la pression à laquelle elles étaient soumises. Dans ce but, on perça dix trous dans chaque panneau du cuvelage : cinq au-dessus du picotage horizontal et, par conséquent, en communication avec le niveau général, et les autres en dessous, placés dans les mêmes conditions que le dessous du masque. Pendant leur exécution, on constata que les sables s'écoulaient violemment par les premiers, tandis que les seconds n'en laissaient échapper qu'une quantité minime. Donc les pieux retenaient à peu près complétement les sables. Quant à l'abondance des eaux, le volume écoulé par les trous supérieurs était de 36.50 mètres cubes par heure, et, par les trous inférieurs, de 5.50 mètres cubes seulement; et, circonstance digne de remarque, ce volume était fourni par un seul des panneaux, les autres ne donnant presque rien. La pression, pendant l'écoulement, s'élevait à 4, 6 et même 7 atmosphères au-dessus du picotage; en-dessous, elle n'était que de 1 à 2 atmosphères. Cependant au panneau n° 4, elle était de 6.5 atmosphères, fait qui sera expliqué plus tard.

Il importait de connaître directement l'importance de la venue d'eau affluant sous le masque, afin d'établir ultérieurement des moyens d'exhaure suffisants, quoique aussi peu encombrants que possible. On introduisit un tube de sondage, dont la base était criblée de trous, dans les sables que contenait le fond de l'excavation, afin d'y opérer un drainage analogue au précédent, à l'aide d'une petite pompe à bras, qui en élevait les eaux. Lorsque, le 20 juin, ce tube fut parvenu à une profondeur de 1.20 m. au-dessous du sabot tranchant, une soufflée(1) se produisit dans les sables, qui firent irruption, se répandirent sur le masque et ensablèrent les pompes. Il convient d'observer que les trous de saignée du panneau n° 4, qui jusqu'alors n'avaient pas donné d'eau, coulèrent abondamment à partir de cet instant.

Un pareil accident, survenant après les effets donnés par les trois séries de pieux, indiquait évidemment l'existence d'un passage qui mettait en libre communication le

_____

(1) Ce phénomène, qui a lieu dans le passage des sables boulants, se manifeste par un jet de sable et d'eau, qui s'élance à grand bruit du fond ou des parois de l'excavation, où se forme un trou dont la capacité dépend de l'importance de la soufflée.

dessous du masque et la masse arénacée. C'est ce qui inspira à M. Dubar, directeur des travaux, l'idée d'interroger, par un trou de sonde, le terrain situé derrière le panneau n° 4; cette tentative eut pour résultat de faire connaître la présence d'une chambre de sable, qui, partant d'une distance de 1.80 m. de la face intérieure du cuvelage, se prolongeait à 2.90 m. au-delà.

Il existait donc un passage en pleine formation houillère et, à ce sujet, deux opinions se trouvaient en présence : l'une attribuant ce fait à une *faille* ou *coupe*, l'autre à une couche de grès sans consistance, dont on avait si souvent recueilli des échantillons, au moyen de cuillères puisant dans le terrain houiller. Devant cette divergence d'opinions, on tenta d'obstruer le passage au moyen de pieux jointifs. L'insuccès de l'opération prouva que le fait ne pouvait être attribué qu'à une couche dénuée de consistance, facilement entraînable, dont le prolongement se faisait encore sentir au-delà des pieux extrêmes.

La figure 1 (Pl. X), représentant la partie inférieure du terrain houiller dans laquelle a pénétré l'appareil, indique la position de la couche par les points x et y de son toit et de son mur, connus par le sondage à travers le panneau n° 4 et par l'inclinaison de 45°, moyenne de celle des échantillons, retirés sur une profondeur de 10 m., du sondage effectué dans l'axe du puits. Les diverses phases de l'excavation aux époques des éruptions du sable y sont également portées.

Comment expliquer l'insuccès du matelas d'étoupes déposé dans une rainure du terrain pour recevoir la base du prisme, à moins d'admettre que ce bourrage se trouvait dans le grès pourri, déjà écoulé de la couche ou, en tout cas, dénué de consistance?

Comment expliquer ce fait que, vers la fin du creusement, le sable s'est écoulé sans qu'aucune charge provoquât son mouvement, si ce n'est que la couche était d'autant plus largement entamée que le fonçage allait plus en avant?

D'autres faits viennent encore confirmer la supposition :

Le pan n° 4 est le seul où, malgré le barrage, la pression se soit élevée à 6 ou 7 atmosphères. Il est le seul qui ait présenté, lors du forage des trous de saignée, un contact parfait du terrain houiller et du cuvelage, en sorte qu'il n'existait entre eux ni sable, ni eau. Cependant le prisme devait avoir laissé sur son passage un vide au moins égal à son épaisseur ; mais l'entraînement des grès pourris de la couche ayant déterminé la descente en masse de son toit, celui-ci s'est appliqué contre les faces extérieures du cuvelage. Si, après une soufflée, les trous de saignée donnent de l'eau, c'est la conséquence naturelle du déplacement du toit de la couche pendant l'irruption. Enfin si en cet endroit on découvre une chambre à sable qui ne se dénote nulle part ailleurs, n'est-ce pas une nouvelle preuve de l'existence de cette couche?

La pénétration des sables sous l'appareil n'est donc pas due à un défaut de jonction de celui-ci avec le terrain avoisinant, mais bien à un passage existant en plein terrain houiller. Cette circonstance, qui explique l'insuccès des diverses opérations tentées jusqu'à présent, est étrangère à toutes les prévisions et tout-à-fait sans précédent dans les travaux de mine.

Le picotage horizontal avec des pieux jointifs sur trois assises différentes prouvait que, si le sable pénétrait encore sous le masque, il ne provenait pas de la partie du terrain qui enveloppait le prisme. C'est alors que, pour découvrir le passage, on pratiqua au-dessous des pieux, des sondages horizontaux d'une assez grande longueur. L'un d'eux rencontra le sable, puis ensuite, à 2.90 m., les schistes de la paroi intérieure du puits. Au moyen de trous de sonde en éventail, on reconnut que la masse de sable traversée formait une couche ; comme, d'ailleurs, un sondage par la colonne centrale avait permis d'observer l'inclinaison du terrain et qu'elle était de 45°, il fut aisé de conclure:

1° Que la couche de sable avait été touchée au centre du puits quand on tenta d'ouvrir le masque ;

2° Que la même couche, constamment recoupée par le puits passait encore presque en son milieu ;

3° Que le sable venait par là et que tant que ce passage ne serait pas fermé l'on n'aboutirait à rien.

M. Guibal imagina le moyen suivant : Après avoir installé au-dessous du masque un filtre ou cylindre criblé de trous, il fit jeter du gravier tout autour par la colonne centrale ; puis, au-dessus, du sable en quantité suffisante pour en remplir le masque jusqu'au collet. Il voulait, par la présence du gravier, empêcher le sable de couler et faciliter, au contraire, l'affluence de l'eau dans le filtre, en épuisant cette eau au moyen d'une pompe à bras. Les sables étant ainsi asséchés sous le masque, il espérait pouvoir y pénétrer sans danger. Arrivés là, les ouvriers auraient enlevé le sable pour se faire place ; puis par l'emploi de palplanches, ils auraient avancé avec précaution vers la circonférence et seraient parvenus à installer des madriers sous le couteau et devant l'orifice résultant de la couche de sable. Enfin, après avoir placé un siége provisoire pour consolider le tout, on aurait poursuivi le creusement, afin de faire la place d'un siége définitif, élevé sur le premier. Il ne restait plus alors qu'à monter le cuvelage dans le prisme, à enlever le masque et à prolonger le revêtement de manière à rejoindre celui de dessus.

Malheureusement on n'a pas donné suite à ces prescriptions de M. Guibal; quand la colonne centrale a été ouverte
on a vu que le filtre ne fonctionnait pas. Comme dans ce
moment les actionnaires étaient découragés, les choses en
sont restées là. Il est à croire que, sans diverses circonstances qu'il est inutile de relater ici, ce moyen aussi
rationel que les autres, qui tous ont réussi, aurait été
également couronné de succès.

Dans tous les cas, le passage des sables mouvants
doit être considéré comme un fait accompli depuis le
1ᵉʳ août 1859 et la méthode de M. Guibal est définitivement acquise à l'art des mines. Ce travail de fonçage,
le plus remarquable et le plus ingénieux qui ait été exécuté jusqu'à ce jour, est un véritable service rendu aux
mineurs. Ils pourront désormais, non seulement se passer
de l'air comprimé, si dangereux dans les hautes pressions, mais encore atteindre certaines gîtes, inabordables
par la profondeur où ils se trouvent au-dessous des terrains de recouvrement.

XIe SECTION.

EXCAVATIONS ACCESSOIRES.

Emploi du fer dans le soutènement des chambres d'accrochage et des galeries.

L'application du bois au revêtement du faîte des excavations souterraines de grande surface, construites en vue d'une longue durée, entraîne des réparations coûteuses, par les frais de main-d'œuvre et le prix excessif des matériaux de blindage. Ces motifs ont engagé quelques ingénieurs du Hainaut à substituer le fer au bois dans le soutènement des chambres d'accrochage, des écuries et même des galeries-à-travers-bancs et des galeries d'allongement.

Voici la description d'un soutènement de cette espèce établi à Mariemont, Centre du Hainaut : Des rails à double bourrelet hors de service, provenant des chemins de fer de la surface, reposent par leurs extrémités sur des pieds droits en briques ou sur des murs en pierres sèches dont les parements présentent une courbure rentrante. Ces rails placés de champs, à des distances qui varient suivant l'intensité de la pression du terrain, ne peuvent pénétrer dans la muraille, étant retenus par des *osselets* ou pièces de bois transversales, installées à la crête du revêtement. Les bois de garnissage sont remplacés par d'autres vieux

rails, provenant des voies souterraines, posés de plat.
Quand il se trouve des vides au-dessus de ces pièces, on
les remplit quelquefois d'une maçonnerie en briques.

Ces chapeaux de fer, installés dans les galeries, permettent de réaliser de notables économies, parce qu'ils
épargnent au mineur de fréquentes réparations et que, pour
des hauteurs d'excavation égales, l'abatage des roches
encaissantes est moindre pour le fer que pour le bois. Si
l'on considère comme anéantie la valeur du fer, la dépense
est plus grande, mais la durée du soutènement est indé-
finie. Mais le fer n'est jamais entièrement perdu ; car souvent on peut, lors de l'abandon définitif des excavations,
en retirer un grand nombre de rails, qui conservent la
valeur, comme vieux fer, qu'ils avaient avant leur emploi.

Le plafond de la chambre d'accrochage du puits S^t-Ar-
thur de la même concession est soutenu par des rails
formant chapeaux et par des colonnes creuses en fonte
de fer en guise d'étançons.

M. Bertinchamps, directeur de la mine du Poirier, près
de Charleroi, s'est servi de fers neufs pour le soutènement
d'une chambre d'accrochage (Pl. X, fig. 8 à 10). Cette
chambre a 8 mètres de longueur et 4 de largeur dans
œuvre ; elle est revêtue, dans le sens de la longueur, de
pieds-droits en maçonnerie, sur lesquels reposent des sommiers longitudinaux consistant en fers à double T, de
0.13 m. de largeur sur 0.23 m. de hauteur. Les sommiers
sont recouverts de poutrelles transversales, également formées de fers à double T, de 4.50 m. de longueur, 0,18 m.
de hauteur et 0.065 m. de largeur. Ces poutrelles distantes
de 0.30 m. d'axe en axe, sont courbées de manière à
déterminer, au milieu de leur longueur, une flèche d'environ 0.10 m., résultat d'un rayon de 100 mètres. Les
espaces restés vides entre les poutrelles sont remplis de

blocs en bois de chêne, attachés par des boulons de la manière indiquée par les figures 11 et 12, en sorte que toutes ces pièces ne forment qu'une seule masse.

Malheureusement la pression du terrain ayant été plus énergique qu'on ne l'avait prévu, les poutrelles se sont courbées en sens inverse de leur position primitive, comme on le voit par le pointillé *XX*. Il est probable que si la courbure avait été plus forte et si l'on avait pris des mesures pour que les poutrelles trouvassent une résistance suffisante, l'accident ne serait pas arrivé.

Soutènement des chambres d'accrochage par des voûtes en bois [1].

M. Wilmar, ingénieur de la houillère de Sacré-Madame, à Charleroi, vient de construire, au puits des Piches, dans un terrain en droit, fort déliteux, une chambre d'accrochage dont le faîte est revêtu d'une voûte en bois.

Cette chambre, dont la longueur est de 6.50 m., la largeur de 3.35 m., la hauteur, vers le puits, de 4.50 m. et en arrière, de 3.80 m. seulement, est revêtue latéralement de pieds-droits en briques de 0.62 à 0.75 m. d'épaisseur. Sur les murailles repose une voûte en plein cintre, composée de voussoirs en bois de chêne provenant de gros pieds de baliveaux et des débris d'une ancienne charpente. Ces pièces, sciées et débitées au jour, sur une épure de grandeur naturelle, ont un équarrissage de 0.30 m.; leur section, par un plan quelconque passant par l'axe de la voûte, est trapézoïdale; leur longueur est de 0.63 m.

[1] Bulletin de l'Association des ingénieurs sortis de l'École des mines de Liége. Janvier 1863. 2e série, page 40.

La voûte est divisée dans sa longueur en un certain nombre d'arceaux jointifs, renfermant chacun neuf voussoirs, dont la pose, exécutée à l'aide d'un cintre, est la même que pour les pierres de taille. On interpose des madriers entre la muraille et la naissance de la voûte; puis on remplit de maçonnerie en briques les vides qui restent entre cette voûte et le faîte, afin de répartir uniformément la pression du terrain sur toutes les parties du revêtement.

Il vaut mieux soumettre ainsi les bois à la compression plutôt que de leur faire encourir les effets de la flexion, à laquelle ils n'opposent qu'une faible résistance. Les blocs de bois en eux-mêmes sont aussi préférables aux briques, qui dans leur application aux voûtes supportent mal les pressions inégalement réparties. Enfin, les soutènements de cette espèce n'exigent que des pièces de faible longueur, ordinairement peu coûteuses, qu'il est assez facile de se procurer.

Application des voûtes en bois au revêtement des chambres d'accrochage et des galeries à travers bancs.

Les stratifications comprises entre les couches de Six-paumes et de Joligay de la mine de Sart-Longchamps, Centre du Hainaut, sont en fort mauvais état, disloquées et brisées; aussi a-t-il toujours suffi d'un petit nombre d'années pour que les maçonneries des excavations pratiquées dans ces terrains fussent broyées et, pour ainsi dire, réduites en poussière, et cependant les voûtes des accrochages et celles des galeries à travers-bancs avaient respectivement 10 et 5 rouleaux soit des épaisseurs de 1.20 m. et de 0.60 m.

Des essais tentés avec des bois de chêne énormes pour

faire des revêtements trapézoïdaux, à pièces contiguës, n'ont pas eu de succès. Les chapeaux, qui étaient de grande longueur, fléchissaient et les montants étaient rejetés dans la voie; en sorte que leur durée ne fut même pas d'une année.

C'est alors que M. Cornet, ingénieur de Sart-Long-Champs, appelé à percer diverses excavations pour le service d'un nouveau puits, désigné par le n° 6, n'hésita pas à remplacer ces revêtements, reconnus inefficaces, par les dispositions suivantes :

La figure 16 (Pl. X) est une section horizontale de l'excavation prise en MN, à une hauteur de 0.90 m. au-dessus du sol. Les fig. 17, 18 et 19, coupes verticales passant par AB, CD et EF, font connaître les formes de ces divers revêtements à l'entrée de la chambre d'accrochage, au milieu de celle-ci et à l'origine de la galerie à travers-bancs.

La première section est soutenue par un voûte composée de claveaux, ou voussoirs, en bois de chêne, de 0.30 m. d'équarrissage et de 0.60 m. de longueur, dont les fibres sont disposées parallèlement à l'axe de l'excavation. La voûte repose sur des semelles, s, s, armées à leurs extrémités de boulons, b, b, qui préviennent les fentes résultant de l'effort horizontal dû à la poussée de la voûte. Les pressions locales qui pourraient s'exercer sur quelques points isolés de la voûte, se répartissent sur plusieurs pièces, grâce à deux cercles en fer, placés à l'extrados et fixés aux claveaux inférieurs par deux vis à bois.

La partie antérieure de la chambre (fig. 17) se compose de deux voûtes séparées par un massif de 0.30 m. d'épaisseur, mais reliées par des tirants en fer et des vis à bois, v; chaque voussoir reçoit deux de ces tirants.

A l'intérieur de la chambre d'accrochage (fig. 18), au-delà des voûtes, chaque cadre de boisage comprend sept

pièces en chêne, de 0.25 à 0.30 m. d'épaisseur, équarries
à la hache et protégées contre leur tendance à se fendre
par des boulons insérés aux extrémités. Les cadres sont
placés à des distances de 0.60 m. d'axe en axe et réunis
entre eux par des tirants et des vis à bois; chaque pièce
reçoit deux tirants. De plus le revêtement est recouvert,
à l'extérieur, de douves de 5 à 6 centimètres d'épaisseur
formés de *relaves* (1) en chêne ou en sapin; puis le tout
est mis en état de serrage par une maçonnerie à mortier
qui remplit les vides compris entre la roche et les douves.

Enfin dans la galerie à travers-banc (fig. 19) les boisages
réduits l'état de portes par la suppression des semelles,
sont espacés de 0.65 à 0.95 m., suivant la nature des terrains. L'équarrissage des pièces est ici de 0.25 à 0.30 m.

Le prix de ces boisages est inférieur à ceux des maçonneries et des boisages en forme de trapèze bien établis.
Mais fût-il plus élevé, on devrait encore, ainsi que le
dit M. Cornet, les appliquer aux excavations de cette
localité, qui doivent avoir une grande durée, l'expérience
ayant démontré l'énorme dépense qui provient des retards
apportés à l'extraction et les embarras de toute espèce qui
résultent des réparations continuelles réclamées autrefois
par la chambre d'accrochage et la galerie à travers-bancs
du puits n° 4 de la même mine.

Chambre d'accrochage revêtue d'un muraillement elliptique (Pl. X, fig. 13, 14 et 15).

Cette chambre a été établie à l'étage de 377 mètres du
puits n° 6 de la mine de Houssu, Centre du Hainaut. C'est

---

(1) Les relaves, ou croûtes, proviennent du sciage de la partie antérieure d'un arbre en grume; elles sont, par conséquent, planes sur une
face et courbes sur l'autre.

une excavation de 7.25 m. de longueur, adjacente au compartiment d'extraction B; elle est revêtue d'une muraille en briques; sa section est une ellipse dont les deux diamètres, 4.58 m. et 3.47 m., sont disposés, le plus grand suivant la verticale et l'autre suivant la largeur de l'excavation. Les cages, à deux compartiments, viennent reposer sur des sommiers, H. Au niveau du second étage des cages se trouve un plancher, G, correspondant au niveau supérieur de la balance F, et avec le sol de la galerie E, qui conduit aux divers chantiers établis dans la couche en exploitation.

Les deux compartiments latéraux A et C doivent renfermer les échelles mobiles et les attirails d'épuisement. D'autres, plus petits, J et K, sont destinés, l'un à la conduite des eaux, l'autre au retour de l'air dans l'atmosphère ou au passage de la fumée qui se dégagerait d'une machine à vapeur installée dans les travaux.

Le fonçage du puits se fesant pendant l'extraction, un moteur spécial, établi à la surface, élève les déblais dans le compartiment C; aussi a-t-on eu soin de garantir les ouvriers contre la chûte des corps graves par un fort palier ou stot, I.

Chambre d'accrochage appropriée à une extraction considérable.

Le principe des anglais, de produire de grands effets utiles avec un personnel aussi restreint que possible, amène les exploitants à employer de puissants moteurs d'extraction et à imprimer la plus grande activité aux chargements et aux déchargements; alors un petit nombre d'ouvriers peut élever au jour des volumes de houille considérables.

La mine de Bellington, près de Newcastle, sur la Tyne fournit un exemple remarquable de ce système.

Deux puits, fort rapprochés l'un de l'autre, communiquent par une courte traverse, dont le sol correspond à celui de la chambre ; au milieu de cette traverse débouche une large galerie-à-travers-bancs affectée à la circulation des voitures chargées. On dirige celles-ci tantôt à droite, tantôt à gauche vers l'un ou l'autre puits, pendant que les voitures vides sont retirées des cages sur les deux côtés opposés de ces mêmes excavations, pour s'engager dans les percements latéraux, et se diriger ensuite vers les ateliers de production.

De pareilles chambres ont une grande influence sur la promptitude des manœuvres et font disparaître toute confusion par la séparation des voies affectées aux voitures vides et aux voitures pleines, qui dès lors ne se peuvent plus rencontrer. Ces chambres s'appliquent également à un seul puits ; c'est ce qui existe à la mine de Pendleburg, district de Manchester.

Du reste les chambres d'accrochage en Angleterre sont généralement spacieuses. Leur sol est revêtu de platines en fer destinées à faciliter les manœuvres des voitures. Elles sont fort bien éclairées, soit au moyen de lanternes à l'huile, soit avec du gaz fabriqué au jour ou quelquefois, mais rarement, dans les travaux. Dans beaucoup de chambres d'accrochage du district de Manchester, on augmente la clarté des lumières en recouvrant les parois d'un badigeon blanc, que l'on renouvelle chaque fois que c'est nécessaire. Toutes ces précautions sont excellentes et préviennent bien des accidents.

La chambre d'accrochage du puits St-Arthur de Mariemont a été construite en vue d'une extraction journalière de dix mille hectolitres de houille. Les deux compartiments du puits d'extraction sont revêtus de maçonneries et dans chacun d'eux circule une cage à trois compartiments. La chambre établie à droite et à gauche sur les prolongements du petit axe du puits se compose de deux excavations superposées, et disposées de manière que chacune d'elles correspond avec l'un des trois étages de la cage. Le sol de la galerie supérieure se compose de plaques en fer soutenues par des sommiers en bois et par des colonnes creuses établies suivant l'axe de l'excavation. Aux deux extrémités de la chambre se trouvent des balances ou écluses sèches. Les voitures venant des tailles traversent l'une des galeries en roche stérile; une des voitures se rend directement à l'étage supérieur de la cage; deux autres vont sur les balances, qui les portent dans les excavations inférieures, où elles occupent les deux autres étages.

Les puits situés au sud du premier servent à la circulation des ouvriers et à l'épuisement.

CHAPITRE III.

—⊸◆⊛—

IIᵉ SECTION.

CAUSES DE LA CIRCULATION DE L'AIR DANS LES MINES.

Considérations générales.

L'aérage mécanique, d'abord réservé exclusivement aux mines infestées de grisou, s'étend progressivement à toutes les mines. L'intérêt des exploitants, aussi bien que l'humanité, exige qu'il en soit ainsi; car si le travail dans une atmosphère impure engendre des maladies, abrège les jours du mineur ou, tout au moins, lui apporte une vieillesse anticipée, évidemment, la quantité des produits qu'il sera capable d'arracher, en un temps donné, diminuera avec la perte de ses forces.

M. H. Hecquet, ancien directeur des travaux de la mine de Grande-Veine du bois d'Épinois (Hainaut), a fait des observations fort intéressantes sur la différence des résultats obtenus : d'ouvriers travaillant dans l'air pur ou dans un air vicié (1).

Deux couches de la même mine étaient exploitées simultanément. Le courant d'air parcourait une galerie de roulage percée à l'étage supérieur, après avoir traversé un atelier d'arrachement établi à l'étage inférieur. Cette dernière excavation étant arrivée à son terme, on dirigea le courant d'air directement dans la voie de roulage, qui dès lors fut alimenté par de l'air frais, au lieu d'un air vicié par son passage dans une taille en activité. Ce simple changement eut sur les rouleurs une influence telle que leur travail augmenta de 12 pour cent, toutes les autres conditions étant d'ailleurs restées les mêmes. Cependant l'altération de l'air du chantier ne pouvait être fort grande, puisque dans cette mine, comme dans toutes les mines à grisou, la ventilation était fort énergique.

Dans la plupart des travaux exempts de gaz inflammable, où le courant, astreint à de longs circuits dans des excavations étroites, n'est provoqué que par un foyer, parfois éteint, où la ventilation est tellement inactive que les ouvriers baignés de sueur doivent se dépouiller de leurs vêtements pour pouvoir travailler, M. de Simony pense qu'on pourrait porter à 20 pour cent l'excédant de travail que donnerait le mineur s'il se trouvait dans de bonnes conditions d'aérage.

Une autre observation mérite d'être consignée ici. C'est que la profondeur sans cesse croissante des points d'arrachement de la houille est une des causes qui rendent de plus en plus difficile la création d'un courant ventilateur.

(1) Ces observations ont été rapportées par M. de Simony dans les *Annales des Travaux publics de Belgique.* Tome XV, page 49.

En effet cette profondeur force l'exploitant à développer
les travaux tout en diminuant le nombre des puits. En
outre, les gaz inflammables deviennent d'autant plus abon-
dants qu'on pénètre plus avant dans le sein de la terre,
attendu qu'ils ont moins de communications avec l'extérieur, par suite de l'imperméabilité de plus en plus grande
du massif de rochers qui recouvre le gîte. Une preuve de
ce fait, c'est que l'on a constaté récemment la présence du
grisou dans les mines du Centre du Hainaut où il était
jadis tout-à-fait inconnu.

Mesurage direct de la vitesse des courants d'air.

M. Arnould, ingénieur des mines à Mons, se sert
d'un moyen très-ingénieux pour mesurer directement la
vitesse des courants souterrains. Il prend, pour cela, de
petites fioles remplies, au quart, d'éther sulfurique, et les
brise dans l'excavation, objet de l'expérience. La nappe
verticale de vapeur qui s'élève est immédiatement entraînée
par le courant d'air et transportée à une certaine distance,
où se trouve un second opérateur à l'odorat duquel l'éther
décèle sa présence, puis disparaît aussitôt.

Les essais auxquels M. Arnould s'est livré dans la mine
du midi du Flénu ont eu un succès complet, puisque l'opération répétée à plusieurs reprises a constamment donné
des résultats identiques.

Ce procédé, aussi simple que pratique, est plus exact
que ceux dans lesquels on fait usage de la fumée de la
poudre, des duvets ou de toute autre substance légère.
M. Arnould le considère aussi comme moins sujet à erreurs
que les divers anémomètres dont on se sert actuellement.

En effet de nombreuses expériences ont prouvé que les

coefficients fournis par les anémomètres varient avec la vitesse du courant et s'écartent d'autant plus de la moyenne que la vitesse fait de plus grands écarts. Pour suppppimer cette source d'erreurs, il faut chercher dans une expérience d'essai une vitesse approximative; puis, se servir du coefficient relatif à cette vitesse pour faire de nouvelles expériences qui seront alors définitives. Deux anémomètres sont alors indispensables: s'ils concordent, l'opération est exacte; s'ils sont en divergence, l'un des deux est menteur et il faut rechercher lequel.

M. Guibal, l'auteur de cette méthode, étudie en ce moment un manomètre multiplicateur fondé sur dix expériences ayant pour objet des vitesses de 1, 2, 3, 4, etc. mètres, pour chacune desquelles on aurait un coefficient particulier.

Anémomètre de M. Dickinson.

Les mineurs anglais n'employaient, autrefois, pour mesurer la vitesse de l'air dans les excavations, que les procédés assez grossiers décrits dans la première partie de cet ouvrage (1). Mais depuis quelques années deux anémomètres ont été inventés: l'un par M. Dickinson, l'autre par M. Biram. Le dernier est le plus en usage. On se sert aujourd'hui de l'un ou de l'autre de ces instruments pour déterminer la quantité d'air nécessaire à la bonne ventilation des travaux. C'est un indicateur exact des obstacles qui peuvent s'opposer à la marche normale du courant, qu'ils proviennent, soit de la négligence du chauffeur préposé au foyer d'appel, soit d'un éboulement sur la

---

(1) *Traité de l'Exploitation* etc. Tome II, paragraphe 260.

route, soit de toute autre cause. Les contre-maîtres, toujours munis de leurs instruments, sont chargés de consigner les résultats de leurs observations, toutes les semaines et quelquefois tous les jours, dans un registre à ce destiné. Cet exemple mériterait d'être suivi dans les mines du continent.

L'anémomètre de M. Dickinson (Pl. XI, fig. 1 et 2) offre une grande analogie avec celui que M. Devillez, professeur et directeur de l'École des mines de Mons, proposait dès l'année 1850 (1).

A la partie supérieure d'un cadre en cuivre jaune, aa, est suspendu, par des tourillons, un léger volet, b, ou cloison mobile formée d'un chassis recouvert de taffetas gommé. Ce volet, naturellement très-sensible à l'impulsion de l'air et munie d'une tige, c, que surmonte une sphère à contrepoids, s'incline plus ou moins, suivant l'intensité du courant. Un quart de cercle gradué (fig. 2) est attaché, au moyen d'une charnière, ee, sur l'un des montants verticaux du cadre, de manière à pouvoir se placer perpendiculairement à son plan. Les graduations de ce quart de cercle, indiquées par les déviations du volet donnent, en pieds, les diverses vitesses du courant. Cette graduation purement expérimentale n'est pas accompagnée de formules. Pour l'obtenir, on attache l'anémomètre à l'extrémité d'un rayon horizontal de 4.50 m. qui, lié avec un arbre vertical, est mis en mouvement par un mécanisme quelconque. Le mouvement étant imprimé à l'appareil, il suffit de marquer sur le quart de cercle les diverses inclinaisons du volet qui correspondent aux vitesses angulaires.

(1) L'anémomètre pendulaire de M. Devillez a été décrit dans le *Traité de l'Exploitation*, etc. Tome II, § 260. C'est par erreur que nous en avons d'abord attribué l'invention à M. Dehennaut, qui n'en a été que le constructeur.

C'est ainsi que les nombres 200, 300, etc. inscrits dans la figure se rapportent à des vitesses de 200, 300 etc. pieds que parcourt le courant d'air. Vingt pieds est le minimum d'appréciation (1).

L'opérateur, pour se servir de cet instrument, passe l'index dans l'anneau, *f*, ou fixe cet anneau contre une paroi ou contre un bois de revêtement; dans tous les cas, il maintient le cadre verticalement en se guidant sur les indications du niveau à bulle d'air, *g*, placé au-dessous; puis il lit sur le cadran la graduation ou la vitesse correspondant aux angles d'oscillation indiqués par l'écartement du volet. Lorsque l'observation est terminée, il rabat le quart de cercle sur le cadre, fait tourner l'appendice sur son articulation, le niveau sur son axe et enlève le contrepoids et sa tige, pour les appliquer sur l'un des côtés du cadre et renferme le tout dans un étui.

Cet instrument, exigu, léger et très-portatif, est principalement en usage dans les mines du Lancashire; on le met entre les mains des surveillants de la ventilation; mais il ne sert qu'accidentellement au jaugeage des courants d'air, pour lequel on préfère l'anémomètre suivant:

Anémomètre Biram. (Pl. XI, fig. 3 et 4).

Cet instrument, plus précis que le précédent, offre trois modèles ayant respectivement 0.10, 0.15 et 0.30 m. de diamètre. Le premier porte six ailettes, les deux autres huit ou douze. Ces ailettes, implantées obliquement sur l'axe de rotation, à la manière des ailes de moulins à vent

---

(1) Ce procédé de graduation, usité depuis longtemps pour la vérification des anémomètres, a été décrit dans la première partie de cet ouvrage. Tome II, § 260.

constituent une roue qui tourne dans une enveloppe circulaire formée d'une mince lame de cuivre. Elles sont reliées entre elles par un fil métallique soudé à la circonférence et destiné à consolider la roue. Quatre tringles disposées latéralement suivant l'un des diamètres de l'enveloppe partent du noyau, sur lequel sont installés les cadrans indicateurs et se terminent à la circonférence. Le plus léger déplacement de l'air suffit pour imprimer à cet appareil un mouvement circulaire. Du nombre de tours accomplis dans un temps donné se déduit la vitesse du courant.

Le compteur, petit mécanisme placé dans le noyau de l'instrument, sert à indiquer le nombre de tours. Il se compose d'une vis-sans-fin, ajustée sur l'axe des ailettes, et dont le nombre de pas est tel que la vis engrenant avec une roue à six dents, celle-ci s'avance d'un dixième lorsque le courant d'air parcourt une longueur de dix pieds. Sur l'axe de la roue est fixée une aiguille qui peut indiquer successivement les dix chiffres d'un cadran, a, placé à l'extérieur du noyau, en sorte que, quand l'aiguille a fait le tour du cadran, les molécules de l'air ont franchi un espace de $10 \times 10 = 100$ pieds. Le même axe porte un pignon qui engrène une seconde roue également munie d'une roue et d'un cadran, b. Ces deux organes étant dans le rapport de 1 à 10, lorsque la seconde aiguille a avancé de 1, 2, 3 etc. chiffres, l'air a parcouru 100, 200, 300 etc. pieds.

Les anémomètres de 0.10 et de 0.15 m. de diamètre suffisent aux observations des contre-maîtres et surveillants de la ventilation, qui les portent dans des poches en cuir. Ces instruments sont munis d'un anneau, que l'on peut saisir avec le doigt. Le compteur, composé de deux cadrans seulement, se borne à indiquer des vitesses mesurées par des distances de 1000 pieds au maximum. Les ingénieurs s'en servent également pour jauger les courants d'air dans les mines, leur manière de procéder est fort simple et une seule personne suffit pour reconnaître la vitesse moyenne de l'air. Pour cela, l'opérateur promène l'instrument dans toute la section de la galerie conformément aux lignes ponctuées de la figure 11, en le fesant stationner pendant des temps égaux, aux points indiqués par des croix.

Les anémomètres de 30 centimètres de diamètre servent rarement aux observations ordinaires relatives au jaugeage; mais on les installe à demeure dans des lieux inaccessibles aux ouvriers et ils font connaître la vitesse du courant, c'est-à-dire l'état de la ventilation pendant une longue période, par exemple pendant deux à trois semaines.

Pour pouvoir remplir cette dernière condition, ils comprennent six cadrans, liés entre eux par des pignons; ces cadrans sont marqués de lettres X, C, M, XM, CM et $\overline{M}$, suivant qu'ils sont affectés aux dizaines, aux centaines, aux milliers, aux dizaines de mille, aux centaines de mille et aux millions. On a supprimé les unités parce que l'expérience est continuée assez longtemps pour que cette omission n'entraîne pas d'erreur sensible sur un nombre très-considérable.

Quel que soit le modèle, il suffit, pour connaître la vitesse d'un courant, d'observer les indications des aiguilles au commencement et à la fin de l'expérience, de soustraire la première valeur de la seconde, de multiplier le résultat par une constante et de diviser par le temps de l'observation exprimé en minutes ou en secondes, puis d'ajouter au résultat obtenu une valeur correspondante, que l'observateur trouvera dans les tables annexées à l'instrument.

La formule spéciale à chacun d'eux est de la forme: $v = aR + u$, dans laquelle R est le nombre de révolutions de l'anémomètre; a, une constante relative au nombre de

pieds que parcourt l'air en une révolution et *u*, les pertes
de vitesses dues au frottement ou, en d'autres termes, une
vitesse capable de vaincre les frottements de l'axe, avant
qu'il se mette en mouvement. Le second terme du coefficient,
ou la constante, résulte de la comparaison entre les diverses indications de l'anémomètre et les vitesses réelles
de l'air qui correspondent à ces indications et qu'on observe
au moyen de la fumée ou d'espaces parcourus par l'instrument dans un temps donné.

Ces anémomètres, analogues aux ventilateurs des ca-
barets, sont plus précis que ceux de M. Dickinson; ils
reposent sur le même principe que l'anémomètre de
M. Combes, dont ils ne diffèrent d'ailleurs que par la disposition des ailettes et des indicateurs. Mais ils sont moins
sujets à se détraquer et de leur solidité découle l'avantage
de pouvoir toujours employer la même formule, puisque
les ailettes conservent toujours les mêmes relations réci-
proques, ce qui n'est pas le cas pour l'instrument de
M. Combes, dont les ailettes en paillon, facilement défor-
mées, forcent l'opérateur de prendre une nouvelle formule
à chaque nouvelle expérience.

L'anémomètre Biram — aux indications duquel on ne
peut se fier pour des vitesses inférieures à 1 mètre par
seconde — est plus particulièrement en usage dans les
districts de Durham, de Northumberland et de Sheffield.
Ils sortent généralement des ateliers de M. Cail, fabricant
d'instruments à Newcastle et coûtent 50, 75 et 100 fr.

Anémomètre autographe de M. Biram.

Les anémomètres autographes, qui résultent de l'adjonction d'un petit anémomètre à l'instrument suivant, servent

à annoter automatiquement la vitesse du courant, c'est-à-dire le nombre de révolutions accomplies par les ailettes dans un temps donné. — (Pl. Xl, fig. 5).

Sur la partie supérieure d'un axe vertical, *A*, de section cylindrique en bas, carrée en haut, est calé un tambour, *B*. L'axe traverse une vis creuse, *C*, invariablement fixée sur une plaque métallique, *D*, faisant partie de la boîte d'une pièce d'horlogerie. Cette pièce agit en tirant une chaîne enroulée sur une fusée ou roue, également fixée à la partie inférieure de l'axe de rotation. La vis, munie de huit filets rectangulaires par pouce linéaire anglais, supporte la base du tambour, où se trouve un écrou qui correspond à la vis et sur lequel le tambour peut s'avancer.

Une feuille de papier, sur laquelle sont tracées des parallèles, séparées par des intervalles égaux à la hauteur des pas de la vis, recouvre le cylindre. Ces diverses lignes comprennent des zônes alternativement blanches et noires, qui doivent être disposées dè telle sorte qu'il en résulte des spirales et que les extrémités des zônes noires correspondent aux extrémités des zônes blanches et réciproquement. La longueur de la feuille, égale au développement de la circonférence du tambour, est divisée en douze parties égales représentant les douze heures du jour ou de la nuit. Chacun de ces espaces est subdivisé en six parties correspondant à des périodes de dix minutes. On apprécie les minutes par des échelles transversales décrites à la base du tambour. La figure indique la position occupée par celui-ci le lundi matin, immédiatement après qu'il a été remonté. A partir de ce moment, sollicité par le mouvement d'horlogerie, il commence ses révolutions qu'il accomplit chacune en 12 heures et en s'avançant de 1/8 de pouce, suivant la direction de la flèche, pendant que son écrou parcourt l'un des filets de la vis.

Un petit anémomètre Biram est installé auprès du tambour. Rien n'est changé à son indicateur, si ce n'est qu'un poinçon ou petite tringle pointue est mise en relation avec la roue qui fait tourner l'aiguille du 2ᵉ cadran. Après chaque révolution de cette roue, c'est-à-dire après le temps nécessaire pour que le courant qui traverse les ailettes ait franchi un espace de 10,000 pieds, le poinçon détaché vient heurter le tambour et perce un trou dans le papier. Supposant donc un appareil de cette espèce, propre à relever le diagramme d'une semaine; le point de départ est le lundi à minuit. En cet instant le poinçon doit se trouver au-dessus de la zône inférieure et au point marqué XII. Après 12 heures le tambour a fait une révolution et s'est avancé de la hauteur d'un pas de vis dans le sens de la flèche. Il est midi. Le poinçon passe alors dans la zône blanche, où il reste jusqu'à minuit, etc. Le lundi suivant la feuille de papier est remplacée par une feuille neuve.

Cet appareil possède, pour la surveillance, de nombreux avantages sur l'anémomètre à six cadrans, composé postérieurement par M. Biram. Le dernier ne fait connaître qu'en bloc le nombre de révolutions effectuées pendant la période; il faut donc se contenter d'une moyenne. Le premier, au contaire, indique les diverses phases de la ventilation ou le nombre de tours pour tous les instants de la semaine. Il rend sensible tout ralentissement et toute irrégularité du courant. Il dénonce les négligences en indiquant l'époque où elles ont été commises ; en sorte qu'on sait toujours à qui s'en prendre. On peut expédier ces diagrammes par la poste aux personnes qui ont intérêt à connaître l'état de l'aérage et d'un coup d'œil elles peuvent s'en instruire. Enfin il n'y aura plus à craindre que les contre-maîtres ou les surveillants chargés d'annoter à divers intervalles la vitesse du courant s'acquittent sans soin de leur devoir, car ils se sauront surveillés par un appareil dénonciateur inflexible.

Emploi des anémomètres en Angleterre.

Les mineurs anglais regardent comme fort important de s'assurer si le volume d'air est suffisant pour toutes les pressions atmosphériques. C'est pour ce motif qu'ils le mesurent régulièrement dans les principales galeries de roulage, dans les galeries de retour d'air et en quelques points déterminés des divisions du champ d'exploitation. Ils se servent de la poudre, mais surtout de l'anémomètre. C'est celui de M. Biram, de 0.15 m. de diamètre, que l'on confie au personnel chargé de la surveillance. Le petit volume et la simplicité de celui de M. Dickinson et la facilité de son emploi le mettent à la portée des ouvriers.

Ces mesurages à la poudre ou à l'anémomètre sont exécutés à des époques prescrites et plus ou moins éloignées. A la mine de Houghton, par exemple, le maître-mineur en chef observe tous les jours — à la poudre — la quantité d'air entrant. A Pendlebury, l'opération s'exécute au moins une fois par semaine, particulièrement dans les voies d'aérage. A Pelton, elle a lieu une ou deux fois mensuellement. Enfin, à la mine de Harton, une fois seulement par trimestre.

On emploie, dans le voisinage des foyers, de grossiers anémomètres-à-ailettes, qui ne donnent aucune mesure, mais fournissent au chauffeur des indications qui lui permettent d'apprécier si la vitesse du courant est suffisante et lui font connaître la manière de régler le feu du foyer.

Manomètres installés à demeure dans les mines.

Les exploitants ont l'habitude d'installer, sur la porte

ou la paroi quelconque qui interrompt la communication entre le puits d'appel et l'air atmosphérique, un manomètre, qui leur permet de contrôler à chaque instant l'état de la dépression.

Dans les mines du continent, l'instrument, composé, comme à l'ordinaire, d'un tube de verre assez mince, ne possède pas toute la solidité désirable : il se brise accidentellement peu après avoir été placé ; ou bien, l'intérieur des branches, étant exposé à l'air libre, s'encrasse promptement par l'adhérence des poussières de houille et cesse de fontionner.

Les mineurs du nord de l'Angleterre (1) se servent d'un instrument, de M. Davy de Derby. (fig. 13) qui consiste en un syphon renversé ou tube de verre en U, exactement calibré et assez épais, dont les deux branches, d'environ 0.15 m. de longueur, sont recouvertes d'un chapeau massif en laiton, *a*. Ce chapeau est accompagné d'une vis creuse, *b*, disposée latéralement et assez longue pour traverser, d'outre en outre, la paroi contre laquelle l'appareil est appliqué. Il est percé de deux canaux, aboutissant chacun à une branche du syphon ; l'un débouche directement par un orifice, *c*, dans l'atmosphère, qu'il met aussi en communication avec la branche correspondante ; l'autre, prolongement du canal ménagé suivant l'axe de la vis, fait communiquer la seconde branche avec le puits d'appel ou l'espace existant derrière la paroi. La différence de niveau est indiquée par une échelle mobile entre les deux branches du tube.

Un semblable manomètre a été établi dans la chambre d'accrochage de la mine de Houghton le Spring, près de

(1) Mémoire de MM. Fischer et Dejaer, Élèves de l'École des Mines de Liége, inséré dans la *Revue universelle des Mines*. Tome VIII, page 18.

Durham. Il est mis en relation avec le puits d'appel par un tube de faible pression, passant à travers les portes de séparation des puits de retour de l'air et de descente. Cet instrument, renfermé dans une boîte pour éviter les accidents, indique à chaque instant la hauteur motrice du courant d'air, qui s'élève ici de 38 à 50 millimètres en colonne d'eau. Le prix du manomètre est de fr. 21.90.

Ce manomètre est fort solide. Il est disposé de telle façon que les poussières de houille ne peuvent guère pénétrer à son intérieur.

Manomètre à étranglement ou à verres plats.

Les oscillations auxquelles est soumis le liquide manométrique, quand il est en relation avec un ventilateur agissant par intermittence, rendent les observations de la moyenne des dépressions fort difficiles et compromettent les résultats. Il est possible de diminuer l'amplitude de ces oscillations en augmentant le diamètre des branches verticales de l'instrument et en rétrécissant le canal qui les met en communication par leur base. Deux spécimens fondés sur ce principe ont été exécutés, l'un à Durham pour M. Atkinson, l'autre à Birmingham pour M. Dickinson, inspecteurs gouvernementaux des mines. Le premier de ces appareils est représenté par les figures 6 et 7. (Pl. XI).

Une boîte rectangulaire en cuivre, de 125 millimètres de largeur sur 75 millimètres de profondeur, est divisée par une paroi de même métal en deux compartiments égaux et étanches, *a* et *b*, qui constituent les deux branches du manomètre. Leurs bases communiquent au moyen d'un petit tube horizontal, *cc*, qu'un robinet peut à volonté laisser libre ou obstruer. L'une des branches, *a*, ouverte à son sommet, donne accès à l'air atmosphérique ; l'autre, entièrement fermée, est mise en relation, par sa partie supérieure, avec le puits d'appel, au moyen d'un tube en cuivre, *d*, destiné à traverser les portes d'aérage ou les autres barrages. Si le prolongement du tube doit être soumis à des inflexions, on y ajoute un tuyau élastique en gutta-percha.

La face antérieure du manomètre est garnie de deux glaces tandis que celui de M. Dickinson n'en a qu'une seule.

L'instrument mis en place, l'opérateur verse le liquide manométrique par l'ouverture supérieure de la branche de gauche ; le liquide passe en partie dans l'autre branche en traversant le tube *cc* ; dès que le robinet de communication est ouvert, le liquide se dénivelle dans les deux branches en cédant à la différence des pressions ; enfin l'opérateur mesure avec une échelle qu'il tient à la main la différence de hauteur des deux colonnes. Lorsque les observations sont achevées, on ferme le robinet, avant de retirer le manomètre de la cloison et sans que les deux colonnes d'eau changent de relation entre elles. S'il faut vider l'instrument, on ouvre le robinet et l'on rejette l'eau par l'ouverture supérieure.

L'idée première du principe sur lequel repose cet appareil appartient à M. Trasenster, qui, dès 1844, cherchant à se soustraire à l'influence des oscillations des colonnes liquides, avait introduit dans l'une des branches d'un instrument ordinaire, un bouchon destiné à rétrécir le passage de l'eau.

M. Guibal a reproduit cet appareil sous une autre forme. Son instrument (fig. 8 et 9) se compose de deux vases ou cylindres métalliques, verticaux, de 0.60 m. de hauteur et de 0.10 m. de diamètre, qui reposent sur un piédestal en bois et sont réunis à leurs bases par un tube de faible section pourvu d'un robinet. Les espaces supérieur et inférieur de chaque cylindre communiquent par des tubes en verre. Chaque couvercle porte une tubulure ; l'une, entièrement ouverte, met en relation l'intérieur du vase avec l'atmosphère ; tandis que l'autre reçoit un bouchon que traverse suivant son axe un tube en laiton ; sur ce dernier est vissé un tuyau en caoutchouc, qui fait communiquer le cylindre avec le puits de retour de l'air. Cet appareil, qui est muni d'une enveloppe métallique et dans lequel les vitres en verre sont remplacées par des tubes de faible section, est moins exposé aux fractures que les précédents.

C'est ici le lieu de dire quelques mots sur le *manomètre différentiel* de M. Atkinson dont on peut se servir pour les expériences qui exigent beaucoup d'exactitude. Dans cet instrument, représenté par la figure 12, la section intérieure de chaque branche verticale est beaucoup plus grande que celle du tube horizontal qui les réunit. Celui-ci renferme une bulle d'air qui indique l'excès de pression de la colonne descendante sur une échelle divisée d'après les rapports des sections de tuyaux.

Indicateur de l'aérage ou manomètre multiplicateur.

L'appareil indicateur de M. Devaux, en son vivant inspecteur général des mines, est une modification d'un instrument décrit dans la première partie de cet ouvrage (1).

Dans une caisse rectangulaire (fig. 15 et 16), aux deux tiers remplie d'eau, est immergé un cylindre vertical renfermant un flotteur métallique creux. Un espace annulaire

(1) Tome II, § 255.

de 4 à 5 millimètres est ménagé entre la base du cylindre et le fond de la caisse, afin que le niveau du liquide soit le même dans les deux vases lorsque les surfaces reçoivent les mêmes pressions, et que ce niveau diffère dans le cas contraire. Deux montants, soudés sur la caisse et le cylindre supportent un limbe ou cadran gradué, au centre duquel tourne l'aiguille indicatrice; l'axe de celle-ci reçoit sur son prolongement la poulie de renvoi d'un fil de suspension qui se rattache, par un bout, au flotteur et, par l'autre bout, à son contrepoids. Des tubes, supportés par des colonnes et accompagnés de robinets, mettent, à volonté, la capacité intérieure de la caisse en communication, soit avec l'air ambiant, soit avec le quartier de la mine dont on veut connaître la pression relative. Tous les organes qui précèdent sont en fer blanc. Un long tuyau flexible, en caoutchouc et d'une longueur indéterminée, sert à mettre l'appareil en relation avec l'air du puits de retour. Un manomètre ordinaire est fixé à l'extrémité de l'un des tubes en fer blanc. Enfin une vis surmontée d'un bouton ferme l'ouverture d'évacuation de l'eau que contient la caisse.

La graduation du limbe se fait comme suit : le liquide intérieur ayant reçu la pression atmosphérique par l'ouverture du robinet b, l'opérateur fait coïncider l'axe de l'aiguille avec le diamètre vertical du cadran; puis, après avoir fermé b, et ouvert a, il applique la bouche à l'extrémité du tuyau en caoutchouc et y fait une succion telle que l'aiguille parcoure la circonférence entière du limbe. Après avoir fermé le robinet a, il observe la hauteur de la colonne manométrique, mesure de la dépression que doit indiquer l'aiguille, et divise la circonférence du cadran en autant de degrés que la colonne liquide contient de millimètres. Si, comme dans l'exemple représenté dans les figures, la colonne est de 40 millimètres, la circonférence doit porter 40

divisions, subdivisées chacune en 4 parties, de manière
que l'instrument accuse les quarts de millimètre de dépression et même les huitièmes, ce qui constitue un frac-
tionnement plus que suffisant pour les observations les
plus délicates. Avant de procéder, l'opérateur doit s'assurer
que l'aiguille corresponde au zéro de la graduation au moment où la surface liquide de la caisse est soumise à la
pression atmosphérique; si l'aiguille s'écarte de cette position, il l'y ramène après avoir soulevé le contrepoids.

M. Devaux propose d'employer cet instrument pour
avertir les mineurs, en temps utile, des perturbations que
peut éprouver le courant ventilateur, d'une négligence
dans la manœuvre des portes, du fait que l'ouverture d'un
guichet a été mal réglée, de la perméabilité des remblais,
d'éboulements dans les voies ou dans les ateliers d'abatage etc. etc., afin qu'ils puissent se soustraire aux conséquences dangereuses de cet état anormal de la ventilation. Cet ingénieur pense que les hauteurs motrices, dont
les variations sont en raison des carrés des vitesses du
courant, offriront des éléments précis pour apprécier l'état
du courant ventilateur. Par exemple, une mine est divisée
sous le rapport de l'aérage en quartiers, dont chacun est
ventilé par une branche du courant principal; la circulation de l'air est réglée dans chacun d'eux suivant les besoins; mais, lorsqu'elle a été établie d'une manière convenable, elle doit rester constante et le sera, en effet,
aussi longtemps que la hauteur manométrique ne variera
pas. Cependant la dépression peut s'écarter du point précis;
mais seulement entre des limites telles que la ventilation
ne soit pas compromise. L'indicateur proposé par M. Devaux a pour but d'avertir les mineurs quand ces limites
sont dépassées.

A cet effet, un tube en fer étiré, d'environ 20 millimètres

20

de diamètre, partant de la galerie principale d'entrée de l'air dans la mine, serait dirigé, par le chemin le plus court, sur un point — de la galerie de retour de l'air — assez rapproché du puits d'appel ; puis, aux points où les observations doivent avoir lieu, on établirait des embranchements pourvus de robinets et l'on y placerait l'indicateur. La surface extérieure de l'eau serait alors soumise à la pression de l'air ambiant et la surface de l'eau dans la capacité intérieure de l'appareil, à la pression de l'atmosphère que renferme le puits de retour de l'air. Lorsque le mineur connaît, par expérience, la hauteur motrice nécessaire pour faire circuler l'air dans chaque quartier de la mine, de même que l'écart au-dessus et au-dessous qui peut être toléré, rien ne lui est plus facile que de constater, en tout temps, si l'aérage se trouve dans son état normal, c'est-à-dire si le courant est toujours réparti suivant les besoins respectifs de chaque compartiment.

A cette fin, l'indicateur peut occuper deux positions différentes : L'une en dehors du courant principal et en aval des portes à guichet destinées à restreindre le passage de l'air dans une mesure donnée : l'intérieur de la caisse étant mise en relation avec le puits d'appel, l'instrument accuse la différence de pression entre l'atmosphère de cette excavation et celle du compartiment, c'est-à-dire la hauteur motrice absorbée par les frottements de cette partie de la mine. Dans l'autre position, en amont de la même porte modératrice, lorsque l'intérieur communique avec l'air qui circule dans le quartier, les indications de l'instrument se rapportent à la différence de dépression entre l'intégrité du courant et l'une de ses branches dérivées, ou à la pression qui chasse l'air à travers le guichet.

Ces recherches exigeraient l'emploi d'autant d'indicateurs qu'il y a de subdivisions du courant d'air ; mais, comme il est à craindre que les exploitants ne prêtent pas volontiers leur concours à ces installations et à l'organisation d'une surveillance assez continue pour que les observations soient utiles, l'inventeur pense qu'il vaut mieux n'exiger, pour le moment, qu'un seul appareil par étage et se borner à observer les phénomènes qui se produiront en cas de trouble dans la ventilation.

L'indicateur convient aux expériences qui réclament une grande précision. On pourrait s'en servir pour vérifier les formules généralement adoptées dans le calcul de la résistance des fluides aériformes et pour constater l'influence des inflexions, des coudes et des rétrécissements sur la hauteur motrice.

Autre manomètre multiplicateur.

M. Denis, directeur de l'usine à gaz d'Arras, est l'inventeur d'un autre appareil multiplicateur qui se soustrait à la nécessité d'avoir le niveau d'eau à un point constant et déterminé.

Cet appareil (fig. 17 et 18) est renfermé dans une caisse métallique divisée en deux compartiments qui communiquent par leur partie inférieure; dans chaque compartiment plonge un flotteur dont les mouvements, causés par les changements de niveau, se transmettent par l'intermédiaire d'un balancier, à un arc denté qui fait tourner une aiguille sur le cadran. Comme le cadran et le mécanisme ne forment qu'un tout supporté par les flotteurs, les indications manométriques sont indépendantes du niveau de l'eau dans la caisse et le niveau peut s'élever et s'abaisser sans troubler les résultat. Cette disposition donne au manomètre Denis une incontestable supériorité sur tous

les manomètres connus jusqu'à ce jour, entre autres, sur
celui qui a été décrit dans le paragraphe précédent, et
auquel est inhérente la condition fort difficile à remplir,
mais indispensable, de maintenir l'eau à un niveau déterminé et de régler l'aiguille à chaque changement.

Emploi du baromètre et du thermomètre dans les mines de l'Angleterre.

Beaucoup de mines du Yorkshire et la plupart de celles
du nord de l'Angleterre possèdent un baromètre et un
thermomètre, suspendus dans une armoire fermée et placée
auprès de la chambre d'accrochage, et d'autres installés
dans les bureaux du jour, ce qui permet d'apprécier en
tout temps la pression de l'air et sa température, tant à
l'intérieur qu'à l'extérieur.

On peut considérer ces deux instruments comme des
indicateurs de l'état des courants, puisque la quantité
d'air qui afflue dans les galeries est naturellement liée
avec les hauteurs des colonnes barométrique et thermo-
métrique. En effet, la densité de l'air, d'après la loi de
Mariotte, étant proportionnelle à la pression qu'il supporte,
il est évident que les hauteurs du baromètre seront les
indices du degré de densité et, par conséquent, de la quantité de l'air qui entre dans la mine.

Il en est de même du thermomètre : l'ascension ou la
dilatation de la colonne indicatrice, conséquence de l'élévation de la température, concorde avec une raréfaction
de l'air des courants, de là l'introduction d'une moindre
quantité de ce fluide dans un temps donné.

Il ne semble pas que la pression plus ou moins grande
de l'atmosphère ait pour effet de retenir le gaz inflam-

mable dans les cellules de la houille, mais bien dans les fissures, dans les interstices des remblais et les anciens travaux, d'où il se répand dans les excavations habitées. Et comme, pour les mêmes motifs, la ventilation, dans son état normal, est ordinairement trop défectueuse pour pouvoir provoquer le mélange du gaz inflammable avec la masse d'air frais, dans laquelle il doit être noyé, l'abaissement de la colonne du baromètre et l'élévation de celle du thermomètre doivent être considérés comme indices probables d'un prochain dégagement de grisou.

Il est toujours bon de consulter ces indices sur l'état de la ventilation intérieure ; aussi les exploitants du Yorkshire et la plupart de ceux du nord de l'Angleterre ont-ils soin de faire tous les jours plusieurs observations, tant à l'intérieur qu'à l'extérieur.

A Pelton, on ne descend le baromètre dans les travaux que quand on doit s'en servir et les observations souterraines n'ont lieu que quand les apparences peuvent faire supposer des différences de pression assez sensibles. Au jour ces observations sont régulières. A la mine de Harton, au contraire, elles ont lieu deux fois par jour au fond et, à la surface, accidentellement. A Monkwearmouth, on pratique les deux modes d'observation à 5 heures du matin et à 5 heures du soir.

Appareil contrôleur de la marche des foyers.

Souvent le tiseur d'une mine dont la ventilation est provoquée par un foyer d'appel charge les grilles à intervalles inégaux ; il arrive aussi que, après s'être adonné au sommeil ou par suite d'une négligence quelconque, il projette en une seule fois, dans le foyer une trop grande quantité de houille.

M. Burton, directeur de la mine de Springwell, dans le
Derbishire, désirant faire cesser ces manœuvres nuisibles
à la ventilation, a fait construire un petit mécanisme qui
rappelle le chauffeur à son devoir, contrôle son activité et
dénonce, après coup, la faute qu'il a pu commettre.

Un arbre est mis en rotation par un mouvement d'horlogerie, un poids et un ressort, ou même par une petite roue
hydraulique agissant sous l'impulsion d'un mince filet d'eau.
Une roue calée sur cet arbre agite une sonnette après une
période de douze minutes, temps reconnu nécessaire, dans
la mine de Springwell, pour la combustion d'une charge
de houille. L'arbre reçoit, en outre, un disque circulaire,
à la circonférence duquel des chevilles sont implantées à
des distances convenables. La caisse qui renferme l'appareil
est percée, suivant le plan du disque, d'une fente à travers
laquelle chaque cheville vient alternativement faire une
apparition à l'extérieur au moment où la sonnette est en
vibration. A ce signal, le tiseur se hâte de nettoyer la
grille et de la charger à nouveau ; puis il tire la cheville.
Ce mouvement produit à l'intérieur une marque. La
marque est-elle absente, la négligence du chauffeur est
signalée. Or, comme la pénalité appliquée à cette faute
tombe sur le vrai coupable, les ouvriers diligents n'ont
qu'à se louer de ce contrôle.

Appareil pour contrôler la vitesse des ventilateurs.

Il importe d'adjoindre aux ventilateurs rotatifs des *indicateurs* qui marquent la vitesse de la marche de ces
appareils ou tout au moins signalent le ralentissement de
leur mouvement. Le mécanisme le plus usité est un compteur semblable à ceux des machines d'épuisement.

Il se compose (fig. 19 et 20) de six roues à rochet en cuivre, *a*, *b*, *c*, etc., calées chacune sur un axe spécial et sans contact entre elles. Une bielle oscillante, *m*, se rattache à un excentrique, placé sur l'arbre du ventilateur et met en mouvement un cliquet moteur, *n*, dont l'extrémité est conformée de manière à s'intercaler dans chaque entre-dent de la première roue, *a*. Comme cette dernière, de même que les cinq autres, est munie de dix dents, chaque révolution du ventilateur fait avancer la circonférence de cette roue d'un dixième. Puis, au moment où la dernière dent est poussée en avant, un petit appendice en acier, *x*, fixé sur la roue et fesant fonction de rochet, heurte l'une des dents de la roue *b*, qui avance d'un dixième et accomplit sa révolution lorsque la première a fait dix tours; alors le rochet qu'elle porte elle-même, agit de la même manière sur *c*, mouvement qui se propage successivement sur *d*, *e* et *f*, de manière que les vitesses décroissent suivant une progression géométrique dont 10 est le quotient.

Sur chacun des six axes est calé un disque circulaire ou cadran et sur ce cadran sont inscrits les dix chiffres de 0 à 9 qui viennent se présenter successivement par une ouverture pratiquée dans la paroi antérieure de la boîte du mécanisme. Il suffit alors de lire — de gauche à droite, comme à l'ordinaire, — le nombre que forment les chiffres dans leur ensemble pour connaître combien de tours le ventilateur a faits dans un temps donné. Toutes les ouvertures doivent naturellement montrer zéro lorsque l'opération commence. Le nombre maximum étant 999,999, on peut compter jusqu'à un million.

Les pièces en acier, *a'*, *b'*, etc., sont des arrêts qui se placent entre deux dents consécutives, afin de prévenir la marche rétrograde des roues. Ces arrêts, de même que le cliquet moteur, sont pressés par des ressorts qui mettent ces organes en contact continuel avec les dents.

M. Delsaux, ingénieur de la houillère de l'Agrappe, a construit pour les puits n°s 3 et 5 de cet établissement un petit appareil d'alarme peu coûteux, qui satisfait à toutes les conditions de sûreté exigées par l'administration des mines (1).

Le mouvement a pour origine un modérateur mis en relation avec l'arbre du ventilateur. Le modérateur entraîne dans ses courses ascendante et descendante un levier horizontal, dont on attache par tâtonnements l'extrémité en des points convenables d'une échelle verticale. Le mouvement se communique à deux autres leviers, qui agissent sur deux sifflets destinés à signaler le premier les ralentissements, le second les accélérations de vitesse nuisibles à la sûreté.

Influence des cages sur le courant ventilateur.

Les cages d'extraction, dont la vitesse concorde rarement avec celle du courant, marchent tantôt dans le même sens, tantôt dans un sens contraire. Elles sont toujours nuisibles à la ventilation, ainsi que le démontrent à l'évidence les expériences faites à la mine de Kirkless-Hall, près de Vigan, dans le Lancashire (2).

Dans cette mine, l'extraction s'effectue par deux puits accolés, ayant chacun une section de 7.90 m. de surface et une profondeur de 274 m. L'un, servant à l'entrée de l'air dans la mine, est exclusivement réservé aux produits de la couche *Arley*; l'autre, faisant fonction de puits d'appel, est appliqué à l'extraction des produits de la couche *Yard Coal*, gisant au-dessus de la première.

(1) 3e Bulletin des ingénieurs sortis de l'École de mines de Mons, p. 43.
(2) *Report of Joseph Dickinson, inspector of coal mines*, 1854. p. 51.

1re *Expérience.*

Les appareils d'extraction étant immobiles à l'orifice et
à la base des excavations, les volumes d'air circulant dans
les travaux étaient :

> Pour Arley :   23 m. cubes.
>
> Pour Yard Coal :   5   »
>
> Total :   28   »   par seconde.

Les cages étant douées d'une vitesse de 4.57 m. par
seconde, c'est-à-dire moindre que celle du courant ventilateur, doivent accélérer ou retarder celui-ci, suivant la
direction de leur marche.

2e *Expérience.*

Une des cages s'élevait dans le puits d'extraction, tandis
que l'autre descendait dans le puits d'appel ; en sorte que
les deux appareils suivaient une marche contraire à celle
du courant. La mesure de celui-ci a été :

> Couche Arley : 12.54 m. cubes.
>
> Yard Coal :   4.26   »
>
> Total :   16.80   »

Ainsi la comparaison de ce résultat avec le précédent
prouve que la perte d'air due à la résistance des cages s'est
élevée à 11.20 m. cubes par seconde.

3e *Expérience.*

Une des cages descendait dans le puits d'entrée de l'air
et l'autre faisait son ascension dans le puits d'appel. Leur
marche ayant eu lieu dans le sens du courant, les volumes
ont été :

> Pour Arley :   24.72 m. cubes.
>
> Pour Yard Coal :   5.57   »
>
> Total :   30.29   »

d'où résulte un accroissement de volume de 2.29 m. c.

La moyenne de volume d'air débité par le puits, lorsque les cages marchent en sens contraire et dans le même sens que le courant est de 23.54 m.c. Ce nombre, inférieur de 4.46 m. au volume obtenu quand les cages, stationnaires, n'exercent aucune influence, est une preuve de l'action considérable de ces appareils sur la circulation de l'air. Il importe donc, quelle que soit la section du puits, que les cages soient aussi étroites que possible. Et il est avantageux, lorsqu'il s'agit d'élever simultanément plusieurs voitures, de les superposer, afin d'offrir la plus petite résistance au courant.

IVᵉ SECTION.

AÉRAGE PHYSIQUE ARTIFICIEL.

Des foyers d'appel.

Les foyers, en raison de leur simplicité et de la facilité de leur établissement, sont exclusivement employés en Angleterre, à l'exception de quelques mines des districts méridionaux, qui sont ventilées par des appareils mécaniques. Voici, d'après les ingénieurs de ce pays, les motifs de cette préférence. Les foyers sont fort efficaces dans les conditions où on les applique en Angleterre; la régularité de leur action est incontestable et leur marche se prête à un contrôle des plus faciles. Les frais de premier établissement de ces appareils sont moindres que ceux des ventilateurs. Les anglais reconnaissent, il est vrai, que ces derniers, bien construits, consomment moins de houille tout en provoquant la circulation d'un même volume d'air, excepté encore lorsqu'il s'agit de puits secs et profonds où l'aérage au feu produit des résultats remarquables. Mais, ajoutent-ils, la houille se trouve en abondance dans la mine, où elle n'a qu'une faible valeur. Les foyers ne sont pas compliqués comme les appareils mécaniques, ils ne sont pas exposés aux chômages qui résultent chez ceux-ci de la rupture d'un organe soit de la machine ventilante proprement dite, soit de son moteur. Quelques ingénieurs pensent même, qu'en pareille occurrence, les ouvriers pourraient être surpris par le danger avant d'arriver au jour, tandis que les parois des puits d'appel fortement échauffées détermineraient encore la circulation de l'air quelque temps après l'extinction du foyer. Enfin, ils arguent de la difficulté d'appliquer les ventilateurs mécaniques aux bures d'extraction et concluent de tous ces raisonnements qu'ils offrent moins de sûreté que les foyers.

Ajoutons que, comme ceux-ci provoquent une ventilation d'autant plus active que le puits de retour de l'air est plus profond, l'énergie du tirage étant en rapport avec la hauteur de la colonne chauffée; comme, d'autre part, les points d'arrachement de la houille s'écartent de plus en plus de la surface du sol, la ventilation par le feu tend aussi à s'améliorer chaque jour.

D'après une moyenne résultant d'expériences faites dans onze mines du district de Newcastle, chaque kilogramme de houille projetée dans le foyer produit un déplacement de 812 mètres cubes d'air pur. Dans quelques mines, la circulation est double ou triple des autres, différence qui dépend de la profondeur des puits, de l'état de sécheresse ou d'humidité des parois et surtout des frottements de l'air dans les excavations. Les volumes d'air extraits des mines du Nord de l'Angleterre sont considérables; ils s'élèvent à 5, 9, 23, 47, 70 et dépassent quelquefois 100 mètres cubes par seconde. A la mine de Hetton, qui est pourvue de quatre foyers, ce volume est de 108·mètres cubes.

La vitesse des courants dans les galeries accessoires est comprise entre 0.90 et 1.50 m.; sur le front des tailles elle peut excéder 0.90 m. sans incommoder les ouvriers. Mais elle est considérable dans les galeries principales.

A Harton, elle s'élève à 2.10 et 3.40 m.; à Hougthon, à
2.75 et 4.30 m.; et enfin à Pendleburg, elle atteint
6.10 m. Dans ces circonstances, les lampes, qui s'éteignent
facilement, même lorsqu'on marche dans le sens du courant,
doivent être protégées par des manchons en verre ou par
des abat-jour en fer blanc.

Dans les puits, les courants d'air sont animés d'une
vitesse de 6 à 9 mètres par seconde, lorsque les puits
d'appel sont exclusivement affectés au retour de l'air dans
l'atmosphère; alors la température est de 60 à 70 degrés
centigrades et s'élève même à 80. Mais si le retour se fait
par un puits d'extraction, la vitesse n'est plus que de 2 à
3 m., ce qui correspond à une température de 26 à 32
degrés. C'est une limite au-dessus de laquelle les cables
en chanvre ou en aloës sont promptement altérés, la santé
des ouvriers qui circulent dans la mine, fort compromise
et les cuvelages facilement attaqués par les eaux vitrio-
liques. Ces résultats extraordinaires sont dus : à l'énorme
quantité de combustible qu'absorbent plusieurs foyers,
dont les grilles, offrant des surfaces de 11 à 24 mètres
carrés, portent à une température excessive la colonne
d'air ascendante; à la régularité des stratifications; à la
puissance des couches peu inclinées et surtout à la grande
section des galeries, qui facilite singulièrement la circulation de l'air ; en sorte que les dépressions, ordinairement
fort minimes, atteignent à peine 10 millimètres et ne
s'élèvent à 25 ou 50 millimètres que dans des cas exceptionnels.

Il n'en est peut-être pas ainsi sur le continent, où généralement les couches minces ont une inclinaison quelquefois considérable et où les excavations souterraines, de
faible section, sont déjà fort développées et s'étendent
chaque jour davantage, à cause de la profondeur toujours

croissante des travaux. Dans de pareilles conditions, les minimes dépressions produites par les foyers ne sauraient vaincre les résistances inhérentes à la circulation d'un courant de 12 à 20 mètres cubes par seconde. Il en est de même dans les districts du centre et du midi de la France et dans quelques bassins allemands où des motifs d'économie engagent les mineurs à ne percer que des galeries de faible section dans des couches même puissantes. On redoute d'ailleurs, à juste titre, les foyers, à cause des dangers qui les accompagnent.

Foyers munis de grilles à grande surface.

L'étendue toujours croissante des travaux souterrains et le volume considérable que nécessite le partage du courant d'air ont d'abord engagé les ingénieurs anglais à construire, pour chaque mine, un certain nombre de foyers séparés les uns des autres et placés dans des compartiments spéciaux. Mais n'ayant pas tardé à reconnaître les vices de cette disposition, qui entraîne la division du courant principal en autant de branches qu'il y a de foyers, ils lui ont substitué récemment une série de grilles juxtaposées et formant un foyer unique à grande surface.

Dans ces nouvelles constructions, ils ont eu soin de se baser sur les considérations suivantes :

Si l'air n'est admis au-dessus de la grille que par des passages à sections étranglées, la majeure partie du courant se porte au-dessous des barreaux qu'il traverse. La houille, mise en contact avec une grande quantité d'oxigène, se consume rapidement et la température du puits d'appel s'élève proportionnellement à la consommation du combustible; mais la hauteur motrice ou dépression s'accroît aussi en vertu de la contraction des orifices d'entrée et une assez forte quantité de houille, ne pouvant se combiner avec le maximum d'oxigène, passe à l'état d'oxide de carbone en produisant une perte assez sensible.

Si, au contraire, ces orifices livrent passage à un grand volume d'air, la température, en s'abaissant, ne permet pas l'oxidation des gaz hydro-carburés, qui exige une température fort élevée; de plus, la fumée, qui se produit en abondance, est une perte assez notable sur la houille consommée. Dès lors, la combustion languissante ne permet pas à l'atmosphère du puits de retour d'atteindre à une haute température.

C'est pour éviter ce double écueil que les Anglais ont imaginé, dans ces derniers temps, de multiplier les points de contact de l'oxigène avec le combustible incandescent par l'établissement de grilles à grande surface; de ne recouvrir celles-ci que d'une mince couche de combustible, afin d'éviter l'accroissement des résistances; et enfin de ne laisser passer à travers les barreaux que le volume d'air strictement nécessaire à la saturation des gaz par l'oxigène, afin d'obtenir une parfaite combustion, sans abaissement de température.

La fig. 22 représente un foyer de la houillère d'Epleton, qui, disposé suivant ces principes, a donné les résultats les plus satisfaisants (1).

Il se compose d'une grille unique de 7.92 m. de longueur sur 1.83 m. de largeur, d'où résulte une surface de 14.49 m. carrés, tandis que celles des foyers ordinaires n'est que de 4 à 5 mètres carrés. La maçonnerie qui l'enveloppe est percée, sur l'une de ses parois latérales, de quatre grandes ouvertures, munies de doubles portes bat-

(1) *Transactions of the nord of England.* T. IX, p. 131.

tantes en fer, semblables en tout à celles des chaudières à vapeur. Ces portes servent à diriger le courant d'air au-dessus ou au-dessous des grilles ; on les ferme lorsqu'il faut activer le feu après qu'on vient de l'allumer ou après avoir nettoyé les grilles ; on les ouvre de plus en plus à mesure que la vitesse du courant s'accroît par l'influence de la température.

Le foyer et sa grille inclinée *(furnace drift)* établissent une communication avec la voie de retour de l'air et le puits d'appel. Il est exclusivement alimenté par l'air qui a parcouru les travaux souterrains. La voûte construite au-devant et parallèlement à son axe protège les tiseurs contre la température parfois intolérable qui règne en ce point. L'espace ménagé entre les deux voûtes est fermé à son extrémité antérieure par un mur vertical ; mais il est mis en communication avec la galerie par des ouvertures carrées et munies de portes qui permettent au tiseur d'y faire passer de l'air frais quand il le juge convenable. On dépose la houille destinée à la combustion dans des loges ménagées dans le mur d'enceinte,

Ce foyer produit, dans les couches de Hutton et Main-coal un double courant s'élevant à un volume de 76.3 m. c. par seconde et pour une consommation de 6.400 kil. de houille en 24 heures. La température de l'air dans le puits d'appel est de 50 degrés centigrades.

M. Daglisch a fait construire pour la mine de Helton un foyer de 11 mètres de longueur accessible sur ses deux faces latérales. Une partie du courant d'air passe à travers la grille et favorise l'incandescence d'un lit de houille assez mince ; tandis que l'autre partie, dirigée par-dessous, assure la combustion des gaz. Son action régulière n'est jamais interrompue, puisque le feu peut être nettoyé sur un point, pendant que sur les autres il continue à brûler. Enfin, ce foyer offre l'avantage de se plier à toutes les exigences de la ventilation, un, deux, trois feux au plus pouvant être mis en activité, suivant le développement des travaux ou les circonstances dangereuses dans lesquelles la mine peut accidentellement se trouver.

Le foyer établi à la mine de Helton produit un courant d'un volume de 68 à 69 m. c. ; il en remplace trois autres de l'ancien type, qui ne provoquaient l'ascension que d'un volume de 11 m. c. d'air.

La fig. 24 est une projection horizontale d'un foyer construit à la mine de Hougthon le Spring, district de Durham (1). Le puits auquel il est accolé, et qui a 228 m. de profondeur, est revêtu sur toute son étendue d'un muraillement en pierres réfractaires. Les grilles, au nombre de quatre, forment un carré de 3.64 m. de côté et reçoivent chacune un feu spécial. Elles sont situées à une hauteur de 0.78 m. au-dessus du sol. Les ouvertures latérales sont munies de portes battantes ; celles de devant, de registres glissant dans des coulisses et équilibrées par des contrepoids. On ouvre ces registres pour régulariser l'affluence de l'air au-dessus des grilles, pendant que les portes latérales restent fermées. La voûte qui recouvre les grilles s'élargit et s'élève insensiblement à mesure qu'elle se rapproche du puits. Le foyer est isolé de la couche dans laquelle il a été installé, par une galerie qui l'enveloppe de même que le puits d'appel. Les retraites servent de dépôt pour le combustible.

Le volume d'air engendré est de 56.6 m. c. par seconde et la houille consommée en 24 heures, de 3,524 kilogr.

La réunion de plusieurs foyers en un seul donne de notables économies dans les frais de construction. La

(1) *Zeitschrift für das Berg-Hütten und Salinenwesen.* T. X. p. 48.

21

grande surface qu'ils présentent leur permet de recevoir simultanément des quantités de houille considérables. Leur énergie peut toujours être en rapport avec les exigences de la mine; il suffit pour cela de faire fonctionner un nombre de feux plus ou moins grand. Dans l'emploi des foyers ordinaires, le tiseur doit laisser tomber le feu dès qu'il est appelé à nettoyer une partie seulement de la grille; cette interruption abaisse promptement la température du puits d'ascension, et la circulation de l'air se ralentit dans toutes les excavations soumises à l'influence du foyer. Par les nouvelles dispositions, au contraire, l'action est continue; le chauffeur protégé par la voûte peut retirer le feu et nettoyer les barreaux de la grille en tous les points de sa surface, pendant que la combustion continue dans les autres parties. Le nettoyage et le tisage s'effectuent d'ailleurs régulièrement et de proche en proche, en commençant par l'extrémité la plus rapprochée du puits. La perte due au rayonnement du calorique est presque nulle. Enfin, ces appareils, principalement ceux du modèle d'Eppleton, sont entièrement fumivores, parce qu'ils sont traversés dans toute leur étendue par un courant d'air qui suffit pour brûler le gaz sous l'influence d'une température élevée.

Nécessité d'alimenter partiellement les foyers souterrains par un courant d'air frais.

Les expériences de M. Dickinson à la mine de Inch-Hall, près de Vigan (1) prouve l'importance, sous le rapport de l'aérage, de soustraire les feux intérieurs à l'in-

---

(1) *Report of inspectors of coal mine.* 1854.

fluence nuisible de l'air vicié qui a déjà circulé dans les travaux et de le remplacer par de l'air pur venant de la surface. Ces expériences établissent aussi une comparaison entre l'effet utile des foyers et des jets de vapeur si préconisés en Angleterre, il y a quelques années, comme on le verra plus loin.

La mine est desservie par trois puits d'environ 190 m. de profondeur. Deux d'entre eux sont affectés à l'entrée de l'air et le troisième, dit *Cannel-pit*, à la sortie. Le courant ventilateur est provoqué par un foyer d'appel, par les deux générateurs qui font marcher la machine souterraine, par la vapeur qui se dégage de celle-ci et par les 18 jets d'un appareil qui sera décrit ci-dessous.

Voici les résultats de ces expériences :

NUMÉROS d'ordre.	TEMPÉRATURES DES PUITS		DÉPRESSIONS en millimètres.	VOLUMES D'AIR en m.cubes.	VOLUMES D'AIR frais.
	d'entrée.	de sortie.			
1	8°.88	46°.11	22.5	12.25	1.27
2	8°.88	41°.11	27.5	15.70	1.20
3	—	—	5.0	3.45	—
4	7°.22	88°.33	50.0	21.25	1.22
5	—	—	27.5	9.00	—
6	7°.22	62°.77	28.0	17.86	1.22

Dans la première expérience, les moteurs de l'aérage étaient les deux chaudières, dont la vapeur a une tension de 2.5 atmosphères, et la vapeur évacuée par la machine souterraine.

Dans la seconde, les moyens de ventilation étaient les mêmes, plus les jets de vapeur.

Le troisième terme exprime l'accroissement de la dépression et du volume d'air extrait, par l'adjonction des jets.

Dans la troisième expérience (n° 4), ont fonctionné : le foyer d'appel, les chaudières et la vapeur évacuée. Les jets ont été supprimés.

Le cinquième terme est relatif à l'accroissement des valeurs.

Dans la quatrième expérience (n° 6), tous les moteurs ont été mis en jeu : fourneaux, chaudières, vapeur évacuée et jets.

Il faudrait donc conclure de ce qui précède que l'adjonction des jets diminue l'effet utile du foyer d'appel et des générateurs et que, par conséquent, les deux forces se contrarient. Mais l'anomalie cesse d'exister, dès que les foyers des générateurs sont alimentés partiellement ou en totalité par de l'air pur, au lieu de l'air vicié de la mine. Dès lors on observe de l'harmonie dans la puissance des divers moteurs de la ventilation. C'est ce que prouvent un grand nombre d'expériences, dont voici le résumé :

MOTEURS DE L'AÉRAGE.	TEMPÉRATURE		VOLUME D'AIR.	AIR FRAIS.
	d'entrée.	de sortie.		
	Thermomètre centigrade.		Mètres cubes.	
1. 18 jets et les deux chaudières; pression 4.2 atmosphères . .	6°.66	54°.44	24.00	2.83
2. Le foyer seul . . .	6°.11	82°.22	24.28	—
3. Le foyer, deux chaudières, la vapeur de décharge et les jets.			29.12	2.66

Ainsi l'augmentation du volume d'air frais appliqué à l'alimentation des feux des générateurs accroît la température de l'air du puits d'appel et de celui qui circule dans les travaux. D'où il résulte que, lorsque la section des puits le permet, il convient, pour la ventilation, d'alimenter par de l'air pur les fourneaux des chaudières intérieures. On a souvent constaté la difficulté de donner du tirage aux fourneaux en se servant de l'air vicié qui a circulé dans des travaux étendus, la combustion étant alors très-imparfaite. Le seul remède est d'introduire dans les fourneaux une quantité d'air pur suffisante.

Utilisation de la chaleur qui se dégage des chaudières à vapeur et des fours à gaz ou à coke.

Lorsque dans une mine il existe des moteurs souterrains, les exploitants anglais ont le soin de conduire les produits de la combustion, et quelquefois la vapeur en excès et le calorique rayonnant, dans le puits de retour de l'air, à travers un canal spécial en briques. Les générateurs souterrains de la mine de Ryhope, près de Sunderland, sont ainsi mis en relation avec le puits d'aérage, au moyen d'un canal ascendant de 0.80 m. de hauteur.

A Pelton, les gaz produits par deux fours à coke installés auprès des foyers sont conduits au puits de retour par un canal spécial. En général, les anglais font contribuer, autant que la disposition des lieux le permet, la fabrication souterraine du gaz d'éclairage, à la création du courant ventilateur.

MM. Roger, propriétaires de la mine de Farnley-Wood Bottom, près de Leeds, ont remplacé tout à fait les foyers ordinaires par des fours à coke, dont le nombre est en

rapport avec le développement des travaux. Ces fours,
disposés les uns à la suite des autres, sont enveloppés
d'une muraille formant étui, dont le sommet se termine par
une large conduite qui débouche près de la base du puits
de retour de l'air, en sorte que leur marche ne soit exposée
à aucune perturbation. Il a suffi à ces exploitants de construire deux fours de 1.80 m. pour provoquer la formation
d'un courant ventilateur efficace de 3.5 kilomètres de
développement. Ce procédé est fort économique, surtout
dans cette localité, où la houille qui alimente les fours
consiste en menu dont la valeur n'excède pas 1.25 fr. la
tonne, tandis que le prix du coke résultant de l'opération
s'élève à 6.25 fr.

Dans l'exemple ci-dessus, l'air qui alimente la combustion a circulé préalablement dans les travaux ; s'il était
explosible, on n'aurait qu'à emprunter au courant général
un filet d'air frais venant de la surface.

Graves inconvénients des foyers d'appel.

Les produits gazeux des foyers d'appel exercent une
action désastreuse sur les puits et sur les objets qu'ils
renferment, principalement si ces puits servent simultanément à l'extraction et à la sortie de l'air. Le courant d'air
humide, vicié et porté à une haute température altère les
cloisons en bois, les voies verticales de même nature et
les cables composés de substances végétales. Aussi, dans
ces circonstances, regarde-t-on les câbles en fil de fer
comme indispensables, quoique également sujets à une
détérioration prématurée.

La cause de cet effet destructeur est le soufre des pyrites
que renferme la houille. Le soufre, sous l'influence de la
chaleur, se combine avec l'oxigène et forme de l'acide sul-

fureux. Lorsque celui-ci vient en contact avec l'air humide,
il lui emprunte une certaine quantité d'oxigène, se transforme en acide sulfurique hydraté, qui, étendu d'eau
d'infiltration, coule le long du câble. Cette solution se concentre à mesure qu'elle se rapproche du fond de l'excavation où se trouve le foyer; et c'est en ce point que, soumise
à une température probable de 150 degrés, elle exerce sur
le fer son action corrosive. C'est donc la partie du câble
qui stationne au-devant de l'orifice de la cheminée, dans le
puits, qui souffre le plus.

Jets de vapeur.

Il y a quelques années, plusieurs ingénieurs anglais
préconisaient l'emploi de jets de vapeur à haute pression
lancés, dans la direction du courant, en des points convenablement choisis du puits d'appel. Mais les divers
membres du corps des ingénieurs étaient bien loin d'être
unanimes à cet égard; car la plupart d'entre eux considé-
raient les avantages que l'on croyait avoir obtenus sur les
foyers par l'emploi de ce procédé comme le résultat d'une
illusion. D'ailleurs, les expériences faites à la mine de Sea-
ton-Delaval, en décembre 1853, avaient prouvé à l'évidence l'inanité de la nouvelle théorie.

Mais plus tard on tenta de prouver expérimentalement
que les résultats défavorables signalés jusqu'alors tenaient
à un trop grand écartement des jets, qui expose le
courant d'air à des contre-courants ou réactions latérales,
dont le résultat est de compromettre la marche de la ventilation et de la troubler quelquefois entièrement. Alors on
chercha à se conformer aux prescriptions de Pelletan,
qui le premier a analysé les diverses circonstances rela-

tives à cette action mécanique. On repoussa donc les jets
uniques à grande section et on les remplaça par des jets
multiples et rapprochés; mais les orifices ayant 6 à 8
millimètres de diamètre, et la pression de vapeur 3 à
4 atmosphères, ces orifices doivent être séparés par des
distances telles que la vapeur qui s'échappe de chaque
bec n'ait d'action que sur une surface circulaire d'environ
un pied carré. Alors le fluide, ainsi réparti sur toute la
section du puits d'appel, agit, à peu près à la manière
d'un piston, sur la colonne d'air, à laquelle il communique
une série d'impulsions. Celles-ci produisent un mouvement ascendant qui crée un vide immédiatement rempli
par de nouvel air. Une fois le courant établi, la haute température se propage dans le puits d'appel, comme le jet
de vapeur lancé dans la cheminée d'une locomotive. On
prescrivit, en outre, de lancer la vapeur au fond du puits
et de la surchauffer, de manière à empêcher la diminution d'effet utile produite par sa condensation. Alors
quelques personnes regardèrent les jets de vapeur comme
constituant un progrès sur les foyers. On disposa les appareils conformément aux figures 23 et 24 (Pl. XI), représentation de celui qui fonctionne au puits Cannel-pit de la houillère
d'Ince-Hall, près de Wigan (Lancashire) et qui se compose
de 18 becs dispersés sur un tuyau à cinq branches et
écartés de 0.305 m. les uns des autres. 14 de ces becs
ont un diamètre de 0.95 millimètre et les quatre autres
seulement 0.8 mm. A 0.37 m. au-dessus des becs sont
placés des cylindres-enveloppes, dans lesquels la vapeur
se répand sous forme de gerbes coniques et dont la base
occupe toute la section. Ces tuyaux cylindriques sont faits
de tôle de zinc, ouverts à leurs deux extrémités et pos-
sédent un diamètre de 0.305 m. et une longueur de 1.83 m.
Ils sont placés en contact, suivant leurs génératrices, dans

une galerie muraillée aboutissant à environ 7.20 m. au-dessus de la base du puits de sortie de l'air, où se trouve le foyer d'appel. On a bouché soigneusement les interstices compris entre les surfaces extérieures des cylindres afin d'éviter les courants (1).

On prétend avoir provoqué, par l'emploi de ce procédé dans la mine de Seaton Delaval, la circulation d'un volume d'air de 40 m. c. par seconde, au moyen d'un dégagement de vapeur suréchauffée et lancée à la base du puits, à la pression de 2.33 atmosphères, par 25 orifices de 9.5 millimètres de diamètre.

Les expériences ultérieures des inspecteurs gouvernementaux des mines et celles de MM. G. Elliot, H. Vivian et Wood, ces dernières surtout, qui ont eu pour objet un grand nombre de mines et que l'on a faites sur une grande échelle, sans avoir égard à la dépense, ont prouvé péremptoirement que les jets de vapeur, loin d'être un progrès sur les foyers ne peuvent soutenir la comparaison. Leur effet utile étant moindre et la dépense qu'ils occasionnent, beaucoup plus grande, leur emploi comme moteur unique et permanent a été généralement abandonné. Ils seraient même inefficaces dans la plupart des cas, s'ils n'empruntaient la température des feux de leurs propres générateurs et ceux des machines souterraines : car la vapeur en se condensant à la partie supérieure du puits se transforme en une pluie qui tombe en sens inverse du courant et devient un obstacle à la circulation de l'air.

Toutefois, il est des circonstances temporaires sous l'empire desquelles les jets peuvent être appliqués à l'aérage ; ainsi lorsque les foyers sont momentanément dangereux ou impraticables, on peut lancer en bas du puits la vapeur

(1) *Report of coal mines.* 1854, page 21.

venant du jour. Mais alors la diminution de pression,
résultat du parcours, peut réduire considérablement l'effet
utile. On peut les appliquer, sans trop de désavantage,
aux mines peu profondes, qui n'exigent qu'une faible dépression pour la circulation du courant d'air ; mais jamais
à des mines fort développées, puisque l'aspiration n'est
jamais mesurée par une colonne d'eau qui dépasse 24 mm.
— Dans beaucoup de circonstances, les jets de vapeur
peuvent être adjoints aux foyers, dont ils deviennent
d'utiles auxiliaires. Cette combinaison des deux procédés,
qui prévient en partie la condensation de la vapeur est
avantageuse lorsque le puits d'appel sert à l'extraction, la
température de l'air que renferme ce dernier ne devant pas
excéder 26 à 32 degrés centigrades, afin de ne pas nuire
aux ouvriers qui circulent dans l'excavation, ou détériorer
les câbles. Cette adjonction vient en aide aux foyers et
tient lieu d'un accroissement de température.

V⁰ SECTION.

MOTEURS MÉCANIQUES DE L'AÉRAGE.

Ventilateur excentrique de M. Lemielle.

Cet appareil était encore à l'état de modèle et n'avait été essayé qu'imparfaitement, lorsque la première description qui en ait été faite a paru dans la première partie de ce Traité. Il est donc déjà connu du lecteur. Mais, depuis cette époque, il a été l'objet de si nombreuses modifications, que nous sommes forcé de revenir sur ce sujet, afin de faire connaître les diverses phases de la création de ce ventilateur, sa construction définitive et les expériences dont il a été l'objet.

Dans l'origine, il était muni de six aîles ou volets articulés sur les arêtes d'un tambour hexagonal ; l'inventeur, s'apercevant sans doute des mauvais effets produits par des articulations trop multipliées, crut devoir les réduire au minimum et n'en conserver que deux. Mais alors l'aspiration devint intermittente, comme dans les machines à pistons ; elle n'eut lieu que par saccades uniformes, en donnant des secousses périodiques, sensibles jusque dans les excavations. Alors l'inventeur fit un nouveau changement, porta le nombre des aîles à trois et semble s'y être définitivement arrêté.

Ce qui suit se rapporte aux ventilateurs à trois ailes semblables à celui de la planche XII.

Un tambour prismatique est renfermé dans une *cuve* ou *coursier*. Ces deux organes, de même hauteur, mais de diamètres différents, peuvent être considérés comme deux cylindres excentriques, tangents par une de leurs génératrices. Des *panneaux mobiles*, *ailes* ou *volets*, au nombre de six, de deux ou de trois, sont articulés sur la surface extérieure du tambour et se meuvent librement sur leurs charnières. Chaque volet se compose d'un chassis en chêne sur lequel sont boulonnées des lamboursdes assemblées à rainures et languettes. Il s'attache au tambour au moyen de tourillons qui pénètrent dans des oreilles venues à la fonte avec les rouets du tambour. En effet,le tambour est formé de deux rouets munis de six bras avec nervures reliées par des douves en chêne. Il est pourvu de deux manchons ou arbres tubulaires qui lui permettent. de tourner follement sur un arbre coudé. Cet arbre est horizontal ou vertical, mais toujours immobile.

Des bielles excentrées se rattachent, d'un côté, à la partie coudée de l'arbre au moyen de colliers d'excentrique, de l'autre aux extrémités des volets, où elles sont articulées à la manière des charnières. Les volets sont menés par les bielles de manière que leur tranche. extérieure affleure la surface concave de la cuve-enveloppe. Chacun d'eux est pourvu de deux bielles qui doivent traverser des fentes pratiquées dans les panneaux du tambour. Mais comme ce défaut de continuité détermine des points de communication entre l'espace intérieur et l'atmosphère, on cherche à diminuer les déperditions d'air qui résulteraient de ce chef en appliquant, aux fentes, des lèvres ou lanières de cuir entre lesquelles les bielles passent.

Le coursier est une tonne formée de douves en bois

de chêne, une enveloppe métallique ou, mieux, une
maçonnerie, en briques ou en pierres de taille, dont les
parements sont recouverts d'un mortier ou mastic fort
adhérent. Pour donner au coursier la forme convenable,
telle que sa surface et l'extrémité des volets soient toujours
en contact, il suffit de faire tourner l'appareil à la main,
pendant que l'enduit est encore à l'état pâteux. Le coursier
communique, par des orifices rectangulaires, d'un côté
avec l'atmosphère, de l'autre avec le puits d'appel. Le
dernier de ces orifices est alternativement obstrué et découvert par les volets, qui se développent puis se replient
en vertu de la rotation du tambour.

La force motrice est appliquée à certains ventilateurs
excentriques par l'intermédiaire de roues d'engrenage ou
de courroies. Souvent le moteur se raccorde à l'arbre vertical ou horizontal au moyen d'une bielle articulée sur la
tige du piston et commandant une manivelle. D'autres fois
enfin, une manivelle fixée sur l'arbre reçoit le mouvement
d'une machine à vapeur et le transmet directement et sans
intermédiaire.

Quel que soit le nombre des volets ou la position de
l'arbre, le jeu de l'appareil reste toujours le même : le
tambour prismatique reçoit du moteur un mouvement qui
le fait tourner dans la cuve, dont l'axe se confond avec
celui de l'arbre coudé. Les ailes, sous l'impulsion de bielles,
se plient et se développent alternativement d'une quantité
égale à l'excentricité ou à la distance comprise entre l'axe
de rotation et celui de l'arbre coudé. Le maximum et
le minimum de développement se trouvent sur la ligne
qui passe par les deux centres.

Voici le jeu de cet appareil : Les volets, d'abord fermés,
se développent en faisant appel à l'air de la mine. Au moment
où deux d'entre eux comprennent l'espace maximum,

le plus avancé démasque l'orifice de sortie, le suivant
refoule l'air dans l'atmosphère en se repliant sur le
tambour.

Diverses espèces de ventilateurs excentriques.

Dans les ventilateurs à six volets le tambour a la forme
d'un prisme hexagonal. L'arbre coudé est horizontal et le
plan, passant par l'axe du coude et par celui de rotation,
forme avec l'horizon un angle de 21 1/2 degrés.

Les ventilateurs à deux ailes sont munis d'arbres verticaux. La section quadrangulaire du tambour dérive d'un
cercle dont on a retranché deux segments pris aux extrémités d'un même diamètre; en sorte que cet organe offre
deux surfaces cylindriques et deux surfaces planes; c'est
sur ces dernières que viennent se replier les volets qui y
sont attachés par des charnières. La communication entre
l'air atmosphérique et le puits d'appel est constamment
interrompue, soit par les volets, qui dans le mouvement
de rotation se succèdent pour boucher alternativement les
orifices d'entrée et de sortie, soit par le contact, suivant
l'une des arêtes génératrices, du tambour et de la cuve
en maçonnerie.

Le moteur est une machine à vapeur, reposant, par l'intermédiaire de deux sommiers en bois, sur un massif contigu à la tour. Une bielle transmet le mouvement à une
manivelle calée sur un manchon, ou arbre tubulaire, qui,
fixé à la partie supérieure du tambour, tourne follement
autour de l'arbre immobile.

Les dimensions ordinaires des parties principales de ces
ventilateurs sont les suivantes :

Diamètre de la tour maçonnée: 3.95 m. — Idem du

tambour mobile : 3 m. — Excentricité : 0.475 m. —Longueur des panneaux ou hauteur du tambour : 2.10 m.

Les figures 1 et 2 de la planche XII représentent le ventilateur à trois ailes actuellement en fonction au puits de la Cour, mine de Belle et Bonne, au Flénu.

Un palier cylindrique, fixé par des boulons à une pierre de taille rectangulaire, reçoit l'arbre coudé vertical creux, maintenu par une cale et trois vis. Le tambour hexagonal, dont trois des panneaux seulement sont munis de volets, tourne dans une tour de 2 1/2 briques ou 0.64 m. d'épaisseur.

Celle-ci constitue le massif sur lequel reposent les jumelles en fonte destinées à recevoir le moteur. Une échancrure a été pratiquée dans le voisinage de l'orifice de dégagement, afin de réduire l'espace nuisible compris entre le coursier et la partie mobile de l'appareil.

Le rouet supérieur du tambour est calé sur un arbre vertical conique évidé à l'intérieur ; dans cet espace vide a été introduite une pointe en acier, formant le pivot de la partie mobile qui repose dans la grenouille ou crapaudine ; celle-ci est installée sur le coude de l'arbre vertical, à la partie inférieure duquel l'autre rouet tourne follement.

Les douves du tambour sont en contact avec le sol et le plafond de la tonne.

Pour pouvoir lubréfier une partie des organes mobiles pendant la marche du ventilateur, on a ménagé une échancrure dans l'épaisseur de l'arbre. La matière lubréfiante, versée dans un godet ou entonnoir se rend, à travers un petit tuyau, dans la grenouille du pivot, puis à chaque série de bagues excentriques ; enfin l'excédant se réunit dans un petit réservoir situé à la base de l'arbre. Des boîtes à graisse spéciales servent à humecter les charnières et les lanières en cuir ; mais il faut arrêter l'appareil pour

les alimenter, de même que pour lubréfier les tourillons
des volets.

Dimensions du ventilateur de Belle et Bonne : Diamètre
de la cuve, 4.20 m. — hauteur, 2.50 m. — diamètre du
tambour, 2.10. m. — excentricité : 049 m. — diamètre
du cylindre, 0.35 m. — course, 0.70 m. — pression, 2 1/2
à 3 atmosphères.

Calcul du volume théorique de l'appareil.

L'air intercepté entre deux volets, au moment où la
position de celui qui marche en avant se rapproche le
plus du rayon de la cuve, est l'expression de l'effet produit
par un seul de ces organes. Cette quantité, multipliée par
le nombre de volets, donne le volume de l'air extrait en
une révolution.

La hauteur du ventilateur étant constante sur tous les
points de sa surface, il suffit de chercher l'aire utile de la
section par un plan perpendiculaire à l'axe. Les bases du
calcul des ventilateurs à six et à trois ailes sont les mêmes.
(Pl. XII, fig. 3 et Pl. XIII, fig. 4) $BEFDCB$ représente l'espace utile engendré par chaque volet en une révolution et
peut être transformé en une figure régulière, si l'on
considère que les triangles mixtes AEB et CFD sont
égaux. Cette égalité résulte de ce que $EB=FD$, comme
exprimant la longueur uniforme des ailes (ou la hauteur
de la cuve) ; $AE=CF$, comme différence entre les
rayons de l'enveloppe, OA, OC, et les obliques OE, OF,
situées à égale distance de la perpendiculaire OV ; enfin,
de ce que l'arc $AMB=CND$, puisque les angles α et β
appartiennent aux triangles égaux OEB et OFD. Après
avoir fait la substitution, il ne s'agit plus que de chercher

la surface du secteur AOC et d'en retrancher le triangle isoscèle OEF, pour l'appareil à six ailes, ou le quadrilatère $OEHF$, pour celui qui n'en porte que trois. Cette différence entraîne quelque variation dans les calculs.

Ventilateurs à six ailes. (Pl. XIII, fig. 4).

Désignons par R le rayon de la cuve, dont L exprime la hauteur (ou la hauteur des volets), par r celui du cercle circonscrit au tambour hexagonal, e, l'excentricité ou distance OG comprise entre les deux axes de l'arbre, et k, l'angle du secteur.

La surface cherchée, $AEHFCBA$ est égale au secteur AOC, moins le triangle EOF.

L'aire du secteur est exprimé par $\pi R^2 \times \dfrac{k}{360}$.

Celle du triangle est égale à $\dfrac{EF \times OH}{2}$.

$EF = r$.

$$OH = GH - GO = \sqrt{r^2 - \frac{r^2}{4}} - e = \frac{r}{2}\sqrt{3} - e.$$

$$\text{D'où, } EOF = \frac{r^2}{4}\sqrt{3} - \frac{re}{2}.$$

Ainsi la surface cherchée est :

$$\pi R^2 \frac{k}{360} - \frac{r^2}{4}\sqrt{3} + \frac{re}{2} = \pi R^2 \frac{\frac{1}{2}k}{180} - \frac{r^2}{4}\sqrt{3} + \frac{re}{2}.$$

L étant l'expression de la hauteur des volets qui sont au nombre de six, on a, pour le volume cherché :

$$Q = 6L\left(\pi R^2 \frac{\frac{1}{2}k}{180} - \frac{r^2}{4}\sqrt{3} + \frac{re}{2}\right).$$

Il reste à déterminer la valeur de $\frac{1}{2}k$ par le procédé suivant :

Le triangle rectangle EOH donne $EH = OH$. Tang. $\frac{1}{2}k$, d'où, tang. $\frac{1}{2}k = \dfrac{EH}{OH}$.

22

Or, $EH = \frac{1}{2}r$; $OH = \frac{r}{2}\sqrt{3} - e$. En substituant, il vient :

Tang. $\frac{1}{2}k = \dfrac{r}{r\sqrt{3} - 2e}.$

Le volume d'air devient alors :

$$Q = 6L\left[\pi R^2 \frac{\text{arc tang.} \dfrac{r}{r\sqrt{3} - 2e}}{180} - \frac{r^2}{4}\sqrt{3} + \frac{re}{2}\right]$$

$$= L\left[\pi R^2 \frac{\text{arc tang.} \dfrac{r}{r\sqrt{3} - 2e}}{30} - \frac{3r^2}{2}\sqrt{3} + 3re\right].$$

Ventilateurs à trois ailes. (Pl. XII, fig. 3):

Adoptant les mêmes désignations que ci-dessus, on a également pour la surface du secteur $\pi R^2 \times \dfrac{k}{360}.$

Le quadrilatère $EOFH$ est équivalent au double du triangle EOH, dans lequel $VE = \dfrac{r}{2}\sqrt{3}$ et $OH = r - e$,

d'où, $\qquad OH \times VE = (r - e)\dfrac{r}{2}\sqrt{3}.$

La surface cherchée est donc :

$$\pi R \times \frac{k}{360} - (r - e)\frac{r}{2}\sqrt{3} = \pi R^2 \times \frac{\frac{1}{2}k}{180} - (r - e)r\sqrt{3}.$$

Quant à la valeur de $\frac{1}{2}k$, on a :

Sin. $\frac{1}{2}k = \dfrac{VE}{OE}$

Or, $OE = \sqrt{\overline{VE}^2 + \overline{VO}^2}$; $VO = VG - OG = \frac{1}{2}r - e.$

$$\overline{VE}^2 = \frac{5}{4}r_2 ; \quad \overline{VO}^2 = \frac{1}{4}r^2 - re + e^2.$$

$$OE = \sqrt{r^2 - re + e^2}.$$

Donc, sin. $\frac{1}{2} K = \dfrac{r \sqrt{3}}{2 \sqrt{r^2 - re + e^2}}$

La hauteur des aîles étant désignée, comme ci-dessus, par L,

$$Q = 3 L \left[\pi R^2 \frac{\text{arc sin.} \dfrac{r\sqrt{3}}{2\sqrt{r^2 - re + e^2}}}{180} - 3\sqrt{3}\,(r - e) \right]$$

$$= L \left[\pi R^2 \frac{\text{arc sin.} \dfrac{r\sqrt{3}}{2\sqrt{r^2 - re + e^2}}}{60} - 3r\sqrt{3}(r - e) \right].$$

Effet utile du ventilateur à trois aîles de la mine de Belle et Bonne.

Des expériences ont été faites sur cet appareil par MM. les ingénieurs Glépin et Hardy.

Les opérateurs se sont servis de l'indicateur de Mac-Naugt, pour évaluer en bloc la force absorbée par le ventilateur et les résistances passives de la machine motrice; puis, pour isoler ces dernières, ils ont retranché, du travail de la machine marchant à vide, les frottements de l'arbre du ventilateur déterminés par le calcul.

Ils ont exprimé en kilogrammes le volume d'air et transformé la colonne d'air en colonne manométrique, en ayant égard, dans les deux cas, aux températures et aux pressions barométriques.

Première expérience.

Tours du ventilateur par minute. . . . 20.4
Volume d'air débité par seconde. . . . 6.502
Moyenne des dépressions manométriques. 0.06075
Le poids d'un mètre cube d'air du courant par une tem-

pérature de 18 degrés et sous une pression barométrique de 0.745 m. étant de 1.194 kilogr., le volume d'air qui passe en une seconde donne un poids total de :

$$6.502 \times 1.194 = 7.76 \text{ kilogr.}$$

La colonne manométrique, soumise à la même pression, étant à une température de 11.5 degrés, chaque mètre cube pèse 1.221 kilogr.; d'où la hauteur de cette colonne, réduite en air, est exprimée par :

$$\frac{60.75}{1.221} = 49.754 \text{ mètres.}$$

Travail utile du ventilateur :

7.76 kil. $\times$ 49.754 mètr. $= 386.09$ kil. $= 5.148$ chevaux.

Travail moteur à charge d'après l'ordonnée (1.63535 kilogr.) $= 977.70$ kilogr. $= 13.036$ chevaux.

Travail à vide avec panneaux fixés : $= 108.525$ kilogr.

Idem absorbé par le frottement de l'arbre : 12.450 kilogr.

La différence de ces deux termes donne pour les résistances passives de la machine : 96.075 kilogr.

Travail moteur absorbé par le ventilateur :

$$977.7 - 96.075 = 881.625 \text{ kil.} = 11.755 \text{ chevaux.}$$

$$\text{Effet utile :} \frac{5.148}{11.755} = 0.43 \text{ à } 0.44.$$

Seconde expérience.

Nombre de tours par minute 26.56
Volume d'air débité par seconde. . . 8.127 m. c.
Dépression moyenne 0.403

Les températures étaient les mêmes que ci-dessus, mais la pression barométrique s'était abaissée à 0.7425 m. Alors le mètre cube d'air du courant pesait 1.490 kilogr. et celui de la hauteur motrice, 1.217 kilogr. D'où, le poids de la masse d'air débité par seconde s'élevait à :

$$8.127 \times 1.490 = 9.67 \text{ kilogr.}$$

et la hauteur de la colonne à :

$$\frac{103}{1.217} = 84.634.$$

Travail utile du ventilateur :

$9.67 \times 84.634 = 818.44$ kilogr. $= 10.912$ chevaux.

Travail moteur à charge d'après l'ordonnée (2.448 kilogr.) $= 1905.00$ kilogr. $= 25.40$ chevaux.

Idem, à vide, avec panneaux fixés $= 245.925$ kilogr.

Idem absorbé par le frottement de l'arbre $= 16.200$ kilogr.

Différence exprimant les résistances passives de la machine $= 245.925 - 16.200 = 229.725$ kilogr.

Travail moteur absorbé par le ventilateur :

$1905.000 - 229.725 = 1675.275$ kilogr. $= 22.337$ chevaux.

$$\text{Effet utile} : \frac{10.912}{22.337} = 0.48 \text{ à } 0.49.$$

Observations sur les ventilateurs excentriques.

Dans l'origine, lorsque ces ventilateurs étaient encore à l'état de modèle, celui qui écrit ces lignes avait exprimé des doutes sur la durée de leur action intégrale (1) ; il craignait que leurs nombreuses articulations ne finissent par prendre du jeu et n'entraînassent la décroissance de leur effet utile au fur et à mesure de leur emploi. Ces craintes se sont réalisées et l'expérience en a prouvé le fondement chaque fois que l'attention s'est portée sur cet objet.

M. Cabany a, le premier, dès 1853, observé cet effet, au puits du Chaufour d'Anzin. A Ronchamp, le ventila-

(1) *Traité de l'Exploitation des mines de houille.* Tome II, § 319.

teur excentrique, employé depuis 4 ans, est du système le plus récent, à trois ailes et axe vertical. M. Mattey, ingénieur de ces mines, rapporte (1) que, depuis l'époque de l'installation, l'intensité d'appel est descendue de 25 à 17.5 mm., dans le rapport de 50 à 35, et que le volume d'air aspiré n'est plus que de 11 m. c., tandis qu'il était primitivement de 11.500.

Ces nombreuses pertes, ajoute M. Mattey, ne peuvent être attribuées qu'aux dislocations provenant des articulations, des bagues, etc. et de la suspension instable du tambour sur son arbre.

Des expériences ont été faites, il y a quelques mois, par MM. Dickinson et Atkinson, inspecteurs des mines de houille en Angleterre, sur le ventilateur du puits Fanny de l'Espérance, à Seraing, près de Liége. Cet appareil produit à peine 2.20 m.c. d'air sous une dépression de 9 mm. Comme un pareil courant était inefficace pour la ventilation des travaux, on a cherché à y pourvoir en donnant au moteur une plus grande vitesse; mais, chaque fois qu'on s'avisait de lancer plus de 25 coups de pistons à la minute, les volets, arrachés de leur charnières, étaient lancés avec violence et tous les organes se détraquaient.

Évidemment cet appareil n'a pas été construit pour fonctionner d'une manière aussi stérile; il a eu une marche plus convenable et l'on doit supposer que cet état anormal provient de l'usure des articulations.

Ventilateur colossal établi au puits de la Nouvelle-Alliance, concession du nord du Bois-de-Boussu.

Ce ventilateur excentrique, de M. Lemielle, n'a rien

(1) Bulletin. Tome V, page 558.

dans sa construction qui le distingue des anciens appareils à trois volets construits jusqu'à présent, si ce n'est des dimensions gigantesques qui ont évidemment pour but l'obtention de grands volumes d'air (1).

Voici ces dimensions :

Hauteur du noyau ou caisse hexagonale . . 5.00 m.
Largeur des volets . . . . 2.50 »
Rayon d'excentricité . . . . 0.80 »
Diamètre de la cuve dans laquelle se meut
l'appareil . . . . 7.40 »

La partie mobile ayant pris de plus fortes dimensions a notablement augmenté de poids, et il n'était plus possible de la faire porter sur le pivot inférieur; aussi un collier semblable à ceux des grues a été installé au sommet de l'appareil, afin de recevoir la meilleure partie de la charge que l'on élève ou abaisse alors à l'aide d'une vis.

Le ventilateur a encore été l'objet de quelques autres modifications : les volets ont été construits avec des fers à double T, d'une grande résistance, et les charnières qui rattachent les volets au noyau hexagonal plongent dans une boîte à graisse, maintenue constamment pleine d'une substance lubréfiante. Enfin, chaque volet, mené par deux bielles, décrit un peu plus d'un quart de tour à chaque révolution du ventilateur.

L'air de la mine est conduit au ventilateur par une galerie venant du puits et revêtue d'un muraillement en voûte. La section de cette galerie présente une surface de 5.88 m.

Les expériences suivantes ont été faites, au commence-

(1) Le contrat fixe à 30 m. c. le volume que le ventilateur doit débiter par 15 tours.

ment de l'année 1866, par quelques membres de l'administration des mines de Mons et par des ingénieurs civils :

NOMBRE de tours DES VOLETS PAR MINUTE.	DÉPRESSION.	VITESSE MOYENNE DU COURANT PAR SECONDE.	VOLUME D'AIR.
5	0.010	1.980	11.640
10	0.050	4.286	25.202
14.5	0.095	5.535	32.526
18	0.150	7.690	45.217

La machine motrice est horizontale, à haute pression et sans condensation ; mais la détente y sera appliquée ultérieurement. Le diamètre du piston est de 0.72 m. et sa course, de 1.50 m. La tige du piston commande une bielle, qui meut une double manivelle calée sur l'arbre du ventilateur. Les chaudières, cylindriques, à tubes bouilleurs, sont timbrées pour une pression de 4 atmosphères effectives.

Dans les premiers mois de l'année 1866, une Commission a été chargée d'essayer le ventilateur du Nord du Bois-de-Boussu ; mais l'appareil s'est brisé au moment où, faisant 15 tours par minute, il produisait une dépression de 95 mm. et débitait un cube d'air de 22.23 m. c. par seconde, diminution qui, si elle ne peut être attribuée à l'influence pernicieuse des articulations, ne peut avoir d'autre cause qu'une erreur due aux premiers expérimentateurs.

Roues pneumatiques ou ventilateur Fabry.

Avant l'invention de cet appareil, les exploitants n'avaient, pour déterminer un courant d'air dans les mines, que les ventilateurs à force centrifuge et les vis, jusqu'alors peu efficaces, ou les diverses modifications du ventilateur du Hartz, si coûteuses d'entretien et de premier établissement.

Les roues pneumatiques, basées sur un principe entièrement neuf, constituent une véritable pompe rotative, qui, quelle que soit la dépression, puise l'air de la mine pour le rejeter dans l'atmosphère. En proportionnant la puissance de l'appareil aux besoins, il n'est pas une mine dans laquelle on ne puisse faire passer un courant d'air suffisant pour noyer le grisou, si abondant qu'il soit.

Cependant, malgré les services rendus par ces machines à l'art des mines, elles ne sont pas appréciées par tous les mineurs comme elles devraient l'être. Combien ne rencontre-t-on pas de personnes qui disent avec aplomb : « Le » temps de ces appareils est passé; on en est revenu sur » leur compte ; les ventilateurs Lemielle les ont destitués, » etc., etc. » Mais en quoi donc ces derniers sont-ils préférables aux roues pneumatiques, dont ils ne sont qu'une modification ou plutôt la reproduction avec un changement dans le mécanisme, changement, certes, peu avantageux ? L'effet produit est analogue, puisqu'il est fondé sur le même principe. Restent donc l'attrait de la nouveauté et une considération économique mal entendue, dérivant de ce que le droit de brevet est un peu moins élevé chez M. Lemielle que chez M. Fabry, réduction chèrement achetée par l'excessive dépense en matières lubréfiantes, ainsi que le lecteur le verra ultérieurement.

Application, aux pompes pneumatiques, d'une nouvelle transmission de mouvement.

L'appareil Fabry a reçu, depuis quelques années, une

modification de détail qu'il importe de faire connaître. Disposition fort simple des organes de la communication de mouvement, elle a été imaginée par M. Colson, ingénieur et constructeur de machines, à Baume (Hainaut). (Pl. XIII, fig. 1 et 2.)

Le cylindre moteur, *a*, est vertical, supporté par quatre colonnes, qui se rattachent à la plaque des fondations, et installé à égale distance des deux arbres ventilants, *b*. La tige du piston porte une barre transversale, *cc*, d'une longueur égale à la distance comprise entre les axes des deux arbres et aux extrémités de laquelle sont articulées deux bielles latérales, *d*, *d*, directement attelées aux boutons des manivelles qui commandent les roues pneumatiques. Les arbres sont rendus solidaires l'un de l'autre par deux roues, *e*, *e*, dentées, d'égal diamètre, fixées à la partie postérieure de l'appareil. Elles ont pour mission de faire marcher les deux arbres simultanément, à la même vitesse et en sens inverses.

La ligne qui joint les boutons des manivelles est constamment perpendiculaire à la tige du piston, et comme les roues d'engrenage maintiennent tous les organes dans une position fixe et invariable, la tige ne peut être sollicitée à s'incliner plus d'un côté que de l'autre. Elle n'est donc pas exposée à se courber, ni à s'user irrégulièrement; les guides ou glissières deviennent inutiles ; on se soustrait, dès lors, aux résultats d'un frottement et l'on économise un graissage considérable.

Le moteur ordinaire est muni d'un cylindre de 0.40 m. de diamètre. La course du piston est de 0.80 m. Enfin, le nombre de rotations est de 25 par minute. La vapeur, dont la pression est de 3 atmosphères effectives, agit à détente pendant les deux tiers de la course, et l'admission a lieu pendant le premier tiers. Les tiroirs de distribution et de détente, superposés, sont commandés par les excentriques, calés sur les arbres moteurs. Ceux-ci meuvent des bielles horizontales qui, par l'intermédiaire de leviers coudés, mettent en jeu les tringles verticales des glissières. Les autres organes de transmissions sont : Une traverse et des cadres rectangulaires ;

q, Boîte à vapeur ;

r, Vanne régulatrice de l'admission de la vapeur dans le cylindre ;

s, Levier de mise en train, recevant la vapeur de la boîte, q, à travers un tuyau, v ;

u, Tuyau adducteur ;

t, tuyau d'exhaustion de la vapeur.

   Pendant la marche, la distribution de vapeur est réglée automatiquement.

   Le cylindre moteur est disposé de manière à pouvoir être réchauffé avant la mise en train. Pour cela, une glissière, x, est poussée en avant, de manière à interrompre toute communication entre le tuyau d'adduction de la vapeur, u, et l'orifice d'introduction dans le cylindre. Alors le fluide s'engage dans le tube circulaire v, débouche, à travers un clapet, dans la chapelle, y, puis, se rend dans l'espace annulaire z, en même temps qu'il traverse le conduit vertical, pour se répandre au-dessus et au-dessous du piston.

Roues pneumatiques à deux dents ou aîles.

   Les dents des roues, au nombre de deux, sont formées chacune de cloisons disposées en croix. Les extrémités des bras transversaux représentent des arcs épicycloïdaux destinés à engendrer le contact de ces organes et à intercepter toute communication directe entre le puits de retour de l'air et l'atmosphère. L'appareil joue, comme d'ordinaire, dans un coursier circulaire en maçonnerie.

Comme la troisième cloison, dont les ventilateurs à trois ailes sont pourvus, n'existe pas ici, l'inventeur y a suppléé, en prolongeant le coursier vers le centre de l'appareil, aussi bien au-dessus du sol qu'au-dessous. De cette façon, lorsque les roues sont l'une verticale, l'autre horizontale, la communication entre l'intérieur et l'extérieur est complétement fermée. Alors l'air aspiré par la cloison verticale se trouve emprisonné entre celle-ci et le coursier, tandis que celui qui était renfermé par la cloison horizontale s'échappe dans l'atmosphère par l'orifice supérieur et que l'air de la mine pénètre par l'ouverture inférieure.

La largeur des orifices du coursier est égale à celle du ventilateur; leur longueur est égale à la distance comprise entre les deux axes.

Dans les appareils à trois dents, le coursier laissant à découvert une grande surface de la partie mobile du ventilateur, le machiniste peut suivre facilement la marche des roues, apercevoir la moindre irrégularité et y porter remède en temps opportun. Il n'en est pas de même pour les appareils à deux ailes: les roues étant presque entièrement cachées par le coursier, il n'est pas possible de découvrir les dérangements qui peuvent survenir pendant une marche rapide et surtout d'en opérer facilement et promptement la réparation. M. Jochams, l'auteur de cette réflexion, ajoute que les ventilateurs à deux ailes, risquant d'être mis hors d'activité sans qu'on s'en aperçoive, sont incompatibles avec les mines infestées de grisou. Si ce reproche est fondé, il se dirige avec bien plus de gravité contre les appareils de M. Lemielle, dont toutes les parties mobiles sont constamment et entièrement masquées par le coursier.

Voici, d'après M. Camus, directeur de la mine d'Aiseau, le prix du ventilateur :

Appareil moteur, et droit de brevet .	6000	fr.
Générateur, 5.171 kil.	2214	»
Grille de fourneau et garnitures . .	1294	»
Fondations , percement des galeries.	2686	»
	12194	»

Le ventilateur à trois dents du puits St-Louis, mine du Poirier, a coûté 20946 fr.

Volume théorique des ventilateurs à deux aîles.

L, longueur des roues, dont *R* est le rayon, — *r*, demi distance des axes ou rayon de la circonférence décrite tangentiellement aux bras qui portent les épicycloïdes.

La surface engendrée par une révolution de l'appareil est $2 \pi R^2$ moins quatre fois sa partie inerte, soit quatre fois le double de la somme du triangle *abc* et du rectangle *abed*. (Pl. XIII, fig. 3).

Le triangle isoscèle *abc* équivaut à la moitié de la surface du carré formé sur *ac* ou à $\frac{1}{2} r^2$.

Le côté *ab* du rectangle *abed* est égal à $r \sqrt{2}$ et la hauteur *ad* à $r - fc = r - r \sqrt{\frac{1}{2}}$.

Donc, la surface du rectangle égale :

$$r \sqrt{2} \left(r - r \sqrt{\frac{1}{2}} \right) = r^2 \sqrt{2} - r^2.$$

La somme des valeurs du triangle et du rectangle est donc exprimée par :

$$r^2 \sqrt{2} - r^2 + \frac{1}{2} r^2 = r^2 \left(\sqrt{2} - \frac{1}{2} \right)$$
$$= r^2 (1.414 - 0.500) = 0,914 \, r^2.$$

Cette valeur, multipliée par le nombre de cloisons du ventilateur, donne la moitié de la surface inerte d'une révolution :

$$0.914 \, r^2 \times 4 = 3.656 \, r^2.$$

La surface totale devient :

$$2 \, (3.1416 \, R^2 - 3.656 \, r^2)$$

Multipliant par la largeur ou L, on obtient pour le volume :

$$Q = 2 L (3.1416 R^2 - 3.656 r^2).$$

Applications :

Les dimensions des ventilateurs d'Aiscau et de la Louvière sont les suivantes : Diamètre des roues, 3.74 m. — Distance comprise entre les axes des arbres : 2 m. — Diamètre de ceux-ci : 0.12 m. — Distance du centre à l'intersection des bras des croix ou à l'origine de l'épicycloïde : 1 m. — La largeur des roues du premier est de 1.10 m. ; celle des roues du second : 2 m.

Volume donné par l'appareil d'Aiseau :

$$Q = 2 \times 1.10 \,(3.1416 \times \overline{1.87}^2 - 3.656 \times 1^2) = 16.126 \,\text{m.c.}$$

Idem par celui de la Louvière :

$$Q = 2 \times 2 \,(3.1416 \times \overline{1.87}^2 - 3.656 \times 1^2) = 29.320 \,\text{m. c.}$$

Effet utile des ventilateurs à deux aîles.

Voici les résultats d'expériences faites par M. Jochams, dans le courant de 1853, sur le ventilateur d'Aiseau et par MM. C. Lambert et G. Arnould en 1854, sur celui de la Louvière :

	AISEAU.		LOUVIÈRE.	
	1ʳᵉ Exp.	2ᵉ Exp.	1ʳᵉ Exp.	2ᵉ Exp.
Nombre de révolutions par minute	55.	60	29	32
Volume d'air débité par seconde. . . (mètres cubes).	13.392	13.304	9.542	13.296
Dépresssion en colonne d'eau, (millimètres).	23	42	71.1206	110

Ces ventilateurs fonctionnent sous l'impulsion de machines à vapeur d'une force nominale de 15 et 25 chevaux, qui attaquent directement l'arbre de l'une des deux roues ; le volant fait donc le même nombre de tours que les roues. Les cylindres sont à haute pression, sans détente, ni condensation.

Le volume d'air indiqué dans la seconde expérience de la Louvière n'est pas le résultat d'un jaugeage direct, mais d'un calcul effectué au moyen d'une formule de M. Trasenster,

$$Q' = Q - 0.50 \sqrt{H},$$

dans laquelle le volume débité, Q', est en fonction du volume théorique, Q, et de la colonne manométrique, H. D'où résulte que la perte d'air est proportionnelle à la racine carrée de la hauteur motrice. Cette formule, que M. Jochams a vérifiée par de nombreuses expériences et dont il a trouvé les résultats suffisamment rapprochés de la réalité, permet de se soustraire à la mesure directe, lorsque des circonstances locales ou tout autre motif, mettent obstacle à cette opération.

Observations sur les roues pneumatiques en général.

L'effet utile des roues pneumatiques, de même que celui de tous les appareils à capacité variable, s'affaiblit à mesure que la dépression diminue. M. Jochams, qui a fait de nombreuses expériences à ce sujet, fixe à 20 mm. la limite au-dessous de laquelle les conditions de fonctionnement deviennent très-désavantageuses, parce que les résistances passives restant sensiblement constantes atteignent et même dépassent de beaucoup l'effet utile.

Mais cette limite de 20 m m. n'est guère possible à réaliser dans les mines fort développées, à moins que le courant ventilateur ne soit appelé à parcourir des galeries à grande section, ce qui, comme on l'a déjà vu, n'est pas le cas sur le continent. Il suffit, d'ailleurs, d'un éboulement, d'un rétrécissement momentané de la voie pour que, des dépressions bien supérieures à ce terme deviennent indispensables. Tel est l'un des principaux motifs qui, jusqu'à présent, ont engagé les mineurs à donner la préférence aux ventilateurs à capacité variable sur les appareils à réaction.

Quelle que soit la forme des dents ou la nature de la communication de mouvement appliquée au ventilateur Fabry, on peut regarder comme établies les conditions générales suivantes :

Pour un débit de 9 à 12 mètres cubes par seconde et une dépression manométrique de 4 à 5 centimètres d'eau, les roues ont un diamètre extérieur de 1.70 m. et une largeur de 2 m. L'appareil fonctionne alors sous l'impulsion d'un moteur de la force nominale de 12 chevaux, pourvu d'un cylindre de 0.30 m. de diamètre et dont le piston a une course de 0.60 m. Son prix est d'environ 10,000 fr.

Dans les mines les plus développées, où l'exploitant veut pouvoir disposer d'un volume de 15 m. c. avec une dépression de 5 à 6 centimètres, la largeur des roues est portée à 3 m., sans changement dans les autres dimensions. Le prix est majoré de 25 %.

Enfin, si le volume à extraire doit dépasser 15 m. c., rien n'empêche d'appliquer au même puits d'appel deux ventilateurs destinés à agir simultanément. Les volumes obtenus seront alors de 24 à 30 m. c.

Jusqu'à présent, plus de 80 machines de ce genre, établies en Belgique, en France et en Allemagne, ont prouvé, par une expérience journalière, qu'ils satisfont à toutes les conditions de bonne marche et de facilité dans les réparations.

Caisses pneumatiques ou ventilateur à cuves horizontales.

Ces appareils, construits par M. Mahaut, ancien directeur de charbonnages du district de Charleroi, sont à simple ou à double effet. Des exemplaires du premier système ont été appliqués, il y a plusieurs années, à la mine du Boubier et au puits n° 2 du Pont-de-Loup, sud; plus récemment, on en a établi un du second au puits n° 8 de Monceau-Fontaine, près de Charleroi.

C'est ce dernier ventilateur que représentent les figures 1 et 2 de la planche XIV.

Un cylindre à vapeur, *a*, à double effet est installé entre deux caisses à air, *b*, *b*, ou cuves prismatiques à bases carrées, dont les fonds sont pourvus chacun de quatre clapets verticaux, *c*, très-mobiles, suspendus à des charnières et s'équilibrant d'eux-mêmes en vertu de leur position. Des madriers de chêne de 0.05 m. d'épaisseur, dressés sur tranche et bien assemblés forment l'intérieur des caisses. Ils sont maintenus en place par des solives de même essence et d'assez fort équarrissage. Les solives latérales sont encastrées dans la maçonnerie, sur toute leur longueur et les sommiers supérieurs, par leurs extrémités seulement; mais on les protège contre la flexion en les suspendant par leurs milieux, à l'aide de gros boulons, à une forte poutre de la charpente.

Le massif des fondations est recoupé de galeries voû-
tées, faisant communiquer les espaces latéraux et le puits
d'appel. Ces galeries ont pour but de rendre l'installation
plus économique et de créer une espèce de réservoir pour
l'air vicié. L'accroissement que prend alors le volume du
fluide est ainsi un peu diminué.

Pour éviter le bruit des clapets dans leur chûte, on
entoure les ouvertures de fragments de vieilles cordes
de chanvre plates. On rend les fuites impossibles en im-
prégnant ces cordes d'un corps gras susceptible de durcir
en peu de temps.

Les pistons à air se composent d'encadrements en bois
et de planches et sont ajustés aux deux extrémités de la
tige du piston moteur au moyen de forts croisillons en
fonte. Cette tige traverse, d'ailleurs, des boîtes à bourrage.

Les soupapes, attachées aux parties inférieures des
cuves, mettent celles-ci en communication avec le puits
d'appel et par conséquent s'ouvrent du dehors au dedans;
celles des parties supérieures s'ouvrent du dedans au
dehors et servent à l'expulsion de l'air dans l'atmosphère.

Les pistons à air, quel que soit le sens de leurs oscillations, tendent à former derrière eux un vide que vient
remplir l'air de la mine, en même temps ils compriment
celui qui a été précédemment aspiré et forcent les clapets
supérieurs à s'ouvrir.

Les garnitures des pistons se composent de bouts de
câbles plats comprimés contre les parois des caisses par
des vis de pression qui traversent des pièces de fer dou-
blement coudées et formant écrou. Ces câbles, en chanvre,
enduits de matières lubréfiantes, préviennent les fuites à
travers les joints des parois et des pistons; ils adoucissent,
en outre, les frottements et par conséquent facilitent le
glissement. Cependant il doit rester encore un certain jeu

pour empêcher les fractures, si, par une cause quelconque, l'une des planches des parois venait à abandonner sa position normale.

Dans les premières machines à simple effet, M. Mahaut, pour empêcher le piston de frotter sur toute la surface du plancher de la cuve, le munissait, par-dessous, d'un sabot en fer glissant dans des coulisses en fonte, qui, garnies de bandes d'acier, formaient un double rail. Mais l'expérience lui ayant démontré que le piston vertical, poussé par son milieu, n'avance que par saccades, il a dû modifier cette disposition et la remplacer par celle qu'indique notre dessin. Ici la ligne de glissement est portée à la moitié de la hauteur de la caisse, c'est-à-dire dans le plan horizontal passant par le point d'attache. Dans deux des parois latérales, *d*, *d*, de la caisse sont ménagées des rainures horizontales, *e*, *e*, formées d'une base en fonte et d'un chapeau en fer malléable. Le sabot, *f*, également en fer, coule dans ces rainures; il est lié avec des plaques en fer, *g*, *g*, qui se boulonnent sur le piston. Dans une autre machine, le sabot a été remplacé par des galets ou roulettes de 0.30 m. de diamètre.

La machine motrice, à haute pression, sans détente, ni condensation, est d'une extrême simplicité. La vapeur, arrivant du tuyau d'adduction *r*, passe par le modérateur et arrive à la boîte de distribution, *s*. La glissière est manœuvrée par deux tringles, *t*, terminées par des leviers en forme de manivelles. Une grande tringle, *u*, de distribution, reliée par ses extrémités à la tige du piston, est soumise à tous les mouvements de celui-ci. Cette tringle porte, au milieu de sa longueur, une sorte de double taquet, *v*. Un peu avant l'instant où le piston atteint les extrémités de sa course, le taquet vient buter contre l'une ou l'autre des petites manivelles, pour les porter à droite ou

à gauche et faire exécuter aux tringles des mouvements en
sens inverses, dont l'amplitude se règle facilement. Alors
la glissière, entraînée dans le mouvement commun, découvre l'une des lumières et met l'autre en communication
avec le tuyau de décharge. Un effet contraire se produit
à la fin de la course suivante et ainsi de suite.

M. Mahaut est, dit-on, en possession d'un brevet pour
cet appareil. Cependant l'idée première de cette heureuse
modification de l'ancien ventilateur à cuves doit être attribuée à M. Deschamps, autrefois ingénieur des ateliers du
Grand-Hornu. Il est peu de directeurs de houillères du
Hainaut qui ne se rappellent avoir vu entre les mains de
cet ingénieur-mécanicien, quelque temps avant sa mort
prématurée, le dessin d'une caisse pneumatique à simple
effet et qui n'aient reçu de lui l'offre de l'exécuter.

Quant aux ventilateurs à double effet, M. Dartois, de
Fléron, près de Liége, est breveté, depuis le 21 septembre
1859, pour un appareil semblable à celui qui vient d'être
décrit (1).

Données numériques relatives ou ventilateur du puits nº 8 de Monceau-Fontaine.

La largeur et la hauteur des cuves étant respectivement de 4.50 m. et de 4.10 m., la surface de chaque piston à air est de 18.45. m. q. La course de ces derniers étant
de 3.31 m., ils engendrent un volume de 61.07 m. c. par
excursion simple.

Nombre de coups doubles par minute : 7 1/2 à 10 et même 12.

Vitesse dans le même temps : 24.77 m. à 33.10 m.

Idem par seconde : 0.443 à 0.55.

(1) Brevets d'inventions belges. T. 6 p. 22.

Volume théorique par minute : 457 à 610.70.

Idem par seconde : 7.62 à 10.17.

La vitesse de 33.10 m. par minute, résultant de 10 ex-cursions est considérée comme convenable en pratique.

Les quatre clapets ont chacun 1.50 m. de largeur et 1.69 m. de hauteur : ils présentent une section libre de 2.53 m. q.

Les expériences relatives à l'effet utile de cet appareil sont dues à M. Scohy, ingénieur de la mine de Monceau-Fontaine. Elles s'appliquent à une marche normale ; en voici le résultat :

Jaugeage à l'anémomètre : 13.743 m. c. par seconde.

Dépression observée : 0.0996, soit, 0.10.

Effet utile en chevaux-vapeur : 18.3.

La course du piston moteur étant de 3.31, son diamètre, de 0.54 m. et sa vitesse, pendant l'expérience, de 0.491 m. par seconde, la pression moyenne de la vapeur dans le cylindre, de 4200 kil., soit 1.78 atmosphère, le travail du moteur s'élève à 27.5 chevaux. On aura, pour coef-ficient utile ou pour le rapport de 18.3 à 27.5 chevaux : 66.5 %.

Cette perte de 33.5 pour cent du travail total peut être attribuée aux causes suivantes :

Le volume d'air débité n'est que de 13.743 m. c. tandis que théoriquement il devrait être de 18.118 ; ce qui indique une première perte de 4.375 m. c., c'est-à-dire de 24 pour cent de la totalité du travail. Cette perte est due aux fuites à travers les joints compris entre les tranches des pistons et aux rentrées d'air par les clapets au commencement de la course.

La seconde cause doit provenir de la résistance des pistons au roulement et au glissement. En supposant que la partie mobile de l'appareil, dont le poids est de 5 à 6 tonnes, offre une résistance de 100 kilogr., le travail ab-sorbé de ce chef, sera de :

$$\frac{100 \times 3.31 \times 8.9}{60 \times 75} = 0.66 \text{ chevaux}$$

ou 2.5 pour cent du travail produit.

Enfin, les chocs, les pertes de force vive etc. étant éva-lués à 1.8 pour cent, il restera 5.2 qui sont appliqués à vaincre les résistances propres au moteur ; en sorte que le coefficient de celui-ci est de 94.8 pour cent, chiffre qui semble très-plausible, vu la grande simplicité de la machine.

M. Scohy, par l'observation du manomètre à eau ins-tallé sur la galerie qui réunit les deux cuves, a constaté les variations de dépression suivantes : A chaque change-ment de marche, la colonne d'eau tombe à 0 et indique même une compression de quelques millimètres ; puis s'élève à 170 et 180 millimètres pendant un laps de temps assez court, c'est-à-dire, pendant que le piston parcourt un espace de 0.45 à 0.50 m. Durant le reste de la course, qui s'effectue en 6.7 secondes, le manomètre indique une dépression constante et régulière de 100 millimètres.

L'effet utile de ces appareils est très-grand, comparati-vement à celui des anciennes machines de même genre. Cette supériorité est due à l'heureuse disposition des clapets qui s'ouvrent sans effort, tandis que les mêmes organes équilibrés, mais placés horizontalement, exigent, pour s'ouvrir, une trop forte dépression pour ne pas absorber, en pure perte, une fraction notable de la puissance du moteur.

En outre, le nombre et la grande section des galeries adductrices de l'air, ménagées dans les fondations des caisses pneumatiques, remplissent probablement les fonc-tions d'un réservoir de grandes dimensions. Cette circons-

tance est une cause très-efficace d'accroissement de l'effet
utile : en effet, lorsque les sections de ces conduites sont
trop restreintes, les clapets des caisses empêchent, en se
fermant, le courant de continuer sa route; le courant,
refoulé sur lui-même, détermine une perturbation et une
diminution de vitesse qui ne permettent pas l'introduction
d'un volume d'air aussi considérable que si la section des
conduites était assez grande pour former un véritable
réservoir.

Chambres à air ou caisses pneumatiques gigantesques du sud du pays de Galles (1).

On voit fonctionner à la mine de Lower Dyffryn and
Navigation, près d'Aberdare, un appareil colossal fondé
sur les mêmes principes que ceux de M. Mahaut. Il a été
construit par M. Nixon de Cardiff et consiste en deux
caisses rectangulaires, a, a, en bois, couchées sur le sol et
armées de bandes et de tirants en fer. (Pl. XV, fig. 1 et 2).
La longueur de ces caisses est de 9.15 m.; leur hauteur
et leur largeur, de 6.71 m. Les pistons, b, b, en tôle de
fer, pèsent chacun 13.200 kilogrammes; leur course est
de 2.13 m.; enfin, ils sont supportés et guidés par
quatre galets, c, courant sur des chemins de fer.

Les caisses sont en mélèze, bois qui résiste le mieux
aux températures chaudes et humides. Trois cent-soixante
clapets distribués sur chaque grande face verticale des
cuves, sont divisés en quatre séries, (fig. 3.) Ils sont en
bois et à double charnière en cuir; leurs dimensions:
hauteur, 0.60 m., largeur, 0.45 m. L'entretien en est

(1) Mining journal. Vol. XXI, n° 1370. Novembre 1861.

faible. Ils ne s'ouvrent que d'environ 25 m m. et ne produisent pas le bruit étourdissant des clapets de plus grande
dimension.

.L'appareil moteur a une force nominale de 150 chevaux. Son piston, de 0.9 m. de diamètre et de 1.83 m.
de course, marche sous une pression de 3 1/2 atmosphères,
sans condensation. Il agit, par l'intermédiaire de sa tige,
sur un arbre coudé en son milieu et auquel sont attachés
deux grands volants. A chaque extrémité de cet arbre sont
calées, perpendiculairement l'une à l'autre, deux bielles
articulées aux tiges des pistons à air. D'après cette disposition, au moment où l'un de ces organes arrive à la
fin de sa course, l'autre n'en a atteint encore que la moitié;
en sorte que le courant d'air n'est pas aussi sujet aux in-
termittences que si le piston était relié directement au piston
des cuves. Chaque tige traverse une boîte à bourrage.

Les caisses à vent, installées sur une maçonnerie,
pénètrent dans le sol, de la moitié de leur hauteur. Leur
partie inférieure communique avec le puits de retour de
l'air, et la partie supérieure avec l'atmosphère. Les clapets
installés au-dessus du sol s'ouvrent du dedans au dehors
pour laisser sortir l'air de la caisse; tandis que ceux de
dessous, qui s'ouvrent en sens inverse, permettent à l'air
de la mine d'y pénétrer.

A chaque excursion, les clapets inférieurs situés derrière le piston en marche s'ouvrent, les clapets supérieurs
du même côté se ferment, l'air de la mine est aspiré et
remplit la caisse. De l'autre côté du piston se produit un
effet inverse, l'air aspiré pendant l'excursion précédente
étant expulsé de la cuve.

Deux volants, de 6 mètres de diamètre, dont les poids
réunis se montent à 30.450 kilogrammes, donnent de
l'uniformité à la marche de l'appareil.

La dépression obtenue dans la marche ordinaire s'élève
à 75 millimètres. Chaque excursion complète produit un
un volume théorique d'air de 498.4 mètres cubes ; comme,
dans son allure normale, la machine est réglée pour donner 12 1/2 coups par minute, il en résulte un débit d'air
de 103.8 mètres cubes par seconde, que M. Nixon prétend
pouvoir être majoré par une allure plus rapide. Cet ingénieur affirme aussi que la différence entre les volumes
théoriques et pratiques n'excède pas 3 pour cent.

Les inspecteurs des mines qui ont vu fonctionner cette
gigantesque machine sont unanimes à reconnaître que ses
mouvements sont doux et faciles.

Cuves plongeantes à double effet et à clapets verticaux.

Si les anciens ventilateurs à cuves avaient été pourvus
de clapets verticaux, ils auraient obtenu la préférence sur
les appareils de M. Mahaut, chez lesquels on remarque la
marche défectueuse des pistons sans espérer de pouvoir y
porter un remède radical. Cependant il est facile de concilier la position verticale des cuves et des clapets, ainsi
que le prouvent les nombreuses machines construites dans
le pays de Galles par M. Struvé.

Les figures 4, 5 et 6 de la planche XV représentent le
ventilateur de la mine de Eagles-Bush, près de Neath-
Glamorganshire. Il se compose de deux tours, a, a, en
briques, de 4.88 m. de hauteur et de 4.27 m. de diamètre
intérieur, dont les bases communiquent entre elles et avec
le puits d'appel par un canal souterrain. Concentriquement
aux tours, sont bâtis des cylindres, b, b, en maçonnerie,
imperméables à l'eau et dont le diamètre intérieur est de
1.37 m.

L'espace annulaire compris entre les tours et les cylindres est, en partie, rempli d'eau, dans laquelle plonge,
maintenue dans une direction verticale par des tringles de
guidage, une cloche *(airometer)* en forte tôle de fer, dont
la hauteur est de 2.60 m. et le diamètre intérieur, de 3.65
m. Des conduites en briques, *d d*, construites au-dessus
du canal adducteur livrent passage à l'air qui, du puits de
retour, est appelé alternativement au-dessus et au-dessous
de la cloche; d'autres conduites, *e*, établissent une communication entre l'atmosphère et la base de la tour, et des
orifices remplissent le même rôle à la partie supérieure
de cette dernière. Enfin le système est complété par des
grilles destinées à recevoir les clapets. Chacune de ces
grilles est un cadre en bois de 10 centimètres d'équarrissage, divisé, par de petits bois, en douze compartiments
de 0.25 m. de hauteur et de 0.35 m. de largeur, ce qui
donne à l'ensemble l'apparence d'un châssis de fenêtre.
Les compartiments sont recouverts de plaques en tôle mince
ou en fer blanc suspendues à des lanières en cuir que l'on
cloue sur les petits bois et autour desquelles ces plaques
peuvent osciller. L'inclinaison des clapets provoque leur
fermeture spontanée. Des cuirs minces garnissent leur
pourtour et rendent les joints étanches.

L'eau qui remplit l'espace annulaire est une garniture
imperméable à l'air et prévient toute communication entre
le dessous et le dessus de la cloche. L'embouchure supérieure de la tour est fermée, d'une manière étanche, par
des madriers juxtaposés.

Le jeu de l'appareil est fort simple: la cloche en descendant aspire l'air de la mine; cet air traverse les soupapes *r* et remplit la partie supérieure de la tour, pendant que celui qui est sous la cloche étant comprimé passe
à travers les soupapes *s* et se rend dans l'atmosphère.

Pendant l'ascension, l'air de la partie supérieure est expulsé au dehors à travers la grille t et l'air de la mine, appelé dans la cloche, traverse les soupapes u.

Dans ses premiers appareils, M. Struvé reliait le moteur et les cloches au moyen de deux câbles qui s'enroulaient en sens inverses sur un tambour ; celui-ci, recevant le mouvement de la machine, marchait alternativement dans deux sens opposés, afin de produire simultanément l'ascension d'une cloche et la descente de l'autre. Ultérieurement cet ingénieur a jugé plus convenable d'employer des varlets liés par une bielle et mis en mouvement par une autre bielle pouvant fournir une course de 1.80 m. à 2.40 m.

Les cloches s'équilibrent mutuellement ; aussi la force motrice est assez faible, puisque 6 à 8 chevaux suffisent pour vaincre les frottements des divers organes et pour produire l'appel et l'expulsion de l'air.

En imprimant aux cloches une vitesse de 1 mètre par seconde, on a, pour le volume théorique de l'air débité, 21.34 m. c. ; mais la quantité réellement aspirée est loin d'atteindre ce chiffre.

On pourrait blâmer l'étendue des espaces nuisibles compris au-dessus et au-dessous des cloches et nécessités par la position verticale des clapets ; mais les observations de feu M. Gonot, ingénieur en chef des mines du Hainaut, prouvent qu'ils n'exercent ici aucune influence dont il faille tenir compte.

L'examen de la marche des courants dans la galerie adductrice de l'air dénote de grandes variations de vitesse, dont le maximum se trouve au commencement de la course pour diminuer insensiblement jusqu'à la course suivante, variations accompagnées de chocs très-sensibles au moment du changement de marche. Ces effets nuisibles, que

M. Mahaut a su éviter, sont dus à une trop faible section de la galerie adductrice de l'air.

M. Struvé a construit un grand nombre d'appareils de de ce genre, dont quelques-uns ont une puissance beaucoup plus considérable que celui d'Eagles-Busch. Il propose même d'en établir un dont les cloches auraient 9.14 m. de diamètre et qui, par conséquent, seraient en état de débiter un volume théorique d'air de 133.43 m. c. par seconde.

Les clapets employés par MM. Nixon et Struvé étant de plus petites dimensions que ceux de M. Mahaut produisent aussi moins de bruit et des chocs moins violents. La différence de surface est compensée par le nombre.

Ventilateur américain.

Les figures 7 et 8. (Pl. XV.) sont de simples croquis de ce puissant appareil, composé de deux tubes, ou galeries, en maçonnerie, disposés de chaque côté du puits d'appel et séparés l'un de l'autre par une galerie recouverte d'une voûte. Ces tubes, réguliers et rectilignes, ont 80 à 100 mètres de longueur et une section en rapport avec le volume d'air à débiter. Sur le sol de chacun d'eux est établie une voie ferrée, que parcourt une voiture faisant l'office de piston et construite de façon à obstruer complétement l'excavation.

Deux câbles attachés à l'avant et à l'arrière de chaque voiture se replient sur deux poulies horizontales placées à l'avant des orifices et forment une chaîne sans fin.

Les tubes ont leurs extrémités bouchées par des châssis à clapets qui sont destinés à l'exhaustion de l'air vicié et s'ouvrent, par conséquent, du dedans au dehors. A ces mêmes extrémités, mais latéralement, d'autres ouvertures mettent en communication les tubes et la galerie intermédiaire; elles sont munies également de clapets que traverse l'air de la mine.

Les voitures servent de gabarit pour la construction des tubes; on augmente leur section verticale de 10 à 15 mm. sur tout le pourtour, afin de réserver la place à un placage, dont la voiture est encore appelée à régulariser les surfaces. C'est un moyen de diminuer la largeur des joints. Enfin, une couche d'eau de quelques centimètres d'épaisseur est entretenue sur le sol pour s'opposer au passage de l'air entre les rails du chemin de fer.

Une forte machine à vapeur commande l'une des poulies et lui fait exécuter un nombre de tours proportionné au chemin que doivent parcourir les voitures, qui marchent en sens inverse. Lorsque l'une des voitures est sur le point d'arriver à l'orifice le plus rapproché du moteur, elle vient buter contre un taquet mis en relation avec les glissières par une combinaison de leviers et de tringles; le mouvement se renverse et les voitures rétrogradent pour fournir une nouvelle course, à la fin de laquelle l'autre taquet, mis en jeu, détermine de nouveau un changement de marche.

Si les tubes avaient un diamètre de 3 mètres, leur section, déduction faite du secteur enlevé vers le sol, serait de 6.60 m. c., d'où résulterait, pour une vitesse de 8 mètres, un volume théorique de 105.6 m. c. d'air expulsé simultanément par les deux pistons. Mais le débit réel est bien au-dessous de ce chiffre, vu les fuites qui résultent de l'irrégularité des parois, de la fermeture inexacte des clapets, etc. Toutefois, les deux facteurs du volume, la section et la vitesse, étant susceptibles d'augmentation, l'énergie du ventilateur peut encore s'accroître, ce qui

permet de le classer parmi les plus puissantes machines
de cette catégorie.

Nouveaux ventilateurs à force centrifuge.

Ces appareils, à palettes planes ou courbes, ont été de
tout temps en usage pour le déplacement de l'air; leur
application aux mines est aussi fort ancienne, puisque
Agricola (1), qui écrivait dans les premières années du 17ᵉ
siècle, en parle comme de moteurs appliqués généralement dans les mines métalliques d'Allemagne.

Lorsque, il y a quelques années, on les employa de
nouveau pour déterminer la circulation de l'air dans les
excavations souterraines, on s'aperçut promptement que
la production de dépressions et de volumes d'air quelque
peu notables étaient incompatibles. Ils furent donc frappés
de défaveur et généralement abandonnés. Mais déjà à cette
époque, M. Guibal avait appliqué la persévérance et le
talent dont il est doué, à rechercher des vices qui sem-
blaient inhérents à ces appareils et les moyens de les cor-
riger, de manière à les rendre capables, à la fois, de
débiter de grands volumes d'air et de produire des pressions suffisantes pour les besoins de la ventilation souterraine. L'observation et le raisonnement l'amenèrent à
conclure:

« Que les ventilateurs soufflants, munis d'une enveloppe,
» n'agissent que sur l'air lancé, tandis que les ventilateurs
» aspirants agissent à la fois sur l'air qu'ils déplacent et
» sur celui qui les environne (2). »

D'où il suit qu'on avait, à tort, établi des différences

---

(1) GEORGII AGRICOLÆ, *de re metallica, libri duodecim.* Bale, 1861,
p. 162 et sub.

(2) *Brevets belges,* tome IV, page 594.

entre les deux catégories d'appareils. En effet, dans les derniers, le choc des courants, qui, s'échappant de la circonférence, viennent heurter l'atmosphère ambiante, produit des tourbillons et des remous qui donnent lieu à une perte de force vive, à des contre-courants et à des rentrées d'air quelquefois considérables.

Guidé par ces observations, M. Guibal signala comme une erreur de la théorie admise, la suppression de l'enveloppe, et il s'attacha à la rétablir en lui donnant la disposition convenable.

M. Guibal ne tarda pas à reconnaître que dans le ventilateur *aspirant-enveloppé*, la section de l'orifice de sortie devenait le point délicat, car, lorsque dans le but d'accroître les dépressions, on imprime de grandes vitesses à l'appareil, il s'y fait également des remous et des rentrées d'air très-nuisibles. Comme, à défaut d'une loi dérivant de l'observation, le calcul n'est pas applicable à la détermination de ces sections, qui, d'ailleurs, varient suivant les vitesses à imprimer au courant, M. Guibal a trouvé, dans la vanne ou partie mobile du coursier, un moyen empirique de régularisation convenable. Il donne donc aux orifices de dégagement une section maxima qu'il réduit, en abaissant la vanne par une suite de tâtonnements, pour une vitesse donnée, jusqu'à ce qu'il ait porté la dépression à la limite supérieure, la vanne est fixée dans cette position et l'appareil est réglé. A une vitesse donnée, correspond un maximum d'ouverture au-delà du quel la dépression décroît, en sorte qu'il n'y a qu'une seule ouverture qui corresponde au plus haut effet utile.

Cette première modification fut expérimentée dans l'une des mines du Couchant de Mons ; par suite de circonstances qu'il est inutile de rapporter ici, elles ne fournirent aucun résultat satisfaisant.

Ce n'est qu'en 1855 que, mieux secondé par M. Delsaux, ancien élève de l'École des mines de Mons, l'auteur du nouveau ventilateur vit ses prévisions se réaliser de tout point, dans les différents appareils établis aux mines de l'Agrappe et Grisœil, à Frameries et dans celui qui, ultérieurement, a fonctionné sur le puits n° 1, de l'Escouffiaux.

Le ventilateur, modifié comme on vient de le voir, présentait encore un vice qu'il semblait impossible de faire disparaître, car il paraissait inhérent à la nature de l'appareil, ou plutôt à son mode d'action. Ce vice consistait dans la vitesse dont l'air est animé à sa sortie de l'enveloppe.

Toutefois, après de longues recherches, M. Guibal est parvenu à y remédier complétement, en adaptant à l'enveloppe une cheminée d'épanouissement. Cette cheminée, dont la section s'accroît de la base au sommet, détermine une diminution progressive de la vitesse de l'air, qui n'est plus qu'un souffle lorsqu'il pénètre dans l'atmosphère. L'air, mis en mouvement, laisse derrière lui un vide qui détermine une aspiration correspondante et se traduit en une augmentation d'effet utile. La mise à profit, très-remarquable, de ce phénomène ne constitue pas une simple invention, elle représente une véritable découverte en mécanique.

Il ne fallait pas moins que ces importantes modifications pour transformer l'ancien ventilateur au point de le rendre comparable sous le rapport de la dépression aux meilleurs appareils connus, bien supérieur à tous quant au volume d'air débité et moins coûteux de construction et d'installation qu'aucun autre.

En ce moment, plus de 60 ventilateurs du système de M. Guibal fonctionnent en diverses localités; notamment dans plusieurs mines de l'Angleterre, malgré les préventions des Anglais, en matière de mine, contre tout ce qui vient du continent.

Description du ventilateur Guibal.

Les figures 1 et 2 de la planche XVI représentent l'un des derniers types de cet appareil, celui de Ste-Cécile du Midi du Flénu.

Un axe en fer forgé, reposant, par ses deux extrémités sur des crapaudines, porte deux moyeux octogonaux en fonte, qui, par le prolongement de leurs rayons, forment huit oreilles sur lesquelles sont boulonnées des barres de fer méplat. Celles-ci, par leur combinaison, déterminent des triangles, dont l'ensemble assure une grande solidité au système, et rend la construction peu coûteuse.

A leurs divers points d'intersections (fig. 2), les barres sont légèrement coudées de manière à produire des creux dans lesquels elles s'emboîtent deux à deux ; puis elles sont reliées par des boulons qui les traversent.

Des cornières, a, rivées sur les barres, b, reçoivent les huit palettes en bois, c, qui se présentent inclinées en sens contraire du mouvement.

Pour les ventilateurs de faible largeur, c'est-à-dire au-dessous de 1.50 m., il suffit de deux moyeux avec leurs barres ; mais il convient d'en employer plus de deux pour une plus grande largeur. Pour les appareils d'un plus petit diamètre, on peut employer des moyeux hexagonaux et même carrés.

Le ventilateur est installé entre deux murs parallèles, MM, qui en forment les joues. L'un des deux seulement est percé d'une ouïe, O, ou conduit adducteur de l'air aspiré, ce qui permet de diminuer la longueur de l'arbre.

24

L'enveloppe, ou coursier, est en briques ; elle est concentrique sur les cinq huitièmes de la circonférence et
légèrement excentrique sur deux des trois huitièmes res-
tants, de manière à se raccorder avec une cheminée,
C, évasée vers le haut, et dont une des faces, verticale,
est tangente à l'enveloppe au point où celle-ci est rencontrée par le rayon horizontal ; cette face et la voûte-enveloppe
reposent sur un support en fonte, d, creux et très-effilé
vers le bas. Cette disposition très-simple engendre un
canal d'écoulement de l'air, dont la section augmente
progressivement jusqu'à l'orifice de déversement dans
l'atmosphère.

Deux rainures, ee, ou coulisses en fonte, logées dans
les murs latéraux de la cheminée, se courbent vers le bas
et reçoivent une vanne, f, articulée, qui glisse en s'inflé-
chissant pour former un cylindre concentrique au ventilateur. Cette vanne sert à régler l'orifice de sortie de l'air,
D, sans altérer la forme du coursier en quelque point de
sa course qu'elle soit fixée.

La vanne se compose de lattes en chêne de 2 à 3 centimètres d'épaisseur et de 10 à 12 de largeur ; ces lattes,
bien dressées, sont coupées en biseau, c'est-à-dire un
peu plus étroites à l'intérieur qu'à l'extérieur, afin de permettre la courbure du système, lorsqu'il s'engage dans la
partie inférieure des rainures. Elles sont attachées par des
vis à bois à des rubans d'acier ou de fer, qui, par leur
flexibilité, font l'office de charnières. Une chaîne, ou une
corde, passant sur une poulie et supportant un contrepoids,
permet d'équilibrer la vanne et en rend la manœuvre très-
facile.

Le moteur, semblable à ceux des bateaux à vapeur,
comprend deux cylindres, dont les axes inclinés de 45°
sur l'horizon forment entre eux un angle droit.

Les constructions qu'exige ce nouveau ventilateur se réduisent à l'enveloppe, à un abri pour la machine et à un bâtiment semblable pour renfermer le puits d'appel et rendre l'ensemble symétrique.

Cette disposition si simple coûte, en Belgique, 15 à 20 mille francs, dont 10 à 12 mille pour le ventilateur et sa machine, et au plus 5 à 8 mille pour les bâtiments et accessoires, tels que pierres de fondations, tuyaux, etc. Au moyen de cette dépense, on pourra extraire jusqu'à 50 m. c. d'air par seconde, avec une dépression de 5 à 15 centimètres en faisant moins de 100 tours par minute. L'effet utile est de 50 à 70 pour cent du travail de la vapeur dans le cylindre moteur.

Dans la construction de ces appareils, l'intervention d'un mécanicien n'est plus, à la rigueur, indispensable ; à plus forte raison l'exploitant cesse-t-il d'être sous la dépendance du mécanicien lorsqu'il s'agit d'opérer des réparations. Les frais d'entretien sont presque nuls, vu l'extrême simplicité des organes, qui se montent et se démontent promptement ; enfin, les frais de fonctionnement sont de beaucoup inférieurs à ceux que réclament les appareils à capacité variable.

Les expériences de MM. Atkinson et Dickinson, inspecteurs des mines en Angleterre, sur les ventilateurs de Montceau-Fontaine et du Boubier, près de Charleroi, serviront à faire apprécier l'effet utile de ce genre d'appareil.

NUMÉROS d'ordre.	NOMBRE de RÉVOLU- TIONS par MINUTE.	MÈTRES CUBES D'AIR PAR SE- CONDE.	DÉPRES- SIONS MANO- MÉTRI- QUES.	DONNÉES de L'INDI- CATEUR en CHE- VAUX.	EFFET UTILE en CHE- VAUX.	RAPPORT de L'EFFET UTILE à la FORCE DÉPEN- SÉE.
	Puits nº 8. — Diamètre de l'appareil : 6 m.
1	80	11.96	49	16.950	7.813	0.46
2	82	11.70	50	15.303	7.800	0.50
3	84	12.30	55	18.964	9.020	0.47
4	102	14.04	75	"	14.040	"
5	103	14.74	81	49.980	15.919	0.32
6	118	16.81	104	67.240	23.376	0.35
	Puits nº 10.—Diamètre de l'appareil : 9 m.
1	33	17.61	22	11.221	5.165	0.46
2	43	18.35	39	13.895	9.542	0.68
3	50	24.31	50	19.033	16.206	0.85
	Le Boubier. — Diamètre : 7 m.
	87	28	74 5	42.786	27.813	0.65

Il est à remarquer qu'au puits nº 8, l'un des manomètres était placé de manière que la vitesse du courant en amoindrissait les indications, et que c'est la dépression indiquée par ce manomètre qui est portée au tableau. Cette remarque explique la diminution de l'effet utile à mesure que la vitesse de l'appareil augmente, loi contraire à celle qui résulte des autres expériences.

Vices de l'ancienne formule des ventilaurs à palettes planes (1).

Les personnes qui se sont livrées jusqu'ici au calcul de ces appareils, ayant négligé d'examiner attentivement les phénomènes qui s'accomplissent pendant leur action, ont pris, pour base de leur appréciation, des effets imaginaires ou incomplets, ce qui les a conduites à des résultats inexacts ou insuffisants.

C'est ainsi qu'on a traité la question comme si l'air, compris entre deux palettes divergentes, se comportait de la même manière qu'en s'écoulant à *gueule bée* dans un canal de section uniforme, ce qui a conduit, pour le cas des palettes dirigées suivant le rayon, à l'expression de l'effet utile :

$$E = \frac{H}{2 \times 0.051 \, w^2 \, r^2} \; (2),$$

dans laquelle H est la hauteur de la colonne d'air qui mesure la différence de pression obtenue, w, la vitesse angulaire et r, le rayon de l'extrémité des palettes.

Cette expression semble se vérifier dans quelques cas; mais elle est complétement inexacte dans les circonstances extrêmes, c'est-à-dire quand l'appareil déplace de grands volumes sous de faibles dépressions, ou quand il fournit un faible volume sous une dépression considérable. C'est ce que prouvent péremptoirement les expériences suivantes de M. Jochams à la mine de Bayemont sur un ventilateur d'un diamètre de 2.60 et de 1.15 m. de largeur.

(1) Les démonstrations suivantes sont extraites d'une note manuscrite remise par M. Guibal au jury de l'Exposition universelle de Londres, en 1862.

(2) Voyez une note du *Traité de l'Exploitation des mines de houille* T. II, § 308.

1re *expérience:* nombre de tours, 229 ; volume d'air débité, 12.335 m. c. ; dépression, 34 mm. ; effet utile, 60 pour cent. L'accès de l'air est facilité par une communication presque directe, établie entre le ventilateur et l'atmosphère.

2e *expérience.* Elle a lieu dans des circonstances entièrement opposées, en ce que la galerie d'adduction de l'air au ventilateur est fermée. Nombre de tours, 266 ; volume, 0.931 ; dépression, 58 mm. ; effet utile, 5 pour cent.

L'application de la formule à ces deux expériences donne respectivement des effets utiles de 0.28 et 0,35. Ce désaccord entre l'expérience et le calcul, désaccord qui se produit en sens opposé, ne peut être imputé à des erreurs d'observation ; il trouve son explication dans la formule même, qui n'exprime que le rapport de la dépression utile à la dépression théorique et passe sous silence le volume d'air déplacé, ce qui la rend tout à fait impropre à fournir le résultat pour lequel elle a été établie.

Effet utile maximum du ventilateur sans enveloppe.

La marche la plus simple pour calculer l'effet utile d'un ventilateur consiste à faire la somme des travaux dépensés et à la comparer au travail utilisé pour l'aérage de la mine.

Ce travail peut être représenté par $\frac{Mu^2}{2}$, en désignant par $M \left(= \frac{P}{g} \right)$ la masse d'air déplacée et par u la vitesse relative dérivant de h, hauteur de la colonne d'air qui mesure la différence des pressions.

Le travail théorique à dépenser par le ventilateur égale

le travail du courant produit, plus la moitié de la force
vive que possède ce courant à sa sortie de l'appareil. Cette
force vive est $M v^2$, si v exprime la vitesse tangentielle
avec laquelle l'air expulsé pénètre dans l'atmosphère.
Mais v, dans les appareils à palettes planes, est égale
à $\sqrt{2 w^2 r^2}$, d'où la force vive devient $M \times 2 w^2 r^2$ qui
représente une quantité de travail égale à :

$$\frac{M \cdot 2 w^2 r^2}{2} = M w^2 r^2.$$

L'expression de l'effet utile serait donc :

$$E = \frac{M u^2}{M u^2 + M w^2 r^2}$$

ou, u^2 étant égal en théorie à $w^2 r^2$, quand les palettes
partent du centre,

$$E = \frac{w^2 r^2}{2 w^2 r^2} = \frac{1}{2} = 0.50.$$

Cette expression ne tient pas compte de la masse d'air
déplacé, ce qui semble fort légitime, puisque cette masse,
après avoir été introduite dans l'expression, disparaît.
Mais on n'a pas eu égard, en effectuant la réduction algé-
brique, à un effet très-important qui se produit et rend
toujours la masse d'air sur laquelle opère l'appareil beaucoup plus grande que celle qu'il débite. Ce sont les remous
ou rentrées d'air, que la pratique signale comme fort énergiques et qui feraient croire à un courant volumineux
quand, au contraire, il est presque nul. Ces effets se produisent toujours plus ou moins, en sorte que, pour une
masse d'air, M, effectivement déplacée, on en soumet à
l'action de l'appareil une autre, M', bien plus considérable.
Si le rapport entre M et M' était connu dans chaque cas
particulier, l'effet utile serait fourni exactement par la
relation :

$$E = 0.50 \frac{M}{M'}.$$

Or comme $\dfrac{M}{M'}$ ne peut jamais être égal à l'unité, E restera toujours au-dessous de 0.50.

Il faut remarquer, toutefois, que u, ou la vitesse dans le sens du rayon, n'est entièrement utilisée que si le courant est presque nul; car, à mesure que le courant s'accroit, la composante de la vitesse dans le sens du rayon et de la vitesse tangentielle à l'extrémité des palettes augmente, ce qui abaisse le coefficient 0.50 de la formule ci-dessus, et le rend presque nul quand le volume du courant est très-grand.

Effet utile des ventilateurs enveloppés.

On a vu que, pour anéantir les effets désastreux de l'air ambiant qui, appelé entre les palettes par la dépression centrale, est ensuite rejeté dans l'atmosphère, l'auteur rétablit l'enveloppe des appareils soufflants. Alors, le ventilateur, placé comme dans une boîte cylindrique à fonds plats, admettra par des ouïes l'air qu'il expulsera ensuite par une solution de continuité pratiquée dans le pourtour. L'air compris entre les palettes se portera à la circonférence en vertu de la force centrifuge; charrié par elles, il tournera dans l'enveloppe, d'où il ne sortira qu'au moment où il passera devant l'ouverture dont elle est percée. A ce moment, il n'y aura aucune vitesse appréciable dans le sens du rayon; l'air s'échappera suivant la tangente avec une vitesse wr, emportant avec lui une force vive, $M w^2 r^2$ et un travail, $\dfrac{M w^2 r^2}{2}$. Si pendant le même temps l'appareil produit une dépression h, le travail correspondant à cette dépression, pour une masse d'air M, sera Mgh, travail utile de l'appareil, dont l'effet utile sera :

$$E = \frac{\cdot M g h}{M g h + \dfrac{M w^2 r^2}{2}}$$

Puisque wr, vitesse tangentielle à l'extrémité des palettes, égale v, et puisque h représente la hauteur due à la vitesse dans le sens du rayon u, ce qui donne, pour valeur de h, $\dfrac{u^2}{2g}$, l'expression ci-dessus devient :

$$\frac{\dfrac{M u^2}{2}}{\dfrac{M u^2}{2} + \dfrac{M v^2}{2}} = \frac{u^2}{u^2 + v^2},$$

quantité d'autant plus grande, que u est plus grand par rapport à v.

Mais la plus grande valeur que u puisse prendre est de devenir égal à v, donc la valeur maxima de E est :

$$E = \frac{v^2}{2v} = \frac{1}{2} = 0.50,$$

c'est-à-dire la même que pour le ventilateur sans enveloppe.

Il semble, d'après ce résultat, qu'il n'y ait pas de différence entre les deux appareils ; mais les rentrées d'air, si funestes au premier, étant impossibles dans le second, il en résulte que, quelle que soit la dépression produite, l'effet utile du ventilateur enveloppé restera constant et égal à 50 pour cent du travail dépensé pour le faire mouvoir, ce qui le distingue totalement du ventilateur sans enveloppe.

Mais, pour qu'il en soit ainsi, il faut que l'orifice pratiqué dans l'enveloppe soit, dans chaque circonstance, proportionné au volume du courant et tel que l'air y coule à *gueule bée*, sans cependant y prendre une plus grande vitesse que celle de l'extrémité des ailes. Pour remplir ces conditions, difficiles à préciser *a priori*, il a fallu rendre l'orifice d'écoulement variable à volonté, afin de le régler pratiquement pour chaque cas. Quand cette condition est remplie, l'effet utile des ventilateurs enveloppés s'élève à 30 et 35 %, tandis que les ventilateurs sans enveloppe rendaient à peine 20 à 25.

Des expériences pratiques ont dénoté 28 à 60 pour cent d'augmentation chez les appareils ainsi transformés.

Effet utile du ventilateur enveloppé et pourvu d'une cheminée d'épanouissement.

L'appareil précédent abandonne l'air à une vitesse telle qu'il en résulte une perte de travail au moins égale au travail utilisé. Pour éviter ce vice constitutionnel, il faudrait rendre v plus petit que u dans l'expression :

$$E = \frac{u^2}{u^2 + v^2},$$

ce que peut réaliser la cheminée évasée, qui fait suite à l'enveloppe du ventilateur; car en s'engageant dans ce conduit à section croissante, et pourvu que l'écoulement ait lieu à *gueule bée*, la vitesse de l'air va en diminuant et peut devenir une fraction quelconque de v.

Si, dans l'expression $E = \dfrac{u^2}{u^2 + v^2}$, on fait $v^2 = \dfrac{1}{n} u^2$,

on aura :

$$\frac{u^2}{u^2 + \frac{1}{n} u^2} = \frac{u^2}{\frac{n+1}{n} u^2} = \frac{n}{n+1},$$

expression égale à l'unité si n est infini. En pratique, il n'est pas difficile de se rapprocher de $\dfrac{n}{n+1} = 1$, car il suffit que $n = 4$ ou 5 pour que l'effet utile s'élève à 0.80 et 0.83 ; et rien n'est plus réalisable qu'une cheminée dont l'orifice supérieur présente une section 4 ou 5 fois aussi grande que l'ouverture de la vanne.

Plusieurs appareils, construits d'après ces principes, ont permis de faire des expériences très-concluantes, dont les résultats établissent l'efficacité des nouvelles dispositions.

Confirmation de la théorie par les résultats pratiques.

Les tableaux suivants renferment la série des expériences faites à diverses époques sur les appareils à force centrifuge, d'abord sans enveloppe, puis avec enveloppe et enfin avec enveloppe et cheminée. La dépression, due à la force centrifuge ou dépression théorique, h', a été calculée par la formule $h = \dfrac{v^2}{15.21}$ (1). La dernière colonne renferme les rapports entre les dépressions observées et les dépressions théoriques, h', soit $\dfrac{h}{h'}$.

Le premier tableau fait voir que, dans les expériences de MM. Glépin et Jochams, sur les ventilateurs sans enve-

_____

(1) Le calcul des vitesses absolues se fait au moyen de la formule $v = \sqrt{2\,g\,h\,\dfrac{D}{d}}$, dans laquelle h est la hauteur du liquide manométrique, D et d, les densités respectives de l'eau et de l'air ; d'où :

$$v = \sqrt{19.62 - \frac{1000}{1.29}\,h} = \sqrt{15209\,h} ;$$

mais h étant exprimé en millimètres,

$$v = \sqrt{15.21\,h}$$

$$\text{et } h = \frac{v^2}{15.21}$$

loppe, de M. Letoret, la moyenne des dépressions n'est
que les 0.62 de celle que peut produire la force centrifuge.

Aussitôt que l'appareil est convenablement enveloppé, le
rapport $\dfrac{h}{h'}$ s'élève sensiblement et donne une valeur
moyenne de 1.03, ainsi qu'on peut le voir dans le second
tableau ; mais il diminue pour le même appareil, si, à
mesure que la vitesse de sortie augmente, la section par
laquelle il pénètre dans l'atmosphère n'est pas réglée
d'après le débit.

Le troisième tableau donne une idée de l'influence
qu'exerce la régularisation de l'orifice de sortie par la
vanne, d'après le volume d'air et sa vitesse ; $\dfrac{h}{h'} = 1.10$.

Enfin, les effets de l'enveloppe, de la vanne et de la
cheminée ressortent des expériences qui ont eu lieu sur
le ventilateur de la mine de Bonne-Espérance, à Wasmes,
et sur celui de la Grosse-Fosse d'Anzin, où le rapport
moyen a été de 1.33.

1er **TABLEAU. Ventilateurs sans enveloppe.**

(DITS VENTILATEURS LETORET.)

DATES.	DIA-MÈTRE A L'EX-TRÉMITÉ des AILES.	NOMBRE DE TOURS par MINUTE.	DÉPRES-SION en mm.	VOLUME DÉPLACÉ en m. c.	VITESSE A L'EX-TRÉMITÉ des AILES.	DÉPRES-SIONS THÉORI-QUES h'.	RAP-PORT de $\frac{h}{h'}$
1842.	EXPÉRIENCES DE M. GLÉPIN. Ventilateur de Ste-Victoire, Fosse Ste-Catherine.						
Fév. 12	3.142	101.5	10.25	2.935	16.68	18.27	0.56
Mai 10	3.142	116.5	15.50	3.229	19.04	23.83	0.65
Juin 21	2.880	161.0	22.71	3.754	24.26	38.68	0.58
Nov.25	3.143	113.0	15.20	2.739	18.57	23.66	8.67
Idem.	2.700	137.0	18.80	3.010	19.36	24.64	0.76
	Ventilateur de l'Agrappe, fosse n° 3.						
Oct. 4	2.55^2	144.0	20.00	3.948	15.36	23.80	0.83
	Ventilateur du Grand Picqury, fosse n° 1.						
Nov.20	3.200	169.0	15.00	2.727	28.31	52.68	0.28
1843.	Ventilateur de Marcinelle, fosse n° 3.						
Juin 16	2.046	246.0	10.00	2.910	24.37	39.00	0.26
1848.	EXPÉRIENCES DE M. JOCHAMS. Ventilateur de la grande Veine du bois d'Épinois, n° 2.						
Nov.27	2.800	420.0	14.00	4.425	17.58	20.10	0.69
Id. 29	mine fermée.	228.0	51.00	3.645	33.40	73.27	0.70
1849.	Ventilateur de Bayemont, puits Ste-Suzanne.						
Sep.23	3.800	266.0	52.00	5.516	36.17	86.00	0.69
Id.	mine	229.0	34.00	12.515	31.14	63.00	0.58
Id.	fermée.	269.0	56.00	0.081	36.17	86.00	0.65

2ᵉ TABLEAU. Ventilateurs enveloppés, sans vanne.

DATES.	DIAMÈTRE A L'EXTRÉMITÉ des AILES.	NOMBRE DE TOURS par MINUTE.	DÉPRESSIONS en mm.	VOLUME DÉPLACÉ en m. c.	VITESSE A L'EXTRÉMITÉ des AILES.	DÉPRESSIONS THÉORIQUES h'.	RAPPORT de $\frac{h}{h'}$.
1859.	EXPÉRIENCES DE MM. HAMAL & GILLE, A GRISŒIL.						
d'Août	4.00	31.5	5.0	4.56	6.60	6.62	0.75
à	—	49.5	10.0	7.30	10.37	7.07	1.41
Octob.	—	83.7	22.0	12.91	17.58	20.20	1.09
	—	112.5	34.5	17.47	23.57	36.52	0.94
	—	141.0	53.5	22.64	29.57	57.37	0.93

3ᵉ TABLEAU. Ventilateurs avec enveloppes et vannes.

DATES.	DIAMÈTRE A L'EXTRÉMITÉ des AILES.	NOMBRE DE TOURS par MINUTE.	DÉPRESSIONS en mm.	VOLUME DÉPLACÉ en m. c.	VITESSE A L'EXTRÉMITÉ des AILES.	DÉPRESSIONS THÉORIQUES h'.	RAPPORT de $\frac{h}{h'}$.
1861.	EXPÉRIENCES DE M. GILLE, A L'ESCOUFFIAUX.						
Juil. 25	4.00	120	47.0		25.14	41.55	1.13
	—	150	88.0		31.42	64.00	1.35
Oct. 30	—	138	52.0	11.00	28.91	55.00	0.94
	EXPÉRIENCES DE M. MASY, BASSE-SAMBRE.						
Juin 23	4.00	51.42	10.23		10.77	7.62	1.34
	—	77.13	16.50		16.16	17.17	0.96
	—	85.12	26.50		17.83	20.83	1.27
	—	131.12	55.50		21.47	49.61	1.12
Août 19	—	151.68	63.00		31.77	66.36	0.95
	—	118.26	35.00		27.77	40.34	0.86

4e TABLEAU. Ventilateurs avec enveloppe, cheminée et vanne.

DATES.	DIA-MÈTRE A L'EX-TRÉMITÉ des AILES.	NOMBRE de TOURS par MINUTE.	DÉPRES-SIONS en mm.	VOLUME DÉPLACÉ en m. c.	VITESSE A L'EX-TRÉMITÉ des AILES.	DÉPRES-SIONS THÉORI-QUES h'.	RAP-PORT de $\dfrac{h}{h'}$
			Mine de Bonne-Espérance, — Diamètre, 5 m.				
Août 21	5.00	73	32.5	15.00	19.11	24.00	1.35
	Id.	104	61.0	15.00	27.21	48.10	1.27
			Ventilateur d'Anzin, Grosse-Fosse.				
Août 11	5.00	60	24.0	—	—	13.95	1.72
	—	75	33.0	—	—	21.80	1.51
	—	90	47.5	39.34	—	31.41	1.52
	—	120	87.0	—	—	55 80	1.56
	—	147	130.0	—	—	83.70	1.55

Ventilateur du puits Ste-Placide, (n° 7), du charbonnage de Crachet et Picquery (1).

Le ventilateur du système Guibal, établi sur le puits Ste-Placide, a été l'objet de nombreuses expériences faites par MM. Gille et Franeau ingénieurs de l'Administration des mines du district de Mons. Il s'agissait d'établir des comparaisons entre les ventilateurs à force centrifuge, avec ou sans combinaison d'enveloppe, vanne et cheminée. Les tableaux qui suivent renferment les résultats de 53 expériences.

(1) Ceci est un abrégé de l'exposition faite par M. Guibal, dans l'assemblée (3 sept. 1865) de la société des anciens élèves de l'École des mines de Mons, sur le résultat des expériences dont le dit ventilateur a été l'objet.

Iᵉʳ **TABLEAU.**

NUMÉROS de L'EXPÉRIENCE.	NOMBRE de TOURS par MINUTE.	TRAVAIL DÉPENSÉ PAR LA VAPEUR.			
		Avec enveloppe.		Sans enveloppe.	
		EN KILOG. ✕ m.	EN CHEVAUX.	EN KILOG. ✕ m.	EN CHEVAUX.
15	18.75	105.260	1.40	—	—
19	19.25	—	—	177.801	2.37
24	19.75	—	—	169.628	2.26
20	30.00	—	—	264.231	3.52
16	30 50	211.034	2.80	—	—
21	34.50	—	—	511.483	6.80
17	50.05	675.776	9.01	—	—
25	51.05	—	—	739.847	9.36
18	75.00	1861.628	24.80	—	—
22	31.05	—	—	1635.083	20.46
26	34. 05	—	—	1858.197	24.80
23	37. 00	—	—	2028.362	27.00

2ᶜ **TABLEAU.**

NUMÉROS des EXPÉRIENCES.	NOMBRE DE TOURS par MINUTE.	TRAVAIL DÉPENSÉ EXPRIMÉ EN CHEVAUX ET DÉPRESSION OBTENUE EN MILLIMÈTRES.			
		Sans enveloppe.		Avec enveloppe.	
		TRAVAIL.	DÉPRESSION	TRAVAIL.	DÉPRESSION
1	16	1.30	3.5	—	—
2	20	1.37	5.0	—	—
3	29.5	4.26	8.0	—	—
27	39	—	—	5.36	11.0
4	40	6.50	12.5	—	—
28	43	—	—	8.00	18.0
5	49.5	10.94	17.5	—	—
6	60	18.31	26.5	—	—
7	67	25.06	36.0	—	—
8	72	31.06	41.0	—	—
29	82	—	—	21 34	43.25
30	82	—	—	33.00	55.00
31	90	—	—	38.38	65.00

3e **TABLEAU.**

NUMÉROS des EXPÉRIENCES.	NOMBRE DE TOURS par MINUTE.	DÉPRES-SION en mm. D'EAU.	VOLUME ASPIRÉ en m. c.	TRAVAIL UTILE DE L'AIR en CHEVAUX.	TRAVAIL UTILE DE LA VAPEUR en CHEVAUX.	COEFFI-CIENT D'EFFET UTILE.
Ventilateur fonctionnant sur la mine sans enveloppe.						
9	30.5	8.5	6.662	0 75	4.80	0.16
10	38 5	15.0	—	—	8.53	—
11	53.0	24.0	9.554	3.05	17.22	0.18
12	63.0	33.0	—	—	36 34	—
13	72 0	43.0	—	—	37.88	—
14	75.5	49.0	14.646	0.57	54.24	0.22
Ventilateur fonctionnant sur la mine avec enveloppe sans cheminée.						
32	43.0	14.5	5 690	1.10	11.77	0.09
33	57 0	28.0	8.774	3.27	19.40	0.17
34	70 0	39.0	12.272	6.37	29 63	0.21
35	93.5	71.5	18.017	17.17	59.22	0.29
36	93	71.5	20.812	19.80	64.41	0.31
Ventilateur avec enveloppe et cheminée sans vanne.						
37	41.0	17.0	8.629	1.95	7.45	0.26
38	61 0	40.0	14.090	7.50	17.94	0.42
39	88.0	84.5	23.751	26.70	47.00	0.57
40	84.	79.0	29.463	31.02	—	—
41	101.0	114.0	—	—	—	—
Ventilateur avec cheminée et vanne.						
45	38.5	17.0	8.629	1.95	5.01	0.38
46	62.0	41.0	14.090	7.70	15.94	0.48
47	89.0	85.0	23.751	26.90	53.64	0.61

ÉTAT DU VENTILATEUR.

INDICATIONS.	Sans Enveloppe. VITESSE.		Enveloppé. VITESSE.		Enveloppé avec Cheminée. VITESSE.		Enveloppé avec cheminée et vanne. VITESSE.	
	Minima	Maxima	Minima	Maxima	Minima	Maxima	Minima	Maxima
Numéro de l'expérience . . .	9	14	32	63	37	39	45	45
Nombre de tours par minute .	30.5	76.5	43	93	41	88	38.5	89
Dépression en millimètres . .	8.5	49.0	14.5	74.5	17.0	84.5	17.0	85.0
Volume par seconde (m. cubes)	6.66	14.64	5.69	20.31	8.63	23.75	8.63	23.75
Pression de la vapeur . . .	0.234	1.275	0.436	1.103	0.297	0.851	0.123	0.781
Travail de l'air en chevaux .	0.75	9.57	1.40	19.80	1.95	26.70	1.95	29.9
Idem de la vapeur. (idem) . .	4.80	44.24	41.77	64.44	7.45	47.00	5.04	43.64
	0.16	0.22	0.09	0.34	0.26	0.57	0.38	0.61
	0.490		0.200		0.445		0.495	

Le 1er tableau contient les essais propres à faire connaître les résistances de la machine motrice, y compris les frottements de l'axe du ventilateur. Naturellement les palettes, avaient été enlevées; tantôt l'enveloppe était supprimée, tantôt maintenue.

Il est facile de voir, à l'aspect des chiffres du tableau, que le travail absorbé par le moteur croît, avec la vitesse et un peu plus rapidement que le carré de celle-ci. Par exemple, l'expérience n° 20, comparée à celle du n° 18, indique que le travail absorbé par la première a été 3.52, et par la seconde, 24.80 chevaux, tandis que, suivant la loi du carré des vitesses, ce dernier chiffre n'aurait dû s'élever qu'à 22 chevaux.

Les expériences du 2e tableau avaient pour but de mesurer le maximum de dépression que peut produire l'appareil. Toute communication avec la mine fut interrompue et deux séries d'expériences eurent lieu : les unes avec l'appareil dépourvu d'enveloppe, les autres avec l'appareil enveloppé. Le ventilateur n'agissant pas sur l'air de la mine, il n'y avait à vaincre que des résistances passives et, par conséquent, pas d'effet utile.

Il s'agissait aussi de déterminer le travail absorbé par le frottement de l'air dans l'appareil, la perte de force due aux remous, aux tourbillons, etc.

L'examen des chiffres contenus dans ce tableau conduit aux résultats suivants : Dans les deux cas, et conformément à la théorie, les dépressions croissent comme les carrés des vitesses; mais elles sont généralement plus élevées en cas d'enveloppe.

Quant aux dépenses de travail, l'appareil muni d'une enveloppe, offre une grande supériorité. A la vitesse de 72 tours par exemple, la force absorbée par le ventilateur sans enveloppe a été de 31 chevaux, tandis que, à la même vitesse et avec l'enveloppe, il n'a exigé que 21.34 chevaux. Ainsi, une force de 9.66 chevaux, n'ayant rempli d'autre fonction que de créer des remous et des tourbillons, a été absorbée par les pertes de force vive.

Le troisième tableau permet d'établir une comparaison entre les divers résultats fournis par le ventilateur, agissant directement sur la mine, selon qu'il est : sans enveloppe, enveloppé, avec enveloppe et cheminée ou enfin avec enveloppe, cheminée et vanne réglée. Mais, vu l'impossibilité de reproduire les mêmes vitesses, dans les divers états et, par conséquent, de fournir des termes à une comparaison directe, il est nécessaire de recourir aux représentations graphiques ou, à défaut de celles-ci, au rapprochement de vitesses extrêmes, afin de dresser le 4e tableau dont on peut tirer les conséquences suivantes :

L'enveloppe est nuisible au-dessous d'une certaine vitesse (52 tours pour l'appareil dont il s'agit, ainsi que cela résulte du tracé des courbes) et devient d'autant plus avantageuse que la vitesse est plus considérable, jusqu'à une certaine limite, environ 75 tours, après laquelle l'avantage paraît rester constant.

L'action de la cheminée se fait sentir à toutes les vitesses, mais ses effets sont d'autant plus prononcés que la vitesse est plus grande.

La vanne, convenablement réglée, accroît aussi l'effet utile de l'appareil. Les expériences n°s 43 et 44, qui ont eu lieu à la même vitesse (68 tours) prouvent qu'elle élève l'effet utile dans le rapport de 1.064 à 1, puisqu'elle a réduit le travail dépensé, pour un même résultat obtenu, de 21.38 à 20.10 chevaux.

La conclusion générale qui découle de tous ces faits, c'est que le ventilateur aspirant est une très-mauvaise machine ; que l'enveloppe mal disposée, peut être plus nuisible qu'utile ; que la cheminée évasée a incontestablement la plus grande part dans l'amélioration obtenue par les nouvelles dispositions, et que la vanne régulatrice, qui complète le système, en permettant d'accomoder l'appareil au régime de la mine sur laquelle il est établi, fournit le moyen d'en obtenir, en toute circonstance, le maximum d'effet utile.

Comme on l'a vu plus haut, la mesure de la levée de la vanne pour engendrer la plus grande dépression dépend d'une opération de tâtonnement, qui consiste à fermer à peu près l'orifice puis à l'ouvrir successivement jusqu'à ce qu'on arrive au maximum de dépression. Ce terme atteint, la dépression reste à peu près fixe, mais l'effet utile diminue à mesure qu'on ouvre la vanne. L'ouverture la plus favorable trouvée pour l'appareil de Crachet a été de 0.64 m.

L'influence de la cheminée a été rendue plus sensible encore par le vide qui se produit à sa base et qu'on mis en évidence des manomètres placés à trois hauteurs différentes dans la paroi opposée à la vanne.

PÉNÉTRATION DU TUBE MANOMÉTRIQUE DANS LA CHEMINÉE.	à 0.70 mètres DU SOL. DÉPRESSION.	à 1.00 mètres DU SOL. DÉPRESSION.	A 1.50 mètres DU SOL. DÉPRESSION.
0.10	25 mm.	17 mm.	14 mm.
0.20	33	25	16
0.30	36	29	18
0.40	39	31	21
0.50	40	31	21
0.60	"	"	18
MOYENNES.	34.6	26.6	18

Ces six observations ont eu lieu pendant que le ventilateur marchait à raison de 72 révolutions par minute et que la dépression était mesurée à l'ouïe par une colonne d'eau de 58 mm. M. Guibal s'exprime, à sujet, comme suit:

« Les circonstances dans lesquelles a lieu l'écoulement de l'air dans la cheminée autorisent à prendre, pour dépression effective, la dépression moyenne, qui a été, en face de l'arête de la vanne, de 34.6 mm.; à 0.30 m. plus haut, de 26.6 mm. et à 0.50 m. plus haut encore, de 18 mm.

» La décroissance rapide du vide moyen dans la cheminée, à mesure que la section augmente, est la confirmation du principe qui a dicté l'adoption de cet important appendice, et la valeur maximum de ce vide, qui, dans l'expérience, est de 34.6 mm. prouve combien cet appareil est avantagé, puisque sans la cheminée, il aurait à vaincre une pression de 34.6 mm. plus grande pour faire pénétrer dans l'atmosphère l'air qu'il extrait de la mine. En d'autres termes, il est évident que si la cheminée n'existait pas, la dépression dans l'ouïe serait réduite de 58 à 23.6 mm., abstraction faite des résistances de l'air dans le ventilateur. »

Des expériences accessoires ont été faites par d'autres ingénieurs sur le même appareil, afin de rechercher le maximum de volume d'air qu'il est possible d'obtenir. Dans ce but, ils ouvrirent le plus de communications possible, soit entre le puits d'appel et celui d'extraction, soit entre la surface et la chambre à air. La vanne avait été entièrement levée et l'on porta la vitesse de l'appareil à 87 tours. La dépression étant de 51 mm., le volume d'air débité fut de 82.9 m. c.! L'air de la mine avait une vitesse de 7.60 m. et celui de la surface, de 42.67 m. Aussi les expérimentateurs avaient peine à se tenir debout dans le premier courant; quant au second, qui traversait la trappe de communication avec l'extérieur, il eut infailliblement renversé l'homme qui s'y serait exposé.

Expériences faites sur le ventilateur de M. Guibal, à la mine de Pelton, comté de Durham.

Cet appareil a un diamètre de 9 m. et une largeur de 3 m. Il est mû par une machine dont le cylindre a 0.60 m. de diamètre et son piston, une course de 0.60 m.

Les expériences que renferme le tableau suivant ont été faites sur la mine en marche normale, ce qui explique jusqu'à un certain point, certaines contradictions entre les volumes, les dépressions, le nombre des tours, etc.

A Pelton, comme à Crachet, les expérimentateurs ont cherché à mesurer la dépression dans la cheminée : à 48 tours, elle a été trouvée de 4.7 mm. contre la paroi de la cheminée et de 8.9 mm. contre la vanne ou, en moyenne, de 6.8 mm. lorsque la dépression à l'ouïe était de 39.4 mm. Ainsi sont de nouveau confirmés les résultats constatés à la mine de Crachet et Picquery.

Les deux dernières expériences du tableau démontrent encore une fois l'influence de la cheminée sur le courant ventilateur. Le courant, jaugé à la vitesse de 54 tours, avait donné un volume de 31.275 m. c., la dépression étant de 56.5 mm., lorsque, immédiatement après, la cheminée a été ouverte à sa base, en laissant pénétrer l'air extérieur par le passage réservé au service; le nombre de tours était le même qu'en premier lieu; et comme la pression n'avait pu varier entre les deux observations, le travail moteur était resté constant; cependant la dépression à l'ouïe est tombée de 56.5 à 46.4 mm. et le volume a été trouvé de 27.534 m. c. seulement, c'est-à dire qu'on a a perdu 6.55 sur 23.50 chevaux d'effet utile, ou 28 %, rien qu'en ouvrant la cheminée. Quelle perte n'y aurait-il donc pas à supprimer cet organe !

Mine de Pelton.

LEVER de la VANNE; en mètres	TOURS par minute.	DÉPRES-SION en m m. d'eau.	VOLUME D'AIR par se-condes; m. c.	TRAVAIL de L'AIR en che-vaux.	TRAVAIL de la VAPEUR sur le PISTON.	COEFFI-CIENT D'EFFET UTILE.	COEFFI-CIENT MOYEN.
1,10	64	68,6	45,489	41,60	71,30	58 °/₀	
	64	68,6	40,780	37,91	87,50	42	54
	49	41,9	32,227	18,03	28,71	68	
0,85	64	71,0	50,337	47,60	68,47	68	
	64	69,8	45,489	42,34	83,00	51	60,3
	49	41,9	37,227	13,03	28,71	62	
0,65	64	70,6	46,772	44.05	33,01	53	
	78	76,2	46,720	47,44	107,×3	44	56
	48.5	41,9	34,300	19,20	26,33	72	
0,85	54	56 5	31,275	23,56	„	„	„
	54	46,4	27,534	17,01	„	„	„

Ventilateur de M. Rittinger, conseiller divisionnaire en Autriche.

Le ventilateur à force centrifuge du système de M. Rittinger a été établi pour aérer les travaux du puits Arnold, de la houillère Heinrich-Gustav, près de Bochum, et les travaux de la houillère de Vollmund, à Langendreer.

Une roue en fer, de 4 m. de diamètre, est calée sur un arbre a, en fonte (Pl. XVI, fig. 7 et 8). Entre les deux jantes latérales, séparées par une distance de 0.40 m., sont fixées 62 ailes ou palettes courbes de 1.50 m. de hauteur, de façon qu'il reste, au centre de la roue, un espace libre, *b*, de 2.50 m. de diamètre. C'est dans cet espace que pénètre le courant d'air arrivant horizontalement à travers un espace conique.

Le ventilateur marche sous l'impulsion d'une machine de douze chevaux-vapeur avec interposition d'engrenages dans le rapport de 2 1/2 à 1. Le canal de sortie du courant a une section de 2.23 m. q.

L'anémomètre de Biram a servi à l'observation de la vitesse du courant d'air. Cette vitesse, pour l'aérage naturel, c'est-à-dire pendant le chômage de l'appareil, a été de 33.70 m. par minute, et pendant sa marche, de 182.90 m. Ainsi le volume d'air débité dans les deux cas a été respectivement 86.30 et 407.80 m. c., d'où une différence de 321.50 due exclusivement à l'action du ventilateur.

L'effet utile du moteur, la dépression manométrique, la température et l'état atmosphérique n'ont été l'objet d'aucune expérience.

Ventilateur centrifuge de M. Lambert, ingénieur des mines à Charleroi.

Une caisse cylindrique en tôle (Pl. XVI, fig. 9), de 6.50 m. de diamètre et de 1.40 m. de largeur est traversée, suivant son axe, d'un arbre qui lui communique un mouvement de rotation. Elle est percée, à son centre, d'une ouïe, d'un diamètre de 2.25 m., servant à l'introduction de l'air dans l'appareil. A l'intérieur, six ailes plânent de la circonférence à l'arbre, avec lequel chacune d'elles se rattache au moyen de deux bras. Sur l'enveloppe cylindrique et immédiatement avant chaque aile, se trouvent des ouvertures rectangulaires, *a*, de 1.30 m. suivant l'axe et de 0.25, suivant la circonférence, qui forment ainsi une section totale de sortie de l'air égale à 1.95 m. c.

L'air venant de la galerie entre par l'ouïe, s'engage entre les ailes, puis sort par les ouvertures de la circonférence. On a mis obstacle aux rentrées d'air en ajustant un cercle de fer autour de l'ouïe et en le faisant tourner dans un anneau en bois encastré à l'orifice de la galerie. Le cercle en fer et l'anneau sont tournés, l'un extérieurement et l'autre intérieurement. Le jeu laissé entre les deux organes est justement suffisant pour éviter les frottements ; c'est d'ailleurs, le seul joint qui puisse donner accès à l'air extérieur.

L'arbre du ventilateur est mû par un cylindre à vapeur sans détente. Le diamètre du moteur est de 0.42 m. et sa course de 0.46 m.

Cet appareil a été construit pour le service du puits n° 12 de la houillère de Marcinelle. Voici deux expériences dont il a été l'objet :

	1ʳᵉ EXP.	2ᵉ EXP.
Nombre de tours du ventilateur par minute.	120	112
Dépression moyenne	0.074	0.078
Volume d'air indiqué par l'anémomètre de M. Combes	22.82	16.55

Dans le premier essai, la pression de la vapeur n'a pu être obtenue d'une manière assez précise ; dans le second, elle a été, sur le piston, de 1.27 kilogr., moyenne de quatre diagrammes.

Décantation du gaz dans les houillères.

Le gaz hydrogène protocarboné qui s'échappe de la

houille, n'étant pas soumis entièrement à l'action de la diffusion, s'élève, en partie, au faîte des excavations et va se loger dans les remblais, derrière les bois et dans toutes les cavités où il peut se mettre à l'abri du courant ventilateur. M. Jobard a proposé (1) de siphoner ces réservoirs si dangereux, afin d'en extraire le gaz à mesure qu'il s'y présente, pour l'amener au jour dans un état de pureté qui permette de l'appliquer au chauffage et à l'éclairage.

Pour obtenir ce résultat, une pompe à air serait installée à la surface du sol et au sommet d'une conduite formée de tubes en zinc. Celle-ci, descendant le long d'un puits quelconque, se prolongerait dans les galeries de la mine et se ramifierait par des tubes de moindre section pour former des siphons qui aboutiraient dans toutes les poches où l'hydrogène carbonné peut s'amasser. Ce gaz, par sa tendance à s'élever, sollicité de plus par l'action de la pompe, se précipiterait dans les conduites et gagnerait le jour, où on le refoulerait sous la cloche d'un gazomètre. Là, il serait carburé par la benzine, ou par un autre hydrocarbure très-volatile, et projeté dans l'eau de la cloche, qui le renverrait sur les points où il pourrait servir à l'éclairage, même dans les travaux souterrains, lieux de son origine.

M. Jobard, jugeant utile de fermer les siphons lorsque, par suite de l'épuisement du gaz, l'air se présente à leur entrée, utilise la différence de densité des deux fluides pour faire fonctionner un obturateur. A l'extrémité du tube est fixé un appui sur lequel oscille un petit levier; celui-ci porte, à l'un de ses bras, un ballon en cuivre mince rempli de gaz et fermé hermétiquement; à l'autre bras, qui est fileté, un contrepoids mobile servant à équilibrer le ballon. La position du contre-poids est telle que le ballon s'élève

(1) Brevets d'inventions belges. Tome IV. page 513.

lorsqu'il plonge dans le gaz et entraîne l'obturateur avec lui, mais que l'obturateur s'abaisse et ferme l'orifice dès que le ballon est enveloppé d'air commun.

Les tuyaux, dispersés dans la mine, ne devront avoir qu'une faible section, car les gaz se dégagent lentement et les grands amas observés sont toujours le produit d'un temps plus ou moins long. Cependant il est à craindre que ce procédé, quoique fondé sur les lois les plus simples de la physique, ne soit d'une application fort difficile, à cause des nombreux tuyaux qu'il faudrait fixer au faîte si instable des galeries et qui seraient, par conséquent, sujets à de fréquentes ruptures, capables de provoquer le danger même qu'il s'agit d'éviter.

Un ingénieur anglais a eu la même idée que M. Jobard, mais il l'applique d'une manière différente (1). La pompe, aspirante et foulante serait installée sur une voiture destinée à parcourir les chemins de fer souterrains, afin de pouvoir se transporter sur tous les points où son action pourrait être utile. L'hydrogène protocarbonné serait aspiré à travers des tubes élastiques et flexibles qui mettraient l'appareil en communication avec les réservoirs d'accumulation, puis serait refoulé par d'autres tuyaux, également amovibles, jusqu'à un point central où ceux-ci se relieraient avec une colonne de tubes métalliques. Cette colonne parcourrait les galeries principales, s'élèverait dans l'un des puits de la mine et porterait le gaz à la surface, où il se perdrait dans l'atmosphère ou serait utilisé pour l'éclairage, suivant les circonstances. Il est évident que de pareilles opérations ne pourraient s'effectuer que pendant la nuit, sous peine de troubler le transport souterrain.

(1) *Mining journal.* No 1105, p. 725.

Ventilation par refoulement (1).

Ce système proposé par M. Hugues de Hattow-Garden, consiste à chasser de l'air comprimé dans la mine, à travers des tuyaux en fer malléable et à le conduire jusqu'aux dernières extrémités des travaux souterrains. Là, rendu à la liberté, il reviendrait, après s'être dilaté, à travers les galeries qu'il aurait déjà parcourues et le même puits par lequel il aurait opéré sa descente. Ce système, d'après son auteur, dispenserait l'exploitant de l'emploi des portes d'aérage et des voies de retour de l'air et de la nécessité de creuser un second puits, attendu qu'une série unique d'excavations peut servir à l'introduction de l'air comprimé et à son retour dans l'atmosphère.

Dans cette disposition, les tuyaux placés sur le sol des galeries seraient rarement exposés à des dislocations; cependant le cas pourrait se présenter, et la rupture d'un seul tube interromprait immédiatement la ventilation de toute la mine. Au moyen de certaines modifications, on rendrait peut-être ce procédé applicable aux mines exemptes de grisou; car pour celles qui sont infestées de ce gaz, son emploi serait des plus dangereux, parce que le courant ventilateur, après avoir balayé les ateliers d'arrachement, reviendrait sur ses pas, en passant sur toutes les lumières que renferme la série des excavations, et serait constamment exposé à s'enflammer.

(1) *Mining journal*, 1861. Vol. XXXI, no 1371.

VIᵉ SECTION.

CONDUITE ET DISTRIBUTION DE L'AIR DANS LES EXCAVATIONS SOUTERRAINES.

Cloisons d'aérage.

Le défaut de ventilation force souvent le mineur à interrompre le percement des galeries à travers bancs et, plus souvent encore, celui des excavations destinées à faire communiquer deux galeries voisines, opération fréquente dans certains systèmes d'exploitation d'Allemagne et d'Angleterre. Dans ces circonstances, il a recours à l'emploi des coffres d'aérage ou à la division de l'excavation en deux compartiments par des cloisons qui consistent tantôt en briques, placées en demi-longueur avec intercallation de bois de renfort, d'un prix assez élevé à cause du transport des matériaux; tantôt en planches, moins coûteuses, dont l'installation s'exécute avec assez de rapidité.

Dans ces derniers temps, les mineurs du district de Saarbrücken ont remplacé ces diverses constructions par de la toile grossière, clouée sur une série de cadres formés de semelles, de montants et de chapeaux. Pour rendre les mailles du tissu impénétrables à l'air et les protéger contre les chances d'inflammation, on recouvre les deux faces de la toile d'une couche de verre soluble (silicate de soude). Les interstices compris entre les chapeaux et le faîte de la galerie sont bouchés par un torchis d'argile et de paille hachée. Ces constructions, — d'un prix plus élevé que les parois en briques ou en planches — peuvent, en cas d'urgence, être exécutées sur une longueur considérable, dans un court espace de temps, avantage que savent apprécier les mineurs (1).

Un procédé analogue est actuellement en usage dans les mines du Yorkshire et notamment à la mine Victoria, près de Wakefield. Sur une rangée d'étais, disposés parallèlement à l'axe de la galerie et distants de 0.60 à 0.90 m., est clouée de la toile à voile ou toile grossière goudronnée. Ces parois mobiles sont rapidement établies ou, lorsqu'elles deviennent inutiles, enlevées ; mais sujettes à se détériorer, comme les précédentes, et difficiles à appliquer aux galeries inclinées.

Remplacement des coffres en bois par des tubes de diverses substances.

Les tubes en tôle zinguée ou galvanisée tendent à se substituer, dans les mines belges et allemandes, aux coffres en bois, pour la conduite de l'air à de grandes distances, dans le percement des galeries à travers bancs et le fonçage des puits. Les tuyaux dont on s'est servi dans ce but, à la mine de l'Espérance, à Seraing, proviennent d'une fabrique établie dans le Couchant de Mons. Leur diamètre est de 0.25 m. ; la tôle dont ils sont formés a 2 mm. d'épaisseur. Ils pèsent 11.45 kil. par mètre courant et coûtent 0.80 fr. le kilogramme.

Ces tuyaux, capables de conduire l'air à des distances de 200 mètres, ont une durée infinie relativement aux

(1) *Zeitschrift.* Band IX, p. 189.

coffres en planches. En outre, ils sont faciles à déplacer et inattaquables par les acides.

On voyait, à l'Exposition de Londres de 1862, des tuyaux d'aérage en toile à voiles, sans coutures et de diamètres quelconques. Cette enveloppe, épaisse et très-solide, rendue imperméable par un enduit de goudron de bois ou d'un vernis à la gutta-percha, est maintenue par une spirale en fil métallique.

Dans les essais de M. Ellis Lever, de Manchester, ces tuyaux offraient une rigidité telle, qu'ils conservaient leur forme même lorsqu'ils n'étaient pas soutenus dans toute leur longueur. Ils ont contribué au sauvetage des ouvriers, lors de l'épouvantable explosion survenue à la mine de Hartley.

Depuis plusieurs années, les mineurs silésiens se servent de ces appareils, que l'on peut établir et mettre en fonction avec une extrême rapidité; aussi les regardent-ils comme principalement applicables aux excavations privées d'air qui, pour être habitées, réclament l'introduction immédiate d'un courant d'air frais, ainsi que cela se présente assez fréquemment en Silésie, dans les galeries aboutissant aux foyers des incendies souterrains.

Les Anglais commencent aussi à mettre en usage des tuyaux de papier bituminé ou asphaltique, aussi remarquables par leur résistance et leur extrême légèreté, que par le grand diamètre qu'on leur peut donner. Leur transport facile a engagé plusieurs exploitants des mines de l'Amérique du Sud à en importer un grand nombre qui, après avoir franchi l'Océan, ont été transportés à dos de mulet, à plusieurs centaines de milles, par les montagnes. Ces tuyaux, appliqués d'ailleurs aux conduites d'eau et de gaz, aux pompes des mines etc., seront l'objet d'une mention plus détaillée dans le chapitre relatif à l'épuisement.

Dispositions des conduites d'aérage.

Les tuyaux d'aérage peuvent être disposés de manière soit à amener l'air au front de la galerie dont il s'agit de poursuivre le creusement, soit à lui servir de retour jusqu'à une galerie d'appel. Dans le premier cas, on les appelle *soufflants*, dans le second, *aspirants*. Le choix de ces dispositions n'est pas indifférent. Il se trouve discuté dans un mémoire que M. Émile Harzé, ingénieur au Corps des mines de Belgique, se propose de publier sur *l'aérage des travaux préparatoires* (1).

La question de l'aérage des travaux préparatoires, en roche ou en veine, pour n'avoir pas encore été traitée jusqu'ici, n'en est pas moins importante et, ainsi que le prouve l'auteur du mémoire, l'exécution de ces travaux a donné lieu à la majorité des coups de grisou qui n'ont jeté que trop souvent le deuil au sein des populations charbonnières.

Or, qu'il s'agisse de galeries à travers bancs, d'enfoncement de puits sous stot, ou d'une communication à faire en veine par *chassage*, par *vallée* ou par *montage*, M. Harzé donne la préférence à l'emploi des tuyaux soufflants. Ce n'est que quand l'autre disposition amènerait une beaucoup plus grande facilité d'installation, comme, par exemple, dans le cas de l'approfondissement direct d'un puits, que le mineur y aura recours.

Les avantages des tuyaux soufflants sont les suivants: 1° débit d'air plus considérable au front d'avancement à ventiler; 2° pureté plus grande de cet air en ce point;

(1) Ce mémoire a été, en effet, publié peu après que ces lignes ont été écrites. Il a été couronné par l'Association des ingénieurs sortis de l'École des mines de Liége.   *(Note de l'éditeur.)*

3° diffusion plus complète des gaz inflammables par l'action mécanique de l'air.

Le premier avantage se conçoit aisément. En effet, lorsque les tuyaux sont soufflants, ils n'amènent au front d'attaque que de l'air pur. Lorsqu'ils sont aspirants, au contraire, le volume débité comprend nécessairement les divers gaz que le courant a rencontrés sur sa route et le retour doit s'opérer par les tuyaux, dont la section est naturellement plus faible que celle de la galerie. Or, — faisant même abstraction de la densité, de la contraction de la veine fluide, des pertes d'air, de l'influence des coudes, — la vitesse d'écoulement et partant le volume doit être le même dans les deux cas, donc le débit en air pur est forcément diminué dans le second.

En second lieu, quel que soit le soin apporté au *suifage* des joints, les fuites d'air auxquelles donnent lieu les tuyaux soufflants sont moins considérables que les rentrées qui se manifestent par l'emploi des tuyaux aspirants. Car l'air, qui circule avec une faible vitesse à l'extérieur de ceux-ci, échappe à l'aspiration par les joints bien moins facilement que si cet air est soufflé de l'intérieur.

En outre, il est à remarquer que la contraction de la veine fluide, à son entrée dans les tuyaux, doit avoir une influence bien plus sensible lorsqu'ils sont aspirants, puisque l'air en y pénétrant, au front d'attaque, éprouve alors un mouvement brusque de rebroussement.

Enfin, il faut noter que c'est presque toujours avec les tuyaux aspirants que la conduite doit être coudée pour déboucher dans la galerie d'appel.

L'emploi des tuyaux aspirants est donc marqué par une réduction du volume d'air débité, réduction qui ne peut être formulée par une loi et qui dépend encore de diverses circonstances, notamment de la dépression manométrique.

Nous nous contenterons de dire que dans une série d'expériences, dont M. Harzé relate les circonstances spéciales, et qui avaient pour théâtre une galerie à travers bancs en voie de creusement, la substitution des tuyaux aspirants aux tuyaux soufflants avait diminué d'un tiers le débit.

Le second avantage résulte incidemment d'une observation déjà faite plus haut, à savoir que si les tuyaux sont aspirants, l'air n'arrive au chantier d'arrachement que chargé du grisou qui s'est dégagé des parois précédemment mises à nu, tandis que si les tuyaux sont soufflants, le mélange des gaz inflammables et autres avec l'air pur amené directement de la surface n'a lieu que dans la galerie de retour.

Après la valéur du débit et le degré de pureté de l'air, les tuyaux soufflants présentent encore ce troisième et important avantage de produire mécaniquement, par l'insufflation de l'air, la diffusion du grisou, bien au-delà du point où ils débouchent vers le front d'avancement.

Afin de fixer les idées, considérons ici le creusement d'un travers-bancs.

La chûte des roches par le tir à la poudre — ou l'établissement d'un appareil perforateur — empêcheront le mineur de disposer les tuyaux contre le front de la galerie, et l'orifice de ces conduites restera en arrière, d'une distance qui, à moins de sujétions très-grandes, sera rarement inférieure à une dizaine de mètres. Or quand les tuyaux sont aspirants, l'air circule avec une faible vitesse dans la galerie et parvenu vers l'extrémité de celle-ci, il entre brusquement dans la conduite d'appel sans passer par le front d'attaque, qui constitue ainsi un cul-de-sac mal aéré, d'où le grisou est difficile à déloger, surtout si les tuyaux d'aérage ne partent pas tout-à-fait du ciel de l'excavation.

Si, au contraire, on emploie les tuyaux soufflants, l'air est lancé avec vitesse vers l'extrémité de la galerie et, en raison de sa force vive, va s'épanouir sur le front d'avancement où se trouvent les fourneaux de mine et où il balaye le grisou qui tendrait à s'accumuler en ce point. La diffusion du gaz est de cette façon favorisée par l'agitation et les remous de l'air et l'on obtient l'inanité du mélange si le débit des tuyaux est suffisant.

Il faut cependant reconnaître que, par l'emploi de tuyaux soufflants, le transport se fera dans le retour d'un air qui pourra être plus ou moins chargé de grisou. Mais cet inconvénient est moins sérieux qu'il le paraît au premier abord : dans une galerie en creusement, c'est le point où se pratique le tir à la poudre qu'il importe surtout d'aérer convenablement ; et, à moins de circonstances exceptionnelles, si l'état de la ventilation permet d'y faire jouer des mines, *a fortiori* le transport pourra s'effectuer en toute sécurité dans la galerie.

Dans le cas où l'on devrait interrompre le travail à la poudre et se servir de la pointe, à cause d'un trop grand dégagement de gaz inflammable, il y aurait toujours lieu de conserver la disposition par tuyaux soufflants, afin de ne pas restreindre la puissance de la ventilation. Il conviendra alors de faire exercer une surveillance toute spéciale sur le travail.

M. Harzé insiste surtout et avec raison sur l'insuffisance de la disposition par tuyaux aspirants dans l'éventualité d'un de ces *dégagements instantanés* de grisou « dont les exemples commencent à se multiplier d'une manière si alarmante. » A ce propos, il signale ce principe que la ventilation, dans les chantiers où ces dégagements sont possibles, doit être réglée à l'arrivée de l'air et non à sa sortie. Aussi condamne-t-il, comme fort dangereux, l'emploi des portes régulatrices d'aérage dans les retours.

Moteurs de la circulation de l'air dans les galeries sans issue.

Une machine soufflante à double effet, composée d'un piston travaillant dans un cylindre en feuilles de zinc, a été établie pour balayer une galerie ascendante de la mine de Reden, près de Saarbrücken. Cette galerie, de 58.50 m. de hauteur, était infestée de grisou dans les 42 derniers mètres de son étendue. L'appareil fontionnait sous l'impulsion de deux ouvriers, qui agissaient directement sur le piston par l'intermédiaire d'un balancier suspendu à une potence. Il a suffi de 16 minutes pour assainir entièrement la galerie. La forte pression du courant que produisent ces soufflets, engendre une action inégale, mais plus vive et plus sûre que celle des ventilateurs centrifuges ordinaires.

M. Guibal a aussi approprié son système de ventilateur pour l'appliquer aux cas de sauvetage et aux travaux exceptionnels exécutés en dehors du courant général qui doit les assainir. Cet appareil, actuellement entré dans la pratique, où il rend de grands services, est muni de quatre palettes de 0.20 m. de largeur (Pl. XVII, fig. 1 et 2). Son diamètre extérieur est de 0.61 m. Son axe repose sur deux tourillons et reçoit le mouvement d'une manivelle par l'intermédiaire d'engrenages destinés à multiplier la vitesse dans le rapport de 1 à 20. Les organes de la transmission de mouvement sont suspendus à une espèce d'étrier en fer; celui-ci, libre de tourner autour de l'axe du ventilateur, permet de placer la manivelle à une hauteur plus ou moins grande au-dessus du sol, afin de se conformer à l'espace dont on dispose et pour qu'un homme, quelle que soit sa taille, puisse faire fonctionner l'appareil d'une manière continue.

L'enveloppe est en zinc, excentrée sur une demi-circonférence ; elle a un diamètre de 0.62 m., pour la moitié de la partie excentrique aux palettes ; elle est comprise entre deux plaques en bois maintenues par des entretoises et se termine par une sorte de poche sur laquelle est placée la tubulure qui donne issue à l'air et où s'adaptent des buses pourvues d'ajutages coniques. Une vanne intérieure fait varier l'orifice d'écoulement de l'air qui se rend dans la poche. Cette vanne laisse, entre elle et l'enveloppe, des passages de 28, de 50 ou de 70 mm. selon qu'elle est entièrement fermée, à moitié fermée ou entièrement ouverte. Enfin, au-dessous de la poche, est une tubulure destinée à recevoir un tuyau en caoutchouc, communiquant avec un manomètre. Au moyen d'un petit axe ajusté au bas du ventilateur, on manœuvre l'appareil à volonté.

Le tableau suivant renferme les résultats d'une série d'expériences faites, le 17 mars 1862, sur un petit ventilateur de cette espèce construit dans les ateliers des Produits.

NUMÉROS D'ORDRE.	NOMBRE DE TOURS PAR MINUTE.		DÉPRESSIONS en mm.	DIAMÈTRE de L'AJUTAGE.	DÉPRESSION THÉORIQUE en mm.	RAPPORT des DÉPRESSIONS.
	de la MANIVELLE.	du VENTILATEUR.				
1	24	480	20	73	15.51	1.25
2	36	720	40	73	34.90	1.146
3	44	880	65	73	52.14	1.246
4	48	960	80	73	58.00	1.38
5	38	760	50	39	39.44	1.29
6	40	800	58	73	43.10	1.16
7	42	840	58	73	47.50	1.22
8	42	810	60	73	47.50	1.37
9	76	1520	150	39	155.60	0.96
10	33	660	40	73	29.30	1.36

Dans les expériences des n⁰ˢ 1 à 7, la vanne était fermée ;
pour le n° 8, à demi ouverte ; pour le n° 9, entièrement
ouverte. Dans tous les calculs, on a supposé l'air à l'état
sec, sous une pression atmosphérique de 0.77, c'est-à-
dire, pesant 1.29 kilogr. le m. c.

Application des forages à la ventilation des galeries.

La préparation des champs d'exploitation se fait dans
certains systèmes allemands (1) au moyen de galeries de
direction ; d'où résulte une série de piliers longs qui
doivent être recoupés chaque fois que l'air fait défaut dans
les excavations en percement. Malgré la faible section de
ces traverses, la dépense de leur percement est assez
notable pour que la direction de la mine de Sulzbach-
Altenwald, près de Saarbrücken, ait cru devoir s'y soustraire, en les remplaçant par des trous de sonde à grande
section (0.40 m. de diamètre). L'expérience ayant fait
connaître la bonté de ce procédé, il n'a pas tardé de se
répandre dans les mines domaniales de Saarbrücken et
dans quelques exploitations des districts westphaliens.

Les trépans rubanés *(Schneckenbohrer)*, dont les mineurs
se servent dans ce cas, sont de deux calibres différents ;
les premiers, de 0.24 à 0.25 m. au tranchant, ébauchent le
trou, que les seconds achèvent en lui donnant un diamètre
de 0.40 m.

Ces instruments sont façonnés dans des plaques d'acier
de 19 mm. d'épaisseur. Le trépan se termine par une pointe
saillante au milieu de la lame et se réunissent par une

(1) *Traité de l'Exploitation des mines de houille.* T. II, §§ 457 et 466.

simple rivure. La tige se compose de tronçons, de 0.95 à
3.15 m. de longueur, en fer de 38 mm. d'équarrissage,
qui s'assemblent à manchons et à clavettes.

L'attirail reçoit le mouvement de rotation par un levier
à rochet. Cet instrument, bien connu des serruriers et des
constructeurs de machines, est fort commode pour faire
manœuvrer la sonde dans les galeries de mine, parce que
son bras de levier n'est jamais appelé à parcourir qu'un arc
de la circonférence qu'il peut décrire. Enfin, une vis de
1.25 m. de longueur, reliée à la tige au moyen d'une clavette, s'engage dans un écrou et supporte tout l'attirail de
forage.

Le mineur commence par installer l'étai sur lequel sont
fixés l'écrou et la vis. Il le cale après avoir donné à la vis
la direction convenable. Le trépan, accompagné du levier
à rochet et d'un bout de tige lorsque les circonstances le
réclament, est appliqué au point d'attaque, contre lequel
il est serré par la vis; puis on introduit la clavette dans
les trous qui lui sont destinés.

Le levier à rochet agit par une succession de mouvements en avant et en arrière. L'ouvrier le pousse en avant,
le ressort glisse sur les dents recourbées, alors le levier
tourne librement autour de la tige; il le retire à lui, le ressort s'implante entre deux dents successives et imprime aux
tiges un mouvement de rotation, auquel participe la vis,
qui continue à pousser le trépan contre le point d'entaillement.

Six à huit excursions du levier suffisent pour faire parcourir au trépan une circonférence entière; alors, pour des
pas de vis de 5 mm. de hauteur, l'avancement produit est
aussi de 5 mm. Enfin, lorsque l'avancement du foret est
égal à la longueur de la vis, celle-ci, tournée en arrière,
cède la place à un bout de la tige et le travail recommence.

A la mine de Sulzbach-Altenwald, pour le percement d'un trou ascendant, la manœuvre d'un trépan de 0.23 m. de diamètre exigeait deux hommes, non pour forer, mais pour installer et retirer l'appareil, dont le poids était considérable. L'effet utile de ces deux ouvriers consistait en un avancement de 3.65 m. par journée de huit heures, dans des piliers de 10.45 m. d'épaisseur. Le prix du mètre courant était à peine de fr. 1.34. Mais l'effet utile était presque doublé et s'élevait à 6.27 m. par la suppression de la vis, c'est-à-dire, lorsque le mineur tournait la sonde directement à la main. L'avancement, pour une circonférence, était de 8 à 9 mm. et pouvait même atteindre 13 mm.; mais le travail était alors trop fatigant.

Dans les trous inclinés de 40 degrés, le nettoyage s'effectue spontanément et l'on peut exécuter sans interruption un forage de 10 à 11 m.; mais dans les trous horizontaux, la nécessité de retirer la sonde pour pourvoir au dégagement des déblais ralentit la marche du travail.

Des forages ventilateurs ont été exécutés, dans le cours de l'année 1860, à la mine Argus, près de Kirchhörde, district de Bochum. Les trous, d'un diamètre de 0.17 m., ont été percés dans un lit de houille, stratifié au mur d'une couche de fer carbonaté lithoïde, dont l'inclinaison est de 80°. Des trous de sonde, de 0.08 m. de diamètre, traversaient le pilier dans toute sa hauteur, puis étaient ensuite élargis au diamètre voulu. La rotation était communiquée à l'attirail, non plus par un levier à encliquetage, mais par une combinaison de roues et une manivelle (1).

Le dernier procédé mis en usage est celui des mèches à crochets *(Hackenmeissels)*.

---

(1) *Berggeist*, 1858, n° 44. *Preuss. Zeitschrift*, *Bd. VI*, s. 94. *Idem*, *Bd. VIII*, s. 200.

Ces mèches, dont un spécimen est représenté par la fig. 9 de la Pl. XVII, ont servi, à la mine de Vereinigte Bickefeld, près de Hœrde, à percer des trous d'aérage de 0.15, 0.20 et 0.30 m. de diamètre.

L'appareil se compose d'un cric ordinaire, *a*, muni de deux pieds, *b*, qui permettent de le disposer suivant la pente du gîte. Il est maintenu par un étai ou moise, *c*. Une pièce en fourchette, *d*, taraudée en dedans, est accompagnée d'une roue, *e*, que les ouvriers font tourner. Cette fourchette est traversée par une tige filetée, liée avec les tiges du trépan, ou mèche à crochet, *f*. Un cylindre en tôle, *g*, fermé par le bas et dont les arêtes antérieures sont tranchantes, est calé à l'extrémité de la dernière tige. Il sert, non-seulement à maintenir le forage dans sa direction, mais encore à réunir les déblais lorsque la couche a une faible inclinaison. Le mouvement de rotation imprimé à la roue *e* par deux ouvriers, se transmet au trépan, d'ailleurs fortement serré contre le fond du trou.

Deux hommes occupés à percer des piliers de 8.36 à 16.72 m. de hauteur, dont la houille est de solidité ordinaire, avancent, en moyenne, de 3.15 m. en huit heures, y compris les travaux accessoires, tels que l'installation de l'appareil, etc.

Dans les piliers des couches fort inclinées, où le trou ne doit pas être nettoyé, le cylindre est supprimé. Les petits piliers sont favorables au percement; l'effet utile y est double.

Portes obturantes autoclaves.

Les ingénieurs anglais, pour obtenir la fermeture constante des portes d'aérage, installent auprès de chacune d'elles, un jeune garçon de dix à quatorze ans ou un vieux mineur hors d'état de travailler. Les fonctions de ces manœuvres, désignés sous le nom de *trappers*, consistent simplement à ouvrir puis à fermer les portes chaque fois que passe une voiture, opération qui souvent se renouvelle cinq ou six cents fois par jour. Ainsi, dans les mines sujettes au grisou, la sûreté de tous les ouvriers dépend de la vigilance d'un enfant ou d'un vieillard impotent, placés pendant de longues heures dans des conditions insupportables, c'est-à-dire, dévorés d'ennui et enveloppés des ténèbres où les exploitants les laissent ordinairement par raison d'économie. D'où, l'abandon de leur poste par les jeunes trappers, lorsque, pour rechercher quelque société, ils croient pouvoir s'absenter impunément, et d'autres négligences qui, trop souvent, ont causé de désastreuses explosions.

Les ingénieurs ont donc songé à confier ces fonctions à des appareils automatiques. Beaucoup de tentatives ont été faites, mais la plupart ont échoué, par suite de la difficulté qu'il y a de concilier la délicatesse des mécanismes avec l'imperméabilité des portes et avec une solidité qui leur permette de résister au choc de voitures pesantes et lancées avec une assez grande vitesse. D'ailleurs, les diverses pièces des appareils se détraquent facilement et les artisans attachés aux mines sont rarement assez habiles pour pouvoir les réparer.

Dans la première partie de cet ouvrage, il a été fait mention d'une porte se fermant spontanément (1). En voici une autre, due à M. John Gemmel, directeur de la mine de Galston, dans l'Airshire (Écosse) (2); soumise à une longue

(1) Tome III, § 540.
(2) *Mechanic's magazine*, 1861.

pratique, elle a répondu à toutes les exigences; elle est en usage dans tous les travaux des mines de houille de M. Horn de Galston.

Cette porte (Pl. XVII, fig. 5 et 6) placée dans une chambre ou châssis solide, est suspendue suivant une ligne hors plomb, dont la partie supérieure incline vers l'axe de la galerie, en sorte que le ventail, quand il est livré à lui-même, retombe sur la battue en vertu de son propre poids; le courant d'air vient encore en aide à ce mouvement.

La porte s'ouvre, pour les wagons pleins, c'est-à-dire, du côté des ateliers d'arrachement, par suite du mécanisme suivant:

Sur l'une des parois de l'excavation se trouvent des moises, a, a', qui, attachées à deux étais du revêtement, b, b', supportent un axe vertical, c, autour duquel tourne un fort levier coudé, de, d'une forme particulière. L'un des bras, d, du levier, se relie avec le ventail, l, par un bout de chaîne, f; l'autre bras, e, s'avance dans la galerie et se prolonge par derrière, où il tient à une seconde chaîne, g, qui, après s'être infléchie sur une poulie, se termine par un contrepoids, h; ce dernier bras, qui peut tourner librement sur l'axe vertical, soulève le contrepoids en marchant de gauche à droite; mais n'a, dans ce cas, aucune action sur la porte; lorsqu'il s'avance de droite à gauche, au contraire, il rencontre un taquet, k, fixé sur le quart de cercle qui fait partie du bras d; il agit alors comme si l'ensemble était d'une seule pièce, en faisant mouvoir d qui entraîne avec lui le ventail.

Les voitures chargées venant des chantiers, c'est-à-dire allant de droite à gauche, heurtent l'extrémité saillante du bras du levier et ouvrent la porte. Quant aux voitures vides venant du puits d'extraction, elles heurtent un tampon élastique, *m*, qui est fixé sur la face opposée du ventail et qui en prévient la détérioration; elles passent, le levier, repoussé contre la paroi, soulève le contrepoids, puis est ramené par lui dans la galerie.

Ce mécanisme, fort simple, ne comporte pas de pièces délicates et peut être exécuté par le premier forgeron venu; il est peu sujet aux dérangements et se monte ou se démonte facilement, aussi son emploi se répand-il de plus en plus.

Portes automotrices du Lancashire.

M. Heaton a imaginé d'annexer aux portes d'aérage un appareil qui les ouvre aux approches d'une voiture, de quelque côté qu'elle vienne, et leur permet de se refermer spontanément dès que cette voiture est passée. (Pl. XVII, fig. 7.) Ces portes sont formées de deux ventaux, qui peuvent se retirer dans des cavités assez profondes pratiquées dans les parois latérales des galeries, et sont suspendues par des poulies à un rail transversal fixé au faîte de l'excavation. Ce rail, courbé, forme deux plans inclinés dont les bases se réunissent au milieu de la voie; en sorte que les ventaux, étant écartés l'un de l'autre, éprouvent une tendance constante à se rapprocher en roulant l'un vers l'autre. On peut obtenir le même effet au moyen de poulies avec chaînes et contrepoids.

Le mécanisme d'ouverture est fort simple : de chaque côté de la porte, deux leviers horizontaux, de 4 à 5 mètres de longueur, sont installés de manière qu'une de leurs extrémités tourne sur un pivot, tandis que les deux autres extrémités se recourbent en s'amincissant; puis les pointes se réunissent deux à deux, et traversent simultanément des ouvertures ménagées dans la porte à une hauteur de 0.80 à 1.00 m. au-dessus du sol. Ces ouvertures sont pourvues de galets de friction, destinés à faciliter la pénétration et le glissement des leviers dans les ventaux. Les deux leviers placés de chaque côté de la porte d'aérage, liés à une même paroi de la galerie et opposés l'un à l'autre, pénètrent dans le même ventail.

Dès qu'un homme, un cheval, une voiture, circulant sur la voie, s'approche de la porte, il opère une pression sur les deux leviers et les écarte l'un de l'autre. Ce déplacement latéral, accompagné de la retraite des ventaux dans leurs cavités respectives, produit une ouverture à travers laquelle passe le mobile. La porte, rendue à la liberté par la cessation de la pression latérale, se ferme spontanément, les ventaux étant sollicités par la double inclinaison du rail ou par les contrepoids.

Le bon usage de ces portes, établies pour la première fois dans dans le canal du duc de Bridgewater, a engagé les exploitants des mines de Waltew-House-Colliery, près de Wigan, et de St-Helens, près de Darlington, à s'en servir dans les galeries de transport par chevaux.

Portes de sauvetage autoclaves.

Les portes flottantes de M. Buddle *(Swing-doors)* sont destinées à intercepter le passage de l'air immédiatement après une explosion de grisou et à remplacer celles que le courant dévastateur a renversées. Elles sont en usage dans les districts du Nord de l'Angleterre (1); on les place aux points où la ventilation ne peut être interrompue, même momentanément.

(1) Traité de l'Exploitation des mines de houille, Tome II, § 369.

On voyait, en 1855, dans le compartiment anglais de l'Exposition de Paris, le modèle en petit d'une porte de sauvetage due à M. Mackworth, de Clifton, et qui, par son efficacité, semble mériter la préférence sur celle de M. Buddle (Pl. XVII, fig. 3 et 4). Cet appareil, qu'on installe en arrière des portes de distribution de l'air, se compose de deux ventaux, suspendus à un chambranle ; ils peuvent s'ouvrir dans les deux sens opposés, c'est-à-dire en avant et en arrière. Cette propriété leur est donnée par des pentures à trois platines, a, b et c, que des ressorts à boudins placés dans des boîtes en fer sollicitent constamment à se rapprocher. Cette action s'effectue par l'intermédiaire d'une chaîne, semblable à celle des montres, ou chaînette à maillons plats, qui, fixée à la platine du ventail, traverse les deux autres pour se rattacher au ressort.

Dans ces circonstances, la tension des ressorts maintiendrait la porte constamment fermée, si une planche, disposée de façon à pouvoir tourner sur un axe horizontal et faisant fonction de moise d'écartement, n'était intercalée entre les deux ventaux et ne les maintenait appliqués contre les parois de l'excavation. Une explosion vient-elle à se produire, l'agitation de l'air frais fait osciller la planche ou la projette dans l'espace ; alors les vantaux, sollicités par les quatre ressorts, se ferment spontanément.

Ces appareils doivent être fréquemment visités ; il faut les réparer dès que survient la moindre détérioration ; car la rupture d'une chaînette ou l'affaiblissement des ressorts les empêcherait immanquablement de fonctionner.

Rendre deux portes obturantes solidaires.

Pour forcer un courant d'air à se maintenir dans la direction qui lui est assignée, il suffit de lui interdire l'entrée

de certaines excavations, ce qui s'obtient par l'emploi de
doubles portes obturantes, c'est-à-dire en installant deux
de ces appareils à la suite l'un de l'autre, à une distance
qui permette d'y renfermer un convoi tout entier, en sorte
que jamais une porte ne puisse s'ouvrir sans que l'autre
ne se ferme.

C'est afin de déterminer cet éclusage spontané, qu'un
ingénieur anglais a imaginé récemment de lier les deux
portes au moyen d'une corde ou d'une combinaison de
leviers et de tringles, ces derniers devant avoir la préférence quand c'est possible.

La même figure (8, Pl. XVII) renferme simultanément
les deux systèmes d'attache.

Sur le sol de la galerie est construite une voie ferrée, *a*.
La direction du courant est indiquée par une flèche. Les
deux portes, *c*, *c*, séparées par un espace suffisant aux
besoins du transport, tournent autour de leurs gonds et
leurs tranches verticales sont en contact, sur toute la
hauteur, avec le placage d'une maçonnerie cintrée, élevée
sur l'une des parois de l'excavation.

Deux mécanismes, composés chacun de deux leviers et
d'une tringle d'attache, opposés l'un au sol, l'autre au faîte
de la galerie, c'est-à-dire attachés aux parties supérieures
et inférieures des portes, relient celles-ci et leur donnent
un mouvement simultané dans le sens voulu. De plus, un
contrepoids, capable de faire équilibre à la pression de
l'air, sert à faciliter l'ouverture du passage.

Les leviers sont quelquefois remplacés par une corde,
une chaîne ou une courroie, telles que, *d*, *d*, qui passe
sur des poulies fixées au faîte de la galerie et est installée
en dedans ou en dehors des portes, suivant la direction
que prennent celles-ci pour s'ouvrir.

Il est facile de voir, à la seule inspection de la figure,

qu'une porte ne peut s'ouvrir sans que l'autre ne se ferme simultanément.

Dans le cas d'une double voie, les portes ne sont plus suspendues à des gonds, mais tournent sur des pivots fixés au milieu de l'entre-voie des deux lignes ferrées et à égale distance des deux maçonneries cintrées qui doivent être construites à double, c'est-à-dire sur les deux parois de la galerie.

VIIe SECTION.

ÉCLAIRAGE DES MINES DE HOUILLE.

Nouvelles substances appliquées aux tissus des lampes de sûreté.

La lampe Mueseler, quoique présentant une sûreté relativement parfaite, n'est en usage que dans une partie des mines belges (1). Cette fâcheuse circonstance est attribuée au prix plus élevé et à la plus grande pesanteur de cet appareil comparé à la lampe de Davy, à la dépense résultant du bris assez fréquent de l'enveloppe en cristal, effet d'une dilatation inégale des deux faces intérieure et extérieure. Enfin, les mineurs du Hainaut reprochent plus spécialement à la lampe Mueseler sa tendance à s'éteindre pendant la marche lorsqu'on l'incline accidentellement ou lorsqu'elle est appelée à traverser le fort courant d'air ascendant des puits aux échelles. Aussi ne l'admettent-ils qu'à leur corps défendant et donnent généralement la préférence aux appareils moins sûrs de Davy ou de Botty.

(1) Cependant, un arrêté ministériel du 29 avril 1864 a rendu cette lampe obligatoire pour l'éclairage des mines à grisou, en se fondant sur ce qu'elle offre le plus de sûreté pour les mineurs.

(Note de l'auteur.)

Depuis un an, l'Administration des mines a mis en vigueur cet arrêté, qui ne tardera pas de recevoir sa complète exécution.

(Note de l'éditeur).

En France, d'autres motifs ont amené le même résultat. Les appareils perfectionnés n'ayant été l'objet d'aucune décision officielle, les exploitants, craignant que, dans le cas où une explosion occasionnerait un accident grave, leur responsabilité ne soit engagée, pour s'être écartés du seul type dont les circulaires administratives font mention, croient devoir maintenir systématiquement la lampe de Davy.

Les Westphaliens emploient la lampe de M. Hérold. Dans le reste de l'Allemagne, où toutes les lampes sont admises, celle de Davy, plus simple et moins coûteuse, est la plus usitée. Les Anglais se servent quelquefois des appareils de Clanny, de Stephenson etc, mais la majorité des exploitants repoussent le manchon de verre qu'ils craignent de voir voler en éclats ou, tout au moins, s'étoiler au contact de la moindre goutte d'eau et s'en tiennent à la lampe de Davy.

Ces circonstances font comprendre le motif des recherches qui ont eu lieu récemment dans le but de diminuer autant que possible le principal inconvénient reproché à la lampe de Davy, en lui restituant une partie des rayons lumineux absorbés par le tissu métallique, en raison de sa couleur sombre.

Déjà, en 1854, M. Plant, ingénieur anglais, proposait l'emploi de fils de fer zingués ou, mieux, argentés par les produits galvaniques. Plus tard, M. Miniscloux [1] songeait à l'étamage pour augmenter le pouvoir photométrique de la lampe. Il trouvait encore dans ce procédé l'avantage de permettre de laver la toile sans craindre de l'oxider ; en sorte que la durée en serait augmentée, puisqu'on pourrait se dispenser de la faire rougir au feu pour expulser la

[1] *Brevets belges*. 1859. Tome V, p. 129.

crasse produite par la fumée, l'huile et les poussières de houille.

Dans la session du mois d'août 1861, de la Société des ingénieurs du Nord de l'Angleterre (1), M. Bell, de Newcastle, sur la Tyne, a proposé une lampe de sûreté munie d'une enveloppe en aluminium. Ce nouveau métal, vu sa légèreté, n'est pas d'un prix aussi élevé qu'on pourrait le croire, puisqu'il se vend, à la fabrique de M. Bell, 137 à 138 fr. le kilogr. et qu'un manchon, y compris la main-d'œuvre, ne coûterait guère plus de fr. 3.50. La chaleur spécifique de l'aluminium est assez élevée pour lui permettre d'absorber une grande quantité de calorique, en sorte qu'il peut être exposé longtemps à une forte chaleur avant de rougir, circonstance favorable aux lampes de sûreté. La température de la fusion, qui s'effectue sans fondant, avec un creuset ordinaire, est comprise entre celles de l'argent et du zinc. Ce métal, allié à trois pour cent de cuivre, acquiert une solidité suffisante pour être tiré en fils. Enfin, il est inoxydable et, en raison de sa blancheur, il laisse passer un grand nombre de rayons lumineux.

Nouvelle lampe de sûreté de M. Arnould
(Pl. XVII, fig. 10).

La plupart des nouvelles lampes offertes aux mineurs dans ces dernières années ne présentent aucun principe nouveau ; elles ne sont généralement que des reproductions légèrement modifiées des appareils connus. Ainsi, la lampe de M. Clanny n'est qu'une mauvaise copie de celle

---

(1) *Transaction of the Nord Englaud.* 1860, p. 255.

de M. Mueseler, puisqu'on y a supprimé le diaphragme horizontal et la cheminée, qui en font toute la sécurité. La lampe du docteur Glover, dans laquelle l'air descend entre deux verres concentriques, pour alimenter la flamme, n'est autre que celle de M. Rocour, ingénieur belge, laquelle date de 1842. Celle de Stephenson, identiquement la même que la lampe de Roberts et Upton, est pourvue d'un verre placé derrière la gaze métallique, afin que le courant d'air ne puisse éteindre la flamme ou la faire sortir à travers l'enveloppe. Enfin celles de MM. Mozard en Angleterre et Dubrulle en France, ne sont autres que des appareils Mueseler et Davy auxquels sont annexés de petits mécanismes destinés à noyer la mèche dans le réservoir dans le cas où l'on voudrait ouvrir irrégulièrement. La nomenclature complète des modifications proposées est trop longue pour trouver place ici ; d'ailleurs les exemples qui précèdent suffisent pour faire apprécier la valeur du progrès réalisé depuis dix ans.

Toutefois, une invention nouvelle, ou plutôt une simple modification apportée à la lampe Mueseler, constitue une exception d'autant plus remarquable qu'elle annihile radicalement les défauts reprochés à cette dernière, tout en offrant une plus grande sûreté.

Dans cet appareil, dû à M. Arnould, ingénieur attaché à l'Administration des mines du Hainaut, la cheminée en tôle suspendue au-dessus de la flamme, qu'elle interceptait partiellement, est remplacée par un tube en verre, dont la base s'encastre dans une douille placée au-dessus du réservoir. Outre le diaphragme horizontal logé à la partie supérieure du manchon en cristal et qui fait partie de la lampe Mueseler, il s'en trouve un autre, en forme d'entonnoir renversé, qui repose sur la plate-forme du réservoir d'huile, où il est maintenu par le manchon de cristal. L'air arrive, comme dans la lampe Mueseler, par la partie supérieure du tissu, traverse successivement les deux diaphragmes et vient en contact avec la mèche. En outre, deux petits ressorts, attachés à la rondelle qui recouvre le manchon, permettent à celui-ci de céder à l'action de la dilatation.

Cette lampe ne s'éteint pas lorsqu'on la penche ou qu'on lui imprime, à la main, de fortes oscillations ; mais il est probable que les secousses dérivant de la circulation des ouvriers sur les échelles en provoqueraient l'extinction.

La cheminée n'interceptant pas la flamme, la clarté est plus grande. Le manchon extérieur s'échauffe si peu qu'on peut y porter les doigts, sans éprouver aucune impression douloureuse. N'étant plus dès lors exposé à de brusques changements de température, il se soustrait aux ruptures provoquées par la chûte de gouttelettes d'eau ou par le contact des courants froids. Si l'un des verres se brise, l'autre suffit à isoler momentanément la flamme de l'atmosphère détonnante.

Les nombreuses expériences faites, au soufflard de Wasmes, par quelques ingénieurs des mines du district de Mons (1) ont permis de constater que la présence de l'hydrogène carboné dans l'atmosphère se dénote beaucoup plus vite par l'emploi de la lampe Arnould que de toute autre. Plongée dans un gaz détonant, la flamme s'éteint presque toujours avant le moment où le même fait se produit avec la lampe Mueseler, ce qui donne à la nouvelle invention la prééminence sous le rapport de la sûreté. Ainsi, sur dix expériences, il est arrivé huit fois que les lampes Arnould, contenant l'une de l'huile minérale, l'autre de l'huile ordinaire, se sont éteintes avant celles de M. Mueseler.

(1) Expériences du 30 juillet 1862, par MM. Gille, Harzé, Schorn et Arnould.

Une seule chose est à craindre dans l'emploi de cet appareil : le bris fréquent de la cheminée en verre, dont la surface intérieure est soumise à une haute température, tandis que la surface extérieure est sans cesse refroidie par le courant d'alimentation. Toutefois, ce défaut n'ayant pas été constaté pratiquement, il convient d'attendre les résultats de l'expérience.

Projet de lampe de M. Chuard (1).

Dans cette lampe destinée aux mines, l'air alimentaire est astreint à traverser un tube métallique d'assez grande longueur, avant d'arriver à la flamme. Ce tube peut être fermé par la chûte d'un clapet ou d'un piston, ordinairement suspendu par des cheveux, qui brûlent dès que vient à s'embraser l'atmosphère intérieure de la lampe pleine de grisou. Comme le chemin que doit parcourir le piston est fort court, le piston obstrue le tube au moment même où le gaz détonant entre en combustion, avant que la flamme ait pu se propager dans le corps de la lampe situé au-dessus.

Le principe sur lequel repose ce petit appareil est neuf et très-rationnel ; mais l'auteur n'est pas encore parvenu à donner à son idée une forme pratique ; il faut espérer qu'il atteindra son but par de nouvelles expériences. L'Académie des sciences de Paris a attribué à M. Chuard une partie du prix Monthyon comme encouragement et pour l'indemniser de ses recherches futures.

(1) Comptes-rendus de l'Académie des sciences de Paris. T. 38, p. 202 et 406. 1854.

Le pétrole et son application aux lampes de mines.

Cette huile n'est pas un produit nouveau. Plutarque en fait mention et les peuples de l'Asie la recueillent depuis des siècles pour s'éclairer.

L'étendue immense des puissantes stratifications d'argile schisteuse imbibée d'huile, récemment découvertes dans divers États de l'Amérique du Nord, notamment en Pensilvanie et dans le Massachusets, la richesse, pour ainsi dire, inépuisable de ces gîsements, capables de fournir de la lumière à tout le globe, ont produit une sensation si grande que les Américains, dans leur enthousiasme, ont appelé ce produit naturel, *huile étonnante (atonishing oil).*

L'exportation, encore assez récente, de ce produit a pris une importance telle, que le gouvernement anglais s'est vu forcé de porter de nouvelles lois pour dispenser de l'approche les vaisseaux chargés de pétrole.

Cette huile, inflammable et très-odorante, considérée, dans l'origine, comme très-dangereuse, cesse de l'être en réalité, si, par suite d'une distillation convenable, les substances volatiles et explosives qu'elle renferme, telles que l'éther, l'esprit minéral et les essences, sont éliminées, en même temps que les huiles légères très-combustibles. Il ne reste plus alors que le pétrole proprement dit, qui doit être incolore ou d'une nuance légèrement opaline et dont le poids est compris entre 790 et 800 grammes au litre.

Il donne une flamme brillante, intense et semblable à celle du gaz. Lorsqu'il est en combustion dans des espaces resserrés, tels que les excavations souterraines, il dégage une odeur très-désagréable, qui porte à la tête ; cette odeur est telle, que les ouvriers de la mine de Haine-

St-Pierre (Centre du Hainaut), auxquels on voulait donner des lampes au pétrole, ont déclaré qu'ils ne voulaient pas s'en servir, préférant acheter à leur frais de l'huile végétale.

La flamme du pétrole est moins adhérente à la mèche, moins persistante que celle des huiles ordinaires. On a souvent lieu d'observer cette propriété dans l'application du liquide minéral aux usages domestiques; il suffit quelquefois du courant d'air provoqué par la fermeture d'une porte pour éteindre la flamme du pétrole et de la plupart des huiles minérales (1). Aussi ce liquide sera-t-il toujours d'un emploi difficile dans les mines, à cause de la grande sensibilté de la flamme, qu'aucune tentative n'a pu fixer à la mèche.

Il n'y a pas longtemps que l'attention des ingénieurs a été attirée sur l'application de l'huile de pétrole à l'éclairage des excavations souterraines, sujet d'un grand intérêt sous le rapport économique. Des lampes ont été proposées ou exécutées; mais, jusqu'à présent, aucune n'a entièrement répondu aux exigences de la pratique. Leur défaut capital est l'extinction de la flamme au moindre mouvement un peu brusque imprimé à l'appareil, surtout si ce mouvement est ascensionnel.

Les paragraphes suivants renferment la description, par ordre de datès, des lampes de MM. Arnould, Souheur et Cavenaile.

Lampe-au-pétrole de M. Arnould. (Pl. XVII, fig. 11).

Cet ingénieur donne les moyens d'approprier à l'emploi de l'huile de pétrole tous les types connus. S'agit-il, par

---

(1) Les huiles minérales proviennent des houilles, des schistes et des matières bitumineuses, telles que l'asphalte, le bitume, le petroleum, etc.

exemple, d'une lampe Davy, il suffit d'y introduire une cheminée en verre garnie, à sa base, d'un pavillon, dont l'ouverture centrale enveloppe l'extrémité de la mèche. Le courant d'air, après avoir traversé le tissu, pénètre dans la capacité comprise entre le pavillon et le fond supérieur du réservoir d'huile et vient incessamment alimenter la flamme d'une mèche plate, dont l'extrémité est installée à une hauteur déterminée par l'expérience. Dans ces circonstances, la combustion de l'huile minérale se fait sans odeur; le tissu métallique, formé de deux pièces, pour faciliter le nettoyage, ne doit plus passer au feu quand on veut en enlever la crasse; enfin, l'intensité de la lumière est telle qu'il n'est plus possible de reconnaître dans cet appareil la lampe de Davy.

Celle de M. Mueseler, modifiée de la même façon, revient à l'appareil Arnould décrit plus haut, auquel a été ajouté un bec américain; ses propriétés sont les mêmes: absence d'odeur, forte lumière et nettoyage des toiles sans l'emploi du feu.

Pour les mines exemptes de grisou, l'inventeur munit la lampe d'un tube en verre de rebut, au-dessous duquel il fait entrer l'air par de petites ouvertures.

Enfin il a combiné les dispositions d'une lampe d'accrochage à double courant d'air : le courant pénètre par la base de l'appareil et, dans le cas où les orifices viendraient à se boucher, par la partie supérieure. Cette lampe, dont le pouvoir photométrique est égal à celui du du meilleur carcel, semble devoir convenir à l'éclairage des plans inclinés automoteurs et peut-être aussi des chantiers d'abatage, comme appareil fixe.

La lampe de M. Arnould, exposée à des mouvements brusques, est sujette à s'éteindre comme toutes les autres de l'espèce. On lui reproche encore la rupture assez fréquente des verres intérieurs et de petites détonations, qui ont lieu surtout dans les lampes d'accrochage ; ces détonations semblent provenir du contact de la flamme et des produits gazeux de la distillation de l'huile accumulés sous le pavillon.

Les lampes à pétrole destinées à l'éclairage des mines sans grisou, sont également munies d'un pavillon ; mais comme la flamme ne tient pas lorsque la mèche est ajustée au-dessus du pavillon, M. Arnould a essayé de la placer au-dessus, de manière que l'air vienne le rencontrer à sa partie inférieure. La flamme résiste alors parfaitement. La lampe n'est pas fumeuse ; mais l'odeur du pétrole est un peu sensible. Il ne manque à cet appareil, pour être propre aux mines à grisou, que la toile métallique.

Lampes de sûreté à l'huile de pétrole de M. Souheur [1].

M. Souheur, directeur de la mine des Six-Bonniers, à Ougrée, près de Liége, a inventé deux lampes à pétrole, de modèles différents, l'une destinée aux ouvriers, l'autre — d'un pouvoir éclairant plus élevé — aux maîtres-mineurs, géomètres, etc.

Le second type est représenté par la fig. 12 (Pl. XVII). Comme M. Arnould, l'inventeur a cherché à conserver, autant que possible, la lampe Mueseler. Sa lampe se monte de la même manière et se ferme à l'aide d'un pivot à ressort et à filets.

Ainsi que toutes les lampes, elle possède un réservoir,

---

[1] L'invention ayant été perfectionnée récemment par son auteur, nous avons cru devoir modifier en conséquence la description qu'on va lire.   (Note de l'éditeur.)

a, assez exactement fermé pour prévenir l'épanchement de l'huile. Le porte-mèche, *b*, appelé *bec américain*, traverse un compartiment, *c c*, dans lequel circule un courant d'air rafraîchissant. La mèche est plate. Le bec est enveloppé, vers la flamme, d'un manchon, *d*, mobile dans le sens longitudinal. Comme la mèche n'a jamais besoin d'être mouchée ou remontée, il suffit que l'ouvrier ait entre les mains le moyen d'élever le manchon pour modérer la flamme ou pour l'éteindre. C'est à cette manœuvre que sert la tige, *e*, qui traverse le réservoir et dont l'extrémité inférieure est filetée de manière à se laisser conduire par un bouton en forme d'écrou, *f*. La flamme est enveloppée d'un premier verre, *g*, surmonté d'une toile métallique, *h*; un second verre, *i*, intérieur, appelle le courant d'air alimentaire et remplace la cheminée en tôle, de la lampe Mueseler; il s'appuye sur un pavillon, *k*, percé d'ouvertures à sa partie inférieure et destiné à concentrer l'air sur la flamme, et porte un chapeau, *l*, en tôle perforée, relié avec le corps de la lampe par une toile métallique, *m*. Le courant d'air suit la direction indiquée par les flèches.

Placée dans un mélange explosif, cette lampe indique immédiatement, par l'allongement de sa flamme, la présence du danger; elle est donc de sûreté. Le chapeau de tôle permet de la placer dans un fort courant d'air, et l'agiter en tous sens, sans l'éteindre. On lui a même fait un reproche de ce qu'elle continue à brûler quand on l'incline fortement, d'où la rupture possible du verre, suréchauffé en un point. Ce reproche paraît peu fondé, d'abord par ce que cette inclinaison ne peut jamais être que passagère, ensuite parce que la flamme tend plutôt à suivre le fil du courant d'air, c'est-à-dire l'axe de la cheminée, qu'à se placer dans la verticale.

Quant à la lampe destinée aux ouvriers (fig. 13), c'est

une véritable lampe Mueseler, dont le porte-mèche est approprié à l'usage du pétrole.

Elle diffère du modèle précédent par les dispositions suivantes: 1° emploi d'une cheminée en tôle, système Mueseler, suspendue au-dessus de la mèche, au lieu d'une cheminée complète en verre; 2° le pavillon devient une pièce tout-à-fait accessoire, qui sert, non plus à concentrer l'air sur la flamme, mais simplement à abriter la mèche contre la poussière.

L'inventeur assure que le pouvoir éclairant de sa lampe (premier modèle), comparée à celle de M. Mueseler, est comme 4 à 1; qu'elle offre une économie de 65 pour cent, ce que prouve, dit-il, l'expérience suivante : la lampe Mueseler a brûlé 13 heures avec un décilitre d'huile de colza et a dû être mouchée deux fois, tandis que la lampe au pétrole a brûlé 21 heures avec la même quantité d'huile, sans qu'on ait touché à la mèche; or les prix respectifs du colza et du pétrole sont de 90 et de 50 centimes.

Enfin, en augmentant les dimensions de la lampe à cheminée de verre, M. Souheur en a fait un appareil d'éclairage très-convenable pour les chambres d'accrochage, etc.

Lampe-au-pétrole de M. Cavenaile.

Cette lampe, plus simple que la précédente, présente aussi de meilleures conditions de sûreté. Sa construction repose sur les principes de la lampe Mueseler, avec les transformations propres à la combustion de l'huile de pétrole.

Dans la lampe Cavenaile, la flamme est entourée d'un manchon de cristal, surmonté d'une enveloppe en gaze métallique imperméable. Au-dessus du réservoir à l'huile et à la circonférence, se trouve une série d'ouvertures circulaires que traverse l'air nécessaire à l'alimentation de la flamme. Le courant d'air en entrant dans la lampe passe par une rondelle horizontale en toile métallique ; puis, les produits de la combustion se rendent par une courte cheminée conique en tôle, pour s'échapper dans l'atmosphère après avoir traversé l'enveloppe en toile. Le porte-mèche n'est pas accompagné d'un pavillon qui enveloppe la flamme ; le pétrole brûle ici dans les mêmes conditions que l'huile ordinaire.

Cette lampe, quand on vient de l'allumer, répand une odeur très-prononcée ; mais dès que la chaleur a volatilisé l'huile qui, en cas de non activité, se condense contre les parois, toute odeur disparaît. Elle offre même sous ce rapport quelque avantage sur les lampes à l'huile de colza, dont l'oxidation incomplète occasionne l'émission de vapeurs dont l'odeur est fort désagréable.

La lampe Cavenaile résiste à de forts courants d'air horizontaux ou verticaux, aux ballotements et aux mouvements brusques ; elle ne s'éteint même pas sous les ébranlements d'air d'une explosion de grisou.

Les garanties de sûreté sont des plus satisfaisantes : en effet, les essais comparatifs faits par M. Bergé, professeur à Bruxelles, sur les lampes Cavenaile et Mueseler ont donné des résultats identiques, quelle que fut la nature du mélange explosif dans lequel les appareils ont été plongés.

Dans la lampe Cavenaile, le courant d'air intérieur refroidit le verre et en prévient l'échauffement trop intense ; c'est un grand avantage sur la lampe Mueseler, dont les gaz chauds séjournent longtemps dans l'enveloppe et s'échauffent à un degré tel, qu'une goutte d'eau tombée du faîte des excavations, produit la rupture du verre et peut être la cause d'une explosion.

Dans la première, la cheminée, placée au-dessus du manchon de cristal, ne masque la flamme en aucune manière: toute la lumière produite est utilisée. Aussi les pouvoirs éclairants des deux lampes sont-ils entre eux comme 4.1 à 1.

Enfin, sous le rapport de l'économie : un décilitre d'huile de pétrole de bonne qualité suffit pour entretenir la combustion pendant au moins 12 heures en produisant une lumière de même intensité pendant la durée de l'expérience, tandis qu'une lampe Mueseler, brûlant de l'huile de colza bien épurée, ne tarde pas à perdre de son pouvoir éclairant et s'éteint d'elle-même après une durée de 6 heures. Dans la première, il se consume au plus un décilitre d'huile de pétrole et la même quantité d'huile de colza est brûlée en 8 heures seulement.

Économie à réaliser dans les mines par l'emploi de l'huile de pétrole.

La comparaison, sous le rapport économique, entre l'huile américaine et les huiles d'œillette et de colza mérite d'attirer sérieusement l'attention des exploitants de mines. En effet, M. Bergé (1) a constaté expérimentalement que deux lampes alimentées l'une à l'huile de colza, l'autre au pétrole, placées respectivement à des distances de 0.72 et 0.75 m. du photomètre, sont, quant à l'intensité de leurs lumières, dans le rapport de 100 à 109.

Mais, faisant abstraction de cette différence dans le pouvoir éclairant, le professeur trouve que, dans les deux cas, la consommation d'une heure est de 32.5 grammes d'huile

(1) Extrait d'une leçon donnée, au commencement de novembre 1866, à l'hôtelde-ville de Bruxelles.

de colza à fr. 1-30 le kilogramme, et de 19 grammes
d'huile de pétrole à fr. 0-95, soit, pour la première lampe,
4.2 centimes et, pour la seconde, 1.8 centimes, c'est-à-
dire enfin une économie de 57 pour cent.

Cependant, après une combustion de deux heures, la
première, ayant perdu de son intensité lumineuse, avait dû
être rapprochée à 0.65 m., tandis que la seconde, conservant le même pouvoir éclairant, restait à la même distance
du photomètre ; ainsi le rapport était devenu 100 à 133.

La consommation d'huile dans les houillères est un élément fort important du prix de revient, sur lequel l'emploi
du pétrole aurait une influence assez considérable. Ainsi,
dans une houillère de moyenne importance, où la dépense
en huile végétale s'élève à 350 fr., on réaliserait de ce
chef une économie de près de 200 fr. La somme devient
énorme lorsqu'elle a pour objet une année et l'ensemble
d'un bassin houiller. La consommation de cette matière
dans les mines domaniales de Saarbrücken excède 1,500,000
kilogr., ce qui, au prix de fr. 1-30, constitue une dépense
annuelle de plus de 1,950,000 fr. L'emploi de l'huile de
pétrole réduisant cette dépense à 838,500 fr. serait la
source d'un bénéfice de 1,111,500 fr.

Éclairage à l'intérieur et à l'extérieur, au moyen d'appareils fixes alimentés par des huiles minérales.

Les exploitants recherchent, depuis plusieurs années,
les moyens d'appliquer les huiles minérales, et spécialement le pétrole, à l'éclairage de la margelle des puits, des
estacades de chargement, des gares de chemins de fer
et des embarcadères des canaux et des rivières, problème

dont la difficulté consiste en ce que la flamme provenant de ces substances fume sous l'influence d'un vent même léger.

L'huile que les Allemands appellent *soläröhl* (huile solaire) provient de la distillation du goudron de lignite ; elle a été appliquée tant à l'éclairage extérieur des mines de houille de la Saxe, qu'à celui des chambres d'accrochage, de la base et du sommet des plans automoteurs et partout où l'ouvrier ne doit pas transporter la lumière avec lui. Les lampes à l'Argand, dans lesquelles on brûle cette huile, sont munies de tubes ordinaires en verre et de réflecteurs. Le tout est renfermé dans une lanterne, dont la partie antérieure est fermée par une vitre.

L'huile solaire coûte beaucoup moins que l'huile de navette, généralement usitée dans les mines allemandes ; sa lumière est plus éclatante ; mais, de même que le pétrole, elle répand une odeur désagréable, fume et s'éteint sous l'action des courants d'air.

En Belgique, l'huile de pétrole est fréquemment employée aux mêmes usages, soit à l'intérieur, soit à l'extérieur. Les chambres d'accrochage et les margelles des puits de la mine de Chératte, près de Liége, sont éclairées par cette substance, que renferment des lampes à becs américains. On place ces lampes dans des lanternes, dont la cheminée est pourvue d'une gueule de loup, ou cylindre coudé à sa partie supérieure et surmonté d'une girouette ; celle-ci, frappée par le vent, porte l'orifice de dégagement dans le sens opposé au courant d'air.

MM. Jamar et Dulière, lampistes de la mine de Sacré-Madame, à Charleroi, ont fabriqué un réverbère qui utilise l'éclat de la flamme du pétrole en la préservant des atteintes du vent.

Il se compose (Pl. XVII, fig. 14) d'une lampe munie d'un bec américain, d'un réservoir en fer-blanc et d'un

28

tube ordinaire en verre. La lampe est renfermée dans une lanterne, ou cage en verre, pyramide tronquée et renversée, dont les arêtes, aux deux bases, sont en fer-blanc et dont les vitres latérales ne sont pas mastiquées, afin de livrer passage au volume d'air nécessaire à la combustion. L'une des parois de la lanterne est mobile sur charnière et sert de porte. Deux cheminées cylindriques et concentriques en fer-blanc sont implantées au fond supérieur de la lanterne. La cheminée extérieure, mobile, est percée, à sa base, d'un grand nombre de trous, par lesquels s'échappent les produits de la combustion. L'action du vent, arrêté par la cheminée intérieure, ne peut se faire sentir sur la flamme, qui, dès lors, ne vacille, ni ne s'éteint.

L'air extérieur pénètre dans la lanterne par les fissures comprises entre les arêtes en fer blanc et les vitres de la cage; il alimente la flamme; s'élève par la cheminée intérieure; se replie au sommet, pour redescendre dans l'espace annulaire compris entre les deux tubes et enfin sort par les ouvertures, d, d. Ces petits trous, rectangulaires, sont espacés de 13 mm. d'axe en axe; leur largeur et leur hauteur sont respectivement de 3 et de 15 mm.

On allume les réverbères dans un local à l'abri du vent; leur partie supérieure est munie d'anneaux dans lesquels on passe des bâtons pour les transporter.

Quarante-neuf réverbères de cette espèce fonctionnent actuellement pour l'éclairage à la surface de la houillère de Sacré-Madame.

Torches, ou fallots, métalliques à l'huile minérale.

La torche métallique de M. Jonniaux, représentée par la figure 15 de la planche XVII, se compose d'un tube métallique, a, d'une section telle qu'on puisse le tenir dans la main. Ce tube, d'une longueur de 0.75 m. établit une communication entre le réservoir et le porte-mèche. Le réservoir, *b*, renferme une provision d'huile proportionnée à la durée de la combustion ; mais on peut le supprimer en augmentant les dimensions du tube. Le porte-mèche, *c*, est un réseau en fil de fer, de forme ellipsoïdale, renfermant des déchets de coton gras ou autre matière filamenteuse, poreuse, combustible ou incombustible. A la base de ce réseau, est fixé un petit cylindre qui pénètre dans l'orifice supérieur du tube, avec lequel il se lie à simple frottement. Pour entretenir la flamme, il suffit d'incliner le fallot de temps en temps, afin d'amener à la mèche l'huile du réservoir et d'imbiber sa partie extérieure.

Une galerie évasée, *d*, recueille l'huile en excès qui s'échappe de la mèche, lorsqu'on place la torche à terre, et l'empêche de s'écouler le long de la face extérieure du fallot. Le garde-huile, *e*, évasé en sens inverse de la galerie, concourt au même effet.

Ces fallots, destinés à remplacer ceux de résine, peuvent servir à l'éclairage des chemins de fer et des rivages pendant l'embarquement de la houille et sa mise en tas sur le carré des puits. On peut les alimenter avec toute espèce d'huile, même avec celle qui dérive de la fabrication des agglomérés et de toute opération donnant lieu à la distillation de la houille.

Cet appareil a été essayé à la station de Lodelinsart, près de Charleroi, par l'Administration du chemin de fer de l'Est-Belge ; on a trouvé qu'avec l'huile de pétrole il procure une économie de 75 %, et de 94 % avec celle de goudron.

M. Duchêne est l'auteur d'une torche (Pl. XVII, fig. 16) dans laquelle il brûle toute espèce d'huile minérale. Un manche en bois porte un tube métallique au sommet

duquel est vissée une boule en cuivre, percée de sept trous,
dont un au sommet ; la boule est remplie de déchets de
coton, imbibés d'une huile minérale quelconque qui suinte
à travers une boule intérieure criblée de trous. La substance combustible est conduite dans le coton par trois
tubes, *c*, *d* et *e*, fermés à leur base par des entonnoirs
renversés, *cc*, *dd*, *ee*, qui tous reposent sur des embases
en zinc, soudés à l'intérieur du cylindre et tout à fait immobiles. Une ouverture pratiquée au-dessous du dernier
entonnoir sert à l'introduction de la substance alimentaire
et peut être fermée par une vis.

Détourner les mineurs de la tentation d'ouvrir les lampes de sûreté.

La fermeture ordinaire des lampes consiste en une tige
à vis appelée à traverser un tube fileté que renferme le
réservoir à huile et qui peut s'engager dans une ouverture ménagée sur la rondelle inférieure de l'armature. Une
clef à section triangulaire ou carrée fait monter et descendre la tige, qui rend solidaire ou dégage, à volonté, les
deux parties de l'appareil. Ces clefs étant généralement
uniformes et de même calibre, rien n'est plus facile aux
ouvriers que de s'en procurer de semblables, et l'on a vu
maints exemples de ce fait dans les mines du Hainaut.
Mais les ouvriers n'ont même pas toujours besoin d'une
clef pour ouvrir leurs lampes ; quelques-uns sont assez
adroits pour faire tourner les vis au moyen d'une pince,
d'un couteau, d'un clou, voire d'un morceau de bois ou
même simplement avec leurs doigts. Leur but, en enlevant
le tissu métallique est de voir plus clair pendant le travail
ou de rallumer la lampe éteinte d'un camarade. Les

ingénieurs cherchent depuis longtemps les moyens d'empêcher de pareilles imprudences, souvent suivies de catastrophes.

On a d'abord proposé une disposition par laquelle la mèche rentrerait dans le réservoir et s'éteindrait quand on tenterait d'ouvrir la lampe dans des conditions insolites. Ce moyen n'a eu aucun succès.

Un autre procédé, imaginé en 1832 par M. Regnier, mécanicien à Paris, et rendu pratique par M. Arnould, donne aux surveillants la possibilité de constater si une lampe a été ouverte dans les travaux souterrains, en sorte que cette infraction ne reste pas impunie. Il consiste à faire saillir la tige de fermeture, de 5 à 6 mm. au-dessus du fond supérieur du réservoir à l'huile; à pratiquer, en cet endroit, un œillet, de 2 mm. d'épaisseur sur trois de longueur, destiné à recevoir un cylindre en plomb de mêmes dimensions; puis, à le timbrer au moyen d'une presse formée d'un levier que termine une fourche. Les deux branches de celle-ci, embrassant la tige de la vis, impriment sur le plomb les lettres gravées à leurs extrémités. Une échancrure circulaire entaillée dans le socle sert à loger la lampe qui doit recevoir les scellés. Pour que la tête de la vis se trouve convenablement placée relativement au levier frappeur, un point de repère, déterminé par une saillie, a été établi à la circonférence de l'échancrure et doit coïncider avec une ouverture correspondante du réservoir. Une femme et un enfant exécutent ce plombage avec rapidité. Lorsque la lampe, après avoir fonctionné dans la mine, retourne à l'atelier du lampiste, il suffit de couper le plomb à côté de la vis, pour en retirer la partie restante. Ainsi, la tige qui ferme la lampe, ne pouvant être enlevée sans que préalablement on en ait arraché le plomb, il sera toujours possible de constater l'infraction et d'infliger à son auteur la pénalité qu'il aura encourue. Ce système répressif renferme évidemment une grande garantie en raison de la crainte qu'inspire aux ouvriers la certitude d'être découverts. Mais ne reste-t-il pas les incorrigibles que n'intimide aucune punition? Alors la répression ne se produira qu'après le délit et même après qu'il aura eu des conséquences désastreuses. Il semble donc préférable d'avoir recours à des mesures préventives, c'est-à-dire à l'emploi de fermetures simples et efficaces qui empêchent, dans tous les cas, le mineur d'ouvrir la lampe.

Serrures à ressorts.

Les deux appareils suivants ont entre eux une grande analogie et semblent dater de la même époque.

Le premier (Pl. XVII, fig. 17 et 18), dû à MM. Descamps et Carpiaux, près de Charleroi (1), est un appendice facile à annexer à toutes les lampes de sûreté. Trois cylindres en fer blanc, en contact deux à deux par leurs génératrices, sont garantis contre l'huile par une enveloppe de même métal. On les applique à la circonférence intérieure du réservoir. Chacun des deux cylindres extrêmes, qui sont munis d'échancrures latérales, renferme un ressort à boudin. Des plaques en fer-blanc ferment leurs orifices inférieurs. Le cylindre du milieu, moins haut que les autres, contient une pièce à section circulaire, munie de deux tenons quadrangulaires, que surmonte un taquet, et d'un trou taraudé, dans lequel pénètre la partie filetée de la clef. L'embase, ou épaulement, de celle-ci

(1) Brevets d'inventions belges, 1858. Tome IV, page 301.

s'appuye, pour fonctionner, contre une douille soudée à la base du cylindre. Enfin, le taquet peut venir s'engager entre deux dents consécutives de la crémaillère.

Les ressorts, qui cèdent sous la pression de deux tenons lorsque la vis les rappelle vers le bas, se débandent, au contraire, pour relever les tenons et le taquet qui les surmonte, lorsque la vis cesse de fonctionner.

Dès lors, il est facile de se rendre compte du jeu de ce petit appareil. S'agit-il de fermer la lampe, la clef devient inutile; il suffit de visser l'armature sur le réservoir; dans ce mouvement, les ressorts étant libres, les dents de la crémaillère viennent frotter successivement contre la partie inclinée du taquet, jusqu'à ce que, le vissage étant terminé, les dents forment un arrêt impossible à vaincre sans le secours de la clef. Faut-il ouvrir la lampe, on introduit la partie filetée de la clef, on la tourne dans l'écrou, les tenons, engagés dans les échancrures, compriment les ressorts et le taquet, retiré d'entre les dents de la crémaillère, permet le dévissage.

Dans la même année 1858, M. Jonniaux, ingénieur de la mine de Sart-lez-Moulins (1), a mis en usage un appareil (fig. 19 et 20), présentant quelque analogie avec celui de MM. Descamps et Carpiaux. En outre, il semble être le premier qui ait cherché les moyens d'éviter le bris des manchons de cristal sous l'influence d'une forte dilatation.

L'inventeur conserve l'ancienne tige de fermeture, mais il renverse sa position ordinaire en munissant sa base de filets, tandis que sa partie supérieure prend la forme prismatique. La tige traverse d'ailleurs le réservoir, à l'abri d'un cylindre en fer-blanc, et dépasse le fond inférieur

(1) Bulletin des ingénieurs sortis de l'École de Mons. 5e et 6e livraisons, page 88.

d'environ 1 mm. La partie saillante supérieure, plus considérable (10 mm.), est destinée à pénétrer dans une ouverture pratiquée sur l'anneau inférieur de l'armature. Contre une embase, fixée aux deux tiers, environ, de la hauteur de la tige, vient s'appuyer un ressort à boudins, qui enveloppe celle-ci et qui lui imprime une tendance constante à s'élever et à porter sa tête au dehors. La fermeture de la lampe ne réclame pas de clef, il suffit de visser l'armature sur le réservoir, après avoir comprimé le ressort. Le ressort, se détendant, lance la tige dans l'ouverture pratiquée sur le disque annulaire, mouvement qui se dénote par le bruit sec du choc.

Pour ouvrir, le lampiste saisit le premier filet de la vis dans le taraud de la clef et lui fait faire quelques tours; le ressort, comprimé par l'embase, permet de rappeler la tige, du trou que sa saillie occupe et, par conséquent, de dévisser l'armature. La clef est ensuite dégagée par un mouvement de rotation en sens contraire.

Ces fermetures, applicables à toutes les lampes de sûreté, n'apportent aucun changement à leur mode de nettoyage; elles possèdent, en outre, toute l'efficacité désirable, puisque les ouvriers ne peuvent pas les forcer et ne pourraient les ouvrir sans avoir en main la clef, assez compliquée, qui leur convient. D'ailleurs, M. Jonniaux est parvenu à diverses simplifications de détail qui réduisent le prix de revient de ces appareils avec leurs appendices à la somme modique de fr. 2.83.

Lampe de mine à fermeture pneumatique.

M. Laurent Lermusiaux, d'Anzin, vient d'appliquer aux lampes de Davy, pour en empêcher l'ouverture subreptice, un appendice, qui semble plus convenable que les diverses autres dispositions proposées jusqu'à ce jour (1).

Un petit cylindre en cuivre, formant corps de pompe, (Pl. XVII, fig. 19) est soudé à l'intérieur du réservoir d'huile. Le piston et sa tige tendent sans cesse à s'élever sous l'action de la détente d'un ressort comprimé entre le fond et l'embase, en sorte que la tête de la tige est sollicitée à se porter en saillie au-dessus du fond supérieur du réservoir. Le pourtour du piston n'est pas en contact avec le corps de pompe, afin que la force d'aspiration nécessaire pour l'attirer, soit de beaucoup supérieure à celle de l'homme. Le fond et le double-fond du cylindre sont percés d'ouvertures disposées de telle façon que, tout en laissant un libre passage à l'air, elles ne permettent pas l'introduction d'un fil de fer ou de tout autre objet avec lequel les ouvriers tenteraient de forcer la serrure en rappelant vers le bas la tige et le piston.

Les quatre tringles destinées à protéger le tissu métallique sont recourbées à leur base et forment ainsi des crochets appelés à pénétrer dans un même nombre d'ouvertures percées sur la plate-forme supérieure du corps de la lampe.

Lorsqu'il s'agit d'assembler ce dernier avec l'armature, on introduit les crochets dans les ouvertures correspondantes et on leur imprime, en pressant sur la tête de la tige, un mouvement latéral, dit de bayonnette; la tige, ne trouvant plus d'obstacle, pénètre, sous l'impulsion du ressort, dans l'ouverture devenue libre et s'oppose à tout mouvement de rotation. Dès lors, on ne peut ouvrir la

(1) Le premier appareil de M. Laurent Lermusiaux a été décrit dans la 5e série, Tome XIX, des *Annales des mines*. La notice suivante et les figures qui l'accompagnent comprennent les modifications apportées par l'inventeur depuis cette époque.

lampe qu'en produisant le vide relatif au-dessous du piston, puisque la tige est inaccessible.

La lampe s'ouvre au moyen de la pompe aspirante
(Pl. XVII, fig. 22), dont la force dépasse de beaucoup la
force d'aspiration de l'homme. Le cylindre est placé à
hauteur d'appui contre un plateau, que reçoit l'une des
parois de l'atelier du lampiste. La tige du piston se
termine vers le bas par un levier et une pédale sur
laquelle l'opérateur appuye le pied pour produire l'aspiration. Enfin, un tube en caoutchouc part du cylindre et se
termine par un appendice sur lequel s'applique la lampe à
ouvrir.

L'opérateur pose son pied sur la pédale et diminue
la pression de l'air dans le cylindre et dans les espaces
contigus ; alors le piston de la boîte cylindrique annexée
au réservoir, obéissant à la pression atmosphérique, descend en comprimant le ressort. La tige se retire de l'ouverture, où elle joue le rôle d'un verrou, et permet à l'armature de faire un mouvement latéral, en sens inverse du
précédent, qui la dégage du corps de la lampe.

Comme on peut d'un coup de piston produire l'aspiration dans trois lampes successives, en pinçant le tuyau
de conduite, afin d'intercepter, après chaque reprise, la
communication avec l'atmosphère, quelques secondes suffisent pour poser la lampe sur l'appendice en caoutchouc,
manœuvrer la pédale et imprimer à l'armature le mouvement latéral qui la dégage.

Cette nouvelle disposition ne modifie en rien les habitudes prises par ceux qui sont chargés de soigner les
lampes ; elle s'applique à tous les types et n'augmente pas
le prix de revient ; car M. Defossé, constructeur à Anzin,
les fournit sans majoration de prix. La pompe ne coûte
que 35 fr.

Nouvelle fermeture des lampes de sûreté.
(Pl. XVII, fig. 23 et 24).

M. G. Arnould, ingénieur des mines à Mons, a imaginé récemment un moyen de rendre l'emploi d'un aimant de grande force indispensable à celui qui veut ouvrir les lampes de sûreté.

Au réservoir d'huile de la lampe de sûreté est adjoint, comme à l'ordinaire, un tube vertical soudé par ses deux extrémités; la tige, a, qui traverse ce tube est libre à son sommet, mais est rivée par sa base à un ressort, b, en acier, et à une plaque, c, de fer doux, en sorte qu'elle est constamment sollicitée, par un ressort, à se porter de bas en haut. La plaque est préservée de tout contact par un faux fond, formé d'un disque en fer-blanc, d, qui, libre dans son mouvement, vient reposer sur un anneau, ee, soudé à la lampe. Ce faux fond empêche les ouvriers d'exercer aucune action sur la plaque ou le ressort au moyen de crochets ou d'outils quelconques.

On ferme la lampe comme à l'ordinaire, en vissant la partie supérieure sur le réservoir; durant ce mouvement, la partie saillante de la tige est forcée de rentrer dans le tube qui la contient, jusqu'au moment où, rencontrant la cavité ménagée à la partie supérieure, elle y est lancée par l'action du ressort.

L'ouverture s'effectue par l'action d'un fort aimant en fer à cheval, dont les deux pôles sont fort rapprochés et qui est fixé sur une table. La lampe est placée sur l'aimant de manière que celui-ci pénètre sous le réservoir et que l'espace compris entre les deux pôles corresponde au milieu de la plaque. Lorsque l'aimant est en contact avec le faux fond, on soulève la lampe d'une quantité égale à l'ex-

trémité saillante de la tige, la tige rentre dans le tube
en se dégageant de la cavité correspondante et l'on peut
disjoindre les deux parties de la lampe.

Lavage des tissus métalliques (1).

Jusqu'à présent les lampistes des mines de houille, pour
nettoyer la crasse qui se dépose continuellement sur les
toiles des lampes de sûreté, les exposaient à un feu vif, qui
les chauffait au rouge et brûlait les impuretés accumulées.
Mais ce procédé oxidant altère les mailles des tissus, y
détermine promptement des trous, qui en détruisent les
propriétés et se traduisent nécessairement en une perte
pécuniaire très-notable. C'est afin d'éviter cette usure
rapide, que MM. Parent et Dermoncourt, employés des
mines d'Anzin, ont établi, à Denain, des appareils, qui
sont aussi simples qu'efficaces.

Ces appareils renferment trois parties distinctes : le
laveur, le rinceur et l'étuve de séchage.

Le laveur se compose d'un tambour, auquel on communique un mouvement de rotation par une manivelle et qui
reçoit à sa circonférence les manchons à nettoyer. Ceux-ci,
pendant leur mouvement de rotation, plongent dans une
bache installée au-dessous du cylindre et qui contient une
dissolution de 10 kilogr. de potasse brute dans quatre
hectolitres d'eau. Après chaque révolution et au sortir du
bain, les manchons viennent frotter contre des brosses
fixes. On ne renouvelle pas le bain, à moins qu'il ne soit
devenu tellement boueux qu'on ne puisse absolument plus

---

(1) *Annales des mines,* 5ᵉ série. Tome XIX

s'en servir: car on le considère comme d'autant plus propre au nettoyage qu'il est plus vieux.

Le rinceur, tambour en treillis, pourvu d'une manivelle, reçoit à son intérieur les manchons, qu'il agite dans un bain composé d'un demi-kilogr. de chaux vive et d'un hectolitre d'eau, mélange qui doit être renouvelé tous les jours.

Enfin, l'étuve juxtaposée aux deux premiers appareils, est un petit four, chauffé à la houille, dans lequel circule une toile sans fin, tendue sur deux tambours, qui la mettent en mouvement; elle reçoit les manchons à leur sortie du rinceur.

Quarante toiles peuvent être lavées simultanément en vingt minutes. L'ouvrier chargé de ce travail reçoit vingt centimes par cent toiles et peut en nettoyer 1500 par jour.

Les tissus soumis chaque jour à ce traitement acquièrent, sans trop se détériorer, un degré de propreté qui en assure la durée, et l'économie qui en résulte, compense largement, non seulement le prix des matières employées, mais encore les frais de construction et d'installation de l'appareil.

Application du gaz d'éclairage à une mine de houille belge.

Il semble que l'initiative de l'éclairage des mines par le gaz à la houille doive être attribuée à la Belgique; car, déjà en 1844, on s'est servi du gaz dans une mine exempte de grisou, celle des Vingt-quatre Actions, au Couchant de Mons.

Dans une excavation pratiquée à la base et sur l'un des

côtés du puits de retour de l'air, avaient été installés quatre cornues, un barillet, un laveur, un épurateur et un gazomètre d'une capacité de 50 m. c. Les cornues, dont deux seulement étaient mises en activité, fournissaient 60 à 80 m. c. de gaz; le fourneau avait remplacé le foyer destiné à provoquer l'appel de l'air. Les conduites de gaz étaient formées de tuyaux en plomb étiré, qui, peu coûteux et inattaquables par les acides, sont d'une pose facile, se soumettent à toutes les flexions nécessitées par les sinuosités des galeries et conservent encore, hors d'usage, une grande partie de leur valeur.

L'éclairage du puits aux échelles, de la galerie à travers bancs, de celle d'allongement et des *thiernes* ou voies ascendantes, où l'on devait continuellement prolonger et changer les conduites, réclamait l'emploi de 75 becs de gaz.

La mobilité qu'il aurait fallu donner aux foyers de lumière ne pouvait permettre l'introduction de ce procédé dans les ateliers d'arrachement.

Un inconvénient fort grave se présentait: l'intensité de la chaleur développée par les foyers.

Quant aux accidents, ils n'étaient pas à redouter, vu les précautions que l'on avait prises pour prévenir les fuites de gaz, pour empêcher le gaz de s'accumuler et de former des mélanges explosifs au faîte des excavations.

M. Gonot (1), prenant pour base de ses calculs les nombreuses observations qu'il a faites à la mine des 24 Actions, trouvait que l'ancien mode d'éclairage coûtait 50 fr. par jour, et le nouveau 40 fr. seulement. Ainsi, la substitution du gaz aux substances éclairantes ordinaires produisait une économie de 20 %. Cependant, il faut croire que cet

(1) *Annales des Travaux publics.* Tome V; page 341.

ingénieur n'ait pas tenu compte de tous les éléments de la dépense ou que de nouvelles conditions onéreuses aient surgi postérieurement, puisque ce mode a été définitivement abandonné comme trop coûteux, ce qui n'a rien d'étonnant, car, pour réaliser une économie sérieuse, il faudrait que les travaux souterrains eussent un grand développement et que le nombre des lampes appliquées à l'éclairage des galeries principales fut très-considérable, conditions que ne remplissait pas la mine des 24 Actions.

Emploi du gaz d'éclairage dans les mines de l'Angleterre.

Il n'est guère possible de préciser la date des premiers essais qui ont eu pour objet l'application du gaz aux mines anglaises. En 1844, la mine de Seaton Delaval, dans le Northumberland, possédait un appareil à gaz, construit à 193 m. de profondeur, sur l'une des parois. En 1856, la mine de High-Elsecar, près de Barnsley, a été le théâtre d'essais dans lesquels le gaz, fabriqué à la surface, était refoulé à l'intérieur et brûlé dans les lampes de Davy.

A peu près à la même époque, un mémoire sur l'emploi du gaz dans les mines était présenté à l'Association des ingénieurs civils de Londres. Dans ce mémoire, l'innovation était présentée comme un progrès sous le rapport de la santé des ouvriers, ainsi soustraits à l'action des odeurs fétides qui résultent de la combustion incomplète de l'huile et du suif. L'auteur en faisait aussi une question d'économie, dont l'importance est grande, si l'on considère que les dépenses d'éclairage de toutes les mines de la Grande-Bretagne s'élèvent annuellement à la somme de 7,500,000 fr. et qu'une seule des grandes exploitations du Cornwall

consomme dans le même laps de temps pour 175,000 fr.
de chandelles. Il se basait sur les expériences de M. Wright,
à la mine d'étain de Balles-Widden, en Cornwall, pour
établir la réduction de dépenses qu'amènerait ce mode
d'éclairage.

Dans cette mine, dont les travaux sont portés à une profondeur de 260 mètres, chacun des 340 ouvriers qui y sont
occupés use quatre chandelles en une journée de huit
heures, d'où résulte une dépense annuelle de 20,850 fr.

Une pompe refoulait le gaz sous une cloche installée à
la surface et formée de plaques de fer qui la rendait assez
pesante. Il y était soumis à une pression exprimée par une
colonne d'eau de 0.475 m. et de là se rendait dans les
excavations souterraines et se distribuait dans les galeries
et les chantiers. Les conduites étaient composées, pour
les parties rectilignes des voies, de tuyaux rigides en fer
essayées à haute pression et, pour les parties sinueuses,
de tubes flexibles.

Outre l'économie résultant du nouveau mode d'éclairage,
économie notable, puisque la dépense se réduisait à
12,175 fr., c'est-à-dire presqu'à la moitié de ce qu'elle
était auparavant, on put constater une amélioration dans
le travail du mineur, qui était mieux éclairé et gagnait
d'ailleurs tout le temps qu'il devait jadis consacrer à l'ar-
rangement des lumières ; enfin l'aérage même y trouva son
compte, attendu que l'atmosphère des excavations se
conservait dans un état de plus grande pureté.

En terminant la séance, l'Assemblée des ingénieurs émit
l'avis qu'il y aurait un grand avantage sous le rapport économique à associer des mines voisines pour l'exécution et
l'usage d'un même gazomètre. Elle formula aussi l'espoir
que l'éclairage au gaz s'étendît également aux mines de
houille. Il est assez étrange que les membres de cette

assemblée ignoraient les essais qui avaient été faits dans ce sens longtemps auparavant.

Quoique l'emploi du gaz, dont le pouvoir éclairant est bien supérieur à celui de l'huile, soit considéré par les ingénieurs anglais comme fort économique, cependant un grand nombre d'entre eux se sont fait une idée tellement exagérée des difficultés de sa mise en pratique, que cette innovation n'a pas progressé comme on aurait pu s'y attendre. Aussi, dans beaucoup de mines, l'éclairage par le gaz s'est borné aux accrochages, aux margelles des puits et aux chambres des machines; on ne l'a porté que par exception dans les galeries. Toutefois, les préventions se dissipent peu à peu et, quelque lenteur qu'il y mette, le procédé se propage.

Les Anglais fabriquent le gaz au jour ou à l'intérieur, suivant les circonstances, et l'envoyent, soit à des lampes Davy, soit à des becs ordinaires, à travers des tuyaux en fer fixés au faîte des galeries.

A la mine de Seghill (Northumberland), le gaz, fabriqué à la surface, est reçu dans un gazomètre et pénètre à l'intérieur sous l'impulsion d'une chûte d'eau dérivant d'une trompe, car le directeur de la mine ne croyait pas que la compression seule fût capable de déterminer la descente du fluide.

La houillère de Pendlebourg (Lancashire) prend son gaz à la ville de Manchester. Le gaz passe dans un petit gazomètre établi au jour; là, il est soumis à une pression suffisante qui le force à descendre dans les excavations souterraines, où il alimente 32 becs. On remplit le gazomètre chaque jour, en le soulevant au moyen d'un treuil; à cet effet, on ferme les robinets de sortie et l'on ouvre ceux qui établissent la communication avec la distribution de la ville. Cette opération, qui nécessite l'extinction des

29

becs de la mine, s'exécute pendant la nuit. Cette interruption dans l'éclairage n'aurait pas lieu si l'on employait deux gazomètres (1).

Lorsque les circonstances le permettent, les Anglais cherchent à utiliser le gaz qui se dégage spontanément des fissures de quelques roches encaissantes. Ils le recueillent à sa sortie sous des chapeaux en forme d'entonnoir et le conduisent au jour, où il sert à éclairer les margelles des puits et les divers ateliers.

MM. Fischer et Dejaer ont eu l'occasion de voir une disposition pareille, à la mine de Deep-Duffreyn, dans le sud du pays de Galles. Le puits d'appel avait rencontré, à une profondeur de 150 m., un banc de grès très-disloqué, dont les innombrables fissures donnaient issue à un grand volume d'hydrogène protocarboné. Le courant qui en résultait était tel que, à la suite d'une explosion provoquée par les flammèches du foyer d'appel, le gaz détermina un jet continu qu'il a été fort difficile d'éteindre.

Pour se préserver, à l'avenir, de ce danger et pour utiliser le gaz, les exploitants décidèrent de le recueillir. Après avoir élargi le puits sur toute la hauteur de la stratification fissurée, ils firent picoter deux trousses en fonte de fer, l'une vers le haut, l'autre vers le bas de la partie excavée, puis ils construisirent entre ces deux trousses une maçonnerie laissant entre elle et la roche un espace annulaire dans lequel l'hydrogène protocarboné s'accumule incessamment. Un tuyau le conduit au jour, où il sert à l'éclairage.

Au moment de la visite des deux élèves belges, on dé-

---

(1) *Voyage en Angleterre de MM. Fischer et Dejaer.* Rapport manuscrit, p. 74. La *Revue universelle*, 4° année, p. 33, donne un extrait de ce travail, que nous avons déjà cité.

plaçait les foyers de lumière pour les porter à l'intérieur des travaux, en substituant un tuyau descendant au tuyau ascendant. A la question faite, s'il n'y aurait pas à craindre que le gaz, ainsi forcé de descendre, cessât de s'échapper des crevasses, il fut répondu que la pression d'environ quatre atmosphères sous laquelle il s'échappe est une preuve certaine de l'existence de stratifications schisteuses compactes et imperméables, comprises entre les couches déjà exploitées et la houille d'où se dégage le gaz : qu'ainsi il n'y a aucune crainte à concevoir.

Avenir probable de l'emploi du gaz dans les mines de houille.

Les essais faits en Belgique n'ont pas eu, sous le rapport économique, le même succès qu'en Angleterre où les circonstances de gîsement et d'exploitation diffèrent, d'ailleurs, essentiellement de celles de nos mines. Les couches régulières et puissantes de ce pays favorisent l'installation des tuyaux ; le déplacement de ceux-ci est chose rare, à cause du développement des galeries ; enfin, dans les roulages fort étendus, éclairés par un nombre considérable de lampes à l'huile, le gaz peut être substitué avec économie, puisque les frais d'installation des appareils se répartissent sur un grand nombre de foyers lumineux. Aussi est-il permis de penser que, par la tendance des travaux à se développer dans la profondeur, il arrivera une époque où les galeries de traînage, plus longues qu'aujourd'hui, pourront nécessiter l'emploi du nouveau procédé.

Alors, sans doute, on installera au jour les générateurs, puisque cette circonstance n'a pas d'inconvénient, — si ce n'est d'exiger une pression proportionnée à la profondeur, pour refouler le gaz dans les travaux, — et que la descente peut être facilitée par un mince filet d'eau tombant avec ce gaz dans la colonne de conduite. Tandis que l'établissement de ces appareils à l'intérieur entraîne de grandes difficultés : il faut percer des excavations coûteuses, dont les dimensions, si relativement vastes qu'elles soient, ne fournissent en définitive que des espaces insuffisants, d'où rayonne une chaleur parfois intolérable ; les foyers consomment une partie du courant d'air destiné à la ventilation des travaux ; enfin, les chances d'explosion d'un réservoir de gaz inflammable, placé auprès du foyer de combustion et entouré de galeries fréquentées par les ouvriers, est une source constante de danger.

Si cependant les circonstances locales exigeaient que les générateurs fussent à l'intérieur, il conviendrait de se servir de ceux de M. Bower, qui sont portatifs et dont les divers organes sont disposés de manière à n'occuper qu'un espace assez restreint.

Dans tous les cas, il convient de les installer dans le voisinage des chaudières à vapeur, afin que le machiniste puisse les soigner en y consacrant le temps que lui laissent ses fonctions.

Le gaz, recueilli dans un gazomètre récepteur sous une faible pression, en sera extrait et refoulé dans un appareil plus petit, qui le fera pénétrer à l'intérieur des travaux avec une vitesse suffisante pour le faire sortir des becs sous une faible pression, la compression ayant lieu au moyen d'une pompe foulante, mise en activité par un homme, un cheval ou le moteur de l'extraction.

Le gaz se fabriquant au jour, le même gazomètre peut desservir un groupe de puits ou de mines voisines et subvenir également à l'éclairage de l'intérieur et de l'extérieur.

Toutefois, si, comme tout le donne à penser, l'emploi de

l'huile américaine prend dans les mines autant de développement qu'il en a déjà dans les usages domestiques, il retardera évidemment, s'il n'empêche tout-à-fait, celui du gaz dans les houillères du continent. Sous le rapport du prix, le pétrole est au moins aussi avantageux; il se prête à la mobilité des foyers de lumière, ce qui lui constitue une grande supériorité; enfin l'huile américaine, peut être brûlée dans toutes les lampes de sûreté et servir ainsi à l'éclairage des mines à grisou, tandis qu'il y a doute sur la possibilité d'employer, dans ce cas, les becs de gaz avec économie.

Éclairage des mines par l'électro-magnétisme.

Des physiciens de premier ordre ont proposé d'appliquer aux mines la lumière électrique. « A une époque, dit M. Boussingault, où l'on songe activement à utiliser la pile voltaïque pour l'éclairage des villes, il est permis d'espérer que bientôt les travaux souterrains recevront une lumière qui naît et se maintient dans le vide, sans que, pour l'entretenir, il soit nécessaire d'alimenter un foyer de combustion avec une atmosphère trop souvent explosive. »

Ce physicien conseille l'emploi d'une pile à courant constant, telle que celle de Groove ou de Bunsen; les pointes de charbon plongées dans le vide ou dans l'eau produiraient un jet lumineux qui brillerait impunément dans une atmosphère détonnante. Seulement, les conducteurs sont embarrassants et leur enveloppe est exposée à se déchirer promptement par leurs frottements contre les roches.

M. de la Rive a fait de nombreuses tentatives pour rendre

pratique l'éclairage des mines par la pile voltaïque. Il proposait de renfermer les cônes de charbon et les ajutages dans un petit ballon de verre hermétiquement fermé. Mais il trouvait toujours sur sa route un obstacle insurmontable : l'interruption due à l'écartement des charbons par leur combustion (1).

Le docteur John Taylor, dans un mémoire consacré à une série-d'observations sur le grisou et adressé à la Société philosophlique de Glascow (2), suggère l'emploi de tubes vides, hermétiquement fermés qui seraient illuminés par le courant d'induction d'une bobine de Ruhmkorf ou de tout autre appareil semblable. Ces tubes lumineux, suspendus au centre des excavations, ne donneraient pas assez de chaleur pour que leur rupture mit le feu au mélange gazeux. La batterie serait placée en dehors du passage des ouvriers. Le seul soin que réclamerait l'appareil consisterait à renouveler le liquide de la pile.

Enfin, d'après M. Way, il conviendrait de substituer aux charbons un filet discontinu de mercure ou une série de gouttelettes tombant d'un petit entonnoir en fer et recueillies dans une cuvette de même métal. Les deux pôles de la pile sont mis en communication, l'un avec le mercure de l'entonnoir, l'autre avec celui de la cuvette ; alors, il se produit entre les globules successifs une série d'arcs lumineux, d'où résulte une source assez continue de lumière électrique. Un manchon de verre enveloppe le filet liquide ; sa faible section lui permet de s'échauffer assez pour s'opposer à la condensation des vapeurs mercurielles sur ses parois. Le fluide est protégé contre l'oxidation par l'absence de contact avec l'air atmosphérique.

(1) *Technologiste*. Tome VII. 1846.
(2) *Mining journal*. Octobre 1861. n° 1365, vol. XXXI.

Tel était l'état de la question, lorsque M. Serrin fit paraître un régulateur de l'écartement des charbons, au moyen duquel il parvient à annihiler le dernier obstacle qu'avaient rencontré les physiciens et maintient la constance dans la lumière électrique.

Dans une série d'expériences, faites le 26 janvier 1861, à l'Académie des Arts-et-Métiers de Paris (1), l'opérateur a obtenu, par le régulateur, des effets de lumière diffuse d'une blancheur éclatante et nullement fatiguante. Après avoir fonctionné dans le vide, l'appareil a produit au milieu de l'eau les mêmes effets lumineux.

L'éclairage des mines par la lumière électrique faciliterait singulièrement la plupart des opérations souterraines. Cette lumière, partant de divers foyers établis dans des parties bien ventilées de la mine et suffisamment spacieuses rayonnerait directement sur les objets qu'elle éclairerait; ou bien, composée, suivant les besoins, de faisceaux simples ou multiples, se propagerait à l'aide de réflecteurs métalliques convenablement disposés, l'éclat de ces faisceaux pouvant se porter, comme on le sait, à des distances considérables, sans que l'intensité en soit altérée.

Brûlant dans le vide, dans l'air libre ou dans l'eau, elle éclairerait les chambres d'accrochage, les galeries principales et peut-être même les chantiers d'arrachement, sans que le mineur eût à craindre la détonation du grisou; car il suffirait, pour s'en préserver, de placer l'appareil sous une cloche en verre, dont la base, plongeant dans l'eau, formerait un obturateur hydraulique, d'où résulterait la suppression de toute communication avec l'extérieur. Rien ne s'opposerait à ce que l'enveloppe du luminaire, dans les lieux où elle serait exposée à être renversée ou

(1) *Journal des Mines*; numéro du 7 février 1861.

brisée, consistât en un épais manchon de cristal, revêtu d'une armature et rempli d'eau, au milieu de laquelle se produirait la lumière électrique.

Un foyer lumineux qui ne craint ni les infiltrations d'eau, ni les courants d'air offrirait un grand avantage dans les *passages-à-niveau*, au fonçage des puits à travers les stratifications aquifères. Alors l'ouvrier, entouré d'une lumière éclatante, poserait le cuvelage et en ajusterait les pièces avec plus d'exactitude qu'il ne peut le faire maintenant, menacé, sans cesse, de l'extinction, si facile, de sa lampe. Enfin, quels services ne rendrait pas cette lumière, lorsque la nuit, elle serait appliquée à l'éclairage des haltes et des margelles des puits, pour opérer les criblages, la réception des vases, la réparation des machines, etc., et remplacerait ces corbeilles en fer, où brûlent des quantités considérables de grosse houille, ou ces grosses lampes qui consomment beaucoup d'huile et qui s'éteignent sous le moindre coup de vent?

On ne peut arguer de ce que les régulateurs sont trop délicats pour être mis entre les mains des ouvriers; ceux-ci ne sont jamais appelés à toucher à ces appareils, qui agissent automatiquement; tout ce que les ouvriers ont à faire se borne à renouveler les acides des cellules. Fût-il même indispensable que les mineurs intervinssent, il suffit d'avoir vu certains d'entre eux remplir un fétu de paille de poudre fine sans en répandre un grain, pour être convaincu de leur aptitude aux travaux les plus délicats. On peut, d'ailleurs, charger spécialement de ces soins un homme dont le salaire réparti sur un certain nombre de foyers n'augmenterait guère le prix de chacun d'eux.

Dans une question d'humanité, la dépense ne doit pas être prise en considération; cependant, ce mode permettrait de réaliser une économie notable, si l'on en croit

M. Staite, physicien anglais, qui a relevé dans son pays les prix comparatifs que voici :

Lumière électrique :	fr. 0.05	par heure.
Gaz de houille . .	» 0.60 à 0.80	»
Chandelles . . .	» 9.40	»
Bougies	»15.60	» (1).

L'électricité donne donc, abstraction faite des frais d'installation, l'éclairage le plus économique, le plus sain et le plus brillant (2).

M. Boussingault estime que la puissance lumineuse d'une pile de Grove ou de Bunsen, composée de 48 couples, et consommant 1.20 grammes de matières, égale celle de 5 à 6 cents bougies stéariques. L'économie est donc évidente, quelle que soit l'incertitude inhérente à ce genre d'évaluation.

Nous n'avons pas ici la prétention de formuler un procédé d'éclairage électrique, procédé qui ne peut sortir que de l'expérience. Il nous suffit d'attirer l'attention des ingénieurs sur cette question d'économie et de sûreté. La proposition d'employer l'électro-magnétisme, quoique ancienne, est encore dans le champ des spéculations théoriques ; nous souhaitons qu'elle entre enfin dans sa phase expérimentale.

Mais déjà le *Technologiste* (3) annonce que des expériences faites dans les ardoisières d'Angers semblent avoir complétement réussi et que leurs auteurs, MM. Bazin et Harley, ont appliqué les lampes ou régulateurs à charbons, conjointement avec les machines électro-magnétiques de

(1) Le physicien anglais ne s'est pas occupé de l'huile ; mais on sait que le prix de cette substance est environ le double de celui du gaz, fr. 1-20 à 1-60.

(2) *Technologiste*, Tome IX, p. 364, 1843.

(3) 24° année, n° 286.

M. Aug. Berlioz, sans qu'il se soit produit d'interruption ou
autre accident. La lumière électrique, sans chaleur, odeur
ou fumée, remplaçait, à la satisfaction des ouvriers, celle
du gaz, toujours chaud et nauséabond, et des salles de
80 m. de longueur sur 40 m. de largeur étaient parfaitement
éclairées par le nouveau mode, qui, en outre, déterminait
une augmentation d'un sixième à un cinquième dans le
travail utile des ouvriers.

Lampe électrique portative (1).

MM. Dumas et Benoist, le premier, directeur des mines
du Lac (Ardèche), le second, docteur en médecine, avaient
conservé un souvenir très-vif des expériences auxquelles
ils avaient assisté, à la Sorbonne et à l'École de médecine
de Paris, et qui avaient pour but de reproduire celle de
M. du Momel consistant à introduire des tubes éclairants
dans la cavité buccale, afin de pouvoir en examiner les
diverses parties. Ce souvenir leur inspira l'idée de se servir
du même moyen pour éclairer les mines et les engagea à
réunir leurs efforts afin de rendre cette application aussi
pratique que possible.

Leur appareil, présenté d'abord à la Société des sciences
de l'Ardèche et à l'Académie de Paris, a été ensuite l'objet
de nombreux essais de la part de MM. Dumas et Parran,
ingénieur départemental dans les houillères de Bessèges,
de Lalle, de Rochelle et de la Grand'Combe. Il se compose
de trois organes : 1° un élément de pile, 2° une bobine de
Ruhmkorf et 3° un tube éclairant de Geissler.

_____

(1) *Comptes-rendus de l'Académie.* T. LV. p. 439. — *Annales des
mines,* 6° série. T. IV, p. 456.

1° L'élément — unique — est celui de la pile de Bunsen, reconnue comme la plus avantageuse. Il a 0.20 m. de hauteur sur 0.10 de diamètre. C'est un cylindre, *a a*, en zinc amalgamé, isolé par une enveloppe extérieure en caoutchouc, *s s*, et recouvert d'un disque de même matière. Ce cylindre renferme un vase poreux, *b b*, et une lamelle, *c*, de charbon ou de platine, surmontée d'une tige filetée. De l'acide sulfurique étendu d'eau est versé dans le cylindre de zinc jusqu'à une hauteur de 0.15 m., du bichrômate de potasse est projeté dans le vase poreux et il se forme du sulfate de zinc et l'alun de chrôme.

La tige de mise en train, *d*, est tournée ou détournée pour déterminer ou pour interrompre le courant électrique.

2° La bobine de Rhumkorf, *e e*, est renfermée dans un sachet en caoutchouc souple qui la préserve de toute détérioration de la part des liquides et des gaz.

Cette bobine, dont la longueur est de 0.15 m. et le diamètre extérieur, de 0.046 m., se compose : d'un faisceau de fer doux ; d'une double spirale ; d'un fil inducteur en cuivre ayant 30 m. sur 1.5 à 2 mm. de diamètre ; d'un fil induit fort mince, de 2000 m., formant 36 spirales ; et d'un interrupteur, ou marteau oscillant de Fizeau : le tout noyé dans une enveloppe isolante. On sait d'ailleurs que dans une bobine ainsi montée, lorsque le courant du fil voltaïque est interrompu, celui du fil conducteur se manifeste d'une manière continue et qu'alors l'étincelle et les apparences lumineuses peuvent se produire.

Le principe de la lampe est connu depuis longtemps par les expériences de MM. Grove, Ruhmkorf et Quer. L'étincelle de la bobine d'induction, dans un milieu très-raréfié, consiste en une lueur joignant les deux extrémités du rhéophore et présentant de curieuses stratifications.

3° Les tubes éclairants, ou tubes à ampoules, imaginés par

M. Geissler, constructeur d'instruments de physique à Bonn, sont en verre ou en cristal. Le courant électrique, qu'on y fait passer au moyen de deux électrodes, se dénote dans toute l'étendue du tube par une série de nappes lumineuses, séparées par des intervalles obscurs. La couleur et l'intensité de la lumière dépendent du degré de raréfaction de l'air, de la nature des gaz que renferme le tube, de la puissance de l'appareil d'induction, etc. L'éclat peut en être rendu plus vif et plus égal par le développement de la propriété de fluorescence du verre ou sa persistance lumineuse sous l'influence de l'électricité.

Le tube éclairant, f, enroulé en hélice, a un diamètre de 1 mm. à l'intérieur, il est ordinairement rempli d'acide carbonique très-raréfié. Deux fils de platine sont soudés à ses deux extrémités et communiquent d'une part avec l'intérieur du tube, d'autre part avec les deux réophores de la bobine. Le tube est préservé de tout contact extérieur par une enveloppe en cristal, aux extrémités de laquelle sont adaptés des électrodes formés de pointes de charbon mis en communication avec les pôles de la bobine d'induction. L'épaisseur de l'enveloppe en verre est telle que l'on n'a pas à redouter une rupture, que rend d'ailleurs peu dangereuse le défaut de chaleur sensible à l'intérieur.

Les trois organes que nous venons de décrire. sont disposés comme suit :

La pile et la bobine sont invariablement fixées dans une espèce de giberne — en cuir léger, préparé à la cire fondue, ou en gutta-percha durci, — que le mineur porte à la manière des gibecières. La giberne est fermée par un couvercle en bois garni de caoutchouc, qui interrompt toute communication entre l'intérieur et l'extérieur. Deux conducteurs bien isolés et d'une longueur suffisante partent de l'appareil d'induction et aboutissent au tube de Geissler, dont l'enveloppe est protégée par une armature en cuivre, qui rappelle la forme des lampes de sûreté. L'ouvrier tient la lanterne en main ou fixée à la face antérieure de la giberne, ce qui laisse la liberté des bras.

Un bouton, faisant saillie sur le couvercle de la giberne, commande une vis qui, par l'intermédiaire d'une tringle et d'un chapeau à palier, met en relation la pile et la bobine ou les sépare à volonté. Il suffit de tourner ce bouton de droite à gauche ou *vice versa* pour déterminer le passage ou l'interruption du courant et, par suite, l'éclairage du tube ou la disparition de la lumière. Une tige en matière isolante et percée suivant son axe traverse le même couvercle pour parvenir à l'élément électro-moteur; sa destination est d'expulser les gaz qui se dégagent à l'intérieur de la pile et il suffit, pour cela, d'enlever le bouton qui ferme le tube de la tige.

Voici le résumé des observations faites par M. Parran dans les diverses épreuves auxquelles il a soumis l'appareil.

La lampe, d'un poids de 5.5 kil., est aussi portative que solide; ses organes, en raison de leur délicatesse, sont disposés de manière à être à l'abri de toute atteinte; en sorte que, lorsqu'elle est garnie et fermée, on peut la confier, en toute sûreté, à un ouvrier quelconque. La faculté de pouvoir conserver les bras libres permet de circuler sur les échelles et de franchir les passages difficiles. Le porteur d'une lampe n'a éprouvé aucun embarras pendant une tournée de trois heures fort accidentée dans les mines de la Grand'Combe.

L'appareil, convenablement garni, fonctionne pendant douze heures consécutives, sans que la lumière perde de sa clarté et sans qu'il faille apporter la moindre modification. La dépense pendant ce temps est de fr. 1·25, ce qui est la condition de durée et d'entretien des lampes de sûreté ordinaires.

La lumière est froide ou plutôt ne produit pas de chaleur appréciable dans le tube où elle rayonne. Elle est inaccessible au gaz et, par conséquent, ne présente aucun danger d'explosion; car, en supposant même une rupture du tube dans un mélange détonnant, la résistance de l'air s'opposerait immédiatement à la production de l'étincelle électrique.

Cette lumière, d'une teinte bleuâtre et d'une grande douceur, a de l'analogie avec celle du ver-luisant. Son intensité, d'abord un peu moindre que celle des lampes de sûreté, devient la même au bout de quelques heures de service et lui est supérieure dans les excavations mal ventilées. Telle qu'elle est, non-seulement elle suffit pour éclairer le mineur qui circule ou qui travaille; mais encore elle donne à l'ingénieur une clarté qui lui permet d'observer la boussole et d'inscrire des données dans son carnet. Enfin, comme le dit M. Parran : « La lampe électrique paraît propre à remplir le but des inventeurs dans certains travaux exceptionnels des mines, où les lampes ordinaires font absolument défaut, comme, par exemple :

» S'il faut éclairer, sans y pénétrer, des excavations pleines de gaz ou faire des perquisitions dans les puisards; s'il s'agit de faire un sauvetage, c'est-à-dire de marcher rapidement au secours de travailleurs menacés d'un danger; de poursuivre l'avancement de chantiers indispensables, dans lesquels l'abondance de l'azote ou du grisou empêche la lampe de brûler; ou toute autre excavation impossible à ventiler et où l'air, quoique entretenant la respiration, est impropre à la combustion; s'il faut tenter le sauvetage d'ouvriers pris derrière des éboulements ou séquestrés par un accident quelconque dans un quartier de la mine où l'air, à peine respirable, ne permet pas aux ouvriers sauveteurs de s'éclairer et où il faudrait laisser périr les victimes. »

L'appareil de MM. Dumas et Benoist ne peut indiquer l'état atmosphérique sous le rapport du gaz inflammable. C'est une imperfection à laquelle on peut suppléer, mais partiellement, par l'observation des effets du gaz sur les divers organes de la figure humaine, tels que le palais, le nez, les yeux et les cheveux ; mais ces moyens d'appréciation, fort vagues, sont loin de valoir les indications de la lampe de sûreté.

La lampe électrique portative peut être substituée aux appareils fixes employés jusqu'ici pour le tirage à la poudre. Elle y apporte un perfectionnement important par suite de la suppression des conducteurs fixes, si coûteux, si gênants dans les excavations et si promptement détériorés. L'appareil est logé dans le refuge préparé pour les mineurs dans la galerie ou dans le puits en creusement ; le courant induit est mis en communication, d'un côté avec les conducteurs partant du front d'entaillement, de l'autre avec la terre ; puis l'explosion est déterminée par l'interruption, pendant quelques secondes, de la lumière tubulaire. Il résulte des expériences de M. Dumas que le courant électrique peut embraser simultanément quatre coups de mine. Ainsi, outre l'économie réalisée par la suppression des conducteurs fixes, l'activité du travail d'arrachement pourra être augmentée.

M. Luyton a eu l'occasion de se servir de cette lampe à diverses reprises, notamment lors d'une recherche par le puits Chapelon de Firminy, près de St-Étienne, puits destiné à reconnaître la qualité et la puissance d'une couche qui, au moment de sa rencontre, dégagea de si grandes quantités de gaz, que tout travail dût être interdit sur ce point. Pour se soustraire aux pertes de temps et d'argent qu'aurait exigé la régularisation de l'aérage, on résolut de poursuivre le fonçage du puits avec la lampe de M. Dumas, ce qui se fit, sur une profondeur de 10 m. à travers la houille et le schiste, et pendant quinze jours.

Le lampiste de l'établissement avait été bientôt au courant du montage de l'appareil, du chargement de la pile, etc. Les mineurs s'étaient également familiarisés avec le maniement de la lampe, qu'ils fixaient aux boisages sans plus s'en occuper. Deux lampes ont suffi pour un puits de 3 m. de diamètre.

VIIIᵉ SECTION.

RÉSULTATS DE LA COMBUSTION DU GAZ DÉTONNANT.

Lieux de refuge destinés à protéger les ouvriers contre l'action des gaz produits par les coups de feu.

Le lecteur sait déjà que, dans une explosion, le nombre des ouvriers qui succombent aux effets délétères du gaz acide carbonique est bien plus grand que celui des victimes du choc direct qui les projette avec violence contre les parois des excavations. Il est donc de la plus grande importance de fournir aux mineurs les moyens de se renfermer dans une atmosphère respirable où ils puissent attendre soit des secours de l'extérieur, soit la dispersion des gaz irrespirables et asphyxiants.

C'est dans ce but que quelques ingénieurs anglais établissent, en des points convenables, des excavations de refuge *(refuge stalls)*, ou galeries appropriées à cette destination. A l'entrée de ces galeries, ayant servi autrefois au dégagement des produits d'ateliers actuellement épuisés, on construit un barrage destiné à isoler l'excavation, du courant d'air et dont la solidité soit telle qu'il puisse résister à une explosion locale modérée ou à une plus violente qui se produirait à distance. Dans ce barrage, sont ména-

30

gées deux ouvertures, l'une au faîte de la galerie, l'autre
près du sol, assez distantes l'une de l'autre, pour provoquer la ventilation du refuge, qui, dès lors, est toujours
rempli d'air respirable. L'ouverture supérieure est étroite,
son diamètre ne dépasse pas 0.15 m., tandis que celle
de dessous est assez spacieuse pour livrer passage à un
homme. Toutes deux sont munies de clapets suspendus par
des charnières à l'intérieur du refuge, de manière à pouvoir
toujours fermer celui-ci du dedans. S'il survient une explosion, les ouvriers ne s'enfuiront plus, comme auparavant,
à travers le courant principal dans une atmosphère de gaz
acide carbonique, mais ils se rendront immédiatement dans
le refuge, dont ils fermeront les ouvertures et où ils reste-
ront jusqu'à ce que le gaz empoisonneur se soit retiré des
travaux.

La comparaison entre le volume d'air nécessaire à la
respiration des ouvriers, forcés de chercher leur sécurité
dans les dernières galeries, et la capacité ordinaire de
celles-ci prouve, à l'évidence, qu'ils peuvent y séjourner,
en toute sécurité, pendant au moins vingt-quatre heures, si
toutefois le refuge a été bien disposé et rationnellement
construit. Ce temps suffit pour que l'atmosphère de la mine
se soit assainie.

Ces refuges ne coûtent presque rien et peuvent être
installés, abandonnés et réinstallés plus loin, à mesure de
l'avancement des travaux ordinaires de la mine. Ils sont
espacés de 100 en 100 yards (91 mètres), de manière que
l'un d'eux se trouve toujours sur le passage des ouvriers
en fuite. Un barrage placé au milieu ou dans le voisinage
d'une violente explosion peut être renversé, mais jamais à
distance, quelque courte qu'elle soit, aussi les ouvriers
trouvent toujours en arrière un lieu inaccessible aux gaz
asphyxiants.

Nouvel appareil de sauvetage.

Un ingénieur-mécanicien de Vienne en Autriche, M. C. Kraft, a imaginé dernièrement un appareil qui permet aux ouvriers de pénétrer sans danger dans les espaces infestés de gaz irrespirables et d'y séjourner pendant un certain temps.

L'ouvrier revêt une jaquette en cuir percée, à la hauteur des yeux, de deux ouvertures garnies de verres. Cette jaquette lui enveloppe le haut du corps et vient se serrer sur les hanches. Il porte sur son dos, en manière de havre-sac, une bouteille métallique d'une contenance d'environ onze litres, renfermant de l'air comprimé à 15 ou 20 atmosphères, volume suffisant pour entretenir la respiration d'un homme durant un quart d'heure.

L'ouvrier, en entrant dans l'atmosphère viciée, ouvre le robinet qui sert à l'évacuation de l'air et met la bouteille en communication avec la jaquette. Le fluide pénètre dans l'intervalle compris entre cette dernière et le corps de l'ouvrier et se dilate en aussi grande quantité que le réclament les besoins de la respiration. Un petit sifflet, que met en jeu l'air sortant, indique, par la variété de ses intonations, les instants où doit être régularisée l'ouverture du robinet. Il fait aussi connaître le moment où, la provision d'air tirant à sa fin, l'ouvrier doit se hâter de battre en retraite. Quoique la jaquette ne soit pas hermétiquement fermée, la grande force d'expansion du fluide qu'elle contient s'oppose à l'introduction des gaz méphitiques.

Les expériences de M. Kraft, qui ont eu lieu, tantôt dans l'eau, tantôt dans une atmosphère irrespirable, ont eu un succès complet. Le corps du génie autrichien et celui des pompiers de Vienne possèdent un grand nombre de ces appareils propres à pénétrer dans un milieu de vapeurs sulfureuses ou d'autres gaz nuisibles. L'inventeur a proposé de les appliquer au sauvetage dans les travaux souterrains, en employant une seconde bouteille liée à une lanterne dans laquelle pénétrerait l'air nécessaire à la combustion. Déjà plusieurs mines en sont pourvues, entre autres, les mines de lignite que M. Mayer dirige à Leoben, en Styrie.

Un appareil complet pour trois hommes, comprenant une pompe de compression, trois bouteilles et leurs accessoires, coûtent, y compris l'assemblage, 750 à 975 fr. et les trois jaquettes, 375 fr. (1).

Appareils de sauvetage portatifs à air comprimé.

Le lecteur a déjà pu se faire une idée des appareils proposés à diverses époques pour pénétrer dans les excavations infestées de gaz irrespirables (2) ; il a vu, entre autres, celui de M. Boisse, ingénieur des mines de Carmeaux, dans lequel la sortie de l'air comprimé du réservoir est modérée par un régulateur semblable à ceux des appareils à gaz comprimé et fournissant un courant continu. C'est le même principe que M. Bouquairol, directeur des mines de Firminy (Aveyron), a repris, avec cette modification essentielle qu'il ne peut y avoir d'échappement d'air que sous l'effort produit par la respiration de l'ouvrier.

Les ingénieurs français comptent pouvoir porter, au moyen de cet appareil, l'air nécessaire aux besoins de l'existence des ouvriers à travers les excavations remplies

(1) *Oesterr. Zeitschrift.* 1861. — *Dingler's* CLXI, p. 463.
(2) *Traité de l'Exploitation des mines des houille.* 1re partie, T. II, page 313, § 2.

d'air méphitique, l'un des plus grands obstacles à la rapidité du sauvetage dans les mines.

Il a été reconnu expérimentalement que le réservoir plein d'air comprimé à 16 atmosphères peut subvenir à la combustion et à la respiration pendant 21 minutes, temps qui sera encore majoré par l'emploi de la lampe de Dumas, qui n'absorbe pas d'air.

On espère, dit le *Bulletin de l'Industrie minérale* (1) que « le bagage du sauveteur sera complet lorsqu'il portera sur son dos l'air destiné à sa respiration et qu'il aura en main la lampe électrique pour guider ses pas. Les expériences faites et les résultats obtenus ne sont pas décisifs; cependant ils paraissent, dans leur ensemble, de nature à faire penser que les appareils portatifs à air comprimé pourront rendre, dans certains cas, de véritables services.»

Appareils respiratoires de M.Galibert, à Paris (2).

M. Galibert a modifié complétement les organes des anciennes dispositions :

Son appareil comprend une embouchure à laquelle sont annexés un pince-nez et deux tuyaux en caoutchouc d'une longueur déterminée par la profondeur de l'excavation dans laquelle le mineur doit pénétrer.

L'embouchure — en bois — dont la forme et les dimensions sont celles de la bouche ouverte de l'homme, est saisie entre les dents, pendant que les lèvres s'appliquent sur le pourtour de la pièce, afin d'intercepter le passage

(1) T. IX, 1863, page 137.

(2) Extrait d'un rapport de M. Callon, ingénieur en chef des mines, à M. le ministre des travaux publics (France). *Annales des mines*, 6ᵉ série. T. V, p. 131.

de l'air ambiant. Cette embouchure est pourvue de deux
trous, correspondant chacun avec l'un des tuyaux flexibles ;
le mineur bouche alternativement ces trous en portant
vivement le bout de la langue, tantôt sur l'un, tantôt sur
l'autre ; en sorte que l'air à aspirer est constamment appelé
par l'un des tuyaux, tandis que l'air expiré est expulsé par
l'autre.

S'agit-il de parcourir des excavations remplies d'air
délétère, dont la profondeur n'excède pas toutefois 25
à 30 m., telles que puisards, fonds de vallées, faux puits,
etc.? il conviendra d'employer des tuyaux assez longs pour
pouvoir, pendant la visite, déboucher dans la partie saine
de l'atmosphère ; ces tuyaux, d'ailleurs suffisamment épais,
devront être armés, à l'intérieur, de spirales en fil de fer,
qui les empêchent de se déformer ou de s'aplatir dans
les coudes de la voie. Un diamètre de 20 à 30 m m. paraît
assez grand pour les profondeurs indiquées ci-dessus.

Lorsque le mineur est appelé à s'aventurer dans des
excavations d'une assez grande longueur, pour sauver la
vie de ses semblables compromise par suite d'une explosion de grisou ou par les émanations d'un incendie souterrain, il doit pouvoir emporter avec lui sa provision d'air
respirable.

Le réservoir, dont il se sert dans ce cas, est assez semblable aux outres en peau de bouc dans lesquelles les
Espagnols renferment le vin et l'huile. La capacité de cette
outre est de 50 litres et on la porte sur le dos, comme un
havre-sac, au moyen de bretelles et d'une ceinture. Les
extrémités libres des tuyaux d'aspiration et d'expiration
plongent, l'une vers le haut, l'autre vers le bas du réservoir, en sorte que l'air chaud et partiellement vicié, venant
des poumons, éprouve quelque difficulté à se mélanger
avec l'air destiné à la respiration. Comme la pureté du

dernier tend à diminuer de plus en plus, le mineur ne devra pas attendre, pour se retirer, que la quantité d'oxygène nécessaire à sa respiration soit absorbée. Un séjour plus prolongé ne serait possible qu'autant qu'on aurait sur les lieux des outres de rechange. On gonfle les autres un peu avant de s'en servir. Lorsqu'elles sont déposées en magasin, on les entretient dans un état de souplesse convenable en les mouillant de temps en temps ou, mieux, en les remplissant d'eau. Il paraît que l'on conserve aux tuyaux de caoutchouc vulcanisé toute leur élasticité en les plongeant dans de l'eau pure ou légèrement alcaline, qui les préserve du contact de l'air.

Ces appareils, dépourvus d'organes mécaniques, tels que clapets, pompes foulantes, régulateurs d'écoulement, etc., offrent une sûreté que ne présentaient pas les anciens, dont les fonctions exceptionnelles pouvaient n'être pas en état de servir en cas de besoin.

Un réservoir de 10 litres fournit à la respiration pendant 3 à 5 minutes; il est donc probable qu'un de 50 litres suffira pour 15 à 20 minutes. M. Galibert livre ses appareils, à Paris, au prix de 70 à 80 fr., y compris le réservoir en peau de bouc.

M. Callon pense que ces appareils seront utiles et efficaces, si toutefois les moyens indiqués ci-dessus suffisent à entretenir les tubes et les réservoirs dans des conditions de souplesse et d'imperméabilité nécessaires, après que des essais auront fait connaître le temps de service d'un réservoir de capacité donnée.

IX⁰ SECTION.

DES INCENDIES DANS LES MINES DE HOUILLE.

Application du gaz acide carbonique à l'extinction des incendies souterrains.

Quelques ingénieurs belges, entre autres, MM. Gille et Delsaux ont nié positivement l'efficacité de l'acide carbonique dans l'extinction d'un incendie survenu en 1844, à la mine de l'Agrappe (Couchant de Mons); ils ont même émis des doutes très-accentués sur l'exactitude des résultats obtenus en pareilles circonstances, par les Anglais, notamment par M. Gurney (1).

L'auteur ne pense pas qu'il y ait lieu d'analyser ici les arguments plus ou moins spécieux que font valoir MM. Gille et Delsaux pour battre en brèche le nouveau procédé; il lui semble plus utile de fournir à ses lecteurs un nouvel exemple de ce mode d'extinction, recueilli par M. Busse, ingénieur des mines en Prusse, dont les capacités ne

---

(1) MM. Gille et Delsaux sont dans l'erreur lorsqu'ils donnent le paragraphe relatif à l'incendie de l'Agrappe, qui se trouve dans la première partie de cet ouvrage, comme la reproduction d'une notice publiée par M. Jottrand, dans les *Annales des Travaux publics*. Ce paragraphe, original, a été composé d'après les notes fournies par MM. Delneufcour et Letoret fils. S'il en eût été autrement, l'auteur, suivant une habitude dont il ne s'est jamais départi, n'aurait pas manqué d'indiquer la source où il aurait puisé.

peuvent être mises en doute et qui, dans cette question, n'a évidemment d'autre intérêt que celui de la vérité.

Cet ingénieur, dans son voyage en Angleterre (1), est arrivé trop tard sur les lieux pour voir l'opération en activité ; mais il a pu constater et admirer, cette opération terminée, son succès complet et, de plus, examiner à loisir les constructions à la place où elles avaient fonctionné et les dispositions qui avaient été prises.

C'est à la mine de Blackbroock, à la station de St-Helens, près de Liverpool (Lancashire). Les générateurs d'une machine souterraine avait communiqué l'embrasement à une couche de houille, de 1.50 m. de puissance, à laquelle on arrivait par trois puits. L'intensité du feu avait été telle, que la flamme, traversant un de ces puits, s'était montrée au jour et M. Busse put voir la houille transformée en coke et le toit du gîte en une substance semblable au jaspe. On avait éteint le feu en injectant pendant quinze jours 250 mètres cubes par minute. Les appareils d'extinction consistaient en un four à chaux et en deux ou trois générateurs à vapeur de la force de 11 à 12 chevaux, précédemment annexés à la machine d'extraction.

Le four à cuve (Pl. XVII, fig. 27 et 28) dans lequel se fabrique l'acide et l'oxyde carboniques est en briques. Il comprend une sole de 2.25 m. q., sur laquelle on entasse des fragments de pierre calcaire et surmontée d'une cheminée de 2.40 à 3 m. de hauteur, au sommet de laquelle débouche le canal de conduite des produits de la combustion. Deux foyers latéraux reçoivent le coke destiné à cuire la chaux ; on le projette par des ouvertures recouvertes de plaques en pierre réfractaire. Les grilles sont formées de barreaux assez rapprochés les uns des autres pour ne

---

(1) *Preussische Zeitschrift.* T. VI, p. 84.

laisser passer que le volume d'air strictement nécessaire
à la combustion du coke. Des portes en fer ferment ces
foyers à la partie antérieure.Les gaz brûlés qui se dégagent,
passent à travers un certain nombre d'ouvertures ménagées immédiatement au-dessus de la sole, se portent sur
le calcaire, retirent l'acide carbonique et se dirigent avec
celui-ci vers le conduit de sortie. On introduit la pierre à
chaux par une ouverture située au sommet de la cheminée
et recouverte d'une plaque ; lorsqu'elle est cuite, on l'extrait par une porte latérale.

Avant de conduire les vapeurs incombustibles vers le
foyer de l'embrasement, on a obstrué les trois puits avec
des planches recouvertes d'argile, afin de couper toute
communication entre l'atmosphère de la mine et celle du
dehors. Il pouvait arriver que les gaz incombustibles, plus
pesants que l'air commun, n'affluassent pas d'eux-mêmes
vers tous les points de l'exploitation ; pour faciliter leur introduction, on chauffait jusqu'à une tension de deux atmosphères la vapeur sortant des chaudières et on la faisait
arriver par un tuyau jusqu'à l'orifice du puits d'extraction,
où elle rencontrait le canal par lequel débouchaient les
gaz provenant du fourneau ; alors la vapeur, qui arrivait
par torrent dans le puits, laissait, par sa condensation partielle, des espaces privés d'air, dans lesquels se précipitaient
sans cesse les gaz incombustibles, ainsi chassés au fond
de l'excavation par le jet de vapeur.

Mais comme la vapeur ne peut guère abaisser la température de l'atmosphère souterraine, d'autres incendies
étaient encore à craindre, si l'on n'opérait pas simultanément des injections d'eau froide. Dans ce but, le tuyau
adducteur de la vapeur traversait un réservoir constamment alimenté par une pompe et dont le fond, garni
d'un crible, laissait échapper l'eau en minces filets. Ceux-ci,

par le contact avec la vapeur, se transformaient en fine poussière, qui pénétrait dans les excavations souterraines, dont elle abaissait la température.

Lors de l'arrivée de M. Busse, le plancher de clôture du puits d'appel était déjà enlevé ; les ouvriers travaillaient, au fond de ce puits, à percer le massif qui l'environne, afin de pénétrer à l'étage inférieur pour y reprendre les travaux d'exploitation de la couche incendiée. La température de ces excavations était tellement élevée qu'elle gênait les ouvriers dans leurs travaux.

MM. Dejaer et Fischer (1) citent la mine de houille de Westminster, près de Brynle, comme un exemple récent d'un incendie souterrain où l'acide carbonique a été employé avec un plein succès. Comme, dans cette circonstanstance, on n'avait préparé aucun moyen pour refroidir le courant d'acide carbonique, ce gaz n'aurait pu parvenir dans les excavations souterraines à cause de l'excès de température du puits d'entrée sur celle du puits de sortie, si l'appel n'avait été provoqué par un jet de vapeur dirigé à travers une cloison ménagée au centre du plancher de fermeture.

Emploi de la vapeur d'eau pour l'extinction des incendies souterrains (2).

Dans le courant du mois d'avril 1857, un incendie se déclara dans l'écurie voisine d'un accrochage de la mine de houille de St-Mathieu, district de St-Étienne. Il se propagea d'une manière effroyable et la chaleur devint telle que la houille en contact avec la flamme fut convertie en

(1) Mémoire manuscrit, p. 78.
(2) Bulletin de la Société de l'Industrie minérale. T. IV, p. 91.

coke. On obstrua aussi bien que possible tous les orifices
donnant accès dans les excavations souterraines; mais on
ne put retrouver les corps des neuf ouvriers brûlés dans la
mine, malgré des tentatives réitérées pendant huit jours
par le puits d'appel, au moyen d'un barrage mobile et en
refoulant l'air derrière les ouvriers.

C'est alors que la vapeur fut mise en jeu. La vapeur,
débouchant des deux générateurs de la machine d'épuisement fut portée à 6 m. au-dessous du palier qui ferme l'orifice du puits. Le courant, dont la pression variait de 38
à 43 centimètres de mercure, fut maintenue en activité
pendant 70 heures. Après ce laps de temps, on dirigea
pendant trois jours un jet d'eau froide contre les parois de
l'excavation qu'il s'agissait de refroidir, afin de pouvoir
descendre dans la mine. Le puits d'aérage ayant été découvert et un courant ventilateur établi, les ouvriers purent
pénétrer dans l'accrochage. Mais, deux jours plus tard, le
feu se déclara de nouveau, en dehors du courant d'air, à la
tête d'un plan automoteur, où il fut impossible de parvenir
pour y établir des barrages qui pussent circonscrire le
feu entre certaines limites; il fallut alors abandonner les
travaux souterrains et refermer le puits.

On recommença d'insuffler de la vapeur, d'abord pendant 24 heures consécutives, puis, après quelques dispositions prises dans le puits d'appel pour régulariser le
courant d'air, de nouveau pendant 18 heures. Ensuite on
injecta de l'eau froide pendant 12 heures, afin de pouvoir
pénétrer dans le puits, mais le feu se déclarant de nouveau,
les ouvriers durent se retirer. Alors nouvelle émission de
vapeur (11 heures), suivie d'injection d'eau froide, après
quoi, la mine étant devenue habitable, on éteignit successivement, en y projettant de l'eau, tous les points encore en
combustion. L'incendie était vaincu.

M. Castel, l'auteur de la notice d'où nous extrayons ces détails, explique comme suit le rôle que joue la vapeur d'eau. La vapeur, introduite dans la mine sous une pression de 1 1/2 atmosphères, réchauffe en se condensant les parois plus froides du puits ; elle pénètre peu à peu plus avant et atteint le foyer d'embrasement, dont elle remplit bientôt tous les espaces en chassant l'air devant elle. La première action de la vapeur est donc d'expulser l'air commun qui, renfermant de l'oxygène, est en état d'entretenir la combustion ; mais aussitôt elle en produit une seconde : Lorsqu'elle vient en contact avec les parois de la houille, dont la température s'élève à 5 ou 6 cents degrés, elle les refroidit et comme son dégagement est continuel, le refroidissement augmente, jusqu'à ce que les parois se soient mises en équilibre de température avec la vapeur. Son influence n'ayant lieu que sur les surfaces, l'intérieur de la masse ne peut se refroidir que par la conductibilité de la houille et ce refroidissement sera d'autant plus lent que le massif est plus considérable et que le volume de vapeur et sa vitesse sont moindres.

L'extinction des incendies souterrains, au moyen de la vapeur seule, serait une opération fort longue. On doit se contenter de refroidir par ce moyen les surfaces, afin que les ouvriers puissent pénétrer dans les espaces souterrains et y faire fonctionner les pompes à incendie.

La vapeur a encore pour effet d'arrêter la combustion, de restreindre la production de la fumée et de condenser celle qui existe déjà ou de l'entraîner avec elle.

Elle a fait énergiquement sentir son action dans l'incendie dont nous venons de parler. Quoiqu'elle n'eut été projetée dans les travaux que pendant une période de soixante-dix heures, ce fut assez pour que les ouvriers y pussent séjourner pendant deux jours. Le point de la mine où le feu a résisté le plus longtemps était aussi le plus éloigné du puits, celui donc où l'action du fluide avait été la plus faible.

La surface des parois de houille en ignition était d'environ 1000 mètres carrés, sur une longueur de galeries de 100 mètres; car ces galeries étaient à grande section. Mais cette surface n'était pas la seule qui reçût la vapeur, qui n'exerçait donc qu'une partie de son action sur les parois incandescentes.

Embrasement spontané des menus charbons déposés sur le carreau des mines (1).

Les mineurs silésiens ont trouvé, nos lecteurs le savent déjà, que le seul moyen de se soustraire à cet accident est de diriger un courant d'air à travers des canaux en bois disposés dans le tas, les uns horizontalement, sur le sol, les autres verticalement, en guise de cheminée d'appel.

Cependant, le contact du bois favorise l'embrasement de la même houille; en sorte que la nature des canaux employés peut, en beaucoup de cas, donner lieu à l'accident même qu'il s'agit d'éviter. Aussi les mineurs silésiens ont-ils jugé convenable de substituer aux canaux en bois des tuyaux de pompe hors d'usage et même des tuyaux neufs s'ils n'en ont pas d'autres à leur disposition.

Les meilleures conduites sont les tubes en tôle qui ont servi de colonne de garantie dans les forages : leur valeur est presque nulle, même comme vieux fer, puisqu'ils sont ordinairement rongés par la houille. Il importe que les tuyaux verticaux et horizontaux soient bien reliés entre

_____

(1) *Schlessische Wochenschrift*, n° 5, 1859.

eux, afin que le courant d'air n'éprouve aucune interruption, sans cela, le but ne serait pas atteint ou ne le serait qu'à moitié. Enfin, tout l'ensemble de la construction doit être soumis à un plan médité d'avance.

CHAPITRE IV.

EXPLOITATION PROPREMENT DITE.

————◆————

Iʳᵉ SECTION.

TRAVAUX D'ENTAILLEMENT.

Haveresse à double pointe.

La haveresse à deux pointes (Pl. XVIII fig. 1), dont le fer est terminé d'un côté par l'œillet, de l'autre par deux pointes juxtaposées, ne doit pas être confondue avec le double pic des Anglais et des Allemands, qui consiste en deux branches munies chacune d'une pointe et dont le manche est inséré au milieu de la longueur du fer. L'instrument que nous signalons ici, en usage dans plusieurs mines du district de Saarbrücken, offre l'avantage de produire un grand effet utile, même lorsqu'il se trouve entre les mains d'ouvriers peu exercés.

Les premiers essais, tentés dans le havage tendre de la couche de Grubenwalder, de la houillère de Reden, ont donné les résultats les plus satisfaisants ; car le havage, exécuté à une grande profondeur, par des ouvriers novices et sans expérience, a été considérablement facilité et la durée de l'opération notablement diminuée.

Il n'en a pas été de même dans les couches Landsweiler et Kallenberg, dont le havage renferme des veinules et des rognons de fer carbonaté des houillères, qui, lorsqu'ils sont stratifiés au milieu de l'intercalation, s'interposent entre les deux branches de la haveresse et mettent obstacle à son action. Pour pouvoir appliquer également l'outil à ce genre de couches, on arme la partie postérieure, le talon, d'une seconde branche très-solide, mais plus courte et moins élancée que celle de devant (fig. 2 et 3). Alors, l'une des branches sert au havage des lits tendres et l'autre à l'arrachement des parties dures qu'ils peuvent renfermer. Le même instrument est aussi propre à l'exécution des coupures ou entailles latérales.

L'expérience a prouvé la bonté de cette haveresse et, immédiatement après les essais, les mineurs la trouvaient tellement convenable, qu'ils s'en procuraient à leurs propres frais en remplacement des outils ordinaires que leur fournissaient les exploitants. Les avantages de cette amélioration seront très-sensibles dans les districts où les ouvriers habiles font défaut.

Outils en acier fondu.

L'acier fondu n'a pas été appliqué seulement aux outils de forage, mais encore aux pics, aux coins, aux marteaux, etc. L'initiative de cette fabrication a été prise dans les districts d'Essen et de Bochum, où se trouvent les fabriques d'acier fondu les plus importantes de l'Allemagne.

Tous les outils de havage et d'abatage de la houille, dont se servent les mineurs de la houillère Hagenbeck, près d'Essen, ont été fabriqués avec l'acier fondu provenant des usines de M. Krupp.

Les outils d'acier fondu ont plus de durée et d'effet utile que ceux qui sont simplement aciérés.

On a percé dans la couche Grossbanck de la mine Ver General und Erbstollen, une galerie de roulage de 83.60 m. de longueur et de 2.50 à 3 m. de hauteur ; les coins et les marteaux, qui avaient un poids, les premiers, de 3 à 4 kilogr. et les seconds, de 3.50 à 4.50 kilogr., se sont conservés, pendant tout le travail, sans exiger la moindre réparation.

Des essais ont eu lieu de 1849 à 1851, dans plusieurs mines des environs de Witten (Westphalie), pour l'abatage de couches sapées à leur base ; les coins d'acier fondu, dont on s'est servi, ont donné d'excellents résultats, tant sous le rapport de l'économie que de l'effet utile, lorsque toutefois la houille ne renfermait pas de nodules pyriteuses de fer carbonaté ou d'intercalations gréseuses ; car ces substances déterminent la rupture des pointes en acier fondu et les affutages fréquents occasionnent de grandes pertes de matière.

Les pics et les marteaux de même métal se sont également bien comportés ; mais on n'en peut pas dire autant des pointerolles, auxquelles il a fallu renoncer.

Emploi du trépan rubané pour exécuter des trous de mine dans la couche.

Les mineurs du district de Saarbrücken doivent, la plupart du temps, avoir recours à la poudre pour l'abatage des couches, dont la houille est fort dure ; aussi ont-ils un grand intérêt à ce que les opérations de forage, qui se répètent souvent, s'effectuent avec promptitude. C'est dans ce but que, depuis quelques années, ils ont substitué le trépan rubané au fleuret en ciseau, dont ils se servaient exclusivement.

Cet instrument, analogue à celui qu'emploient les sondeurs, est une lame tordue en vis aux arêtes tranchantes. Il se termine, à un bout, par une griffe à deux pointes et à l'autre, par un anneau, destiné à recevoir le levier, ou clef de manœuvre. Un mouvement de torsion de gauche à droite imprimé au fleuret tend à expulser les débris de la roche, sollicitée par les révolutions hélicoïdales de la lame. Le trépan rubané est capable de percer dans la houille un trou d'un mètre de profondeur et de 45 millimètres de diamètre, pendant qu'un ouvrier confectionne la cartouche qu'on doit y introduire, c'est-à-dire en moins de la moitié du temps que prenait autrefois le fleuret en ciseau. Cependant on doit encore avoir recours à ce dernier lorsque les assises de la houille alternent avec des lits de substances dures.

Quelques mineurs westphaliens, entre autres ceux de la houillère Hagenbeck, près d'Essen, emploient aussi des trépans-en-langue-de-carpe en acier fondu, avec lesquels ils percent en moins de cinq minutes des trous de même diamètre que ci-dessus. Mais l'acier fondu dont ils se servent est celui de M. Krupp qui, comme le lecteur l'a déjà vu, a une durée plus grande et produit plus d'effet que l'acier ordinaire.

Cependant, l'application de cet instrument aux houilles maigres n'a pas eu le même succès, ce que l'on attribue aux intercalations gréseuses et aux nodules de fer carboné lithoïde, ordinairement stratifiés dans les couches de cette nature.

Depuis quelques années, les mineurs de la houillère Reine-Louise, de même que ceux du bassin de Saarbrücken se servent du trépan rubané pour le glaisage des fourneaux de mine forés dans les houilles humides ou dans les houilles qui, traversées par de courtes et nombreuses fissures, tendent à affaiblir l'action de la poudre. Le revêtement d'argile empêche l'eau de pénétrer dans l'excavation et les gaz de se dissiper partiellement sans produire d'effet.

Aiguilles-coins.

Nous avons déjà parlé des aiguilles-coins à propos de l'abatage des roches dans le percement des galeries infestées de grisou. Mais ces instruments semblent devoir trouver leur application la plus utile dans l'arrachement des couches de houille et des roches adjacentes immédiatement en contact avec le gîte. Il convient donc d'en dire un mot dans ce chapitre.

On s'en sert très-avantageusement pour arracher la houille solide et résistante des tailles en gradins pratiquées dans des couches auxquelles le havage fait défaut. Les trous percés à la tarière au milieu de chaque gradin reçoivent l'aiguille, qui détache le parallélipipède presque d'un seul bloc. On le dépèce ensuite pour en descendre les morceaux sur la voie de roulage. Il suffit d'un second trou pour enlever le reste de la masse. La durée du forage dépend du procédé choisi. Cinq minutes suffisent pour chasser des coins d'environ un mètre de longueur.

L'application de l'aiguille-coin à l'arrachement des couches platteurs dont la houille est solide abrége la durée

de l'opération, dispense du havage et produit une plus
grande quantité de gros blocs de houille que le procédé
ordinaire. Dans ce cas, elle semble avantageuse même aux
couches qui ne renferment pas de gaz inflammable.

Excavateurs mécaniques propres à entailler la houille.

Les ingénieurs anglais cherchent depuis longtemps à
remplacer le havage à la main par le travail d'appareils
mécaniques. Les premiers essais n'ont pas eu grand succès
à cause des principes défectueux sur lesquels ils reposaient,
de la mauvaise disposition des organes et du peu de soin
apporté à la confection des machines, faites à la hâte.
Depuis quelque temps, les efforts semblent avoir redoublé
d'énergie, ainsi qu'on peut s'en convaincre par le nombre
considérable des brevets délivrés en Angleterre à ce sujet.
Parmi les dernières inventions, quelques-unes produisent
des effets utiles remarquables et semblent avoir atteint le
but. D'autres, quoique incomplètes, renferment le germe
de principes utiles, dont la connaissance peut avancer la
solution du problème ou, au moins, faciliter les recherches
ultérieures.

La première machine véritablement pratique a été construite en 1863, par MM. Fith, Donisthorpe et Riddley, et
l'idée première en est attribuée à un simple ouvrier de la
mine de West Ardley, près de Leeds (1). A dater de ce
moment, la question de l'arrachement de la houille par les
machines, a été agitée à plusieurs reprises dans les séances
des Instituts du Sud du pays de Galles, de Newcastle sur
la Tyne et d'autres Associations d'ingénieurs des mines.

(1) *Mining journal*, 1863.

Des opinions contradictoires ont été émises sur la possibilité d'obtenir par le nouveau procédé des avantages techniques et pécuniaires ; mais une considération dominait le débat : c'est que le nombre des ouvriers mineurs des bassins houillers est loin de s'accroître proportionnellement aux besoins de la production, et que, par conséquent, la force des choses doit nécessairement contraindre les ingénieurs à employer tous les moyens possibles pour suppléer à ce défaut de main-d'œuvre.

Les essais réitérés dont les excavateurs de West Ardley ont été l'objet ne laissent aucun doute sur la possibilité de construire des machines capables d'exécuter promptement et d'une manière convenable le coupage et le havage de la houille. Mais ces expériences, faites en Angleterre, ont eu pour objet des stratifications puissantes et faiblement inclinées ; n'est-il pas à craindre que les couches minces, fréquemment contournées et fortement inclinées du continent n'opposent de grandes difficultés ?

Quoiqu'il en soit, les excavateurs à pic de West Ardley se sont promptement propagés dans les mines du Nord et du Centre de l'Angleterre. Les progrès ont été plus lents dans le Sud du pays de Galles, à cause des préventions des ingénieurs de ces districts, qui ignoraient les résultats pratiques obtenus ailleurs ; les circonstances de gîsement des couches, et surtout le système d'exploitation usité dans ces districts constituaient aussi des obstacles sérieux.

Il ne s'agit pas ici d'examiner tous les appareils proposés depuis quelques années, mais seulement d'en décrire quelques-uns de chaque catégorie, afin de faire connaître au lecteur les plus pratiques et de lui donner une idée de la variété des principes mis à contribution.

Les divers types d'excavateurs sont les suivants :

Le plus ancien procédé consiste, soit à pratiquer une

série de trous jointifs, ou à peu près, dans le plan des
stratifications, ou bien à faire pénétrer une tarière dans la
couche et à la faire mouvoir le long de la taille. Tels sont
les deux moyens proposés et essayés par MM. Dumas et
Delahaye, d'un côté, Johnson et Dixon de l'autre.

Le second type, aujourd'hui le plus usité, est représenté
par les machines à pic, ou haveuses proprement dites, qui
ont pris naissance à West-Ardley. Ces appareils se divisent
en deux classes qui, toutes deux, pratiquent le havage ; le
dernier seul, dû à MM. Jones et Lewick, exécute la coupure, ou entaille verticale.

Dans le troisième type, l'outil, soumis à un mouvement
uniforme alternatif, agit à la manière des rabots. Les appareils de MM. Locke et Warrington, sont mis en jeu par
une machine à colonne d'eau.

Enfin, le quatrième type a, pour organes d'entaillement,
des scies rectilignes ou circulaires. Telles sont les machines de M. Jenkins de Cardiff, celles de M. Harrisson,
mises en mouvement par une turbine à air comprimé et
celles de M. Nielson, de Gateshead.

Haveuses mécaniques de MM. Johnson et Dixon de Newcastle (1).

(Pl. XVIII, fig. 13, 14 et 15). Deux cylindres horizontaux
à air comprimé reposent sur un bâti en fonte. Les tiges
des pistons impriment un mouvement rotatif aux manivelles,
fixées aux deux extrémités d'un arbre sur lequel est calée
une roue à dent. Celle-ci engrène un pignon, dont l'axe
se termine latéralement par une fraise *(cutter)*, prolongée

(1) *The practical mechanic's Journal.* Part. CXXXVI. 1 July 1859
p. 107.

en dehors du bâti. Cette fraise (fig. 15) est formée d'un tronc de cône métallique et munie d'échancrures longitudinales, dans lesquelles s'engagent des dents ou burins en fonte, dont la partie postérieure est découpée en queue d'aronde, ce qui permet de les changer dès qu'elles viennent à s'émousser.

La marche de l'excavateur en avant provient de l'arbre du moteur qui, au moyen de pignons et de vis sans fin, transmet un mouvement de rotation aux essieux des roues de support du bâti. Ces roues, armées à leurs circonférences de pointes saillantes, grippent sur des rails en bois et communiquent à l'appareil un mouvement de progression calculé d'après l'avancement linéaire que peut effectuer la fraise.

La machine s'avance parallèlement au front de taille, en laissant derrière elle une échancrure aussi voisine que possible du mur de la couche; mais, chaque fois qu'elle doit retourner à son point de départ pour recommencer un nouveau havage, l'ouvrier creuse, par les procédés ordinaires, un espace suffisant pour mettre l'appareil à peu près en contact avec le front d'entaillement.

Les inventeurs ont fait fonctionner leur appareil, à titre d'essai, dans les travaux de la mine de Broomhill, près de Sunderland, — mine où l'exploitation a lieu par piliers et galeries *(pillars und stals)*, c'est-à-dire par tailles fort courtes, — tandis que son mode d'action ne peut être favorable que par l'abatage de longues lignes, telles qu'en présentent seules les grandes tailles *(long walls)*. Toutefois, les essais ont prouvé que les auteurs ont obtenu le résultat qu'ils cherchaient.

La pompe à air, de même que la machine à vapeur qui la met en jeu, est installée à la surface. L'air comprimé est foulé dans l'intérieur des travaux à travers une conduite

métallique de 0.10 m. de diamètre ; une buse flexible en
caoutchouc relie la conduite et l'excavateur, de manière à
permettre à l'un des mouvements indépendants de l'autre,
sur une certaine longueur. Ces appareils sont accompagnés
d'un réservoir à air pourvu d'une soupape de sûreté. Un
manomètre, placé à l'intérieur des travaux, auprès de
l'excavateur, a fait connaître que les pertes de pression
résultant d'un parcours de 152 mètres, distance comprise
entre la pompe à air et l'excavateur, sont peu sensibles.

Voici quelques données numériques relatives à l'appareil
essayé à la houillère de Broomhill.

La longueur de l'excavateur est de 1.83 m., sa hauteur
et sa largeur, de 0.91 m. Les cylindres moteurs ont 0.20 m.
de diamètre et 0.30 m. de course. La fraise a une longueur
de 0.91 et un diamètre déviant entre 0.10 à 0.125 d'une
extrémité à l'autre. Elle fait 500 tours par minute, pendant
lesquels elle avance de 0.91 m.; elle produit donc une
excavation de 0.828 m. c. de surface et d'une hauteur de
0.12 à 0.13 m.

La pompe de compression se compose de deux cylindres,
de 0.76 m. de diamètre et de 0.91 m. de course; la machine à vapeur motrice a une force de 10 chevaux-vapeur.
Le nombre de pulsations doubles, de 30 à la minute, a
suffi pour maintenir la pression entre 2 et 2 1/2 atmosphères.

MM. Johnson et Dixon établissent, par des calculs, les
avantages économiques résultant de leurs haveresses à
l'air comprimé. Ils comptent aussi sur une économie de
houille, fondée sur la diminution de hauteur de l'entaille.
Ils regardent les conditions de l'abatage comme plus
favorables en ce que leur procédé donne un plus grand
nombre de blocs de houille que les procédés ordinaires.

Haveuses mécaniques de West-Ardley, dans le Yorkshire.

Ce sont les premiers appareils basés sur un principe rationel qui aient été introduits dans les mines. Ils sont dus à MM. Fith, Donisthorpe et Ridley et ils ont pour objet le havage de la houille, c'est-à-dire l'exécution d'entailles pratiquées à la base de la couche, parallèlement à ses stratifications. Cette opération est destinée à faciliter l'abatage de la houille et à la préserver de la casse dans une certaine limite. En sorte que le travail à la main se borne aux coupures, ou échancrures verticales.

Les figures 6 à 10 de la planche XVIII représentent les appareils qui fonctionnent à la mine de Hetton, district de Durham. Le train de voitures se compose d'un plateau en fonte, monté sur quatre roues, qui roulent sur une voie ferrée, établie parallèlement au front d'entaillement et assez solide pour prévenir tout déraillement. Le cylindre à air, a, accompagné de la boîte de distribution et du tiroir, est placé à la partie postérieure du plateau.

L'ouvrier, installé derrière la machine, saisit de la main droite la poignée du levier de mise en train, b, donne à l'arbre horizontal, c, un mouvement de rotation, qui déplace la tige du tiroir par l'intermédiaire de la manivelle, d. C'est ainsi qu'il règle la distribution de l'air comprimé dans le cylindre. O est l'orifice d'admission du fluide moteur. Sur cet orifice est vissée la boîte d'un tube flexible en caoutchouc, communiquant avec la conduite fixe, formée de tuyaux en fer.

La machine est de l'espèce désignée sous le nom de *trunk-machine*, la bielle se rattachant directement au piston. Cette bielle, e, après avoir traversé une boîte à bourrage, s'articule sur une tige plate, f, qui transmet au pic le mouvement du piston. Les extrémités de la tige plate sont articulées avec deux manivelles, g, dont les centres de rotation se trouvent sur des tourillons , h, fixés au plateau. Les arcs de cercle décrits par les manivelles étant opposés par leur convexités maintiennent le mouvement de va-et-vient en ligne droite (fig. 10).

L'outil, i, qui ressemble au pic en bec-de-cane usité dans certaines houillères d'Allemagne, reçoit un mouvement horizontal d'oscillation imitant celui d'une haveresse ordinaire, manœuvrée par un ouvrier. Il est ordinairement à double branche, afin qu'en le retournant, on puisse substituer instantanément un tranchant fraîchement émoulu à celui qui vient d'être émoussé par le travail. Cette double branche présente encore l'avantage d'accroître le poids de l'outil et, par conséquent, d'augmenter le moment du choc. Il peut cependant être utile d'employer des haveresses à une seule pointe, dont la manœuvre réclame moins d'espace. Le pic d'entaillement peut être placé à droite ou à gauche de l'appareil, suivant la position de celui-ci relativement au front de taille. On l'introduit dans une douille, k, située sur le prolongement des tourillons, au-dessous de la plate-forme, et on le serre avec une clavette.

La hauteur de l'outil au-dessus du sol doit varier dans certaines limites peu écartées, mais suffisantes pour que le mineur puisse choisir, comme havage, la stratification la plus convenable parmi celles qui gîsent sur le mur de la couche. Dans ce but, une tige, l, parallèle à l'axe du cylindre à air, porte une manivelle à l'une de ses extrémités, qui est filetée, tandis que l'autre extrémité se rattache à un balancier, m. La partie inférieure de ce balancier se prolonge au-dessous du plateau en pénétrant dans une

échancrure, dont la fourche, *n*, est pourvue. La rotation
de la tige par la main de l'homme pouvant s'effectuer en
deux sens contraires, force le balancier à s'incliner en
avant ou en arrière. Ce mouvement communiqué à la
fourche, dont les branches embrassent le prolongement du
tourillon, se transforme pour la douille en un léger mouvement d'ascension ou de descente, auquel participe le pic
d'entaillement.

La figure 8 représente la plate-forme vue par-dessous et
fait connaître le moyen employé pour provoquer la marche
de la machine le long de la taille. Pour cela, l'ouvrier agit
de la main gauche sur une roue de commande, *o*, dont
l'arbre porte un pignon angulaire, *p*. Celui-ci, par l'intermédiaire d'autres pignons, imprime un mouvement de
rotation à l'essieu postérieur de la voiture; ce mouvement
passe, par des organes de même espèce, à l'essieu et aux
roues antérieures. C'est ainsi que l'appareil avance, le
long de la taille, sous l'influence d'une faible pression, et
recule lorsque les circonstances l'exigent. L'amplitude des
mouvements qui correspondent à chaque excursion successive du pic est égale à la largeur des échancrures qui
composent la totalité du havage.

Pendant le travail, une lumière est placée sur le front
d'attaque près de l'entaille, de manière que l'ouvrier aperçoive distinctement l'action de l'outil et puisse le reculer,
l'avancer ou en réitérer le choc sur un même point, en
cas de rencontre de pyrites ou d'autres matières dures. Le
mineur-machiniste de service auprès de l'appareil est assisté d'un garçon; il surveille la marche de la haveuse et
règle la vitesse de l'outil qui doit frapper, en moyenne,
60 coups par minute. En outre, un ouvrier cantonnier est
chargé de l'établissement de la voie ferrée et du boisage
de l'excavation.

Le havage se fait en trois reprises, ou passages successifs de la machine (fig. 5). Elle creuse d'abord à une profondeur de 0.40 à 0.45 m.; puis de 0.26 à 0.28 m.; enfin,
elle termine par une entaille de 0.20 à 0.26 m. de profondeur. Chaque parcours réclame l'emploi d'un outil plus
long que l'outil précédent. On a constaté que le havage
pourrait être majoré de 0.30 m.; mais une profondeur de
0.91 m. ayant été reconnue la plus convenable, on s'en
tient généralement à ce chiffre.

Lorsqu'une des reprises est achevée, la machine revient
à son point de départ en rétrogradant sur la voie, ce qui
exige 2 à 3 minutes au plus. Pendant ce temps, le garçon
qui assiste le machiniste enlève la poussière et les débris
de houille qui encombrent la voie.

La largeur de chaque échancrure, ou de la houille ar-
rachée par chaque coup de pic, est de 25 mm. La hauteur
de l'excavation, qui est de 0.07 à 0.12 m. à l'orifice, se
réduit à 25 mm. au fond.

L'appareil pèse 640 kilogr. et frappe en moyenne 60
coups par minute. La moyenne du temps employé pour les
trois havages consécutifs d'une taille de 91 m. de longueur
s'élève à 3 minutes 16 secondes environ par mètre
courant.

Lorsque le havage est achevé, l'appareil se retire de la
taille afin de céder la place aux ouvriers abatteurs chargés
des travaux complémentaires.

La force motrice vient d'une machine à vapeur installée
au jour. Cette machine met en jeu le piston d'une pompe
à air, qui a 0.45 m. de diamètre et 0.91 m. de course.
12 à 13 excursions, par minute, de cette pompe amènent
la pression de l'air à 3.8 kilogr. par centimètre carré, ce
qui suffit à trois haveuses.

Le cylindre est enveloppé d'une caisse dans laquelle cir-

cule de l'eau froide destinée à rafraîchir l'air avant son
arrivée dans le réservoir à vent. Au sortir de ce réservoir,
dont la contenance est de 8 mètres cubes, l'air se rend
par des tuyaux métalliques, de 0.117 m. de diamètre, au
fond du puits et le long des galeries, et là s'engage dans des
ramifications, de 0.025 m. de diamètre, qui le conduisent
dans les divers ateliers où fonctionnent les excavateurs. Ces
ramifications, en fer étiré, semblables aux embranchements
des tuyaux à gaz, se terminent par des tubes en caoutchouc,
assez longs pour permettre le déplacement de la machine
sur toute la longueur d'entaillement. Les conduites en fer
d'un grand développement sont fixées près du toit des
galeries sur des supports en fer encastrés dans la houille;
les plus petites reposent sur le sol. Après plus de six mois
de service, aucune n'a souffert ni dérangement, ni déplacement, ni affaissement; les tubes en caoutchouc ont été
constamment imperméables sur tous les points et ont fort
bien résisté aux chocs.

Les haveuses, ou pics mécaniques, de West-Ardley ont
été l'objet de fréquents essais. Les expériences faites sur
celles de Hetton-Main ont eu lieu en présence de MM. Da-
glish, Wood, Forster et Cochane, qui passent pour les premiers ingénieurs de l'Angleterre. Ces expériences, objet
d'un rapport adressé à l'Institut des ingénieurs du Nord
de l'Angleterre, se résument comme suit:

1re *expérience*, dans une taille de 9.14 m. de hauteur.

1re reprise:	0.406 m. exécutée en	6 minutes.		
2e »	0.254 »	7 »		
3e »	0.304 »	9.5 »		
	0.964	22.5		

Il a donc fallu 22.5 minutes pour entailler 1 mètre de
longueur, non compris le temps de changer les outils et de
transporter l'appareil du point d'arrivée à celui de départ.

2ᵉ *expérience*, dans une entaille de 13.71 m. de hauteur.

1ʳᵉ reprise : 0.406 m. exécutée en 13.5 minutes.

2ᵉ	»	0.280 »	»	14.0	»
3ᵉ	»	0.228 »	»	19.0	»
		0.914		46.5	

Soit 1 mètre en 3.3 minutes, l'outil frappant 57 coups dans le même temps, non compris les temps d'arrêt.

3ᵉ *expérience*, dans une taille de 16.45 m. de hauteur.

1ʳᵉ reprise : 0.406 m., exécutée en 20 minutes.

2ᵉ	»	0.331	»	»	23	»
3ᵉ	»	0.202	»	»	16	»
		0.939	»	»	59	»

Donc, un mètre prend 3.6 minutes, chaque échancrure ayant exigé respectivement 80, 63 et 67 coups par minute.

4ᵉ *expérience*, dans une taille de 32 m. de hauteur.

En 2 heures 45 minutes, le havage a atteint une profondeur de 0.94 m., ce qui fait, par mètre, un peu plus de 5 minutes, y compris les temps d'arrêt.

5ᵉ *expérience*, avec une hauteur de taille de 39.75 m.

Le havage a été exécuté à 0.95 m. de profondeur, en 2 heures 37 minutes, soit, par mètre, environ 4 minutes, y compris le temps absorbé par les manœuvres accessoires.

Dans ces circonstances, la moyenne de temps employé est telle qu'un mètre d'excavation exige 3 à 4 minutes, y compris les arrêts provenant du transport de la machine du point d'arrivée à celui de départ, les changements d'outil, etc.

On avait constaté à West-Ardley que, en une journée de 8 heures, il est possible de haver une couche à une profondeur de 0.91 m. et sur une longueur de 91.50 m.

On sait aussi qu'il suffit d'une minute pour avancer l'entaillement de 0.30 m. dans une houille tendre, mais seulement de 0.07 à 0.10 m. si la houille est dure.

Il est facile de se rendre compte des avantages économiques du nouveau procédé par la comparaison des frais
qu'il entraîne avec ceux de l'arrachement direct à bras
d'homme. Les nombreuses expériences de West-Ardley
prouvent, au moins pour cette localité, que l'effet utile
des haveurs, travaillant 8 heures, ne peut excéder une
surface de 5.86 m. q. ; et comme chaque haveur reçoit
pour ce travail un salaire de fr. 5-10, le mètre carré d'excavation revient à fr. 0.87. Dans le même temps, une machine excave la couche sur une longueur de 110 m. et une
profondeur de 0.91 m. ; soit 100 mètres carrés pour un
travail rémunéré comme suit :

Un machiniste à l'intérieur . . fr. 6-25
» au jour. . . . » 4-25
Un garçon pour nettoyer le havage, » 3-75
Un cantonnier pour la voie . . . » 5-00
fr. 19-25

Soit 19 1/4 centimes, ou une différence de fr. 0.69 par
mètre carré de surface excavée.

On considère l'usure, la surveillance et les réparations
des appareils mécaniques comme compensées par l'économie que l'on réalise sur les outils et les lampes de 17
haveurs qu'il aurait fallu employer et par la moindre consommation d'huile.

Le bénéfice résultant de l'emploi de la machine ne se
borne pas, au moins pour l'Angleterre, à la somme indiquée ci-dessus. En effet, dans ce pays, le havage ayant
ordinairement lieu dans la houille, une assez grande quantité de combustible est détruite par l'échancrure ou plutôt transformée en menu, qui souvent ne vaut pas la peine
d'être ramené au jour. Or, dans le travail à la main, l'entaille trapézoïdale a une hauteur de 0.40 à 0.45 m. à

32

l'orifice et seulement de 0.03 à 0.04 m. au fond ; tandis
que par l'emploi d'une haveuse mécanique elle se réduit à
0.07 m., pour décroître jusqu'à 0.025 m., ce qui représente un bénéfice important.

M. Firth a eu l'idée de substituer aux cylindres fixes
dont il se servait à l'origine, des cylindres oscillants, agissant directement sur l'outil, la tige du piston étant assemblée avec le levier qui porte la douille du pic. Ce levier
(fig. 7) se fixe indifféremment sur chacun des tourillons de
gauche et de droite de la voiture, afin de pouvoir haver des
deux côtés de l'appareil.

L'introduction du cylindre oscillant a l'avantage de diminuer la longueur de l'excavateur, quoique le poids
nécessaire à la stabilité soit encore compris entre 450 et
550 kilogr., suivant la force.

Haveuse mécanique perfectionnée.

Cet appareil, communiqué à la réunion du 26 septembre
1863 de l'Institut du Sud du pays de Galles, à Swansea,
est dû à MM. James Grafton Jones, de Pentonville, comté
de Middlesex, et Robert Riddley, de Leeds (Yorkshire).

La figure 11 est l'élévation longitudinale de l'excavateur et de la voiture, dont la figure 12 est la projection
horizontale.

La cage, ou bâti, construite en fers d'angle, repose sur
quatre roues à rebords circulant sur des rails ordinaires.
Le cylindre moteur est de la nature des cylindres à fourreau, fréquemment usités dans les machines marines. Son
piston, formé de deux parties, l'une pleine et l'autre creuse,
est couché au fond de la cage ; il est assemblé directement
à la bielle, qui, elle-même, se rattache à un bras coudé.
Par cette disposition, celui-ci communique un mouvement

alternatif suivant un arc de cercle à celui des deux arbres verticaux, a, a, avec lequel il est temporairement assemblé. L'arbre mis en mouvement reçoit dans une douille, a_1, le pic qui produit l'entaillement. Le pic est, d'ailleurs, maintenu en place par une clavette. Sa hauteur au-dessus du sol est déterminée par un levier, b, fixé sur un arbre, b_1. A chaque extrémité de cet arbre horizontal est calée une fourche, b_2, dont les branches embrassent une échancrure pratiquée à la surface de la douille correspondante; le levier b est maintenu par un boulon, qui en traverse la tête et pénètre dans la plaque fixe c. Il suffit alors que le machiniste pousse ou retire à lui le levier b pour abaisser ou relever la douille et, par conséquent, pour pouvoir exécuter le havage dans l'une des stratifications superposées au mur de la couche.

Le piston moteur offre deux faces d'inégales grandeurs; celle d'arrière, sur laquelle agit l'air comprimé lorsque le pic doit être lancé contre la couche, et celle d'avant, beaucoup moindre, puisqu'elle est rétrécie par la tige, et dont la pression n'a d'autre fin que de retirer l'outil en arrière pour le mettre à même d'exercer un nouveau choc.

Un levier de mise en train permet au machiniste de faire fonctionner ou d'arrêter la marche du piston moteur.

L'air comprimé est distribué par le tiroir, d, dont la position dans la figure coïncide avec celle du pic retiré en arrière, au moment où la lumière correspondant à la conduite e_1 s'ouvre pour admettre l'air comprimé sur la plus grande des deux faces du piston. Le fluide produit son effet et l'outil s'élance contre la stratification à attaquer; puis le tiroir recule pour recouvrir e_1 et dégager e_2, afin de ramener de nouveau l'outil en arrière. Ces deux mouvements du tiroir sont produits par les organes suivants:

Un bras, f, attaché à l'arbre vertical en fonction, est

assemblé par un boulon avec une bielle qui, par son autre extrémité, est articulée avec un coulisseau, g_1, glissant dans une rainure fixe, g_2. En outre, la tige du tiroir est en rapport avec l'une des branches d'un levier coudé, h_1, dont l'autre branche reçoit une douille, h_2, qui peut se fixer en un certain point du levier, h_1, au moyen d'une vis de calage. A cette douille se rattache un ergot ou tringle courbe, h_3, sur laquelle agit un petit chariot, g_3 (porté par le coulisseau g_1), quand ce chariot glisse entre les guides sous l'impulsion de l'un ou l'autre bras f. Le lecteur se rappellera que la phase indiquée par la figure se rapporte au moment où la lumière d'admission de l'air agit sur la surface maxima du piston revenu en arrière.

Ce premier mouvement, qui est spontané, procède donc de l'un des arbres verticaux porte-outil ; l'autre, ou le mouvement de retraite, est produit par le levier de manœuvre, k, que le machiniste tient à la main. Ce levier, par l'intermédiaire du bras, k_1, fixé à l'axe d'une bielle, k_2, communique le mouvement à l'axe du levier-manivelle, k_3, qui le transmet au tiroir d.

Ces mouvements de progression et de recul de la machine dérivent, comme ci-dessus, de roues et de pignons coniques annexés aux roues de support du bâti, sur lesquelles le machiniste agit au moyen d'une roue à main.

La cage a 1.20 m. de longueur, 0.80 de hauteur et 0.65 de largeur et elle pèse 508 kilogr., y compris le cylindre moteur et ses accessoires. Celui-ci, dont le diamètre est de 0.178 et la course de 0.305 m., reçoit l'air comprimé à la pression effective de 1.755 kilogr. par centimètre carré ; le nombre des doubles excursions du piston est de 90 par minute.

Cet excavateur a fonctionné, dans le courant de 1864, dans les mines de Newbottle et de Broomhill.

L'entaille, portée à environ 1 m. de profondeur, était exécutée en trois reprises. L'effet utile était le havage d'une taille de 55 m. de longueur en 9 heures, c'est-à-dire de 6.1 m. par heure, pour un développement de force de 4.27 chevaux.

La machine de M. Ridley offre sur celles qui précèdent l'avantage d'une dimension longitudinale moitié moindre. Cette réduction vient de ce que la bielle qui commande le pic s'emboîte directement dans le cylindre travaillant, en sorte que la longueur nécessaire à l'impulsion est comprise à l'intérieur de ce cylindre.

Machines propres à l'exécution du havage et des coupures.

Ces machines, dues à MM. James Grafton, Jones et Thomas Lewick, de Blaina, ont une grande analogie avec celles qui ont été décrites ci-dessus. Elles s'en distinguent toutefois par le mouvement automatique du tiroir, par une simplicité qui ne les empêche pas de remplir des fonctions plus compliquées et surtout par la possibilité de pratiquer des coupures verticales dans la couche,

Les figures 1, 2 et 3 de la planche XIX, qui en sont la représentation, contiennent les derniers perfectionnements apportés jusqu'à ce jour par les auteurs de la machine.

La voiture circule sur une voie ferrée par les moyens indiqués déjà dans les appareils précédents, c'est-à-dire à l'aide d'une roue de manœuvre, de pignons et de roues coniques.

Le cylindre, a, et sa plaque de fondation sont venus à la fonte en même temps ; de même, le piston, b, et sa tige sont forgés d'une seule pièce. Le fluide moteur agit pendant la course travaillante sur l'aire maxima du piston et, pendant la course en retour, sur cette surface diminuée de la section de la tige. Cette dernière, solidement attachée au fond du piston, porte, à sa partie antérieure, une tête échancrée en œillet, dans laquelle peut jouer le bouton, c, fixé à la tête de la manivelle, d; celle-ci transmet le mouvement à l'arbre et au pic.

Pour transformer la haveuse en un instrument capable d'exécuter les entailles verticales, on a disposé, en avant du cylindre moteur, un cylindre creux, e, enveloppé d'une roue dentée, f, et pouvant tourner dans des coussinets, g. La roue dentée, que commande un pignon, h, est mise en jeu par le moyen d'une roue à main, i, et l'intermédiaire d'un arbre, k. Ainsi, en tournant la roue de manœuvre, le pignon qui lui correspond agit sur la roue dentée, sur le cylindre creux, e, et sur les pièces antérieures, l, qui supportent l'arbre; le piston et sa tige suivent le mouvement, en sorte que l'arbre peut être installé, suivant les besoins, soit horizontalement pour le havage (fig. 1), soit verticalement pour exécuter les coupures, en agissant de haut en bas (fig. 2) ou de bas en haut (fig. 4); puis, lorsque le pic est à la position voulue, on l'assujettit au moyen d'une broche passant à travers l'un des trous de la roue à main.

Le mouvement du tiroir s'effectue automatiquement de la manière suivante: La tige du piston, creuse à sa partie antérieure, est traversée par une tige, m, qui se rattache, d'un côté, au levier de mise en train, n, en traversant une boîte à bourrage établie au fond du cylindre; de l'autre, à un arrêt, o, appelé à circuler dans la cavité. Une bobine, ou tampon, p, faiblement adhérente aux parois de cette cavité, glisse librement sur la tige, m. Quand le piston effectue sa course travaillante, c'est-à-dire marche de gauche à droite, la bobine p est entraînée avec lui et, si le piston accomplit la totalité de sa course, elle vient en contact avec l'arrêt *o*, d'où résulte le renversement du tiroir, *q*. Il en est de même lorsque le piston s'arrête avant la fin de son excursion; car la bobine, en suite de l'impulsion reçue, persévère dans son mouvement et vient également frapper l'arrêt *o*. Quand le piston revient en arrière, la bobine heurte le collier, *r*, que traverse la tige *m*, et fait rétrograder le tiroir.

A l'extrémité de la machine et au-dessous de la plateforme, sont attachées deux roues, d'un assez grand poids, destinées à donner de la stabilité à l'appareil et à diminuer l'intensité des vibrations que produisent les chocs du pic. On enlève ces roues chaque fois que la haveuse doit être transportée d'un point de la mine sur un autre.

Jusqu'à présent, les pics avaient été disposés de telle façon que leurs pointes et leurs arêtes tranchantes frappaient la surface extérieure de la couche et pénétraient à l'intérieur de celle-ci; mais ce procédé renfermait de graves inconvénients. En effet, la marche en retour du pic réclame, derrière la voie, un espace assez considérable qui force à retirer en arrière la ligne des remblais, et à laisser découverte une assez grande surface du toit, ce qui, lorsque celui-ci est ébouleux, constitue un danger permanent. En outre, comme il n'est pas possible d'apprécier le degré d'adhérence de l'outil engagé dans la houille, le mineur éprouve parfois de grandes difficultés pour retirer le pic hors de l'entaille. La nouvelle méthode, employée par M. Jones pour faire fonctionner l'outil, écarte *tous* ces inconvénients: Les pointes et les arêtes du pic agissent, non en frappant d'avant en arrière sur le front d'entaillement, mais d'arrière en avant, (fig. 5), c'est-à-dire en marchant de l'intérieur à l'extérieur; en sorte que quand l'outil a pratiqué une échancrure, il se trouve hors de l'entaille et doit y pénétrer de nouveau avant de procéder à l'échancrure suivante : Par ce procédé, les remblais qui supportent le toit, peuvent être portés au ras de la voie, l'intensité des vibrations résultant du coup est considérablement réduite et le pic sort d'autant plus facilement qu'il se rapproche davantage du front de taille; il lui est d'ailleurs impossible de pénétrer jamais trop avant dans la masse comme cela avait lieu fréquemment jusqu'alors.

Dans ces circonstances, le travail commence par une entaille à la main exécutée à la profondeur voulue ; puis arrive la machine, dont l'outil est maintenu par le manche dans une position renversée, de manière que son tranchant coupe du dedans au dehors. On débarrasse soigneusement des produits du havage l'entaille, dont le fond est rigoureusement parallèle à l'axe de la voie.

Sur l'un des côtés de l'appareil est fixé un bouclier qui s'oppose aux chûtes de houille sur la voie.

Enfin, la haveuse est pourvue d'un propulseur automatique qui provoque sa marche sur la voie ferrée. Ce mécanisme est visible dans la projection horizontale (fig. 3): Une bielle, s, articulée, par l'une de ses extrémités, à la douille du pic d'entaillement, se rattache à un levier, t, fixé sur l'arbre de la roue à main, u; sur cet arbre, à sa partie inférieure, est calée une roue à rochet, v, dont le cliquet est ajusté sur le levier. Ce mécanisme agit comme suit: La haveuse, dans sa course en retour, entraîne le levier t et son cliquet; celui-ci franchit quelques dents de la roue à rochet et pénètre dans l'une des encoches ; puis, dans la course suivante, il presse sur la dent et force la roue à parcourir un arc de cercle ; l'arbre vertical tourne et met en jeu les roues et les pignons coniques installés sur les essieux, d'où résulte la marche progressive de la machine sur la voie. x, est un manchon servant à raccourcir ou à allonger la bielle selon les circonstances.

Cette haveuse a fonctionné dans les mines annexées aux forges de Blaina, où les couches, quoique mises en exploitation depuis plusieurs années, n'avaient été l'objet d'aucune exploitation, parce que les ouvriers avaient constamment refusé de les travailler à cause de leur excessive dûreté.

Voici, d'après M. Lewick, associé de M. Jones, les résultats qu'elle a fournis :

La quantité d'air comprimé, prise au diagramme, est de 9.28 m. c. par minute, la pression de 13.7 kilogr. La machine travaille à raison de 98 coups par minute. Il résulte de ce volume d'air dépensé que la force de l'appareil est de 3 chevaux. L'effet utile moyen a été un havage de 7.30 m. (8 yards) de longueur et de 0.91 m. de profondeur, en une heure. Mais il n'y a aucun doute que les produits auraient été plus considérables, si la machine avait marché par le mouvement automatique décrit ci-dessus et que le pic eut été disposé de manière à frapper du dedans au dehors.

La hauteur de l'entaille, qui, dans le travail à la main, était de 0.25 m., a été réduite à 0.05 m. De plus, l'exécution de la coupure, en réduisant la main-d'œuvre, a aussi diminué la longueur de la journée d'arrachement.

L'air est comprimé à la surface au moyen d'un appareil semblable à celui qui sera décrit à l'occasion du transport souterrain (Pl. XXIX, fig. 2), avec cette différence, toutefois, que l'agent moteur n'est pas l'eau, mais la vapeur, les organes principaux restant d'ailleurs les mêmes.

Haveuses à colonne d'eau, agissant à la manière des rabots.

Les haveuses mécaniques du 3e type ont pour moteur la pression hydraulique agissant sur des outils tranchants,

semblables à des rabots, pour leur communiquer un mouvement rectiligne alternatif. Ces outils opèrent le havage
des couches en y produisant une série d'échancrures assez
étroites, horizontales ou verticales, qui en facilitent l'abatage ultérieur. Ils n'agissent jamais par percussion et sont,
par conséquent, exempts de chocs.

Ces machines, essayées en 1864 à la houillère de Kippax, près de Leeds (Yorkshire), ont été l'objet d'un brevet
d'invention accordé en Angleterre à MM. Locke et Warrington, possesseurs de houillère, Carret, Marshall et Tel-
fort, ingénieurs à Leeds. MM. Locke et Warrington ayant
constaté par la suite les avantages économiques résultant
de l'emploi des nouvelles haveuses, les ont appliquées à
tous les travaux des mines de Kippax.

Pl. XIX, fig. 6, élévation latérale; fig. 7, coupe verticale; fig. 8, projection horizontale de l'appareil.

Une voiture munie de huit roues circule sur des rails
disposés comme ci-dessus. Les quatre roues, a, qui occupent les extrémités du train, afin de lui donner par une
large base une grande stabilité, peuvent être relevées,
ainsi que l'indique la fig. 6, pour faciliter le déplacement
de l'appareil dans les galeries souterraines. Au milieu de
la voiture s'élève un arbre, ou support vertical, b, sur
lequel est ajusté le cylindre hydraulique moteur (machine
à colonne d'eau), c, qui, doué de la faculté de monter ou
de descendre le long de l'arbre, peut être placé à toute
hauteur, en sorte que l'outil exécute les entailles dans
l'assise que choisit le mineur. Il peut aussi former un angle
quelconque avec la direction du front de taille. Le cylindre
c communique avec la colonne de chûte par un tube
flexible en caoutchouc, qui se prête aux diverses positions de la machine.

L'eau d'alimentation, distribuée par un tiroir, se porte

alternativement aux deux extrémités du cylindre, puis s'échappe au dehors, après avoir produit son action. Dans la course en avant, ou course travaillante, la pression du liquide s'exerce par intermittence et sur l'intégrité de la face postérieure du piston. Dans la course rétrograde, au contraire, la pression est constante et ne s'exerce que sur une surface annulaire beaucoup plus petite que l'autre; et le mouvement de retour ne peut avoir lieu qu'au moment où la cause qui détermine la marche en avant vient à cesser, c'est-à-dire lorsque l'outil n'exerce plus son action sur la roche.

C'est pendant les courses rétrogrades que la voiture acquiert un mouvement progressif sur la voie de roulage, par suite d'une disposition indiquée plus loin.

On introduit le manche, *d*, de l'outil, *e*, dans la partie creuse du piston et on l'y fixe au moyen d'une broche, *f*. Les manches, dont les longueurs varient selon les besoins, se terminent par des outils tranchants, que l'on ajuste de manière à les pouvoir enlever facilement pour les remplacer ou les réparer.

Le havage s'exécute en trois passes successives. Les deux dernières positions de l'outil sont indiquées par les pointillés de la figure 8.

Enfin, les manches d'une assez grande longueur sont maintenues par une plaque qui s'oppose à leur flexion.

Le mouvement de progression de la voiture est automatique; il est déterminé par la broche *f* (fig. 7), qui, dans la course en retour, vient heurter un levier. Celui-ci commande une roue d'encliquetage, *g*, qui, par l'intermédiaire de deux roues d'angle, *h*, *h*, met en mouvement une poulie, *j*, sur laquelle passe une chaîne, *k*. Cette chaîne, tendue parallèlement au front de taille, tourne sur la poulie, d'une quantité angulaire correspondant à l'espace que la voiture doit franchir dans chaque double excursion, ou à la largeur des échancrures pratiquées dans la couche.

On assure la stabilité de l'appareil sur la voie de fer, pendant le travail de l'outil, non plus en donnant à la machine un poids considérable, mais en la serrant entre le mur et le toit, par le procédé suivant : A la partie supérieure du support vertical, *b*, est adapté un manchon, *l*, et son enveloppe, *m*. Dès que la pression se fait sentir à la face postérieure du piston moteur, l'eau afflue dans le manchon *l*, sa pression soulève l'enveloppe et applique, pendant tout le cours de l'entaillement, les griffes ou la tête d'appui, *n*, contre le toit de la couche. Mais au moment où l'outil revient en arrière, cette pression cesse et la machine redevenant libre marche en avant, sollicitée par le câble, *k*, et sa poulie, *j*. Une vis, *o*, règle la hauteur des griffes, c'est-à-dire leur distance du faîte. Enfin, s'il devient utile que l'appareil reste pendant un certain temps fixé entre les rails et le toit, il suffit d'empêcher l'eau du manchon de s'échapper au dehors, résultat qui s'obtient au moyen du tiroir de retenue, *p*. Les haveuses de cette espèce sont légères et faciles à manier et à transporter.

Les coupures verticales s'effectuent au moyen de la même haveuse, qui pour cela doit être disposée de manière à parcourir une ligne ascendante et descendante le long de l'arbre vertical, au lieu d'avancer horizontalement ; la tête d'appui porte contre le toit pendant tout le cours de l'entaillement.

Voici quelques indications relatives à l'effet utile de la première machine à colonne d'eau essayée à la mine de Kippax : La couche à entailler était assez tendre ; elle avait 1.68 m. de puissance. Une barre, ou intercalation schisteuse, fut l'objet d'un havage pratiqué sans reprise, c'est-à-dire en un seul passage de la haveuse. Le temps employé au sous-havage d'une taille de 30 mètres fut de 29 heures 49 minutes et la quantité de houille abattue s'éleva à 45 tonnes métriques. L'ouvrier préposé à la conduite de l'appareil avait pour unique occupation de le mettre en activité et de l'arrêter en cas de besoin.

Scies droites et circulaires propres à entailler la houille.

M. Jenkins, de Cardiff, propose d'exécuter le havage et les coupures par une série de traits de scie, les uns parallèles, les autres perpendiculaires aux plans de stratification.

L'instrument dont cet ingénieur s'est servi, est une scie droite, établie sur un cadre, à laquelle il imprime un mouvement de va-et-vient par des roues d'angle et un câble sans fin. A chaque point d'attaque de la paroi de houille où doit être pratiquée l'échancrure, le mineur fore un trou d'amorce destiné à recevoir l'instrument. Les dents sont disposées suivant les diverses variétés de houille, mais toujours de manière que les pointes soient tournées du côté du manche, afin que, dans le mouvement de va-et-vient, les produits du sciage soient entraînés et rejetés en dehors de l'entaille.

Les couches dont les plans de clivage sont bien déterminés et assez rapprochés les uns des autres, de même que les couches très-fissurées, se prêtent aisément à un abatage par coins et palfers, lorsque deux coupures verticales y ont été préalablement pratiquées. Dans le cas contraire, il faut une troisième entaille pour que le bloc, dégagé sur trois de ses faces, se rompe spontanément par derrière.

Le fleuret d'amorce et la scie fonctionnent aussi bien sous l'impulsion des bras de l'homme que sous celui d'un moteur quelconque de faible puissance.

En 1863, M. Harrison a imaginé d'appliquer aux scies circulaires la turbine dont il s'était servi d'abord pour mettre en jeu les haveuses à pic. Les figures 10, 13, 14 (Pl. XIX), représentent le nouvel appareil vu de face, en projection horizontale et de côté. Les mêmes lettres se rapportent aux mêmes objets.

La base est une voiture formée d'un bâti, a, monté sur quatre roues, b, sur lequel sont ajustés des guides ; entre ces guides un plateau, c, glisse perpendiculairement à la direction du front de taille, tantôt en avant, tantôt en arrière. Ce mouvement dérive d'une tige, dont l'extrémité, taraudée, tourne librement dans des paliers, e_1, e_2, fixés sous la plate-forme, mais ne peut se mouvoir longitudinalement. Un écrou, f, fixé au train de la voiture, est traversé par la vis d' et travaille avec elle. La vis reçoit un mouvement de rotation d'un levier, g, qui peut être inséré successivement dans l'un des trous ménagés à l'extrémité de la tige d. Les choses ainsi disposées, le levier fonctionne, la vis tourne dans l'écrou et, en raison de sa fixité, elle attire, en avant ou en arrière, la plate-forme et tous les organes suivants qui la surmontent.

Une turbine, h, alimentée d'air comprimé, d'eau ou de vapeur par le tuyau, i, est supportée par une pièce, k, en forme d'U renversé (⊓), montée sur un tourillon creux, z, et reposant sur le plateau. A la partie inférieure de la turbine et au-dessous de la pièce k, se trouve un pignon, l, engrénant une roue dentée, m ; cette roue est fixée sur la boîte aux couteaux. Le tourillon creux, z, relie le bâti en U et la plate-forme glissante au moyen d'un boulon.

La marche progressive et rétrograde de l'appareil le

long de la taille vient d'une roue calée sur l'essieu postérieur de la voiture et commandée par une roue à main, *o*,
agisssant par l'intermédiaire d'une vis, *p* (fig. 14). Du
reste, les roues circulent, comme ailleurs, sur des rails
établis devant le front d'entaillement.

Pour mettre en jeu la turbine et faire marcher l'appareil,
on ouvre le robinet d'admission et la rotation se communique à la boîte à couteaux. L'ouvrier, tenant le levier-à-
main *g*, l'introduit successivement dans chacun des trous
de la vis *d'* ; alors la plate-forme glisse en s'avançant vers
la couche et les couteaux pénètrent dans la houille à la
profondeur voulue. Enfin, l'action qui s'exerce sur la
roue *o* force l'appareil à marcher à mesure que l'ouvrage
progresse.

Les figures 11, 12, 13, 15 représentent l'intérieur de
la boîte à couteaux, *N*, et les couteaux, *n*, qui sont pourvus
chacun d'une queue, *n'*, destinée à pénétrer dans une
douille, où on les fixe par des boulons et des coins.

M. Harrison a donc substitué une scie circulaire (fig. 9)
à la boîte coupante.

M. Neilson, de Gateshead, district de Newcastle, a aussi
proposé l'emploi de scies circulaires pour attaquer la
houille. Il en place deux, l'une au-dessus de l'autre, séparées par un espace de 45 mm., c'est-à-dire égal à la
hauteur de l'échancrure. Ces scies ont des diamètres différents, celle de dessus, 1.18 m., celle de dessous, 0.98 m.
Le moteur est l'air comprimé agissant dans deux cylindres
et transmettant le mouvement par l'intermédiaire de roues
dentées.

Des essais faits au jour, sur des blocs de houille, ont
donné des résultats satisfaisants ; mais on ignore comment
se comporterait l'appareil à l'intérieur des travaux.

Observations sur les appareils précédents.

Les avantages inhérents à l'emploi des haveuses mécaniques sont très-notables. Outre l'économie de main-d'œuvre et la conservation de gros blocs, dont nous avons déjà fait mention, il faut considérer que la réduction du nombre des mineurs et des lumières contribue puissamment à prévenir la viciation de l'atmosphère de la mine. En outre, ces machines, presque toutes mues par l'air comprimé, dégagent dans les chantiers de grands volumes d'air à haute pression,qui entraîne mécaniquement les gaz nuisibles, active la ventilation et produit un courant d'air à une basse température due à l'expansion subite du fluide moteur, circonstance très-favorable dans les mines profondes, dont la chaleur est intense. Si les tuyaux de conduite sont convenablement disposés, le mineur, en cas de dégagement subit d'hydrogène carboné ou même d'explosion, est toujours en état de lâcher un courant d'air pur dans les travaux infestés de grisou ou d'acide carbonique résultant de la combustion du gaz.

Ces appareils suppriment, au profit des mineurs, la partie la plus ardue, la plus pénible du travail d'arrachement, principalement dans les couches minces et dures.

Les accidents provenant des écrasements, de la chûte des blocs de houille ou des roches encaissantes, etc., comptés comme s'élevant en moyenne à 40 pour cent de la totalité des accidents, diminuent de plus de la moitié par l'emploi des machines, qui permet de retirer les ouvriers des points les plus dangereux des ateliers.

Les haveuses rendent possible le percement des galeries d'allongement à une grande distance du puits, attendu qu'elles fournissent toujours un volume d'air suffisant aux besoins de la respiration.

Les Anglais seuls ont employé les haveuses mécaniques et aucun instrument de cette espèce n'a encore été appliqué aux travaux des houillères continentales. Peut-on espérer de les y voir introduire? C'est une question à laquelle l'avenir seul peut répondre et sur laquelle les circonstances de gîsement exercent une grande influence.

Le volume des haveuses aurait offert, dans l'origine, un obstacle invincible à leur emploi dans les couches minces; mais les ingénieurs sont parvenus, peu après leur introduction, à réduire à 1 mètre leur longueur, qui était primitivement de 1.63 m., et il existe même aujourd'hui des haveuses qui ont les dimensions fort restreintes de 0.62 m. de longueur et de largeur sur 0.35 m. de hauteur, qui leur permettent évidemment de fonctionner dans les couches les moins fortes du continent.

Les Anglais n'ont exploité jusqu'ici, à l'aide de la haveuse, que des plateures, dont l'inclinaison maxima a été de 9 degrés, et encore ne peut-on citer qu'un exemple de cette déclivité: la mine de Vigan, dans le Lancashire. Il semble dès lors très-difficile d'utiliser ces appareils pour les dressants proprement dits, dont le nombre est si considérable en Belgique. Toutefois, en serrant la machine entre les deux salbandes, on peut lui donner assez de stabilité pour exploiter des couches fortement inclinées.

Enfin, le mode d'exploitation peut s'opposer à l'emploi du nouveau procédé; mais cet obstacle disparaîtrait également par quelques modifications, ainsi que cela est arrivé dans le Sud du pays de Galles où, dans les commencements, la majorité des ingénieurs ne voulaient pas entendre parler de cette innovation.

IIe SECTION.

SYSTÈMES D'EXPLOITATION USITÉS EN BELGIQUE.

Exploitation des plateures dans la province
de Liége.

Le système d'exploitation encore en usage, il y a quinze ou seize ans, très-rationnel eu égard au voisinage des travaux si dangereux et si multipliés des anciens temps, comportait de si grandes pertes de houille, qu'il ne convenait plus à une époque où les excavations portées en profondeur et asséchées par de puissantes machines d'exhaure ne laissent guère de crainte sur les suites de l'invasion subite des eaux. Lors de la publication de la première partie de cet ouvrage, les exploitants n'étaient pas encore fixés sur le mode qu'il conviendrait d'adopter et se trouvaient, pour ainsi dire, dans une période de transition ; mais aujourd'hui la transformation est accomplie et le système est devenu uniforme et régulier. Il importe donc de faire connaître au lecteur l'état actuel des choses et les moyens généralement employés dans les plateures.

Les zônes d'exploitation sont des massifs de 100 à 150

m. de hauteur, que le mineur enlève par tranches successives en montant.

Au point où la galerie à travers banc *(bacnure)* a recoupé
la couche, on ménage parfois un massif de houille qui protége cette excavation. De chaque côté de ce massif, on
ouvre des tailles montantes destinées à mettre les travaux actuels en communication avec le puits de retour
d'air. Les voies que ces tailles laissent derrière elles sont
l'origine d'ateliers d'arrachement contigus et dirigés suivant l'allongement. Ils sont chassés simultanément à l'est
et à l'ouest, ont une hauteur de 20 à 25 mètres et sont
occupés par 6 ou 7 ouvriers, à chacun desquels est attribuée une largeur de 3.50 à 4 m. On établit l'atelier le plus
rapproché de la voie d'aérage en retraite de 25 à 30 m.
sur celui qui est contigu à la galerie d'allongement *(Levay
de beure)*, — afin, disent les praticiens, de pouvoir percer
au milieu de la distance qui les sépare, un trou de sonde
qui provoque l'évacuation des eaux accumulées en amont-
pendage, sans que les tailles puissent en être incommo-
dées. — Cette explication est peu satisfaisante et il n'y
aurait aucun inconvénient à rapprocher les tailles les unes
des autres.

La crainte des dégagements de gaz hydrogène protocarboné engagent ordinairement les exploitants à limiter le
nombre des tailles superposées et à le réduire à deux ; en
sorte qu'on enlève la zône par tranches successives en
remontant et non toute à la fois comme au Couchant de
Mons. Les besoins de l'exploitation forcent alors le mineur
à attaquer simultanément, non-seulement les deux parties
du champ d'exploitation situées à droite et à gauche de la
galerie à travers bancs, mais encore plusieurs couches à
la fois.

Les produits de l'arrachement des ateliers supérieurs

parviennent sur la galerie d'allongement à travers des montées, que les chevaux parcourent lorsque les inclinaisons
n'excèdent pas 6 degrés. Ces animaux exécutent alors le
transport sur tout le parcours compris entre les tailles
costresses et le puits d'extraction. Lorsque la pente est
plus considérable, on transforme les montées en plans
automoteurs et le service des chevaux se borne aux galeries horizontales. — La fig. 1 qui est une réduction d'un
plan de la mine de Valentin-Cocq donne un spécimen du
mode d'exploitation généralement suivi à Liége.

L'exploitation de l'aval pendage par galeries descendantes désignées sous le nom de *vallées*, ou *grales*, a été
généralement abandonné, à cause de la difficulté de leur
assèchement et des frais considérables de transport. Cependant, on emploie cette méthode par exception, lorsque
plusieurs chantiers, venant à tomber au crain ou atteignant
la limite, ne fournissent plus les produits indispensables à
l'extraction. Dans ce cas, une descenderie, grale ou demi-
grale, suivant l'inclinaison, débouchant de la galerie d'allongement, donne lieu au percement d'une ou de deux
tailles de chassage.

Les ateliers pratiqués dans les couches minces exigent
ſe boutage de la houille abattue, c'est-à-dire son transport
au moyen de pelles à manches très-courts; mais, dès que
la puissance le permet, les Liégeois dégagent la taille en
chargeant les produits sur des traineaux, qu'ils font glisser
le long du front de taille et basculent ensuite dans la
galerie de niveau. Ce mode est évidemment convenable
et réduit moins de houille en menu, puisqu'un seul chargement suffit; tandis que, dans l'opération du boutage, le
combustible est pris et rejeté successivement par chaque
ouvrier, c'est-à-dire sept ou huit fois avant d'atteindre
le bas de l'atelier. En outre, on accélère le dégagement

de la houille tout en diminuant le personnel; en effet, quatre traîneurs vont plus vite que sept bouteurs.

Quoique les eaux accumulées dans les anciens travaux soient de nos jours beaucoup moins à craindre qu'autrefois, parce qu'elles gisent au-dessus des points exploités, cependant elles peuvent encore avoir accès dans ceux-ci par des rejets, des crains ou d'autres accidents de terrain. Le mineur cherche à éviter ces bains, dont il ne connaît qu'imparfaitement la position, en faisant précéder les ateliers de trous de sonde longs et multipliés.

Voici, toutefois, les dispositions qu'il prend pour faire le moins possible de ces trous de sonde, afin de diminuer la dépense sans que la sûreté des travaux en souffre:

Une taille ascendante, percée dans le massif à enlever, est portée à une hauteur de 2 à 3 cents mètres, la voie ménagée au milieu des remblais devant être ultérieurement transformée en un plan automoteur. Cette voie est l'origine de deux ateliers d'arrachement, ouverts, l'un à la limite supérieure du massif, l'autre à sa limite inférieure. Tous deux précédés de trous de sonde, s'avancent simultanément, jusqu'à une distance de 3 à 4 cents mètres, où on les met de nouveau en communication au moyen d'une seconde taille montante; d'où résulte un massif circonscrit de toutes parts, dont l'exploitation n'offre aucun danger et que le mineur enlève au moyen d'une série de tailles ouvertes sur la direction et partant à la fois des deux montées pour se rencontrer vers le milieu du massif. Ces ateliers sont pris simultanément au-dessous les uns des autres, c'est-à-dire en descendant.

Pendant le dépilage de la première partie ainsi circonscrite, les tailles-limites continues à s'avancer dans le champ d'exploitation pour y former de nouveaux massifs, objet d'un arrachement ultérieur.

Exploitation des dressants dans les mines de la province de Liége.

Aucune modification n'a été apportée au système de l'exploitation des dressants, dont la transformation complète remonte à plus de vingt ans. Il n'y a donc rien à ajouter aux descriptions données dans la première partie de cet ouvrage, si ce n'est quelques détails relatifs aux gradins, ou maintenages. Les gradins, dont la hauteur varie, au Couchant de Mons, de 2 à 2.50 m., et atteint quelquefois 3 m., sont portés, dans la province de Liége, à 3 et à 3.50 m. L'avancement, qui, dans la première localité, s'élève en moyenne à 1.80 m., est réduit dans la seconde à 1.20 m. Cette différence entre les hauteurs admises dans les deux districts a occasionné une discussion interressante entre M. Tonneau, ingénieur de charbonnages, à Mons, (1) et M. Thiry, chef-mineur du bassin de Seraing, près de Liége (2).

M. Tonneau prétend que l'attaque d'un gradin élevé présente plus de difficultés qu'un autre et que, en outre, elle réclame un boisage plus solide et l'établissement successif de deux paliers, ou planchages, pour atteindre la partie supérieure du travail, en sorte que la surface excavée est moindre que si le gradin avait peu de hauteur. — A cela, M. Thiry répond que la surface découverte n'est en rien diminuée, puisque la coupure perpendiculaire aux stratifications, principale difficulté de l'arrachement, est moins profonde dans le premier cas que dans le second; que

(1) *De l'Exploitation de la houille en Belgique,* mémoire couronné par la Société des sciences, des arts et des lettres, du Hainaut,
(2) *Données sur l'Exploitation de la houille dans la province de Liége.*

d'ailleurs, le boisage reste le même dans les deux modes et que l'ouvrier liégeois n'est pas astreint, ainsi que l'affirme son antagoniste, à construire deux paliers, un seul lui suffisant pour atteindre la partie supérieure du gradin, puisqu'il se place sur les remblais pour excaver la partie inférieure du massif.

Le second argument de M. Tonneau porte sur le nombre des remblayeurs, qui, d'après cet ingénieur, est beaucoup plus considérable dans les maintenages élevés que dans les petits, puisque la distance de 4 à 5 m., qui sépare les gradins successifs, est la même dans les deux cas et que les ouvriers ne peuvent se passer les corbeilles à une hauteur verticale de 3 à 4 m.—Mais la distance horizontale qui sépare les parties supérieure et inférieure d'une taille est plus considérable pour les petits gradins que pour les grands, la hauteur est, d'ailleurs, la même, donc la diagonale suivant laquelle s'effectue le transport ascendant des remblais est également plus grande et les remblayeurs plus nombreux.

Le troisième reproche formulé s'adresse à la quantité de remblais nécessaire au remplissage des vides produits par l'arrachement de la houille, quantité qui, selon M. Tonneau, s'accroît avec la hauteur des maintenages, en sorte que l'exploitant doit se procurer de ces remblais à quelque prix que ce soit.—Cela encore est inexacte, dit M. Thiry, car le volume des produits du coupage de la voie est proportionnel à l'avancement et les petits, aussi bien que les grands maintenages, ne fournissent de remblais qu'en raison des vides produits, à moins que l'on ne compte sur la multiplication des cheminées, que cependant on doit éviter autant que possible.

M. Tonneau se plaint de ce que le courant d'air traversant une taille à gradins de 3 à 3.50 m. de hauteur trouve, dans son parcours, plus d'obstacles que dans des gradins réduits à 2 ou 2.50 m., ce qui résulte de la multiplication des fausses voies et des cheminées et d'une plus grande distance entre les remblais et le front de taille. Enfin, il accuse les gradins élevés de faciliter l'accumulation de gaz au faîte des maintenages.—Mais il ne fait pas attention que les petits gradins sont bien plus exposés à ces inconvénients, puisque, en vertu de leur avancement plus étendu, non-seulement la distance entre la taille et les remblais s'accroît, mais encore il se produit à la couronne du maintenage des réduits plus vastes et plus capables de contenir de grands volumes de gaz inflammable.

M. Tonneau suppose que la pression des roches encaissantes au front de taille provoque la dislocation de la houille et sa conversion en menu, lorsque l'avancement est faible, tandis que, dans le cas contraire, la couche, soustraite en partie à cette pression, produit plus de grosse houille. — Mais M. Thiry, homme de beaucoup d'expérience, assure que jamais aucune pression de cette espèce ne s'exerce sur un front de taille fréquemment renouvelé.

Une objection tirée de ce que la houille tombant de gradins élevés se réduit en menu, est fondée; cependant les conséquences de cet inconvénient n'ont pas autant de gravité que le pense M. Tonneau.

Il est également vrai que la durée du service des cheminées est en raison inverse de l'avancement journalier du mineur; en conséquence, la pression des terrains et des remblais a plus de chance de les rétrécir, d'y broyer la houille et de provoquer des obstructions.

D'un autre côté, le nombre des coupages de la couche ou des entailles perpendiculaires aux stratifications s'accroît avec le nombre des gradins et, par conséquent, augmente la partie la plus difficile du travail d'entaillement.

Dans tous les cas, la nature des terrains en dressants de la province de Liége ne permettrait qu'exceptionnellement d'avancer dans la houille, plus qu'on ne le fait, sans exécuter des boisages consécutifs, et c'est pour compenser ce moindre avancement qu'on donne aux gradins plus de hauteur.

D'après ce qui précède, il n'est pas permis de dire avec M. Tonneau que : « plus la hauteur des gradins augmente, plus l'exploitation est désavantageuse. » Mais les grands avancements effectués dans les couches en plateures ou en dressants ont une réelle supériorité en ce qu'ils tendent à restreindre la durée des galeries et, par conséquent, les frais de leur entretien toujours fort élevés quand elles tirent à leur fin.

Des remblais.

Parfois il serait plus économique d'élever au jour les déblais que de les transporter à l'intérieur, d'un point à un autre, par exemple, dans les gîtes puissants, où les remblais font souvent défaut. Mais quand il y a du grisou, le mineur, contraint par la loi de combler les moindres vides, ne peut avoir égard ni à la longueur du parcours, ni au prix de revient. Comme, dans ces circonstances, les galeries, d'assez grande section, permettent d'établir des voies ferrées, la longueur du parcours ne doit plus entrer en ligne de compte et le déversement des remblais dans la taille, s'effectuant dans le sens de la pesanteur, exige peu de main-d'œuvre. Du reste, leur extraction au jour est une opération fort coûteuse, soit par les transbordements qu'ils nécessitent avant d'arriver à destination, soit par l'occupation de terrains, dont la valeur toujours assez grande est quelquefois énorme.

Modification locale du système-en-retraite usité
dans les mines du Centre du Hainaut. (Pl. XX,
fig. 9 et 10).

La disposition des travaux du puits St-Arthur de Mariemont a pour but de dispenser l'exploitant d'entretenir simultanément un trop grand nombre de galeries d'allongement percées dans des couches encaissées par des roches
la plupart du temps sujettes aux dislocations.

Le puits St-Arthur parvenu à l'étage de 476 m., où se
trouvent actuellement les travaux d'exploitation, a atteint
un massif composé de roches stériles ou plutôt dépourvu
de stratifications exploitables. Ce massif, dont la largeur mesurée horizontalement est de 170. m., divise les
couches, d'une manière distincte, en deux groupes ou
faisceaux, l'un au sud, l'autre au nord. Ces couches ont
une inclinaison de 28 à 30 degrés.

La chambre d'accrochage, ou *envoyage*, est reliée au
bouveau (galerie à travers bancs) principal par des excavations horizontales et communique directement avec la
galerie d'allongement *(courteresse)* percée dans la couche
désignée sous le nom de *Grande Veine du Parc*, la première du faisceau du nord. Cette galerie et la suivante,
pratiquée dans la seconde couche, dite *Grande Veine de*
l'Olive, se trouvent dans des conditions de solidité telles
qu'on espère pouvoir les maintenir ouvertes pendant toute
la durée des travaux d'arrachement du champ d'exploitation situé à l'ouest du bouveau; aussi les chasse-t-on
jusqu'à la limite, située à 950 m. de la galerie principale
à travers bancs. Quant aux voies d'allongement percées
dans les autres parties du gîte, le mineur se dispense de
les entretenir, dès qu'il voit que cela devient trop coûteux,

en cessant de s'en servir et même en les obstruant lorsqu'elles sont parvenues à une certaine distance. Il les remplace par une galerie de recoupe, ou bouveau accessoire.

Toutes les voitures vides arrivent aux divers chantiers par cette galerie et par la voie d'allongement pratiquée dans la Veine de l'Olive, tandis que les voitures pleines parviennent au fond de l'accrochage après avoir parcouru la courteresse de la Veine du Parc.

Plus tard, des chantiers analogues seront ouverts dans la partie du champ d'exploitation située au levant et les mêmes dispositions seront appliquées au groupe de couches du midi, ce qui pourra satisfaire à une extraction considérable.

L'arrachement a lieu par tailles en retour, conformément à l'usage suivi dans les mines du Centre. Un premier atelier, chassé suivant la direction, reçoit une hauteur de 12 à 14 m.; il est accompagné de deux voies : l'une, d'aérage, située à la partie supérieure de l'excavation, l'autre, de roulage, établie à 2.50 m. au-dessus de la paroi inférieure de la taille, afin d'en réduire les frais d'entretien.

Les plans de clivage étant généralement disposés suivant des parallèles à l'allongement, l'exploitation de ces ateliers de chassage donne peu de grosse houille; mais il n'en est plus ainsi lorsque, les galeries d'allongement étant arrivées à la limite, le mineur se retire sur le puits en ouvrant une série de tailles montantes accolées les unes aux autres. Mais, comme par ce système un temps fort long se passe avant que des travaux de quelque importance soient établis, on subvient aux exigences de l'extraction en enlevant provisoirement des zônes de houille à la partie supérieure du massif. C'est ainsi qu'à St-Arthur un plan automoteur partant de la galerie d'allongement de la Veine du Parc et

percé dans le gîte a permis d'enlever, sur une étendue
de 90 mètres, la zône supérieure d'un massif de 160 m.
de hauteur.

L'exploitation par tailles en retour, de même que la
nouvelle disposition qui fait l'objet du présent paragraphe,
est fondée sur l'impossibilité où se trouvent les mineurs
d'entretenir des voies trop longues dans des terrains tellement défectueux qu'on ne peut maintenir ouvertes les
galeries d'allongement qu'après l'enlèvement, trois fois
réitéré, du mur de la couche, autrement dit : après trois
descomblages au mur.

Nouveau procédé d'exploitation en usage à la mine de Houssu (Centre du Hainaut).

L'étage de 377 m. du puits n° 6, de Houssu, a pour objet
l'exploitation de la couche dite *Veine-Dupré*, dont l'inclinaison est de 18 degrés et la puissance totale, de 1.10 m.,
mais qui ne renferme que 0.69 m. de houille pure.

Autrefois, on conduisait à tous les fronts de taille les
voitures d'extraction, dont la contenance est de 4 hectolitres, en sorte qu'il fallait arracher les salbandes de la
couche dans toutes les voies et élever au jour les produits
de cet arrachement. Cette opération, fort coûteuse, parce
que le toit est formé de grès et que le mur est d'une
grande dûreté, s'effectuait, en outre, dans de mauvaises
conditions. Et puis les ouvriers capables de manœuvrer de
pareilles voitures à la base et au sommet des plans automoteurs étaient rares, tandis qu'un assez bon nombre de
jeunes rouleurs restaient sans emploi, ne pouvant conduire
que les vases de deux hectolitres qui étaient exclusivement
en usage anciennement. Ces motifs engagèrent à modifier

profondément le système d'exploitation conformément à la description suivante :

Les figures 4, 5 et 6 de la planche XX indiquent la manière de conduire les neuf chantiers que les exigences commerciales nécessitent parfois. L'ensemble des travaux figure de vastes gradins droits, couchés, dont la conduite offre une assez grande divergence avec les procédés ordinaires.

Le champ d'exploitation, mesuré suivant la ligne de plus grande pente, a une largeur de 180 m. Il est divisé en deux tranches : l'une, inférieure, de 115 m., l'autre, supérieure, de 76 m. A la base des deux tranches ont été ménagées les costresses, ou galeries, *a*, *b*, *c*, *d*, sur lesquelles circulent des voitures de 4 hectolitres. La première précède toujours les *montements*, ou voies ascendantes, à une assez grande distance, pour reconnaître le gîte. Elle reçoit des dimensions telles que les chevaux puissent y circuler.

De la voie supérieure que renferme la taille costresse, partent quatre montements, *m*, *n*, *o*, *p*, de 18 m. de largeur avec voie de roulage établie vers le milieu des remblais. Les fronts de taille des voies montantes sont en avant les unes des autres de 5 à 10 m., suivant que l'inclinaison de la couche est plus ou moins forte.

Dans les voies montantes circulent des voitures de deux hectolitres qui, arrivées à la costresse supérieure, viennent verser leur contenu dans une trémie, *g*, dont il sera fait mention plus loin. Enfin, dans cette première tranche, on a réservé des voies très-bien boisées, appelées *montements principaux* qui, telles que *q*, sont disposées en plans automoteurs et servent ultérieurement au transport des produits de la deuxième tranche. Leur largeur est de 2.20 m. et leur hauteur, de 1.20 m. Pendant leur percement, la poulie du plan automoteur s'élève chaque jour d'une quantité égale à l'avancement du chantier.

La seconde tranche, située à la partie supérieure du champ d'exploitation, est enlevée de la même manière que la précédente. Les voitures, contenant les produits des quatre tailles, r, s, t, v, descendent sur les voies ascendantes arrivent sur la costresse cd, qu'elles parcourent en partie, franchissent l'un des montements principaux, q, et viennent déverser leur contenu dans la trémie, h.

Ces trémies (fig. 5, 6 et 7) ne sont autres que des couloirs construits dans des galeries inclinées et distantes d'environ 100 m. les unes des autres. Deux couloirs sont juxtaposés, l'un destiné au transport de la houille, l'autre à celui des produits stériles ; tous deux soutenus par des étais et revêtus de planches. Au bas de l'excavation, se trouvent des châssis, entre lesquels glissent des portes verticales, dont les mouvements sont facilités par un levier et un contrepoids. Elles ne s'ouvrent que pour laisser tomber la houille et les déblais dans les voitures qui stationnent dans la voie et au-dessous des portes.

Le courant d'air qui circule dans la costresse ab ne peut traverser la galerie où se trouvent les trémies, mais il suit cette voie jusqu'au front de taille ; de là, il passe dans tous les chantiers en activité, parcourt une voie descendante, qui jadis appartenait à une partie du champ actuellement dépouillée, et conduit l'air dans la galerie à travers bancs, destinée au retour de l'air.

Cette disposition des travaux présente beaucoup d'analogie avec celle qui est suivie dans plusieurs mines du Couchant de Mons et qui sera décrite plus loin.

Les économies réalisées sur le prix d'exhaussement des galeries, l'entretien des voies et les salaires des rouleurs se sont élevés, à Houssu, à 25 centimes par hectolitre.

La houille de Veine-Dupré étant exclusivement appliquée à la fabrication du coke, il importe peu qu'elle soit réduite en menu par les transbordements et par son passage à travers les trémies.

Mais dans les couches où le gros doit être ménagé, comme, par exemple, dans la Grande-Veine, le champ d'exploitation, conservé dans son intégrité, est divisé par des plans automoteurs partant de la costresse et s'élevant jusqu'à la limite supérieure, entre deux massifs de houille qui les protégent. Ces massifs, recoupés à distances égales, donnent lieu à des costresses juxtaposées sur toute la hauteur de l'exploitation.

Nouveau procédé d'exploitation des plateures, dans les mines de l'Agrappe (Couchant de Mons).

Dans le Couchant de Mons et au Centre, les grandes plateures s'exploitent souvent au moyen de tailles montantes, ou thiernes, desservies chacune par un plan automoteur, dont on déplace la poulie au fur et à mesure de l'avancement du chantier. Or, les portes obturantes placées au pied des voies ascendantes de ces tailles pour forcer le courant d'air à parcourir les fronts d'abatage entravent continuellement la circulation des voitures. Frappé de leurs inconvénients (1), feu M. Delsaux chercha à les faire dis-

(1) Ces inconvénients se sont aussi fait sentir dans le district de Charleroi et ont amené les exploitants de la houillère de Sacré-Madame à fermer le passage du courant d'air au moyen de portes d'une nature spéciale. Ces portes, faciles à ouvrir et pouvant retomber spontanément sur leurs battées, se composent de deux pièces de cuir clouées sur un madrier encastré dans le faîte de l'excavation. Elles tournent indépendamment l'une de l'autre, afin que chacune puisse être soulevée

paraître et, après de nombreux essais, tentés dans les mines de l'Agrappe, il arriva à modifier la conduite des travaux de la manière indiquée par la figure 8 de la planche XX.

Une taille costresse, de 14 m. de front, en moyenne, marche au pied de la partie de la couche à exploiter, laquelle est subdivisée en plusieurs tranches, de 60 à 80 m, de largeur, par des voies de transport intermédiaires. A l'Agrappe, des dégagements notables de gaz hydrogène protocarboné empêchent généralement de prendre plus de deux tranches à la fois.

La galerie inférieure de la taille costresse est établie de façon à devenir la voie principale de transport et elle se trouve réunie, de distance en distance, par de petites galeries aboutissant à la voie supérieure de cette même taille, d'où partent, à des intervalles de 10 à 12 mètres, les voies ascendantes qui desservent les tailles thiernes de la tranche inférieure.

Lorsque la pente de la couche ne dépasse pas 15 degrés, c'est-à-dire qu'il est possible de donner à ces petites galeries une inclinaison de 6 à 7 degrés par une direction diagonale, sans qu'elles atteignent une trop grande longueur, le roulage s'y fait par hommes (*sclauneurs*), et des portes peuvent y être disposées, afin d'obliger l'air de gagner le front de la taille costresse, ainsi que l'indiquent les flèches, et de là les tailles montantes, en pénétrant par la plus éloignée. Toutefois, pour moins de sujétion, lorsque les plans

---

séparément par les voitures qui la heurtent en montant et en descendant, et elles se ferment en retombant sur le sol. Leur longueur ayant quelques centimètres de plus que la hauteur de la galerie les fait traîner sur la voie, ce qui réduit la section des fuites. Les quelques filets d'air qui peuvent encore passer, servent à alimenter la voie ascendante.

automoteurs qui avoisinent la partie supérieure de ces galeries sont abandonnées , ces portes se replacent dans la voie supérieure de la taille costresse.

A l'Agrappe, cette pente est une exception; le plus souvent, il y a 22 à 30 degrés. Aussi, ces petites galeries sont-elles des plans automoteurs suivant l'inclinaison de la couche, ou à peu près.

Dans ce cas, on les fait aboutir à la costresse supérieure entre deux voies ascendantes, qu'on éloigne le plus possible, afin d'avoir un espace suffisant pour placer la porte. C'est dans ce but que, parfois, on dévie l'une de ces voies à son pied, quand l'absence de remblais empêche de prendre de grandes tailles (fig. 8bis), ce qui arrive dans les couches de forte puissance.

Ces modifications ont été adoptées par plusieurs charbonnages. Au Grand-Hornu, on a cherché à appliquer le système de l'Agrappe, en conduisant la taille costresse de manière à ménager une petite voie d'aérage en *parel* marchant à 4 m. au-dessous de la galerie principale de transport et communiquant avec celle-ci au moyen de retrouages, qui se succèdent à des distances de 50 à 80 mètres (fig. 3). Un peu au-delà du dernier retrouage, se trouve une porte qui force l'air à gagner, par le parel, la taille costresse et, de là, tout le chantier. On conçoit que la faible largeur de remblai qui existe entre la galerie de roulage et la voie de parel donne lieu à une grande déperdition d'air. Il est vrai que les veines du Grand-Hornu ne dégagent pas de grisou. Néanmoins, ce mode de travaux n'est plus guère employé que pour les couches peu inclinées, environnées de terrains solides et ne donnant pas d'eau. Pour les autres, la difficulté de maintenir convenablement le parel d'aérage contre une certaine longueur de ferme, ou couche vive, a amené les exploitants du Grand-Hornu à établir,

comme à l'Agrappe, deux voies costresses réunies de distance en distance par de petits plans automoteurs (fig. 2).
Cependant on ménage souvent, au-dessous de la galerie
inférieure, 1.50 m. de remblais, pour atténuer les effets
dus à l'affaissement de terrains contre le ferme.

IIIᵉ SECTION.

PROCÉDÉS D'EXPLOITATION USITÉS DANS LES PRINCIPAUX BASSINS CARBONIFÈRES DE L'EUROPE.

Boisages mobiles employés dans quelques mines du département du Nord (1). *Pl. XXI, fig. 1 à 6.*

M. Dermoncourt, sous-directeur des travaux de la division du Vieux-Condé, est l'inventeur d'appareils mobiles destinés à soutenir le toit des couches dans l'intervalle de temps compris entre l'abatage et le remblai. Ces appareils remplaceront les bois qui jadis devaient rester enfouis dans les remblais, dépense notable qui tendait chaque jour à s'accroître.

Ils fonctionnent sur un même point pendant 24 heures, puis on les porte en avant, au fur et à mesure que l'excavation progresse dans le gîte. C'est une botte, ou pieu vertical, affectant la forme d'un tronc de cône et frettée par des cercles en fer. Sa hauteur varie suivant la puissance de la couche ; elle est ordinairement de 0.30 m. moindre que celle-ci, et les deux diamètres de la tête et de la base sont respectivement de 0.18 et de 0.20 m. Cet engin est

(1) *Annales des mines.* 5ᵉ série, Tomes XI, page 461, et XIX, page 1. *Revue universelle.* 4ᵒ livraison 1863. c. à d. T. XIV, page 2.

percé, suivant l'axe, d'un trou cylindrique de 0.06 m. de diamètre ; il est recouvert d'une rondelle en fer percée d'une ouverture centrale et repose sur un plateau circulaire, en bois tendre, de 0.06 m. d'épaisseur et de même diamètre que la base. C'est dans le trou que se loge une vis en acier, à filets rectangulaires, de 0.30 m. de longueur et 55 mm. de diamètre, surmontée d'une tête de forme rectangulaire avec renflements latéraux. La vis traverse un écrou hexagonal ou carré, également en acier, qui, placé sur la rondelle, reçoit le mouvement d'une clef assez longue pour pouvoir être manœuvrée par plusieurs ouvriers simultanément.

La tête de la vis, recouverte d'une applique en bois blanc, supporte un madrier horizontal formé d'un bois qui, tel que l'orme, offre assez d'élasticité pour se soustraire aux fréquentes ruptures dérivant de la pression du toit ; la longueur des madriers est à peu près égale à la distance comprise entre le front de taille et les remblais. Les appliques interposées proviennent de fragments de madriers coupés à des longueurs de 0.20 à 0.30 m.

L'installation de ces appareils exige les manœuvres suivantes : La vis étant entièrement engagée dans la botte, on met celle-ci à la place qu'elle doit occuper. On installe le madrier au faîte de l'excavation, de manière que le milieu de sa longueur corresponde, à peu près, à l'axe de la vis, puis on interpose l'applique entre la vis et le madrier. Il suffit alors qu'un ouvrier, au moyen de la clef, fasse tourner l'écrou, pour que le système s'allonge et vienne serrer contre le toit et contre le mur sur lequel le plateau de la botte prend son appui.

La fig. 1 représente les tailles superposées, usitées dans les mines d'Anzin et munies de ces appareils mobiles. Au moment où les haveurs se mettent à l'œuvre, toutes les bottes

se présentent suivant une ligne parallèle au front de taille,
l'une des extrémités des madriers étant en contact avec la
houille, tandis que l'autre pénètre d'environ 0.10 m. dans
les remblais. Les ouvriers procèdent à l'abatage dans la
couche, dont le toit reste à découvert. Dans l'origine,
quand ils avaient atteint la moitié ou le tiers de la profondeur du creusement, ils établissaient un boisage provisoire au moyen d'étais et de chapeaux, puis achevaient
d'excaver, à la profondeur de 1.50 m., avant de faire
avancer les bottes. Mais, dans la suite, pour éviter une dépense inutile de bois, ils sont parvenus à produire l'avancement des appareils mobiles à deux et même à trois reprises
pour chaque havage, en sorte que les bottes et leurs accessoires sont le seul moyen de soutènement employé actuellement, quelque disloquées que soient d'ailleurs les
roches du faîte.

Pour porter en avant les engins mobiles, soit par reprises, soit d'un seul trait, on commence par desserrer
les écrous des vis, pendant que des étais spéciaux en forme
de fourche soutiennent les extrémités antérieures des madriers; ceux-ci reçoivent alors une impulsion qui les fait
glisser en avant, et l'on replace la botte dans sa position
normale. Les ouvriers n'avancent dans ce moment que les
madriers impairs; l'autre moitié reste en arrière pour supporter le toit de la zône à remblayer; en sorte qu'il existe
en cet instant deux lignes parallèles, l'une au front de
taille, l'autre en arrière de celui-ci. On ne peut avancer
cette dernière ligne, restée en retard, qu'après un demi-
remblai, c'est-à-dire après avoir entassé des roches stériles
derrière les bottes restantes. Cette opération achevée, un
ouvrier desserre les écrous, fait avancer les madriers,
puis achève le remblai de manière que les tailles soient
prêtes à recevoir de nouveau les haveurs.

L'espace compris entre les étais mobiles dépend exclusivement de la nature du toit; il est de 1 à 1.20 m. pour
les terrains quelque peu solides ; mais il se réduit à 0.30
m. pour les roches fortement disloquées.

Dans les premiers temps de l'emploi de ces appareils, les
ouvriers éprouvèrent la plus grande difficulté pour desserrer
l'écrou, lorsque la pression du toit agissait sur la vis, surtout
après un chômage de quelques jours. Deux procédés ont été
successivement employés pour parer à cet inconvénient.
Le premier consiste à placer sous la botte, après l'avoir
rempli de menue houille fortement tassée, un anneau en
fer, de 0.04 m. de hauteur et d'un diamètre un peu plus
grand que celui de la botte. La pression du terrain agit
sur cette poudre, en sorte qu'il suffit de soulever l'anneau et de haver la houille pour dégager l'appareil, lui
donner du jeu et permettre à l'écrou de se desserrer sans
difficulté.

Dans le second procédé, un ouvrier est spécialement
chargé de visiter successivement tous les appareils de
deux tailles contiguës, de s'assurer que les écrous fonctionnent aisément, et, en cas contraire, de les desserrer
pour leur donner du jeu avant que la pression du terrain
se fasse sentir avec trop d'énergie. L'expérience prouve
que ce moyen vaut mieux que le précédent.

Ce système de soutènement, exclusivement en usage
dans les mines de Fresnes et de Vieux-Condé, depuis plus
de sept ans, a été appliqué à divers travaux de la concession d'Anzin. Mais leur emploi ne peut être qu'assez limité,
car dans dans les couches d'une trop forte inclinaison,
les étais n'occupant pas une position verticale et les stratifications ne les pressant pas suivant l'axe, la résistance
de ces étais n'est pas fort énergique. D'ailleurs, leur déplacement, au lieu de se faire en glissant sur le mur,

exigerait un transport à bras qui entraînerait de grandes difficultés ; aussi aucun essai n'a été tenté sur des couches inclinées de plus de 35 degrés. En outre, ce mode de soutènement, inutile lorsque la couche possède un bon toit, exige que les fragments de roches destinés aux remblais, ou du moins une partie d'entre eux, soient formés de blocs assez gros, offrant une résistance suffisante.

Les économies réalisées par l'emploi des nouveaux engins de soutènement sont loin d'être aussi grandes que l'avait pensé l'inventeur, M. Dermoncourt. Celui-ci, après avoir évalué la durée moyenne des madriers, qu'il fixe à 9 mois, des bottes en chêne, à 5 ans, des vis, des écrous et des clefs de serrage, dont l'usure est à peu près nulle, à 30 ans, trouve que le mètre carré de surface entaillée reviendrait à 2 centimes, soit 4 à 5 centimes par tonne de houille, tandis que le boisage ordinaire coûte 31 centimes par mètre carré, ou 60 à 75 centimes par tonne. Mais la pratique a démenti ces calculs, car il résulte d'un relevé communiqué à M. l'ingénieur Havré par l'administration des mines d'Anzin que l'économie ne s'élève effectivement qu'à 1.32 centimes par hectolitre ou environ 15 centimes par tonne.

Le nouveau procédé présente d'autres avantages qui ne sont pas à dédaigner. Ainsi, l'espacement des bois de taille, abandonné à l'appréciation des haveurs, est souvent l'objet de négligence et de faux calculs très-compromettants, tandis que les bottes, placées à des distances que déterminent les chefs-mineurs, offrent toute la sécurité désirable. Enfin, le mineur n'a plus l'embarras de transporter les bois, du puits aux ateliers d'arrachement.

On comprend difficilement pourquoi l'application des étais mobiles est encore restreinte aux mines des concessions d'Anzin ; mais il est évident que la rareté, sans cesse croissante, des bois contraindra, tôt ou tard, les exploitants à admettre ce système ou tout autre analogue.

Bassin anthraxifère du Drac ou de la Mure (département de l'Isère).

Ce dépôt, situé entre Grenoble et la Mure, se développe sur une étendue de 16 kilomètres sur 8. Selon toute probabilité, il n'est autre qu'un terrain houiller ordinaire, qui aura subi anciennement des actions métamorphiques d'une grande énergie. Il repose sur le schiste talqueux des Alpes et se trouve en partie recouvert par les calcaires du lias et par quelques lambeaux du terrain jurassique.

La figure 7 de la planche XXI est une coupe verticale du terrain appartenant à la concession de Lamotte d'Aveillans. Cette concession, située au centre du bassin, renferme cinq couches d'un anthracite dur, vitreux, donnant un éclat vif et brillant et présentant une cassure conchoïdale. Le toit de ces gîtes consiste le plus souvent en schistes et en grès schisteux, disloqués et fort ébouleux. Les couches, dirigées du S.-S.-O. au N.-N.-E, n'offrent pas entre elles un parallélisme parfait; elles sont affectées, de même que les gîtes houillers de la Belgique et du nord de la France, d'inflexions et de plissements accompagnés d'*ennoyages*, ou gouttières, plongeant tantôt dans un sens, tantôt dans un autre; mais le résultat général des inclinaisons est au S.-S.-O.

Voici la coupe du terrain de la partie centrale du dépôt :

Petite couche, puissance de . .   0.40 à 0.80 m.
Roches stériles . . . . . .   8.00 à 10.00 »
Rivoire (couche puissante) . . .   8.00 à 10.00 »

Roches stériles . . . . . . 50.00 en moyenne
Henriette (petite couche). . . .   0.80 à 1.00 m.
Roches stériles . . . . . . 25.00 à 40.00 »
Bois de Bataille (couche moyenne).   2.50
Roches stériles . . . . . . 20.00 à 25.00 »
Petite couche sans nom . . . .   0.50 à 0.80 »
Grès durs 150.00
Schistes talqueux. . . . . .

Les petites couches sont fort sujettes aux étranglements ; mais le mineur, presque toujours conduit par un lit de schiste tendre et très-feuilleté, ou par un filet de quartz tendre et grenu, est rarement indécis sur la route à suivre pour rejoindre le prolongement du gîte. Les failles qui se rencontrent dans les terrains n'affectent pas toutes les stratifications simultanément ; leur plan de glissement, facile à reconnaître, indique le point vers lequel la couche est rejetée.

Les parties du dépôt qui gisent en dehors du centre ne sont pas aussi favorisés que celui-ci sous le rapport de la richesse minérale. Sur beaucoup de points, on rencontre, il est vrai, des couches renflées jusqu'à atteindre, à la superficie du sol, une puissance de 30 m. ; mais, quoique arrondies à leur naissance, elles se rétrécissent insensiblement ou se terminent brusquement par un filet de houille rarement exploitable.

Les gîtes anthraciteux affleurent généralement sur les pentes des collines, en sorte que le mineur y pénètre soit directement, soit plutôt au moyen d'excavations en roches stériles, destinées simultanément à l'extraction et à l'exhaure. Les galeries, percées successivement les unes au-dessous des autres, divisent les couches en un certain nombre de zônes, ou champs d'exploitation superposés, d'une hauteur verticale de 25 à 30 m. Leur pente générale, de même que celle des autres galeries, sauf les diagonales, est régulièrement de 0.01 m. par mètre (1).

Préparation du champ d'exploitation ou division du gîte en piliers

Le *traçage*, ou la préparation, s'effectue au contact du toit (fig. 14) pour les couches puissantes et dans la base inférieure pour celles de moyenne épaisseur. Si les variations d'inclinaison n'ont d'influence que sur quelques détails de traçage, ils entraînent, par contre, de notables modifications dans les travaux de dépilage.

La voie d'allongement, ou galerie de roulage, est garnie d'une ou de deux rigoles pour faciliter l'écoulement des eaux hors de la mine. On poursuit cette galerie sans discontinuation jusqu'à ce qu'elle soit arrivée à son terme. Elle est l'origine de *diagonales*, ou montantes, (fig.8), distantes entre elles de 50 m., dont les croisements avec les voies horizontales se modifient d'après l'inclinaison du gîte, ainsi que le lecteur le verra plus loin. A mesure que ces diagonales s'avancent sur l'amont-pendage de la couche, on les relie par des voies de niveau, ou *galeries d'étage*, dont le percement s'effectue par moitié, en partant de deux diagonales voisines; ainsi, *ab*, se compose de deux parties, l'une percée de *a* en *c*, et l'autre de *b* en *c*. Le nombre de piliers que peuvent limiter ces galeries d'étage est toujours de cinq, quelle que soit d'ailleurs la hauteur verticale du champ d'exploitation.

Comme, dans les zônes d'une étendue même modérée,

(1) *Annales des mines*, 3ᵉ série. T. IX. p. 427 et 4ᵉ série. T. XV, p.519. *Bulletin de la Société de l'Industrie minérale*. T. II. p. 616.

le dépilage des massifs les plus voisins du point de rencontre de la couche ne peut avoir lieu que longtemps après cette préparation, il convient de réduire les frais de soutènement en bornant le traçage au percement de la galerie à travers bancs et de l'une des galeries accessoires indispensable à la circulation de l'air, puis de ne tracer les voies d'étage et les diagonales que quand le dépilage l'exige (fig. 9). Des barrages en pierres sèches, ou des portes lorsque les ouvriers doivent parcourir les galeries, sont établis au pied des diagonales pour forcer le courant à marcher dans le sens des flèches en rasant les fronts d'entaillement. Dès que la galerie à travers bancs a rencontré le gîte, on pousse la première diagonale, *m n*, sur toute la hauteur du champ d'exploitation, afin d'établir une communication directe avec la voie supérieure, par laquelle se fait le retour de l'air. Puis, à mesure que les travaux se développent, le courant est appelé à parcourir successivement les divers chantiers, ainsi que l'indiquent les flèches.

Voici les dispositions adoptées pour les croisements des voies : Dans les couches de faible inclinaison, les diagonales, d'abord perpendiculaires à la galerie d'allongement, ont une pente de 0.05 m. par mètre ; puis, après un parcours d'environ 3 m., elles tournent à angle droit et poursuivent leur route avec une inclinaison de 0.25 m., par mètre, soit d'environ 14 degrés ; en sorte qu'elles rejoignent promptement le toit de la couche, pour ne plus l'abandonner.

Lorsque les gîtes sont fortement inclinés, l'axe de la diagonale est également perpendiculaire à la voie d'allongement, pendant un parcours de 3 m., et ensuite dirigé parallèlement au toit, sur une longueur de 8 m. et avec une pente de 0.25 m., puis ramenée au contact de celui-ci par une petite traverse, *a* (fig. 10 et 11). Il reste alors, entre le sol de la traverse et le faîte de la galerie d'allongement, un massif d'anthracite, dont l'épaisseur, 1.40 m., suffit pour assurer la solidité des excavations.

Dans les deux cas, la base des diagonales, dont la pente n'est que de 0.05 m., est un lieu de dépôt pour quelques traîneaux ou *panières à patins* provenant des étages supérieurs, en attendant le moment où on les chargera sur les chariots porteurs, appelés seuls à parcourir la voie de roulage. Ce chargement est facilité par l'installation d'un *chargeoir* (fig. 14), banquette qui domine le chemin de fer d'une hauteur de 0.80 m.

On exhausse le faîte de la galerie d'allongement à ses points de rencontre avec les diagonales, afin de faciliter le travail des chargeurs.

Enfin, le croisement des diagonales et des galeries d'étage percées dans les couches de grande inclinaison, s'effectue (fig. 12 et 13) par la déviation des galeries qui, dirigées d'abord vers *c*, se retournent à angle droit pour marcher parallèlement aux stratifications pendant un parcours de 16 m. environ, de *c* en *b* et revenir ensuite au contact du toit. Une déviation de 3 m. produit un massif de 1.30 m. d'épaisseur suffisant pour assurer la solidité des galeries.

Dépilage des massifs formés dans les couches puissantes.

Pour bien comprendre ce qui va suivre, le lecteur doit se pénétrer de l'idée que les piliers supérieurs de la zône à exploiter sont recouverts des remblais qu'a fournis l'arrachement du champ d'exploitation situé immédiatement au-dessus, c'est-à-dire les éboulements du toit et l'abandon, dans les travaux, des menus d'anthracite, qui ne trouvent pas d'écoulement dans le commerce.

Ici, comme partout ailleurs, le dépilage commence par les massifs de la série horizontale la plus élevée et par les piliers les plus écartés du point initial des travaux ; mais il renferme deux opérations distinctes : la *préparation du pilier* et le *dépilage proprement dit*.

La fig. 15 est la projection horizontale des deux piliers successifs en préparation de dépilage. Des traverses, *ab*, ayant les diagonales pour origine, sont percées horizontalement du toit au mur, tandis qu'une autre, placée dans les mêmes conditions, traverse le pilier vers le milieu de sa largeur. D'autres, telles que *bd*, sont tracées parallèlement au mur en suivant les sinuosités. Ces diverses excavations communiquent par *e* avec la voie d'extraction supérieure par laquelle s'échappe le courant d'air qui a ventilé les ateliers de dépilage. Enfin, du milieu des traverses partent des galeries de recoupe, *fg*, parallèles aux voies *ac* et *bd*.

Actuellement, le dépilage proprement dit consiste à enlever de *h* en *i*, milieu du pilier, une tranche verticale de combustible, à laquelle on substitue immédiatement des remblais, puis à continuer le dépilage par l'enlèvement successif d'autres tranches prises à droite et à gauche de la première.

Dans ce but, un mineur établi en *k* perce une traverse horizontale, *ki*, de 1.80 m. de hauteur et de 2 m. de largeur, qu'il prolonge en *l*, suivant la pente du mur de la couche, jusqu'à ce qu'elle atteigne les remblais de l'étage supérieur (fig. 16). Puis aussitôt, il se met en garde contre toute descente imprévue de ces derniers, au moyen d'un *bornage*, ou mur en pierres sèches, construit sur le tiers ou sur la moitié de la hauteur de la galerie. Il ferme la partie supérieure de l'ouverture par des *croûtes* (1) placées de champ les unes sur les autres et retenues en place par un cadre de boisage. Il suffit d'écarter quelques croûtes pour que l'ouvrier, pendant le cours du dépilage, puisse attirer à lui le volume de remblais dont il a besoin.

On ne remblaye les cinq derniers mètres de la traverse *ik* et la base de la montante *il* que sur les deux tiers ou les trois quarts de la hauteur seulement, afin de réserver au faîte un espace dans lequel le mineur puisse circuler ; ce remblai est disposé en forme de rampe à sa partie antérieure.

Alors l'ouvrier se place sur les remblais et entaille le faîte de l'excavation sur une hauteur de 1.40 m., en s'élevant sur la rampe d'abord, puis en marchant horizontalement jusqu'à ce qu'il vienne déboucher dans les montants, *i*, partiellement remblayés. Pendant ce travail, il enlève les bois de soutènement qui peuvent exister dans la galerie inférieure et boise la nouvelle galerie avec des cadres, dont il prévient l'enfoncement en plaçant sous les montants des pierres plates ou des fragments de bois. Alors, il pourvoit au remblayage en écartant quelques dosses et provoque la descente spontanée des remblais ou les attire à l'aide d'une tige en fer rond, lorsqu'ils sont retenus par l'effet du tassement.

Les remblais, dont la disposition est indiquée par une ligne ponctuée, ne remplissent que partiellement l'excavation, afin de permettre au mineur de pratiquer au faîte une nouvelle galerie pareille à la précédente. Le boisage effectué dans celle-ci a pour but de soutenir provisoirement une planche d'anthracite, de 0.70 à 0.80 m. d'épaisseur,

---

(1) *Croûtes, dosses*: pièces provenant de la partie extérieure des troncs d'arbres débités à la scie; l'une des faces est plane et l'autre convexe. Elles servent de bois de garnissage, de palplanches, etc.

située entre le faîte de la galerie et les dépilages supérieurs. L'enlèvement de cette planche dépend de la pression plus ou moins grande qu'exercent les remblais situés au-dessus. Quelquefois, il suffit d'arracher successivement les divers cadres, en commençant en m par le plus rapproché du mur de la couche; alors l'anthracite, sans soutien, se rompt et tombe en gros fragments sur le sol artificiel, d'où on l'enlève pour le charger dans les panières à patins. Si le poids des remblais est insuffisant pour produire cette rupture, quelques coups de pics ont raison de la planche d'anthracite. Mais si l'écroulement est au contraire trop facile, un barrage en pierres sèches, établi au milieu de la galerie, garantit les travaux d'un envahissement subit des remblais. Il suffit alors d'un pic ou de tout autre instrument recourbé pour attirer les fragments de combustible par-dessus le barrage. L'enlèvement du boisage devient alors très-difficile et souvent le mineur est obligé de l'abandonner dans les travaux. Le mineur, marchant ainsi en retraite, arrive au sommet de la rampe, où il construit un bornage destiné à s'opposer à tout éboulement ultérieur des remblais.

Le percement de la galerie hk, dont l'achèvement concorde avec celui du travail précédent, permet de prendre une nouvelle taille au bas de la rampe et de la prolonger jusqu'aux remblais, pour provoquer ensuite la chûte de la planche d'anthracite du faîte. A cette taille en succède une seconde, puis une troisième et ainsi de suite, jusqu'à ce que à la tranche de combustible on ait substitué une tranche de remblais, provenant, soit des nerfs, ou intercalations schisteuses, que renferme souvent la couche, soit des matériaux de l'étage supérieur.

Ce travail achevé, les mineurs procèdent à l'arrachement des deux parties du pilier situées symétriquement à droite et à gauche de la tranche remblayée, opération qui s'exécute de la manière indiquée en projection horizontale dans la figure 17. *op* est une traverse partant de la galerie de recoupe et aboutissant au mur pour se prolonger suivant l'inclinaison de ce dernier. Cette traverse, d'une largeur de 1.50 m., est séparée de la tranche remblayée par un massif de 2 m. d'épaisseur. La partie *pi* de la galerie du mur est remblayée et les fragments en sont retenus par deux murs en pierres sèches *s, t,* l'un, du côté du massif de combustible, l'autre dans l'alignement de la paroi gauche de la traverse *op*. Le mineur enlève du massif de 2 m. des *œillets*, ou prismes de houille, 5, 4, 3, de 1.50 m. de largeur et d'une hauteur égale à celle de la traverse. Les parties de la tranche remblayée, mises successivement en évidence par ces courtes tailles, fournissent les remblais nécessaires pour combler ces diverses excavations, remblais que le mineur maintient en place par des murs en pierres sèches ou, à leur défaut, par des dosses posées de champ. C'est ainsi que l'on arrache successivement les œillets qui portent les numéros 5, 4 et 3, en ayant soin de retirer les dosses de l'œillet voisin dès qu'elles deviennent inutiles. L'ouvrier remblaye alors la traverse *op* sur les trois quarts de sa hauteur, puis s'élève sur la rampe, afin de percer, comme précédemment, une galerie sur remblais qui lui permet de prendre, dans le massif latéral, une nouvelle série d'œillets superposés aux premiers. Il prévient également l'écoulement des remblais au moyen de barrages en pierres ou en dosses.

Lorsque la planche d'anthracite qui sépare de l'étage supérieur le faîte de l'excavation n'a plus qu'une épaisseur de 0.50 à 0.60 m., on en provoque la chûte par un déboisage en retraite, effectué d'abord au-dessus des œillets, puis ensuite dans la galerie sur remblais.

Pendant ces opérations, un ouvrier a opéré le prolongement de la traverse $o\,p$, qu'il doit avoir terminée pour cette
époque, sous peine d'amener de l'interruption dans le dépilage. On enlève le reste du massif comme ci-dessus; puis
l'ouvrier arrache le prisme u (fig. 16), situé entre la galerie
du toit et le toit lui-même.

Il ne faut pas attendre que le dépilage auquel donne
lieu la traverse $o\,p$ soit achevé pour ouvrir une seconde
excavation parallèle, $q\,r$; ce percement doit être pratiqué
dès que le premier travail s'est élevé d'environ 3 m. Puis
une autre traverse est l'objet d'un troisième dépilage, dès
que celui de la seconde est assez avancé. L'opération, continuée ainsi des deux côtés de la tranche remblayée et jusqu'aux extrémités du pilier, occupe quatre ouvriers. En
outre, une série entière de massifs peut être simultanément en dépilage.

Le traçage des couches puissantes, mais fort inclinées,
est le même que ci-dessus. Le dépilage ne diffère pas non
plus, sauf quelques modifications de détail. Ainsi, les
galeries de recoupe, telles que $f\,g$, deviennent inutiles,
puisque la longueur des traverses n'excède guère 10 m.
Le dépilage, qui commence alors par l'extrémité postérieure du pilier le plus éloigné de la galerie à travers bancs,
s'opère, comme dans les couches de moindre inclinaison,
par des tranches remblayées alternant avec des massifs,
de 2 m. d'épaisseur, enlevés par œillets successifs que
l'on prend à diverses hauteurs. Comme il y aurait du danger à déboucher dans les anciens étages par des galeries
ou plutôt par des puits percés suivant l'inclinaison abrupte
du mur, on amène les remblais sur les points de dépilage
au moyen de galeries percées diagonalement le long du
mur de la couche et propres à modérer la descente des
fragments. Toutes les opérations indiquées à l'occasion

35

des plateures se reproduisent ici, même la reprise de la planche d'anthracite ménagée au faîte de l'excavation la plus élevée, pour maintenir les remblais supérieurs.

Les couches minces et celles de moyenne puissance sont également exploitées par ce système, légèrement simplifié quant aux dépilages. Mais comme il n'est guère probable que ce genre de travail soit jamais appliqué aux mines de houille, il semble inutile d'entrer dans de plus grands détails.

IVe SECTION.

SYSTÈMES D'EXPLOITATION USITÉS EN ALLEMAGNE.

Détails relatifs au percement des galeries (1).

Actuellement, lorsque les mineurs westphaliens ont à percer une *vallée* dans le gîte *(flacher Schacht)*, ils la forment de deux galeries parallèles de largeur moyenne. Le pilier de houille intermédiaire est recoupé tous les 15 à 16 mètres par des traverses destinées à engendrer le courant ventilateur. Cette disposition, imitée des Anglais, a pour but de remplacer la galerie unique et de grande largeur dont on se servait auparavant par deux autres plus petites et par conséquent de diminuer considérablement la pression du faîte.

La couche de houille Grossebank, de la mine *General und Erbstollen*, près de Bochum, a une puissance de 135 m. et une inclinaison de 55 degrés. Dans ce gîte, les galeries de préparation ne se maintiennent ouvertes qu'autant qu'on abandonne une planche de houille au faîte de l'excavation, d'ailleurs entaillée en sorte de voûte. Des galeries ainsi percées ont été prolongées à des distances de 4.20

---

(1) *Zeitschrift.* T. VI, p. 92 et T. VIII, p, 178.

m. sans réclamer aucun boisage, si ce n'est dans le petit
nombre de lieux où la houille, recoupée par de trop nombreuses fissures, devient fort ébouleuse. Elles durent plus
longtemps que d'autres excavations placées dans des conditions identiques, quoique revêtues d'un blindage avec
bois de garnissage, mais non placées en voûte.

La mine de Christiana, près de Witten, possède une
couche de houille tendre, recouverte d'un toit fort ébouleux, dont la puissance est de 1.35 m. et l'inclinaison, de
20 degrés. Les galeries, dont le faîte a été entaillé en
voûte, se sont très-bien maintenues sans boisage pendant
plus de dix ans, en sorte que les dépenses de bois et de
main-d'œuvre pour réparations des galeries construites
par l'ancien procédé, ont entièrement disparu.

Lorsque le gîte est composé d'une houille tendre, très-
fissurée par un clivage irrégulier, les exploitants des mêmes
localités trouvent avantageux de réduire la largeur des
galeries de préparation, de manière que cette largeur soit
comprise entre 1.50 et 1.80 m. Le faîte, alors entaillé dans
la houille, est disposé en forme de voûte.

Les galeries de roulage de la mine de Zollverein, près
d'Essen, sont généralement ouvertes dans un terrain tendre
et fissuré, en sorte que, deux ou trois mois après leur
percement, la pression à laquelle le mur est exposé le
gonfle et le soulève avec une énergie telle qu'aucun boisage ne peut lui opposer une résistance suffisante.

Pour empêcher cet effet de se produire, on a imaginé
de creuser dans le sol des galeries une excavation qui
puisse loger entièrement la voie ferrée et d'en appliquer
les déblais au remblai de la couche.

On est parvenu, à la mine de lignite de Hoffnung, près
de Liedersdorff, district d'Eisleben, à raffermir le sol des
galeries par un procédé beaucoup plus efficace. C'est

l'emploi d'un macadam, pour lequel on arrache, sur une profondeur d'environ 0.20 m., le schiste sujet au gonflement et le remplace par un lit de petits cailloux ou de gravier grossier que l'on consolide par le battage et sur lequel on établit le chemin de fer.

L'expérience a prouvé que cette opération, qui revient à fr. 0.25 le mètre courant, n'occasionne pas une dépense trop grande relativement aux avantages qu'elle procure. Mais des tentatives analogues faites dans d'autres localités, par exemple à Halberstadt, n'ont pas eu de succès.

La houille des districts de Tarnowitz, en Silésie, est assez ordinairement sujette à une combustion spontanée ou, tout au moins, à d'excessifs échauffements, d'où résulte la destruction des blindages et la chûte, par gros blocs, d'un toit généralement formé de grès fissurés. Les exploitants, pour se soustraire à ce danger, remplacent, dans toutes les parties des galeries où se produit une trop haute température, les chapeaux et les pièces de garnissage en bois par des chapeaux et des picots en fer, qu'ils font reposer sur des piédroits en maçonnerie.

Modifications apportées aux systèmes d'exploitation des districts de Saarbrücken, de Westphalie et de Silésie.

Le lecteur a vu, à l'occasion de l'exploitation du Centre du Hainaut, la modification adoptée au puits St-Arthur, de Mariemont, dans le but de n'avoir à entretenir, pendant l'exploitation, qu'un petit nombre de galeries d'allongement et de retour d'air, en choisissant parmi les couches d'un faisceau celles qui sont les plus favorables au système.

Mais les exploitants de Mariemont ont été précédés dans

cette voie par les mineurs de la Ruhr, chez lesquels ce procédé, depuis longtemps en usage, se propage de plus en plus. Ainsi, dans chaque couche, ils effectuent la préparation d'une série de champs d'exploitation restreints, qu'ils portent aussi avant que possible ; puis ils les exploitent en les mettant en communication — avec les voies de roulage et d'aérage percées exclusivement dans les couches qu'accompagnent des roches solides et compactes — au moyen de galeries à travers bancs accessoires et ouvertes à des distances déterminées.

Parmi les couches que renferme la houillère fiscale de Von der Heydt, près de Saarbrücken, il s'en trouve deux, *Carl* et *Heinrich*, inclinées de 12 degrés et superposées, avec intercalation d'un banc de schiste de 1.57 m. de puissance. Celle de dessus, Heinrich, composée de 0.78 m. de houille pure, ne peut être exploitée avantageusement par les moyens ordinaires, parce que le havage doit avoir lieu dans la roche encaissante et que l'extrême solidité de la houille rend fort difficile l'exécution des coupures latérales.

Ces circonstances ont engagé à essayer l'exploitation en commençant par le gîte inférieur, dans l'espoir de produire l'affaissement uniforme du banc de schiste intermédiaire et de la couche Heinrich, dont le toit, de grès solide et compact, semblait devoir préserver les travaux d'exploitation.

Ce procédé, mis à exécution pendant le cours des années 1860, 1861 et 1862, a commencé par la préparation et le dépilage d'une tranche d'exploitation de 45 m. de hauteur, prise dans la couche Carl ; puis, après un certain temps, l'intercalation et la couche supérieure se sont détachées en s'affaissant d'une manière égale, sans que le toit éprouvât de dislocation, en sorte que la facilité du havage a noblement réduit les frais d'exploitation.

La couche Trauen de la mine Cons, Friedenshoffnung, district de Breslau, est sujette à des inflexions qui déterminent des bassins, ou fonds de bateau, dont on enlève la houille par une méthode analogue à l'ancien mode autrefois usité dans la province de Liége. Cette couche, d'environ 0.92 m. de puissance, est exploitée comme suit :

A partir du point où les travaux antérieurs ont atteint le fond de bateau, le mineur perce une vallée *(Tonnlägigerschacht)*, suivant la naye ou ligne d'intersection des deux versants, et, parallèlement à cette voie descendante, une galerie d'aérage *(Wetterabhauen)*, reliée à la première par des traverses destinées à engendrer la circulation du courant ventilateur. Alors, de chaque côté de la vallée et sur chaque versant, on chasse des galeries ascendantes, qui, après avoir atteint une longueur de 6 à 8 m., se transforment en ateliers d'arrachement *(Strebörler)*, dirigés sur deux points opposés de l'horizon et séparés de la descenderie par des massifs.

Les tailles, de 12.50 m. de hauteur, sont comprises entre des piliers de même épaisseur, que, quand les ateliers arrivent au haut des versants, on prend en retraite, c'est-à-dire en descendant suivant la pente du gîte. Chaque taille est accompagnée de deux voies de roulage, l'une à droite, l'autre à gauche, dont l'exhaussement fournit les déblais nécessaires pour combler les espaces excavés. La vallée, transformée en plan remorqueur, se termine à sa base par un réservoir destiné à emmagasiner les eaux qui affluent pendant l'exploitation. La direction du courant d'air est indiqué par des flèches (1).

---

(1) PREUSS. ZEITSCHRIFT. *Bd. XI Abtheil*, A.

Remplacement des piliers de houille par des piliers en pierres sèches (1).

Le mode de dépilage appliqué à la couche Oelzweig de la mine de Gewalt, près de Steele, bassin de la Ruhr, mérite d'être signalé par ce qu'il dispense le mineur de sacrifier, en piliers, de grandes quantités de houille et surtout par ce que, s'il ne permet pas de supprimer complétement les bois de soutènement, au moins il facilite leur reprise avant qu'ils aient eu le temps de se détériorer, de sorte qu'on peut s'en servir un grand nombre de fois.

La couche Oelzweig, dont la puissance, y compris les intercalations, est de 1.50 à 1.80 m., n'a, en réalité, que 1.25 à 1.50 m. de houille pure, dispersée en cinq assises. Les diverses inflexions du gîte en font varier l'inclinaison de 9 à 50 degrés. Enfin cette couche, stratifiée au-dessous de la vallée de la Ruhr, a pour toit un banc de schiste, de 6.30 m., recouvert lui-même d'une masse de grès très-fissuré, de 10.50 m., qui, affleurant en certains points de son étendue dans le lit de la rivière, tient suspendus, au-dessus du gîte, des réservoirs d'eau, pour ainsi dire inépuisables. De là, la nécessité de prévenir les affaissements des stratifications supérieures, qui, par leur rupture, provoqueraient l'écoulement des eaux de la Ruhr dans les excavations souterraines, inonderaient la mine ou, tout au moins, nécessiteraient l'emploi de moyens d'épuisement coûteux pendant toute la durée de la mine. L'expérience enseigne, il est vrai, que l'abandon, dans les excavations, d'un certain nombre de piliers de houille suffit pour éviter ce danger; mais ce mode d'arrachement incomplet accroît

(1) PREUSS. ZEITSCHRIFT. *Bd. XI. Abth. B. Seite* 178.

le prix de revient du combustible et produit une perte d'autant plus sensible que le gîte, aussi régulier que puissant, l'un des meilleurs du bassin de la Ruhr, fournit des produits d'une qualité supérieure. C'est dans ces circonstances que les exploitants ont adopté un système capable de s'opposer aux affaissements du banc de grès, sans qu'on ait besoin de réserver des piliers de houille dans les espaces excavés.

Le massif, coupé, comme d'ordinaire, par des diagonales ou par des plans automoteurs (Pl. XXI, fig. 18 et 19), est ensuite divisé en piliers par des galeries parallèles à l'allongement. Celles-ci ont une largeur de 3.10 m. et au maximum de 4.20 m., tandis que la largeur des piliers est de 6.25 à 8.35 m., en sorte que la préparation absorbe $\frac{2}{7}$ à $\frac{2}{5}$ de la surface totale et les piliers, $\frac{5}{7}$ à $\frac{3}{5}$.

Le procédé de dépilage se subdivise en deux autres, selon que la couche est disposée en plateure ou en dressant, c'est-à-dire que son inclinaison est au-dessous ou au-dessus de 20 degrés. Le déhouillement peut-être complet dans le premier cas ; dans le second, les mineurs doivent se résigner à perdre une certaine quantité de houille, mais assez faible si on la compare avec les résultats des méthodes employées auparavant.

Lorsque la couche est faiblement inclinée, on remplace les piliers de houille par d'autres construits en pierres sèches, dont les matériaux proviennent d'un faux toit de la couche, qui tombe au moment où l'on enlève les bois provisoirement installés dans l'excavation. Ces éboulements n'ont pour objet que le premier banc de schiste, qui a 0.15 à 0.60 m. d'épaisseur et dont les déblais sont utilisés dans le voisinage immédiat de leur chûte. Lorsque ces matériaux ne sont pas en quantité suffisante, les mineurs y suppléent ainsi qu'on le verra ultérieurement. On choisit parmi les déblais les blocs les plus gros et les mieux débités pour former des assises de niveau et des parements verticaux ; puis on remplit les interstices de menus cailloux. On serre fortement les clefs de muraillement entre le toit et l'avant-dernière assise. Il ne faut pas se borner à établir au pourtour du massif des murailles formant un espace vide rempli de déblais confusément entassés : l'expérience prouve que les piliers ainsi construits ne peuvent résister à la pression du toit et sont promptement écrasés.

La surface des piliers est généralement comprise entre 16 et 28 m. q. Elle est bien quelquefois plus grande, mais jamais plus petite ; car au-dessous de ce minimum, les pierres se disjoignent sous la pression du toit et tombent sur le sol. Leur section est ordinairement carrée. De plus, il est démontré par la pratique qu'un pilier de 16 m. q. suffit pour supporter une surface décuple du toit, c'est-à-dire de 160 m.

Le nombre, de même que la position de ces supports artificiels dépendant de la nature du toit, ce nombre est assez grand lorsque la roche est crevassée ou gonflée et leur installation a lieu immédiatement au-dessous des parties les plus compromises. Enfin, si le toit est recoupé de fissures très-ouvertes, remplies ou non d'argile, la crainte des éboulements engage le mineur à réserver, de chaque côté de ces accidents, des piliers de houille de 8 à 12 m. q. et à exécuter, le long de la voie immédiatement inférieure, un mur non interrompu en pierres sèches.

La figure 19, projection horizontale d'un dépilage en voie d'exécution, fait voir, en *a*, *b* et *c*, la place où avaient été percées les galeries de direction. Le croquis 18 est un profil ou coupe verticale des mêmes travaux, suivant l'inclinaison de la couche, dans lequel se retrouvent également les lieux où étaient les galeries horizontales, dont l'une possède encore un étai, x, et un bout de voie ferrée.

d, d sont les places où se trouvaient les piliers de houille, actuellement remplacés par des massifs en pierres sèches, f, g, h. Enfin, en k est indiquée la manière dont se brise la partie non soutenue du toit, qui se creuse en voûte ou en chaudron renversé. C'est dans ces points que le mineur recueille les matériaux qui lui manquent pour la construction des piliers voisins. Il convient d'observer ici que la hauteur des éboulements étant en raison inverse de la distance comprise entre deux piliers voisins, il est toujours possible de la limiter de telle manière que la voûte ne s'élève pas jusqu'aux grès fissurés et aquifères, dont les eaux ne peuvent se déverser dans les excavations. Le toit ne s'est pas encore effondré entre les piliers f et g.

Tant que l'inclinaison de la couche ne dépasse pas 10 à 12 degrés, le sol qui doit recevoir les piliers reste dans son état naturel, sans subir de modifications, comme cela est indiqué dans le profil; mais, au-dessus de cette limite, le glissement étant à craindre, il convient d'entailler le mur, afin de lui donner la forme d'un escalier (fig. 20), dont chaque gradin est porté à une profondeur de 1.26 à 1.50 m.

Toutefois, cette disposition ne pouvant être appliquée à des pendages qui dépassent 24 degrés, l'exploitant doit se décider à des pertes de houille résultant de l'abandon de piliers dans l'exploitation, auxquels il adjoint des remblais muraillés.

Dans ces circonstances, les galeries m, n et o (croquis 21 et 22), entaillées en voûte et dont la largeur est de 3.10 m., déterminent des piliers, r, p, q, de 8.40 m. d'épaisseur, que l'on recoupe ensuite par des galeries ascendantes, s, s, s, de 6.50 m. de largeur; puis on remblaye, avec des matériaux qui tombent du toit des voies ascendantes, les parties des galeries de niveau comprises entre les piliers. Cette opération offre une garantie suffisante contre les glissements des piliers et les dislocations que provoque la pression des roches superposées au gîte.

Peut-être qu'il serait possible d'enlever entièrement les piliers en les remplaçant par des murailles sèches construites en longues lignes qui régneraient du haut en bas du massif et sur toute l'étendue du champ d'exploitation.

Lignites de Leoben, en Styrie. (Pl. XXII, fig. 1 à 7).

La formation carbonifère de Leoben ne se montre que sur les versants nord et sud de la vallée de la Mur, avec laquelle concorde la direction générale du gîte, courant approximativement de l'est à l'ouest. La couche unique de ce gîte, qui repose sur des schistes talqueux et chloritiques très-disloqués, est recouverte d'abord de schistes bitumineux, dont la couleur sombre s'éclaircit à mesure qu'ils se rapprochent de la surface du sol; puis de grès argileux tendre et, enfin, d'un poudingue calcaire, dans lequel sont disséminés des galets de quartz et des bancs de grès. L'ensemble de ces diverses stratifications forme une épaisseur de 340 m., dans laquelle les schistes entrent pour 40 m., le reste se composant de grès et de poudingues. Les divers membres de la formation tertiaire semblent entièrement stériles, car de nombreux travaux de recherche n'ont donné, jusqu'à cette heure, que des traces de houille insignifiantes.

La puissance de la couche, qui, à Seegraben, varie entre 11.40 et 15.20 m., diminue insensiblement à l'est et à l'ouest de ce point et se réduit enfin à une épaisseur de 3 à 4 m. Cette puissance faiblit également dans la profondeur, ainsi que cela semble résulter d'un forage fait à l'entrée de Seegraben, par ordre du gouvernement autrichien. L'inclinaison, dirigée du nord au sud, parallèlement au versant principal de la montagne, est ordinairement comprise entre 25 et 30 degrés ; mais aux abords des affleurements, elle dépasse quelquefois 70 degrés et, dans la profondeur, tombe à 15.

Le lignite de Leoben est d'une excellente qualité. Il est d'un noir brillant et sa texture, à peu d'exceptions près, est très-solide, puisque son rendement en fragments constitue environ les deux tiers du produit total. La quantité d'oxigène que renferment ces gîtes en rend le combustible sujet aux inflammations spontanées. C'est principalement dans le voisinage du toit, formé de schistes bitumineux, que se dénotent les incendies souterrains, du reste assez fréquents.

Les affleurements du gîte ont été autrefois l'objet d'exploitations à ciel ouvert (*Tagbaulinge*). Les excavations, dont la largeur était égale à la puissance de la couche et la longueur, indéterminée en direction, étaient limitées par trois parois entaillées dans la couche et une quatrième formée par le mur. On arrachait successivement de haut en bas les bancs de lignite dégagés par les havages et les entailles latérales ; puis, lorsque les excavations avaient atteint une profondeur verticale de 5 à 6 m., on les remblayait dans l'intérêt de l'exploitation future. Mais depuis que l'arrachement du combustible a dû s'effectuer dans la profondeur, les exploitants ont eu recours à un mode systématique et régulier par lequel ils enlèvent la presque totalité du gîte. Dans cette méthode, les galeries juxta-et-superposées, autrement dit en contact entre elles par leurs parois, leur sol et leur faîte, sont conduites parallèlement aux salbandes ou perpendiculairement à ces dernières, puis remblayées avec des matériaux venant directement du jour ou attirés des étages supérieurs, déjà exploités, dans les travaux en activité ou bien encore provenant de l'éboulement du toit dans les gîtes fort inclinés.

Le gîte est attaqué par des galeries à travers banc, dont la longueur est assez minime, puisqu'elles n'ont à traverser que les terrains de recouvrement qui constituent du nord au sud les principales collines limitrophes de la vallée. Ces galeries, destinées simultanément à l'assèchement et à l'extraction, sont disposées de manière à mettre en évidence un massif de lignite dont la hauteur soit un maximum. Ce massif (fig. 1 à 6), situé en amont de la galerie principale, est exploité en descendant et par tranches qui s'étendent suivant la direction, entre deux plans horizontaux séparés par une distance verticale d'environ 11.40 m. Les tranches, ou étages d'exploitation soumis à la préparation et au dépilage, sont toujours limitées à leur partie supérieure par un ancien étage remblayé *(Alteversatzsohle)*. En outre, elles communiquent toutes par une rampe disposée en plan automoteur avec la galerie à travers bancs débouchant au jour. Le premier étage, situé immédiatement au-dessous des travaux à ciel ouvert, est appelé *Traugott*, le second *Heinrich supérieur*, le troisième *Heinrich inférieur*.

Travaux de préparation dans la méthode par galeries juxta-et-superposées.

Les travaux de préparation de la tranche à attaquer consistent à ouvrir sur le mur de la couche une galerie d'allongement, *a*, maintenue dans un état d'immobilité, malgré le gonflement auquel le sol est sujet, par un lit de houille ménagé entre l'excavation et la roche. En même temps, une autre galerie, *b*, est tracée au toit à l'aplomb de la précédente et de manière à ne jamais découvrir les remblais de l'étage supérieur. Puis, en des points des deux galeries d'allongement situés dans les mêmes plans verticaux et à des distances de 19 m., le massif est entièrement circonscrit par des traverses *(Querstrecken)*, *e*, *e*, et par des galeries ascendantes *(Aufbruche)*, *f* et *d*, se dirigeant suivant la ligne de plus grande pente, le long du toit et du mur. Enfin, un puits, foncé à peu près vers le milieu de la longueur du champ d'exploitation, est mis en communication avec la voie supérieure d'allongement *b*, au moyen d'une courte excavation, *g*. C'est le puits de retour de l'air, également destiné à faire pénétrer à l'intérieur des travaux les remblais venant du jour. Ce puits, que les voies montantes et celles d'allongement mettent en communication avec la galerie à travers bancs, produit un courant énergique et facile à diriger dans toutes les parties de la mine qui en réclament la présence. Son importance est d'autant plus grande que, dans cette localité, sujette aux incendies spontanés, on peut craindre l'accumulation des gaz brûlés dans les excavations. On charge les remblais dans des brouettes à la base du puits et on les transporte dans la voie *b*, appelée pour ce motif *galerie de remblai (Versatzstrecke)*. De là, on les répartit dans les travaux au moyen des puits inclinés *f*. Ces remblais exploités au jour consistent, pour la plupart, en schistes décomposés par les actions atmosphériques, et, pour le reste, en débris brûlés des haldes et en argile. Ces derniers jouissent de la faculté de se tasser fortement.

Pour bien comprendre le but des travaux préparatoires, le lecteur doit se figurer actuellement le champ d'exploitation coupé par des plans verticaux, XY, XY, etc., perpendiculaires à l'allongement et en un point de chaque massif pris à égale distance des galeries *c*, *d*, *e* et *f*, d'où résultent des sections *(Mitteln)* de 9.50 m. de longueur. S'il imagine également un autre plan vertical perpendiculaire au premier et passant par les axes des galeries *a* et *b*, chaque section sera divisée en deux parties, en contact l'une avec le toit, l'autre avec le mur, qui peuvent être divisées en piliers verticaux se succédant de la manière indiquée par les numéros 1 à 7 (fig. 4).

Dépilage du champ préparé par le procédé ci-dessus.

Lorsque plusieurs sections placées en prolongement les unes des autres sont dépilées successivement (fig. 4), la plus éloignée du plan automoteur est aussi celle dont l'enlèvement doit être le plus avancé. Pendant que ce travail s'effectue, l'ouvrier ménage, pour protéger les galeries *a* et *b*, des piliers de 7.60 m. d'épaisseur, qui seront l'objet d'un arrachement ultérieur au moment où les voies cesseront d'être utiles.

Le mineur procède à l'attaque simultanée des sections correspondantes du toit et du mur, en partant de la traverse *c* pour l'une et de la voie montante *d* pour l'autre. L'exploitation de la première a lieu comme suit : (fig. 7).

Au point où la traverse *c* rencontre le toit, on enlève, de chaque côté de la galerie, sur une longueur de 9.50 m., des prismes à base trapézoïdale, *i*, de 1.20 m. de hauteur et de largeur ; puis on soutient provisoirement le faîte de l'excavation par une ligne d'étais couronnés de chapeaux. On reprend ensuite à reculons le prisme à base rectangulaire *k*, accolé au toit, et l'on remblaye immédiatement l'espace qui résulte de ces deux arrachements, afin d'enlever le plus de bois possible. Alors, on attaque le pilier n° 2, simultanément de chaque côté de la traverse *c*. L'opération commence par le prisme inférieur, *l*, ce qui permet, après le remblai, d'arracher le combustible gisant en *m* vers le faîte. Ainsi l'exploitation entreprise sur chaque paroi de la traverse *c* s'avance vers le massif de sûreté *i*, en attaquant chaque pilier de haut en bas par galeries superposées. La largeur de ces galeries est de 1.90 à 1.20 m. et leur hauteur, de 1.20 à 1.50 m. Mais les dimensions de la dernière sont naturellement variables. Leur nombre, à l'état de superposition, est d'autant plus grand que le pilier est dans une position plus rapprochée de la galerie *a*. Dans le cas actuel, le pilier n° 7 en comporte 5. Il serait de 6 dans les piliers de sûreté. Mais il semble que ce dernier nombre doive être un maximum, soit parce que le combustible se brise dans sa chûte d'un point trop élevé, soit parce que les piliers d'une trop grande hauteur se disloquent et se fissurent trop facilement.

Des cheminées *(Schutt)*, *m*, *n*, de 0.80 à 0.95 m. de largeur, sont pratiquées pour donner accès aux excavations supérieures et pour faciliter la descente de la houille dans la voie d'allongement *c*. Trois des parois de ces excavations sont logées dans la couche, tandis que la quatrième, composée des remblais, est revêtue de dosses, que maintiennent des moises transversales. Ces excavations, telles que *o*, par exemple, destinées d'abord à servir de voie de communication et de dégagement pour l'exploitation du pilier n° 6, deviennent ensuite un moyen de transport pour les remblais qui doivent être substitués au lignite du pilier n° 7. Ces cheminées s'étendent d'abord sur toute la hauteur du massif, puis se raccourcissant de plus en plus par la base cessent d'exister.

L'arrachement de la partie de la couche en contact avec
le mur diffère peu de ce qui précède. L'opération commence par le prisme compris dans l'angle supérieur et se
porte sur les piliers suivants, dont la hauteur augmente à
mesure qu'on avance vers les galeries d'allongement. Le
combustible traverse, comme ci-dessus, les cheminées *n*,
tombe sur les galeries montantes *d* et se rend aux places
de chargeage *(Füllbänke)*. Lorsque ces excavations ont servi
au dégagement des produits de l'arrachement, on les met
en communication avec les travaux supérieurs *e* afin de
laisser libre passage aux remblais, qui reculent ensuite
vers le milieu du gîte en *a* et *b*.

Dès que le dépilage de la section la plus reculée est
achevé, le mineur procède à l'arrachement, simultané sur
les deux parois, des piliers de sûreté *p*, situés à droite et
à gauche des galeries d'allongement. Mais, ne pouvant
faire cette opération par des percements chassés suivant
la direction, — puisque la partie qui resterait en dernier
lieu serait insuffisante pour résister à la poussée des remblais,—il les dirige transversalement, en observant l'ordre
indiqué par les lettres *x*, *y*, *z* (fig. 5), et en sorte que les
traces verticales de ces traverses déterminent une série de
piliers munis, comme ci-dessus, de cheminées à la houille
et aux remblais. Cette dernière phase du travail fait connaître les motifs qui engagent le mineur à placer en correspondance verticale les deux galeries d'allongement.

Modifications dont est susceptible la méthode par galeries juxta-et-superposées.

Une première modification appliquée, lorsque les circonstances le permettent, au mode de dépilage par galeries

suivant la direction consiste à combler les excavations, en partie avec les produits d'éboulements provoqués au toit, en partie avec les déblais provenant de l'étage supérieur immédiatement en contact, attirés latéralement dans les travaux en activité.

Le mineur, après le creusement de chaque galerie percée dans la section du mur, arrache les bois du revêtement en battant en retraite ou les hache, s'il ne peut en venir à bout, et détermine ainsi l'introduction des remblais, qui roulent latéralement, dans les excavations inférieures, et au contraire, se précipitent du faîte, dans les excavations supérieures.

Les percements exécutés dans la section en contact avec le toit, qui, par conséquent, sont à distance des anciens travaux, sont comblés par les déblais provenant d'éboulements provoqués dans le toit de la couche et propagés latéralement de haut en bas, dans toute l'étendue des travaux.

Une autre modification est la suivante :

Deux galeries d'allongement, a, b (fig. 5 et 6), recoupées à des distances de 18 à 20 mètres par des galeries transversales, f, f, déterminent la circulation de l'air jusqu'aux limites du champ d'exploitation. Le mineur suppose alors que le massif ainsi préparé est partagé par des plans verticaux, MN, OP, QR, en sections de 18 à 20 m. de longueur, subdivisées elles-mêmes par d'autres plans de même nature, déterminant une série de piliers, qu'il désigne par les numéros 1, 2, 3 et 1', 2', 3', etc. Le dépilage commence par l'ouverture d'une voie montante, telle que 1 ou 1'. Lorsque l'extrémité supérieure de celle-ci n'est plus séparée des anciennes excavations remblayées que par une planche de lignite suffisamment affaiblie, un coup de mine rompt cette planche et les remblais se répandent spontané-

ment dans l'excavation et la comblent. Un mur en pierres
sèches, construit à la base de la montée, s'oppose à l'irruption des remblais dans la galerie d'allongement. Alors
les mineurs entaillent les bancs de combustible gisant au-
dessus de leur tête et procèdent à l'attaque d'une nouvelle
galerie, y, superposée à la première et continuent ainsi,
jusqu'à ce qu'ils atteignent le toit, en v, puis arrachent, par
tranches successives, les piliers des n°s 2, 3 et 4, en ne
laissant en place que le n° 5, contre lequel s'appuye la
cheminée, q, de dégagement de la houille. S'il n'est pas
possible de se procurer des remblais par le procédé indiqué ci-dessus, il faut les faire venir du jour.

La comparaison des diverses modifications du système
par percements successifs juxta-et-superposés, donne les
aperçus suivants : Les galeries montantes, toutes circonstances égales d'ailleurs, fournissent plus de gros morceaux que tout autre procédé. Leur remblai par l'écoulement
spontané des matériaux provenant des anciens travaux
est une opération fort peu coûteuse. Mais ce mode offre
quelque danger dans son application aux couches d'une
assez forte inclinaison. En outre, il est inadmissible lorsqu'un incendie souterrain s'est déclaré à l'un des étages
supérieurs, parce que la descente des remblais détermine
un courant d'air propre à alimenter le feu, que celui-ci
peut être entraîné dans les nouveaux dépilages, y trouver
beaucoup de points susceptibles d'embrasement et enva-
hir, en un laps de temps très-court, tout le champ d'exploitation.

Les dépilages tracés suivant la direction offrent la même
incompatibilité avec les incendies souterrains, si les remblais proviennent des étages supérieurs ; mais leur danger
est moindre que celui des excavations transversales ascendantes, en ce qu'il n'y a pas chance que le feu trouve en

descendant autant de points favorables à l'embrasement. Si, au contraire, les galeries de direction sont remblayées avec des matériaux venant du jour, elles forment des barrages qui empêchent l'incendie de se propager dans la profondeur.

Détails relatifs à ces divers systèmes.

Le mineur, pour ouvrir les galeries en massif, pratique deux coupures latérales, puis abat, au moyen d'un coup de mine, le combustible intermédiaire, qu'il obtient en gros blocs. En dépilage, une seule coupure suffit, le parallélipipède n'adhérant sur le côté que par une de ses faces.

Quelquefois aussi le tassement des remblais accumulés au-dessous des galeries supérieures est suffisant pour provoquer la rupture du parallélipipède de lignite, alors librement suspendu; en sorte qu'on peut supprimer l'entaille latérale.

Si les remblais, fortement serrés, adhèrent aux parois du lignite, le mineur excave quelque peu du côté de la face remblayée, pour soutenir la houille et faciliter l'introduction des bois de garnissage. Enfin, si le remblai présente une masse compacte adjacente à un lignite quelque peu friable, il convient de couper le massif dans le voisinage des remblais en se soumettant à une perte de combustible qui empêche le lignite de se souiller d'impuretés.

Le boisage des galeries consiste en demi-cadres distants les uns des autres de 1.25 m. Les chapeaux reposent, d'un côté, dans une échancrure de la paroi de lignite; de l'autre, sur un montant; ils maintiennent en place, concurremment avec les étais, les dosses de garnissage appliqués sur les parois remblayées.

Quelquefois, le lignite gisant à la partie supérieure du massif est assez disloqué et fissuré pour exiger l'installation de cadres complets. Enfin, on maintient à l'aide de palplanches les remblais de l'étage superposé.

Un tiers seulement des boisages peut être repris; la majeure partie des dosses, plus un bon nombre de montants et de chapeaux restent entièrement perdus. Les revêtements des galeries inférieures sont enlevés pendant l'arrachement des tranches immédiatement superposées, et plusieurs de ceux qui ont été enfouis sont retirés au moyen d'une chaîne et d'un levier; mais beaucoup se trouvent hors de service.

Dans les excavations inférieures d'un même massif, les montants reposent immédiatement sur le sol des galeries, dont la solidité est suffisante. Mais, dans celles de dessus, le mineur doit avoir recours à l'emploi de semelles formées de fragments de dosses.

La perte de bois la plus considérable a lieu lorsque l'on comble les vides par les produits de la rupture partielle du toit, parce que la pression des remblais et leur forme plate et angulaire rendent fort difficile l'enlèvement des montants; en outre, un grand nombre de chapeaux doivent être hachés.

V° SECTION.

DE L'EXPLOITATION EN ANGLETERRE.

Grandes tailles dont le front est parallèle aux plans de clivage (Work with Backs).

Le système d'exploitation par grandes tailles *(longwall-work)* est le seul que l'on emploie à l'arrachement des couches de houille et de fer carbonaté des mines de l'Écosse (1). La description de ces travaux, négligée dans la première partie de cet ouvrage, a cependant quelque importance parce qu'elle permet d'établir des comparaisons avec les travaux analogues usités dans d'autres pays; nous espérons donc qu'elle intéressera le lecteur.

La faible profondeur à laquelle ont été portés jusqu'à présent les travaux d'exploitation et la facilité que présente le fonçage des puits, exercent une grande influence sur l'aménagement du champ d'exploitation. C'est pourquoi lorsque la couche est atteinte par l'excavation, le mineur porte ses travaux sur une étendue en amont aussi grande que peut le permettre la pression du toit sur les galeries. Lorsque l'avancement devient trop difficile, il s'établit sur l'inclinaison de la couche, à une distance comprise entre 140 et 280 m., pour y foncer un autre puits plus profond que le précédent; puis il affecte ce dernier au retour du

---

(1) Preuss. Zeitschrift. T. X. *Abth. B. Seite* 26 *Serlo.*

courant d'air dans l'atmosphère, en reliant les deux excavations par une galerie ascendante, dirigée sur la pente
du gîte *(heading)*. Alors, il achève la préparation par le
percement de la voie d'allongement *(level)* et d'excavations
dans la partie aval du gîte, afin de se procurer des réservoirs où il puisse emmagasiner les eaux pendant le travail.
Alors seulement, il entreprend les autres excavations, dont
la disposition dépend exclusivement de la direction du
principal système de clivage. Il installe invariablement les
fronts de taille *(wall-faces)* parallèlement aux fissures de
la houille et, par conséquent, les voies d'exploitation *(voad
ways)* perpendiculairement, en sorte qu'il peut se présenter trois cas, selon que le clivage marche parallèlement,
diagonalement ou perpendiculairement à l'allongement du
gîte.

La couche de *splint coal*, dite Gartsherrie, appartenant à
la mine de même nom, offre l'exemple d'un clivage dont les
principaux plans sont, à peu près, parallèles à l'allongement;
en conséquence, on exploite cette couche, qui a 1.35 m.
de puissance, par des tailles disposées symétriquement de
chaque côté de la galerie ascendante d'aérage, qui, se trouvant en retraite les unes sur les autres de la longueur de
deux havages, présentent l'apparence d'une double série
de gradins renversés (Pl. XXII, fig. 9.)

Vers le milieu des tailles, débouchent des voies montantes de 2.10 m. de largeur, dont le faîte est soutenu
par une série de piliers en pierres sèches, fortement serrés,
auxquels sont attribuées des longueurs de 3.50 m. et des
largeurs de 1.80 m. Les pierres propres à confectionner
ces piliers de soutènement proviennent ordinairement de
l'arrachement des salbandes pour exhausser les galeries,
ou, à leur défaut, d'un triage opéré parmi les déblais des
anciens travaux.

La longueur des voies d'allongement, chassées de chaque côté de la galerie d'aérage, est ordinairement comprise entre 140 et 280 m., c'est-à-dire assez minime pour qu'on n'ait pas à les maintenir trop longtemps en activité de service. C'est pour le même motif qu'on arrête successivement les tailles à une hauteur variable suivant l'exigence de l'entretien des excavations. On attaque alors de nouveau la couche par une voie également dirigée suivant l'allongement, afin de procéder à la suppression des galeries qui ont servi jusqu'alors à la circulation des voitures et du courant ventilateur et qui se trouvent compromises par une trop longue durée. On les remblaye avec soin. Dans les fortes inclinaisons des couches, ces galeries d'allongement, secondaires *(cross-headings)* prennent une légère direction diagonale.

Chaque taille — leur longueur est de 16.50 m. — est occupée par quatre ouvriers, qui n'ont à exécuter qu'une seule coupure et avancent de 0.90 à 1.00 m. Le muraillement, qui a lieu de nuit, est toujours poussé auprès du front de taille, de manière à activer le courant d'air; en sorte qu'il ne reste que l'espace nécessaire au travail d'arrachement.

Le puits est préservé par un massif de houille, *a*. Des portes doubles, *b*, *b'* et *c*, *c'*, dites *trap doors*, forcent le courant d'air à circuler le long des tailles et à se rendre dans la galerie de retour *(up cast)*. Le mineur, pour se soustraire à l'obligation d'établir autant de portes que de galeries de service, relève quelque peu la galerie de roulage sur la pente en la séparant de la voie d'allongement; en sorte qu'il suffit d'installer deux portes de chaque côté du champ d'exploitation.

La figure 8 se rapporte à une couche de 1.22 m. dont les plans de clivage courent suivant l'une des diagonales du gîte; c'est la couche Pitshaw, de la mine de Dundyvan, appartenant aussi à l'usine sidérurgique de Garsherie.

Le travail d'arrachement commence, comme ci-dessus, lorsque la galerie de communication entre les deux puits a déterminé la création d'un courant ventilateur. La voie d'allongement, qui s'avance simultanément à droite et à gauche, est l'origine de diagonales principales, espacées en moyenne de 140 m. et percées suivant une direction parallèle aux fissures. Ces nouvelles voies offrent quelques difficultés, largement compensées d'ailleurs par la facilité d'arrachement de la houille dans les galeries d'exploitation, ou diagonales accessoires, qui marchent parallèlement aux plans des fissures.

Autrefois, on ouvrait des galeries de chaque côté de la diagonale principale et les orifices alternaient entre eux, afin de mieux résister à la pression du faîte. L'un des côtés permettait d'utiliser les clivages, tandis que le côté opposé soutenait une lutte avec tous les désavantages résultant de cette mauvaise disposition, qui tend à diminuer considérablement l'effet utile des mineurs et que ceux-ci ont désignée sous le nom d'*ouvrage à dents (teathwork)*.

On évite les inconvénients de cette méthode en ne portant l'exploitation que sur le côté de la diagonale qui donne lieu à des galeries perpendiculaires aux clivages. Dans ce cas, les galeries d'allongement sont simples lorsque le creusement se fait dans le sens de l'avancement des tailles; doubles, si sa marche a lieu en sens contraire, parce qu'alors il s'agit de fournir au courant ventilateur deux voies : une d'aller et une de retour.

Les galeries de roulage, dont la largeur est de 2.10 m. et la hauteur de 1.50 m., sont maintenues ouvertes, comme ci-dessus, par des murs en pierres sèches. Les tailles, qui contiennent 3 ou 4 ouvriers, ont une hauteur de 12.80 m.

Le courant ventilateur, dont le parcours est indiqué par des flèches, traverse la voie d'allongement, rase les tailles et s'échappe par la galerie ascendante d'aérage *(up cast)*. Sa route lui est tracée par des portes, *b*, simples ou doubles, selon l'importance du passage à obstruer et par des barrages en remblais *(stoppings)*, *c d*. Un réservoir, *e*, recueille les eaux qui affluent et les retient jusqu'au moment de leur épuisement.

Lorsque les fissures principales sont parallèles à la ligne de plus grande pente de la couche, les voies de l'exploitation deviennent voies de direction et leur double série absorbe la totalité de la zóne située à droite et à gauche de la galerie d'aérage. Ce cas, variante du précédent, n'exige pas d'éclaircissement.

VIe SECTION.

ÉCONOMIE DES BOIS DE REVÊTEMENT.

A cause du dérodage des forêts, les bois de mine deviennent de jour en jour plus rares et leur prix plus élevé, sans qu'on puisse espérer que ce mouvement s'arrête. En outre, la profondeur, sans cesse croissante, des points où se fait l'arrachement des produits engageant les ingénieurs à restreindre le nombre des siéges d'extraction a pour conséquence nécessaire le développement des travaux souterrains; alors les galeries, plus longues, ont une plus grande durée, d'où résulte un accroissement notable dans la consommation des bois, lorsque le contraire serait à souhaiter, afin que les prix se maintinssent en dessous d'une certaine limite.

Comme ces matériaux de soutènement sont un élément très-important des prix de revient, il importe d'en diminuer l'emploi de toute façon, soit en s'efforçant de les retirer des excavations où ils deviennent inutiles, soit en recherchant les procédés qui tendent à augmenter leur durée, soit enfin en leur substituant le fer ou les murailles en pierres sèches, chaque fois que la chose est possible.

Déboisage ou reprise des bois de mine.

Le mineur du continent ne se préoccupait guère, il y a quelques années, de l'énorme quantité de bois qu'il aban-

donnait dans les excavations, où elle restait enfouie à tout
jamais; tandis que le mineur anglais, auquel ces matériaux
revenaient à un prix excessif, s'efforçait de retirer des
travaux au moins tous ceux qui, ayant quelque valeur, pouvaient être remis en œuvre. Il faut espérer que cette pratique, actuellement encore peu usitée, bien qu'elle soit
une source d'économie, finira par se généraliser dans un
temps donné.

L'arrachement direct des bois, ou leur abatage au moyen
de la masse, renferme des dangers auxquels les mineurs
anglais savent se soustraire. Leur procédé, modifié et perfectionné par l'Obersteiger Eckart de Hörde, en Westphalie, ayant été couronné de succès par la pratique, mérite
d'être décrit (1).

Les divers instruments employés dans cette manœuvre
sont fort simples (Pl. XXII) :

Fig. 13. Croc, ou double crochet, fixé à l'extrémité d'un
manche, de 3 à 4 m. de longueur et de 0.05 à 0.06 m. de
diamètre. Ce crochet, dont la double courbure peut s'appliquer à la surface des étais à enlever, agit également en
tirant ou en poussant.

Fig. 14. Chaîne assez forte, de 4.50 à 6 m. de longueur,
terminée, d'un côté, par un crochet de forme et de grandeur capables d'embrasser les bois à retirer ; de l'autre,
par un anneau et un crochet qui peut se rattacher au précédent. Les maillons de la première chaîne ont une ouverture telle qu'on puisse les introduire dans un petit crochet
fixé à la partie postérieure du levier.

Fig. 12. Levier en bois de 1.80 m. de longueur, dont
la section, circulaire sur une partie de sa longueur, se
transforme à l'une de ses extrémités en un carré de 10 à

(1) PREUSS. ZEITSCRIFT. *Band IV Abth. B. Seite* 243.

12 centim. de côté. Là est cloué un billot, muni d'une échancrure circulaire de 12 à 15 centim. de diamètre. Cette partie constitue la tête du levier. Elle est coupée en arc de cercle et entaillée en gorge de poulie pour recevoir la chaîne *a*. Un crochet, *b*, est fixé à l'origine de la courbure; enfin, une chaînette, *c*, est destinée à lier le levier à son point d'appui.

Fig. 15. Cric à double pignon, semblable à ceux dont on se sert pour soulever les fardeaux; il est également accompagné d'une chaîne comme celle de la fig. 14, mais plus courte.

S'agit-il d'enlever une ligne de bois placés à la file les uns des autres? Le mineur, commençant par les plus avancés déchausse le pied, s'il est encastré dans le sol, en donnant à sa petite excavation la forme d'un plan incliné du côté où l'effort de traction doit s'effectuer (fig. 11). L'action du double crochet suffit à l'enlèvement des premiers étais du groupe, si, toutefois, la pression du terrain n'est pas trop forte. Dans ce cas, le mineur, appliquant la courbure antérieure de l'instrument contre le bois, cherche à repousser la tête en arrière, au moyen de coups appliqués en *b*, dans le sens de la flèche. Des chocs vifs et énergiques sont réitérés jusqu'au moment où le bois, sortant de son échancrure, tombe sur le sol.

A mesure que le déboisage avance, la pression de la roche augmente et il arrive un moment où le crochet n'a plus d'action. Il en est de même si, dès l'origine, la poussée est trop forte. Alors, se servant du croc, l'ouvrier porte derrière l'étai le crochet de la chaîne qu'il laisse étendue sur le sol. Il installe le levier, en appliquant son point d'appui contre une pièce de bois qui, encastrée simultanément dans le toit et le mur, est capable de résister aux pressions latérales. Puis, il lie les deux objets avec la chaînette, que supporte un clou, afin que le levier ne puisse céder à aucun mouvement de recul. Alors, une impulsion un peu énergique donnée en bras du levier, suivant la direction de la flèche, suffit pour ébranler les étais peu récalcitrants. Pour les autres, le cric est appliqué à l'extrémité du bras de levier le plus long et quelques tours de manivelle forcent l'étai à céder.

Souvent on peut supprimer le levier : le cric, accompagné d'une longue chaîne et d'une autre plus courte, suffit au déboisement. Le mineur attache l'instrument par sa base à un point fixe, enveloppe le bois par le crochet de la grande chaîne et lie celle-ci, après l'avoir tendue, au cric qui arrache l'étai. Cette disposition, qui prend moins de place, offre aussi plus de facilité dans la manœuvre.

Déboiseur, appareil propre à enlever les bois de soutènement (1).

M. Ledoray, ingénieur de mines de Carmaux, département du Tarn, a imaginé un moyen fort simple pour retirer les bois des excavations souterraines.

Les couches de cette localité ont une puissance comprise entre 1.50 et 2.55 m. Leur exploitation exige l'emploi d'une grande quantité de bois de forts échantillons, car le toit, ordinairement fort pesant, s'affaisse dès que la houille est enlevée, presse sur les chapeaux, les brise et nécessite la pose de bois intermédiaires. Il en résulte que dans les dépilages, les étais, fort rapprochés les uns des autres, donnent aux chantiers l'aspect d'une forêt.

(1) 6e *Bulletin de la Société des anciens élèves de l'École des mines du Hainaut.* 1859, p. 107.

Voici comment s'opère le déboisement de ces excavations ; après avoir choisi un bois solidement établi entre
les deux salbandes et à une distance du point de déboisage telle que les ouvriers soient à l'abri des éboulements,
on en fixe un autre à 0.50 m. environ du premier. Entre
ces deux montants (fig. 16), on installe un petit treuil de
0.40 m. de diamètre et d'autant de longueur, dont les extrémités sont percées, suivant leur circonférence, d'une
série de trous destinés à recevoir deux leviers. Alors, le
mineur, prenant une chaîne terminée par un crochet denté
à l'intérieur, lie successivement un certain nombre d'étais
et enveloppe le dernier avec le crochet aux dents de fer
tandis qu'il enroule l'autre extrémité sur le treuil. Celui-ci,
sous l'effort des leviers, ébranle les pièces et les entraîne
même à travers les éboulés jusqu'aux boiseurs, qui les
recueillent.

A Carmaux, l'économie réalisée du chef de cette manœuvre est très-notable, puisque deux déboiseurs, dont
le salaire peut s'élever à fr. 3.50, enlèvent jusqu'à 33 étais
en une journée de 8 heures. Or, chaque pièce valant en
moyenne fr. 0.75, c'est un bénéfice net de fr. 21.15.

En outre, en donnant aux étais une solidité qui prévienne
toutes les chances de danger et permette, par conséquent,
un triage des schistes et un dépilage plus complet, le prix
de revient, loin d'augmenter, diminue au contraire, par
suite du triple et même quadruple emploi de même montant.

Influence de la ventilation sur la durée des bois.

Les mineurs savent depuis longtemps que l'activité des
courants d'air en circulation dans les mines ou leur sta-
gnation, l'état plus ou moins pur de l'air lui-même et sa

température sont des éléments qui déterminent une grande variation dans la durée des bois de soutènement. Mais, comme ils ne connaissent que d'une manière vague le degré d'influence exercé par ces diverses circonstances, voici, pour combler en partie cette lacune, le résumé d'observations faites par trois expérimentateurs, qui ont opéré indépendamment les uns des autres : MM. Cornet, Stösser et Chaudron, ingénieurs attachés à des établissements miniers du Hainaut (1).

La durée des bois dépend de leur position plus ou moins avancée dans les travaux relativement à la direction du courant d'air ou, en d'autres termes, de l'état plus ou moins pur de l'atmosphère des excavations. C'est pourquoi, dans les voies de retour, où l'air est ordinairement chaud et vicié, les étais se détériorent plus promptement que dans les galeries d'allongement et dans celles-ci que dans les chambres d'accrochage. Ainsi, deux galeries, l'une d'entrée, l'autre de sortie de l'air, ayant été revêtues en même temps, la durée des bois, dans la première, a varié de 15 à 18 mois, tandis que, dans la seconde, elle n'a été que de 11 à 15 mois, suivant la nature des essences employées. Le chêne, le frêne et le saule ont duré quatre mois de plus que le bouleau, le charme, le bois blanc et l'aulne. Les bois d'une chambre d'accrochage, traversée par la totalité du courant d'air, étaient encore sains après 5 ou 6 ans de mise en place, alors que d'autres, placés dans la galerie d'allongement, à 950 m. du puits, où la circulation de l'air était moins sensible, avaient été mis hors de service en 10 ou 11 mois. Ces bois, de 0.11 à 0.14 m., n'avaient d'intact que le cœur, soit environ 0.05 m. de diamètre ; la partie inférieure, en contact avec le sol, était entièrement consumée.

(1) 3e *Bulletin de la Société des anciens Élèves de l'École des mines du Hainaut.* 1857 p. 19.

La conservation des boisages est en rapport avec le volume d'air qui circule dans les excavations. Dans deux galeries ventilées par des volumes d'air qui étaient entre eux comme 17 à 20 la conservation des bois a été comme 1 est à 1.27.

Les volumes des courants d'air de trois galeries revêtues simultanément de boisage étant de 0.572, 0.863 et 1.435 m. c. par seconde, la durée respective de ces trois blindages a été de 14, 15 1/2 et 18 mois. Mais, par suite de l'établissement d'un foyer destiné à activer la ventilation, les volumes s'étant élevés à 0.817, 1.350 et 2.168, les étais se sont conservés pendant 14 1/2, 16 1/2 et environ 20 mois.

La vitesse du courant est aussi, indépendamment du volume, un élément conservateur. Les montants verticaux, placés en deux points d'une galerie à travers bancs, où les sections étaient entre elles comme 1 est à 2.75, se sont comportés d'une manière fort différente : les bois de la petite section, où le courant d'air était plus vif, se sont conservés trois mois de plus que ceux de la grande, où la vitesse du courant était moindre.

Des chapeaux établis au faîte d'une galerie ventilée par un courant de 1.7 à 1.8 m. c. par seconde ont duré 15 mois, tandis qu'on a dû renouveler les montants après 11 mois de service.

Toutes les observations tendent à démontrer que la base des étais, ou leur partie la plus rapprochée du sol, s'altère plus vite que le reste. A ce sujet, M. Delsaux (1) pense que la durée des bois serait prolongée si on les carbonisait dans la partie qui doit se trouver en contact avec un sol humide et boueux.

(1) 3⁰ *Bulletin de l'Association des Ingénieurs sortis de l'École du Hainaut,* p. 44.

Les surfaces des bois léchées par le courant d'air sont
encore en bon état, lorsque celles qui leur sont opposées
et qui, par conséquent, ne sont pas soumises à son action ou
celles qui sont recouvertes de déblais ou abritées d'une
manière quelconque, ont déjà subi des alérations notables.

Enfin, quelle que soit la position des bois dans une mine,
leur durée croît dans l'ordre suivant de leurs essences :

Aulne, bouleau, sorbier, bois blanc, cerisier, sapin,
saule, chêne, frêne, châtainier, platane.

Procédés mécaniques propres à augmenter la durée des bois.

L'écorçage, convenablement exécuté, exerce une grande
influence sur la durée des bois de mine. Il ne doit pas se
faire partiellement et à coups de hache, comme dans beaucoup de mines du Hainaut, mais d'une manière complète
et telle que les fibres ligneuses restent seules. L'écorçage
doit avoir lieu dans la forêt, immédiatement après l'abatage.

L'expérience a prouvé, à maintes reprises, que les bois
tendres sont moins sujets à la carie lorsqu'on les emploie
en grumes et que les couches ligneuses concentriques ne
sont pas entaillées.

A la mine de Ver Urbanus, près de Bochum, on a constaté que l'écorçage des bois augmente beaucoup leur durée.

Dans la houillère de Mariemont (Centre du Hainaut),
non-seulement on assemble avec le plus grand soin les
montants et les chapeaux, mais encore, dans le soutènement des galeries à travers bancs, on exclut rigoureusement les bois affectés de la plus légère courbure. En outre,
on équarrit ces bois à la scie, travail qui, dit-on, ne coûte
rien à l'exploitant, parce que les scieurs ne réclament,

pour tout salaire, que les *croûtes*, ou *dosses*, résultant de l'équarrissage. Après cette opération qui, par l'enlèvement de l'aubier, contribue à la conservation des bois, on les recouvre d'une couche de chaux. Les entailles d'assemblage sont faites avec exactitude par des menuisiers et l'on considère les frais comme minimes, en présence de la solidité du boisage.

Arrosage des bois.

Depuis longtemps, les mineurs du Hartz ont observé que les bois continuellement arrosés par un filet d'eau ont une plus grande durée que quand ils sont placés dans les parties sèches des mines, où ils deviennent promptement la proie des *fongus*, ou champignons, désignés sous le nom de *pourriture sèche*. Ces observations les ont naturellement conduits à l'emploi de dispositions artificielles destinées à maintenir les boisages dans un état d'humidité constante. Ils se gardent bien de se reposer sur l'humidité des roches, qui est au contraire une cause de pourriture et de destruction ; mais ils cherchent, autant que possible, à faire couler sans cesse de l'eau sur la surface des bois de revêtement.

Ce procédé de conservation, principalement applicable dans les puits, consiste à rassembler sur des fragments de planches les infiltrations provenant de la partie supérieure de l'excavation et à les conduire goutte à goutte sur les boisages ; ou bien à installer, le long du puits, des tuyaux destinés à recevoir l'eau des stratifications supérieures ; cette eau, soumise à une pression dérivant de sa hauteur de chûte, agit par aspersion. Enfin, on peut envelopper des bois verticaux de vieilles cordes, que l'eau traverse goutte à goutte pour se répandre en partie sur les cadres de soutènement des puits.

Cette pratique, d'ailleurs peu coûteuse, a été généralement suivie de succès dans les mines de Joachimsthal, en Bohème, et dans la plupart de celles du Haut-Hartz.

Dans le district de Neurode, en Silésie, on a préservé de la pourriture sèche les revêtements en bois de deux puits d'exhaure par une série de jets d'eau dirigés sur eux à diverses hauteurs.

Enfin, M. Chaudron a observé, dans quelques mines du Couchant de Mons, que de petits courants d'eau dirigés sur les bois prolongent leur durée, non-seulement dans les parties bien ventilées, mais encore dans celles qui ne le sont que faiblement ou dont le courant d'air est plus ou moins vicié. Pour les galeries, des petits tuyaux ont été placés à leurs faîtes et l'eau qu'ils renferment, soumise à une assez forte pression, s'élance sur les boisages à travers une multitude de petits trous disposés en pomme d'arrosoir. Lorsque ce procédé ne peut être mis en usage, on se contente de ramasser à la pelle les eaux que contiennent les rigoles de conduite et à les projeter sur le revêtement.

Immersion et lixiviation des bois.

La sève, par suite de la décomposition de ses principes sous l'influence des agents atmosphériques, est la cause première de la destruction de la fibre ligneuse; il convient d'en purger les bois avant que cet effet se produise. Or, cette expulsion est facile, à cause de la grande solubilité de ce principe organique; en effet, les bois qui ont séjourné dans l'eau se conservent mieux que les autres, les bois flottés sont dans le même cas. On a retrouvé dans un très-bon état des bois qui avaient été abandonnés pendant 50 ans dans des mines inondées; ce qui permet de conclure que, dans de pareilles circonstances, leur durée est pour ainsi dire infinie. On a aussi constaté dans le Haut-Hartz que des bois qui, par suite d'une inondation, avaient séjourné plusieurs mois sous l'eau à une grande profondeur, étaient particulièrement aptes à se conserver, parce que sous une forte pression, ils s'étaient en partie dépouillés de leur sève et avaient, en échange, absorbé une grande quantité d'eau qu'ils retenaient ensuite avec ténacité.

Mais il est possible, par l'emploi d'eau légèrement acidulée, d'atteindre le but cherché sans avoir le soin de soumettre les bois à une grande pression. Voici une manière de procéder fort simple :

On enlève d'abord, par une coupure nette et franche, la racine du bloc à préparer, on le dispose verticalement, mais renversé, c'est-à-dire le sommet en bas, le pied en haut. Au-dessus, on installe une cuve, d'environ 1.80 m. de hauteur, dont la base est munie d'un cylindre en caoutchouc, qui, serré par un étrier et des vis de pression, ferme hermétiquement l'espace compris entre le bois et la cuve. Alors, on remplit la cuve d'eau acidulée, qui pénètre lentement entre les fibres du bois et suivant leur longueur, pousse une partie de la sève devant elle, dissout et entraîne le reste. Un tronc de chêne de 4.75 m. de longueur est entièrement lessivé par une opération qui dure 24 heures. Le sapin ne réclame que la moitié du même temps.

Ce procédé, d'ailleurs peu coûteux, dont les Anglais se servent sur une grande échelle, paraît très-propre à la préparation des bois de houillère.

Application des substances salines à la conservation des bois.

Les mineurs allemands ont fait beaucoup d'expériences sur les bois de mine préparés par imbibition ou injection, c'est-à-dire en faisant pénétrer dans le tissu ligneux certaines dissolutions salines, qui se substituent à la sève ou en convertissent les principes constituants en composés insolubles, ce qui suffit pour les protéger contre les causes chimiques de dissolution.

En Saxe, dans les mines de lignite de Zscherben, de Tollwitz, de Eisdorf-Stassfurt, etc., des bois qui avaient été immergés pendant un temps assez long dans une solution de sel marin ou de chlorure calcique ont été mis en œuvre et se sont maintenus pendant 13 ans, tandis qu'auparavant le renouvellement des boisages devait avoir lieu tous les deux ans. On savait, d'ailleurs, que, dans les mines de sel, des pièces de chêne et de sapin, qui se trouvaient plongées dans la saumure, résistaient depuis des siècles sans la moindre altération. Tel est probablement le fait qui a donné l'idée de ce mode de préparation.

Quoiqu'il en soit, les bois imprégnés de sel ont réellement plus de durée et ils se conservent bien dans les lieux légèrement humides; mais ils deviennent plus cassants, leur résistance à la pression diminue; enfin, un excès d'eau peut dissoudre le sel et le faire sortir du tissu ligneux.

A Eschweiler (Prusse rhénane), le sulfate de baryte, appliqué par la méthode de M. Rüttgers, a parfaitement garanti les boisages, qui se trouvaient pourtant dans des conditions de détérioration rapide.

Le sulfate de cuivre ou vitriol bleu, a donné des résultats satisfaisants; toutefois, ce sel est cher, de même que les appareils dont on doit se servir, ce qui a empêché cette substance de devenir d'un usage commun. Le sulfate de fer ne s'est pas aussi bien comporté; mais le chlorure de zinc, ou la dissolution de ce métal dans l'acide chloridrique, semble aussi convenable que le vitriol bleu et n'exige que de faibles dépenses. L'opération a lieu comme suit : Les bois à préparer, introduits dans un réservoir de 1.90 m. de diamètre et de 10.90 m. de longueur, sont soumis pendant quelques heures à un jet de vapeur, qui les lessive en les saturant. Lorsque la chaleur les a suffisamment pénétrés, une pompe à air produit le vide dans le réservoir ; un robinet étant ouvert permet l'introduction du liquide préservateur, qui s'insinue dans tous les interstices et les pores de la matière ligneuse. L'opération dure un jour, après quoi le liquide est expulsé de la chaudière et celle-ci, ouverte. La pompe agit avec une pression de 8 atmosphères. Le chlorure de zinc doit être étendu d'eau. Le coût de la préparation, main-d'œuvre et substance, s'élève à fr. 7.08 par mètre cube de bois, non compris l'amortissement et l'intérêt du prix de l'appareil, qui est assez coûteux. Les bois préparés de cette manière ne peuvent supporter une grande humidité, ni surtout des chûtes d'eau : le sel métallique qu'ils renferment étant soluble les quitterait peu à peu. Ils doivent être fraîchement coupés, parce que dans cet état ils pompent aisément le liquide protecteur.

De nombreuses expériences ont été faites dans les mines de Schemnitz, en Hongrie, sur des bois préparés au moyen d'une dissolution composée de 1.6 pour cent de sulfate de cuivre et de 4 pour cent de sulfate de zinc. Ces bois, consistant en pièces de chêne et de sapin de 4.40 m. de longueur et de 0.23 à 0.31 m. d'équarrissage, furent placés dans des excavations où règnent, au plus haut dégré, les influences qui engendrent la pourriture sèche. Au bout de 3 ans de service, les étais de la première essence n'avaient subi aucune altération ; ceux de la seconde étaient également sains et intacts, mais seulement à l'extérieur et sur une épaisseur de 40 mm., au-dessous de laquelle les fibres avaient été envahies par la pourriture. D'un autre côté, les étais non préparés et placés, comme terme de comparaison, dans les mêmes conditions se trouvaient, ceux de sapin entièrement décomposés et ceux de chêne intacts seulement sur une zône extérieure de 20 mm. d'épaisseur.

Des appareils propres à la préparation des bois de mine ont été établis à la houillère de Reden, district de Saarbrücken; ils servent à injecter une dissolution de sulfate de cuivre dans des troncs de hêtre, qui sont ensuite débités pour être mis en œuvre. On n'a pas encore pu se prononcer sur l'efficacité de cette opération, attendu qu'il faut, pour constater les résultats, plus de temps qu'il ne s'en est écoulé jusqu'à présent.

La maîtresse-tige établie au puits Schmidt de la mine de Scharley et les sommiers du bâtiment de la machine d'épuisement sont en bois préparé au chlorure de zinc.

M. Nöggerath, inspecteur de la mine de Von der Heydt, près de Saarbrücken a entrepris, sur une grande échelle, des essais dans le but de comparer les résultats de l'injection de divers liquides antiseptiques. Il a fait placer dans la galerie d'extraction de Burbach, appartenant à la mine susdite, des boisages complets composés de montants, de chapeaux et de semelles, en chêne et en bois à feuilles circulaires. Ces bois avaient été traités, les uns, dans l'établissement que possède le chemin de fer de Cologne à Minden, à l'huile de goudron de houille, qui, comme on sait, renferme de la créosote; d'autres, dans les ateliers de préparation de Gottingen, du chemin de fer de Hanovre, au chlorure de zinc; d'autres, enfin, au chlorure de mercure, dans les établissements du chemin de fer de la Hesse. Ces essais sont encore trop récents pour qu'on ait pu s'assurer de la différence de durée des bois comparés entre eux et avec les bois ordinaires.

Le paragraphe suivant renferme d'autres détails relatifs à l'emploi de la naphtaline et de la créosote.

Les sels métalliques n'ont donné, jusqu'à présent, dans la préparation des bois de mine que des résultats incomplets ; d'ailleurs, leur introduction dans le tissu ligneux, opération toujours plus ou moins coûteuse, exerce, comme le sel marin, une fâcheuse influence sur la force de résistance des bois; en outre, elle les rend cassants et leur fait même perdre toute leur flexibilité.

Conservation des bois par imbibition de créosote.

Le lignite donne dans la préparation du photogène une combinaison d'huiles bitumineuses et de créosote. Cette substance, dont les propriétés antiseptiques sont très-puissantes, a été utilisée dans le district de Weissenfels, près de Hall, pour prolonger la durée des bois de mine. Après avoir coupé à longueur les montants et les autres pièces, on les entasse dans une espèce de cage d'extraction que l'on descend dans un bassin revêtu en maçonnerie et contenant la masse créosotique chauffée par un jet de vapeur. Après un certain temps, on retire la cage, puis on la descend de nouveau, afin de répéter l'imbibition à une plus basse température.

La première imbibition fait pénétrer la créosote à l'intérieur; la créosote coagule l'albumine du bois, dont elle prévient la décomposition putride ; l'huile bitumineuse s'infiltre dans les tubes capillaires, bouche les pores et enveloppe le tissu ligneux de manière à le garantir de l'eau et de l'air par son imperméabilité. La seconde imbibition, en recouvrant la surface de la pièce, a pour effet de protéger l'ensemble.

La naphtaline et la créosote, tirées de la distillation du goudron de houille, produisent les mêmes effets. L'huile essentielle des deux espèces de goudron pénètre aisément les bois en vertu de sa fluidité et de sa volatilité.

Une assez longue expérience prouve que les bois soumis à ce procédé se soustrayent à la pourriture, non-seulement ceux dont les fibres sont dures et serrées, mais encore ceux qui, d'une nature molle ou poreuse, ou abattus trop vieux ou en mauvaise saison, tendraient à s'altérer et à dépérir promptement. Toutefois les derniers absorbent une grande proportion du liquide préservateur.

L'emploi de la créosote a quelques inconvénients : Le procédé est assez coûteux, l'huile pesante, produit de la distilation du goudron de houille, étant rare et d'un prix variable. Cette huile essentielle ne peut être appliquée qu'aux bois récemment abattus et il est à craindre qu'en beaucoup de circonstances, on ne puisse les placer dans les mines et surtout dans les houillères, à cause de l'odeur âcre et pénétrante qu'ils dégagent et qui a une analogie singulière avec les émanations des incendies souterrains. Cette observation a été faite par toutes les personnes qui ont eu l'occasion de visiter la galerie de Burbach, pendant les expériences de la mine de Von der Heydt.

Cependant on a pu constater dernièrement que les bois à la créosote qui ont servi au revêtement du puits Erbreich n° 11, de la mine domaniale de Königsgrube, semblent devoir rivaliser, à l'avenir avec ceux qui, auparavant, avaient été traités par une dissolution formée en partie de chlorure de zinc, en partie de sulfate de cuivre.

Conservation des bois au moyen de divers enduits et par carbonisation.

L'imbibition des bois avec du goudron de houille a été employée avec succès dans plusieurs houillères du district

de Tarnowitz, en Silésie. Les essais qui ont eu lieu dans
plusieurs mines de la Thuringe avec le même goudron
et son vernis-mastic, ont également réussi. Ces substances, appliquées sur des montants et des chapeaux préalablement bien asséchés, ont entraîné une durée double
de ce qu'elle aurait été sans cette préparation. Ce procédé
n'a d'autre inconvénient que l'odeur désagréable qui s'é-
chappe, dans les commencements, de ces matières con-
servatrices.

M. de Lapparent, inspecteur-général des bois de construction de la marine française, a essayé de préserver les
bois de la pourriture sèche et des champignons en les
recouvrant d'un enduit composé comme suit:

Grammes 200 Fleur de soufre,
» 135 Huile de lin ordinaire,
» 30 Oxide brun de manganèse réduit en poudre
et cuit avec de l'huile de lin.

Un morceau de bois enduit de cette composition a été
enfoui dans un trou à fumier ; lorsque, au bout de six
mois, on l'en a retiré, son état de conservation était aussi
parfait qu'au moment de l'enfouissement. Seulement la
pièce dégageait une odeur d'acide sulfurique.

Le même M. Lapparent, est l'auteur d'un procédé de
carbonisation fort remarquable par sa simplicité et par les
propriétés préservatrices qu'il communique aux bois exposés à des atmosphères humides.

D'un réservoir à gaz part un tuyau métallique terminé
par un tube en caoutchouc, mis lui-même en relation avec
un appareil soufflant.

La flamme du gaz, avivée par le courant d'air, est pro-
menée sur toute la surface du bois et pénètre dans les dépressions et les fentes, de manière à produire une carbonisation uniforme sur une épaisseur qui ne doit pas dépas-

ser 1/3 ou 1/4 de millimètre, suffisante pour atteindre le but cherché. Le volume de gaz absorbé s'élève à 200 litres par mètre carré. Un homme peut, en une journée de 10 heures, carboniser une surface de 24 m. q.

On peut accélérer la combustion en recouvrant préalablement les surfaces du bois d'une mince couche de goudron. En outre, cet enduit diminue la tendance du bois à s'échauffer au contact de la flamme et prévient les crevasses et les gerçures.

Revêtement des galeries avec des murs en pierres sèches.

Les matières stériles, sans valeur et quelquefois même encombrantes, que le mineur obtient sur place de l'arrachement des salbandes du gîte et de ses intercalations ou du percement des galeries à travers bancs, doivent être, autant que possible, utilisées pour le soutènement des excavations et se substituer aux bois, de jour en jour plus recherchés et plus coûteux. Le mineur peut, avec ces matériaux, dont il n'a pas jusqu'à présent assez généralisé l'emploi, élever des murs en pierres sèches (*murais* ou *murtias*) qu'il dispose parallèlement à la voie. Pour exécuter ces murs de soutènement, il choisit les fragments les plus solides du rocher et principalement ceux qui, présentant des surfaces planes, ou à peu près, et qui lui fournissent des assises horizontales. Il les superpose avec soin, en faisant pénétrer les saillies dans les dépressions et en tassant des remblais fort ténus dans les plus petits vides, de même que le maçon remplit de mortier les interstices compris entre les moëllons. La forme de ces muraillements est déterminée par l'inclinaison du gîte et leur épaisseur, par la pression du terrain. Dans les faibles inclinaisons, les deux parements sont parallèles ou, mieux, celui qui se trouve en contact avec les remblais, possède un léger talus. Lorsque l'inclinaison dépasse 15 à 20 degrés, il suffit, la plupart du temps, de construire un seul revêtement, du côté d'amont; son parement, visible de la galerie, affecte une courbure telle que la partie en contact avec le toit soit normale au plan de ce dernier. Il est indispensable, d'ailleurs, que le mur de la couche soit entaillé horizontalement pour recevoir la première assise. Les épaisseurs varient de 0.50 à 1.00 m. Une galerie de cette dernière espèce, établie depuis plus de six ans à la mine de Mariemont, afin de mettre en commmunication les puits de la Réunion et de St-Arthur, se trouve dans le même état de conservation que le premier jour.

Cette pratique, également en usage dans les districts rhéno-westphaliens, y est considérée comme fort économique.

Les muraillements sont plus nécessaires dans le Hainaut que partout ailleurs, à cause du manque de solidité et de consistance des roches encaissantes. En effet, celles-ci se disloquent et se rompent si fréquemment que ce fait constitue une sérieuse difficulté dans l'exploitation de ce bassin houiller, si favorisé sous les autres rapports.

Les montants que les mineurs intercalent quelquefois dans ces murs, supportant dès l'origine toute la charge du terrain à laquelle les remblais se soustrayent par leur tassement, se rompent promptement et deviennent inutiles. Ce procédé doit être considéré comme tout-à-fait irrationnel.

Lorsque le toit est disloqué, on prévient les éboulements partiels par l'emploi de chapeaux, ou *bailes*, dont les extrémités sont encastrées dans la muraille.

Dans les mines de Mariemont, où les galeries d'allongement sont ordinairement soutenues latéralement par de
fortes murailles en pierres sèches, choisies parmi les débris
les plus résistants du coupage du mur, on prévient les
éboulements du toit en appliquant, contre le faîte des excavations, de vieux rails qui proviennent des chemins de
fer de la surface et remplacent les chapeaux. Ces barres de
fer, placées de champ et plus ou moins rapprochées les unes
des autres, reposent, avec l'intermédiaire d'*osselets* ou de
poutrelles longitudinales, sur les piédroits en maçonnerie.

Enfin, de vieux rails, provenant des travaux souterrains,
par conséquent placés à plat sur les chapeaux, remplacent
les bois de garnissage lorsque la friabilité de la roche exige
cet accessoire.

Les bailes en fer permettent de diminuer la hauteur d'entaillement des roches encaissantes que nécessite l'exhaussement des galeries, leur épaisseur étant moindre que celle
des chapeaux en bois.

On espère pouvoir reprendre ces rails lors de l'abandon
définitif des galeries. Dans tous les cas, leur valeur est trop
minime pour qu'on doive beaucoup s'en préoccuper.

Les muraillements en pierres sèches n'ont rien à craindre
de la pression, l'une des principales causes de la rupture
des bois ; de plus, la résistance à la presssion étant en
raison des surfaces de contact et de la solidarité des matériaux employés, il est évident que ce mode de revêtement
offre une solidité plus grande que les bois, quelle que soit,
d'ailleurs, leur disposition. Les parois de revêtements en
pierres sèches peuvent toujours être disposées en surfaces
planes, tandis que celles des galeries boisées ont des
dépressions et des saillies qui font obstacle à la marche
du courant d'air. Enfin, l'entretien des muraillements est
presque nul.

Application de la fonte et du fer au soutènement des excavations.

Les mineurs anglais, dans l'impossibilité de se procurer chez eux les bois nécessaires à l'exploitation de leurs mines, ont dû avoir recours aux sapins et aux autres essences à feuilles circulaires qu'ils font venir à grands frais du nord de l'Europe. Cet état de choses, qui existe depuis longtemps, ne fait que s'aggraver. Aussi, depuis plus de vingt ans, les ingénieurs anglais ont-ils songé à remplacer le bois par la fonte dans la confection des étais appliqués au dépilage de la houille. Ces étais, ou bottes métalliques, déjà mentionnés dans la première partie de cet ouvrage (1) affectaient, dans l'origine, une forme tubulaire fort bien appropriée à leur destination. Mais ce mode de soutènement ayant pris de jour en jour plus d'extension, certains exploitants ont donné la préférence à une nouvelle forme, présentant quatre nervures, dont la section transversale est une croix grecque à branches arrondies. Les faces longitudinales sont tantôt parallèles, tantôt renflées vers leur milieu, et les extrémités se terminent par des disques circulaires ou elliptiques (Pl. XXII, fig. 19 et 20).

La bas de l'étais en fonte repose sur un tas de schiste qui lui permet de céder quelque peu à la pression du faîte et de se soustraire ainsi aux chances de rupture.

La pression du faîte est quelquefois assez considérable pour que les étais métalliques formés d'une seule pièce pénètrent par leurs extrémités dans les roches encaissantes d'une nature tendre, ce qui en rend la reprise fort difficile. Dans le but d'obvier à cette difficulté, quelquefois insurmontable, M. Johnson, de New-Castle, sur la Tyne, a pro-

(1) *Traité de l'Exploitation des mines de houille.* T. II, p. 365.

posé de confectionner des étais de deux pièces, qui, assujéties l'une à l'autre pendant leur service, se séparent facilement quand le support doit être enlevé.

Ce genre d'étais auxquels l'inventeur a restitué la forme tubulaire primitive est représentée en élévation et en coupe par les figures 22 et 23. L'étai se compose de trois pièces : La tête, a, la base, b, et l'anneau, c, qui les réunit. Les surfaces de a et de b, à celles de leurs extrémités qui se touchent, sont tournées en tronc de cône, afin que le lien c, dont l'intérieur a même forme puisse s'ajuster sur le joint. Celui-ci est incliné de manière à permettre aux deux pièces de glisser l'une sur l'autre dès que l'anneau cesse de s'opposer à leur disjonction.

Lorsqu'il s'agit de placer l'étai, on en superpose les deux parties, puis on serre l'anneau sur le joint. Pour le retirer, il suffit d'un coup de marteau appliqué sur l'anneau pour soulever celui-ci et le porter sur la tête; alors la tête, malgré la charge qui la presse, glisse sur le plan incliné et les deux pièces tombent sur le sol, où elles ne peuvent se disperser parce qu'elles sont reliées par des chaînettes d et d'.

Par une autre disposition (fig. 24), fondée sur le même principe, la tête a, dont le diamètre extérieur est assez faible pour pouvoir pénétrer dans le vide intérieur de la de la base b, est pourvue, à son extrémité inférieure, de crans, dans l'un desquels vient se loger un arrêt, mobile autour de son axe. Cet arrêt glisse sur les crans lorsque la tête s'élève pour placer l'étai en état de service et la maintient suspendue, malgré la pression de la roche; puis, lorsqu'il s'agit de retirer l'étai, un coup donné sur la queue de l'arrêt, détache celui-ci du cran dans lequel il est intercalé et la tête retombe à l'intérieur de la base.

Les mineurs allemands ont aussi cherché, dans ces der-

38

niers temps, le moyen d'appliquer la fonte et le fer malléable au soutènement des galeries. Des essais ont eu lieu
à la mine de Duttweiller, près de Saarbrücken, dans une galerie diagonale descendante, en un lieu où la pression du
terrain se faisait vivement sentir. On y a installé quatre
portes de revêtement composées chacune de deux montants
en fonte et d'un chapeau, matériaux provenant de vieux rails
mis au rebut par l'administration du chemin de fer de Saarbrücken. Les épaisseurs de ces diverses pièces ont été
calculées de manière à produire une résistance égale à celle
que fourniraient des pièces de chêne de 0.20 m. d'équarrissage.

Les montants en fonte ont une section transversale analogue à celle des rails vignole. La plus étroite des deux
faces, correspondant à la tête du rail vignole, est opposée
à la pression, c'est-à-dire appliquée contre la roche; sa
largeur est de 65 mm. et son épaisseur, de 13. La nervure
du milieu a une hauteur de 78 mm.; enfin, la face la plus
large, correspondant à la base du rail, a 105 mm. sur 12.
L'installation de ce revêtement est encore trop récente pour
qu'il soit permis de rien énoncer sur la durée et la solidité.

Toutefois, on sait que le prix de ce mode de soutènement est à celui des boisages comme 7 à 3.

FIN DU TOME PREMIER.

TABLE DES MATIÈRES

CONTENUES DANS LE PREMIER VOLUME.

CHAPITRE I.

SONDAGES.

Iʳᵉ SECTION.

APPAREILS DE SONDAGE.

CHAPITRE II.

DES MOYENS DE PÉNÉTRER DANS LE SEIN DE LA TERRE.

IIᵉ SECTION.

OUTILS ET INSTRUMENTS DU MINEUR.

IIJ^e SECTION.

TIR A LA POUDRE.

Xᵉ SECTION.

PASSAGE DES SABLES BOULANTS ET AQUIFÈRES.

CHAPITRE III.

AÉRAGE, ÉCLAIRAGE, INCENDIES SOUTERRAINS.

IIᵉ SECTION.

CAUSES DE LA CIRCULATION DE L'AIR DANS LES MINES.

IVᵉ SECTION.

AÉRAGE PHYSIQUE ARTIFICIEL.

Vᵉ SECTION.

MOTEURS MÉCANIQUES DE L'AÉRAGE.

VIIIe SECTION.

IXe SECTION.

DES INCENDIES DANS LES MINES DE HOUILLE.

FIN DE LA TABLE.

ERRATA.

En attendant qu'une révision attentive de tout l'ouvrage nous ait permis de dresser un *erratum* général, nous croyons devoir signaler les *lapsus* que nous avons pu remarquer jusqu'ici dans cette première livraison.

Page.	Ligne.				
39	3	en descendant, *au lieu de* : elle ,		*lisez* la vapeur.
40	13	en remontant ,	—	*e*	— *l.*
82	8	—	—	*fumicoton,*	— *funicoton.*
				fumis,	— *funis.*
192	1	en descendant,	—	au-dessus,	— au-dessous.

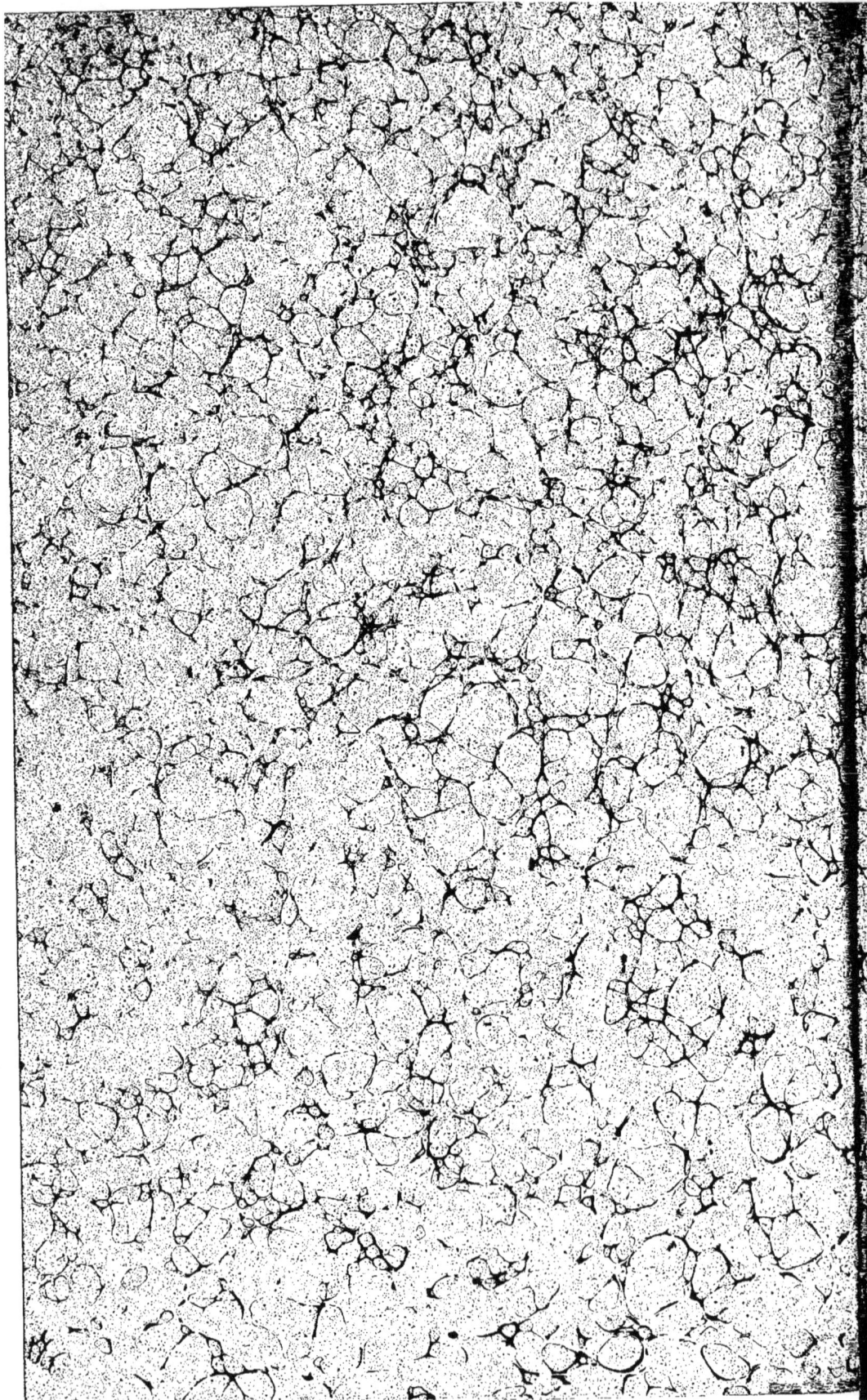

www.ingramcontent.com/pod-product-compliance
Lightning Source LLC
Chambersburg PA
CBHW060840220326
41599CB00017B/2341